전통김치

안용근·이규춘 공저

(株) 教文社

머리말

우리나라는 자타가 공인하는 김치의 종주국으로 철마다, 집마다, 지역마다 수백 가지의 김치가 모습을 바꾸어가며 식단을 장식하고, 김치는 가정에서 점점 벗어나 공장에서 만들고 대량 수출하고 있다.

김치는 연구할수록 좋은 점들이 발견되고, 전 세계 어디서나 한국의 대명사가 되어 인식이 새로워지고, 중요성이 날로 더하고 있으나 뿌리인 전통김치는 고문헌에만 남아서 맥이 끊긴 것들이 많다. 그러나 뿌리를 모르면서 김치를 논하고, 김치 종주국으로 행세한다는 것은 부끄러운 일이다.

그런데도 전통김치를 풀이하려고 시도한 사람이 없었던 것은 한문이라는 벽에 부딪쳐 있었기 때문이다. 이를 애석하게 여긴 필자들은 의기를 투합하여 전통김치에 대한 고문헌을 모두 풀이하게 되었다. 물론 어려운 부분이 많았으나 판본을 달리한 고전과, 일부 풀이된 자료를 참조하여 가급적 오류가 없도록 하였다. 그러나 잘못이 있으면 지적하여 주기 바란다.

이 책을 통하여 전통김치를 이해하고, 사라진 전통김치를 복원하여 조상의 솜씨와 김치에 담긴 혼을 이어서 김치문화와 김치산업이 새로이 꽃피는 계기가 되기를 바란다.

2008년 1월
대전에서

차 례

머리말 · Ⅲ
일러두기 · Ⅵ

김치의 역사 · 2

김치의 어원 3 | 고대의 김치 21 | 삼국시대의 김치 24 | 고려시대의 김치 27 | 조선시대의 김치 29 | 김치관련 고문헌 38

전통김치의 특징과 종류 · 48

고추의 도입 48 | 젓갈의 도입 49 | 담그는 법 50 | 배추의 개량 55 | 전통김치의 분류 57 | 배추김치 59 | 섞박지 60 | 무김치 61 | 동치미 62 | 당근 및 순무김치 62 | 오이김치 63 | 가지김치 64 | 오이-가지김치 65 | 갓김치 66 | 동아 및 박김치 67 | 마늘김치 68 | 부들김치 68 | 부추김치 68 | 생강김치 69 | 연근김치 69 | 죽순김치 70 | 육류 및 어류 김치 70 | 기타 김치 70 | 근대의 김치 71

제민요술에 수록된 김치 · 72

순무, 배추, 아욱, 갓짠지 74 | 데친김치 74 | 통김치 75 | 아욱즉석절임 75 | 식경의 아욱김치 75 | 배추짠지 76 | 초김치 76 | 부들김치 76 | 아욱김치 76 | 식경의 오이담기 77 | 식경의 월과 담기 77 | 식경의 매실-동아 담기 78 | 식경의 낙안현지사 서숙의 오이 담기 78 | 오이 술절임김치 78 | 오이김치 79 | 동아겨자김치 79 | 데침 김치 80 | 죽순김김치 80 | 죽채김치 80 | 삼백초김치 80 | 배추뿌리통초절임 81 | 따뜻한 무김치 81 | 회향달래김치 81 | 배추뿌리무김치 82 | 김김치 82 | 생강꿀절임 82 | 매실동아법 82 | 배김치 83 |

목이김치 84 | 상추김치 84 | 식경의 고사리 저장법 84 | 고사리김치 85 |
마름김치 85

조선시대의 김치 · 86

김치일반 86 | 배추김치 91 | 섞박지 95 | 무김치 98 | 동치미 103 |
당근 및 순무김치 107 | 오이김치 110 | 가지김치 122 | 가지-오이김치 128 |
갓김치 131 | 동아 및 박김치 136 | 마늘김치 140 | 부들김치 142 |
부추김치 143 | 생강김치 145 | 연근김치 148 | 죽순김치 149 |
어육류김치 150 | 기타김치 154

근대의 김치 · 162

김장 163 | 김치 일반 184 | 배추 통김치 198 | 보쌈김치 234 | 나박김치 247 |
장김치 251 | 섞박지 260 | 동치미 266 | 깍두기 283 | 짠지 및 싱건지 305 |
풋김치 및 열무김치 311 | 젓국지 318 | 오이김치 324 | 갓김치 334 |
동아김치 및 박김치 338 | 어육류 김치 340 | 기타김치 349

부록 · 359

○ 제민요술에 수록된 김치 표 360
제민요술에 수록된 김치 한문원문 362
○ 조선시대의 김치 표 367
조선시대의 김치 한문원문 380
○ 근대의 김치 표 414
○ 김치관련 재료 및 용어 434
○ 문헌별 김치 찾아보기 451

참고문헌 · 463

찾아보기 · 469

일러두기

1. 국내 자료로는 이성우박사가 집필한 『한국고식문헌집성 고요리서』(수학사)에 수록된 김치 관련 자료를 주축으로 하고, 기타 입수 가능한 관련 자료도 망라하여 풀이하였다.
2. 문헌은 직접 인용한 문헌과 간접 인용한 문헌 모두 표기하였다. 간접 인용한 문헌은 직접 인용한 문헌에 〔신온〕, 〔군방〕, 〔중궤〕, 〔거가〕 등으로 표시된 중국의 문헌으로, 그 내용의 원출처이다.
3. 중국의 자료인 제민요술은 별도로 항을 만들었으나 『거가필용』 등은 우리나라 문헌에 많이 인용되고 있어서 우리나라 문헌과 함께 편집하였다.
4. 분류의 방법으로는 『제민요술』은 원본 순으로 수록하였고, 조선시대의 김치는 주재료별 분류를 원칙으로 하였으나 양에 따라, 김치를 담그는 방식에 따라 분류한 경우도 있다. 근대의 김치는 방법별로 분류하였으나 주재료별로 분류한 것도 있다.
5. 한문 원문이 있는 것은 원문을 뒷부분으로 돌리고, 번호를 달아서 번호로 원문을 쉽게 찾을 수 있게 하였다.
6. 여기에 수록된 전통김치는 역사, 종류, 방법, 재료 별로 분석할 수 있으나 본서에서는 김치별 특징, 주재료, 부재료, 절임, 담금 등 기본적인 항목만 분석하여 표로 제시하였다.
7. 문헌별로 김치목록과 쪽번호를 제시하여 찾아보기 할 수 있도록 하였다.
8. 재료, 김치, 서명을 찾아보기에서 찾을 수 있도록 하였다.
9. 김치에 관한 문헌을 해설하여 놓았다.
10. 어려운 용어나 알기 힘든 재료는 각주에서 사진과 함께 설명하였다.
11. 장아찌는 유산발효시키는 것이 아니라 간장이나 된장, 고추장 성분을 침투시킨 것에 지나지 않으므로 제외하였다.
12. 찾아보기 중 제민요술의 김치부터 조선시대의 김치까지는 김치 재료를 모두 수록하였으나 근대의 김치는 재료 양이 방대하여 주재료만 수록하였다.

김치의 역사

전통김치의 특징과 종류

제민요술에 수록된 김치

조선시대의 김치

근대의 김치

김치의 역사

식량은 생존에 필수적이다. 옛날 사람들은 먹을 것이 없어지는 겨울을 대비하여 식량을 말려서 저장하였으나 채소와 어·육류는 맛과 영양소를 잃기 때문에 소금에 절이는 방법을 개발하게 되었다. 채소를 소금에 절이자 소금의 탈수 및 삼투압 작용, 유산균이 생성하는 유산이 부패성 미생물을 억제시켜 방부 작용을 하였다.

채소와 어·육류를 소금에 절이면 삼투압 현상으로 인해 세포가 파괴되어 영양분과 효소가 세포 밖으로 나오고, 세균이 그것을 영양성분으로 이용 번식하여 효소를 분비한다. 그래서 전분류는 전분가수분해효소가 말토올리고당 및 단당으로 가수분해하여 단맛을 내고, 단당은 유산균이 유산으로 만들어 신맛을 내고, 단백질은 단백질 가수분해효소가 아미노산으로 분해하여 감칠맛을 낸다.

거기에다 주재료의 질감과 소금에 의한 짠맛, 발효로 생기는 유기산의 신맛, 이산화탄소의 상큼한 맛, 핵산계 물질의 맛있는 맛, 고추의 매운맛, 양념의 여러 복합적인 맛이 조화를 이루어 절묘한 맛과 향을 만들어 낸다. 이것이 김치이다.

김치는 배추와 파, 마늘, 생강, 고추 등의 양념과 생선, 젓갈 등의 재료,

만드는 방법, 저장 방법에 따라, 또 지역, 기후, 계절, 생활환경, 식습관에 따라 여러 가지로 발달하여 왔다.

김치의 어원

혜(醯), 제(虀), 저(菹), 엄(醃)

주나라(기원전 1122년~기원전 256년) 관직 제도를 기록한 주례(周禮, 기원전 1122년 또는 기원전 300년)와 주나라의 관혼상제(冠婚喪祭) 등의 예법을 기록한 의례(儀禮, 기원전 206년~기원후 8년)는 예기(禮記, 孔子, 기원전 551~기원전 479)와 더불어 삼례(三禮)라고 하는데 고대 중국의 문화와 생활상이 거의 모두 수록되어 있으므로 김치의 어원도 이들에서 찾아야 할 것이다.

혜(醯)와 제(虀), 저(菹), 엄(醃)은 모두 김치라는 의미를 갖고 있다.

해(醢)는 사전상으로는 젓갈, 육젓, 육장이지만 김치를 포함하기도 하며, 혜(醯)도 사전상으로는 식혜, 초, 육장이지만 김치, 젓갈, 장도 의미한다.

단옥재(段玉裁, 1735~1815)는 설문해자주(設文解字注)에서 김치를 혜(醯)와 장(醬)으로 담는다고 하였는데 주례(周禮)의 천관편(天官篇)에 혜(醯)와 장(醬), 혜(醯)와 해(醢), 제(虀), 저(菹)의 구분이 있으나 김치와 젓갈은 재료 차이 밖에 없고, 젓갈과 육장의 차이도 뚜렷하지 않다.

· 해인(醢人)은 새벽 제사에는 그릇(豆, 목기) 네 개에 부추김치(韭菹) · 육장(醓醢, 고기를 포로 떠서 말려 수수누룩과 소금을 섞고 술에 담가 백일간 숙성시켜 즙이 생긴 것) · 창포김치(昌本) · 노루고기육장(麋臡) 순무김치(菁菹) · 사슴고기육장(鹿臡) · 순채김치(茆菹) · 순록고기육장(麇臡)을 올리고, 천자에게는 아욱김치(葵菹), 고동젓갈(蠃醢),

소천엽(脾析), 대합젓갈(蠯醢), 개미알젓(蜃蚳醢), 돼지갈비(豚拍, 또는 어깨고기), 생선젓(魚醢)을 그릇에 올리고, 시동(侍童)이 아헌(亞獻)할 때는 그릇에 미나리김치(芹菹), 토끼젓(兎醢), 육장(醓醢), 김김치(苔菹), 기러기젓(雁醢), 죽순김치(筍菹), 생선젓(漁醢)을 올린다.

왕의 수라에 해(醢) 60동이를 올리는데 오제(五齏, 창포김치, 소천엽, 대합젓, 돼지갈비(어깨살), 부들순김치), 칠해(七醢, 육장, 고동젓, 대합젓, 개미알젓, 생선젓, 토끼젓, 기러기젓), 칠저(七菹, 부추김치, 순무김치, 순채김치, 아욱김치, 미나리김치. 김김치, 죽순김치), 삼니(三臡, 노루고기육장, 사슴고기육장, 순록고기육장)로 채운다.

· 혜인(醯人)은 오제(五齏)와 칠저(七菹)를 장만한다. 제사에 제(齏)와 저(菹)를 혜물(醯物, 김치, 젓갈, 장)로 올리고, 혜(醯)와 장(醬)으로 손님을 접대한다. 천자의 수라에 제(齏)와 저(菹), 혜(醯)를 60동이 올리고, 왕후나 세자에게 장(醬)과 제(齏), 저(菹)를 올린다.

의례(儀禮)에도 관혼상제(冠婚喪祭)에 저혜(菹醯)와 저해(菹醢), 혜장(醯醬)을 많이 쓰는데 저(菹), 해(醢), 혜(醯), 포혜(脯醯), 혜해(醯醢)도 많이 진설(陳設)하고 있다.

· 잔 씻은 물을 버릴 그릇을 계단의 동남쪽에 놓고, 방안에 음식을 차리는데 혜장(醯醬)이 2그릇이고 저혜(菹醯)가 4그릇이다.

· 돕는 자가 자리 앞에 장(醬)을 놓고 저혜(菹醯)를 북쪽에 놓는다.

예기(禮記)에도 저혜(菹醯)와 혜해(醯醢), 혜장(醯醬)이 있다.

· 여자는 열 살이 되면 바깥출입을 하지 않고 제사를 거드는데, 여자 선생(姆)이 대그릇(籩)과 목기(豆)에 김치(젓갈)와 장(菹醯) 올리는 것을 가르친다.

· 지(漬)는 갓 잡은 쇠고기를 얇게 썰어서 만드는 데, 고깃살 결을 가로로 잘라 좋은 술에 하루 담가 만들며 김치(젓갈)와 장(菹醯), 매실장을 곁들여 먹는다.

· 부모상을 당해 대상(大喪)을 치를 때 혜장(醯醬)을 먹는다.

예기(禮記)의 젓갈과 채소를 함께 담그는 방법은 젓갈과 김치를 구분하기 어렵다.

· 날고기를 잘게 썬 것은 회(膾), 크게 썬 것은 헌(軒)인데, 회는 먼저 헌으로 크게 썰어서 얇게 저며 만든다. 고라니고기와 사슴고기와 물고기는 젓갈(菹)을 만드는데, 노루고기는 벽계(辟雞), 토끼고기는 완비(宛 · 脾), 멧돼지고기는 헌(軒)을 만들며 파나 부추를 썰어서 고기와 함께 초(醯)에 담가 부드럽게 하여 먹는다.

· 헌, 벽계, 완비는 모두 젓갈(菹)인데 저(菹)와 헌(軒)은 얇게 저미기만 하고, 벽계와 완비는 얇게 저민 후 잘게 썰어서 채소와 초(醯)를 가해 부드러운 맛을 내어 먹는 것이 다르다.

송시열(宋時烈, 1607~1689)은 송자대전(宋子大全) 서(書) '박시증(朴時曾)에게 답함(1685)' 에서 혜장(醯醬)은 신맛이 있는 육장(肉醬), 저혜(菹醯)는 짠맛이 있는 육장이라고 하였는데 이 풀이로는 저혜가 김치류에 속하는지 아닌지 알 수 없다.

이같이 고대에 김치와 젓갈, 육젓, 식해, 육장, 장, 초절임에 대한 구분이 명확하지 않은 것은 만드는 방법이 지금같이 나눌 정도로 발전된 것도 아니고, 채소와 생선, 육류를 함께 담그기도 하였기 때문이다.

생선이나 육류를 소금에 절이면 젓갈(醢, 菹)이 되며 생선 젓은 '젓갈', 육류 젓은 '육젓' 이라고 하며, 누룩을 넣어 분해를 촉진시킨 것은 육장(肉醬)이라고 한다. 육장과 육젓은 단백질가수분해효소가 단백질을 아미노산으로 분해해 주어 맛있는 맛을 증가시킨다.

그로 인해 저(菹) 자는 '김치' 와 '젓갈' 이라는 두 가지 의미를 가져서 저(菹)를 젓갈, 또는 김치로만 풀이하면 틀리는 경우가 많다.

저에는 저(菹)와 저(葅) 두 글자가 있는데 저(菹)는 채소 만으로 만든 것, 저(葅)는 육류가 들어 간 것이라고도 하는데 구분하여 쓰는 예는 드물다.

주례(周禮)에서는 김치류를 혜(醯)라고 하였고, ,자전(字典)에서는 혜(醯)를 초(醋)라고 하였다. 후한(後漢)의 허신(許愼, 30~124)이 쓴 설문해자(說文解字)에서는 김치를 의미하는 '저(菹)' 자를 초에 절인 채소라고 하였고, 최세진(崔世珍, 1473~1542)이 지은 훈몽자회(訓蒙字會)에서도 혜(醯)는 초를 말한다고 하였다. 이익(李瀷, 1681~1763)은 성호전집(星湖全集) 잡저(雜著) 금사계의례문해변의(金沙溪疑禮問解辨疑)에서 혜(醯)는 초물(醋水)이라고 하였다.

오주연문장전산고(1850년, 李圭景)에서는 저(菹)를 초채(酢菜)라고 하였는데, '바로 지금 세속의 밥상(菜盤)에 오르는 김치(漬菜)로서, 모두 저(菹)에서 나온 방법(遺法)이다.'라고 하였다.

한(漢)나라 말엽에 유희(劉熙)가 쓴 사전 석명(釋名)에서는 저(菹)는 조(阻, 막힐)이므로 채소를 김치로 담그면 유산이 생겨서 소금과 함께 채소가 무르는 것을 막아주기 때문에 이런 글자가 되었다고 설명하였다.

소금으로 김치를 담그면 산이 만들어지는데 대부분 유산(乳酸)이며, 식초도 생기기는 하지만 약간에 지나지 않는다.

따라서 김치의 신맛은 유산의 맛이므로 현대적 감각으로 보면 김치(醯)를 식초(酢, 醋)로 풀이한 고전은 틀렸다고 할 수 있다. 그러나 당시는 유산과 초산을 구분할 수 있던 시절이 아니었으므로 신 것은 모두 식초(酢, 醋)로 표현할 수 밖에 없었다. 그래서 '혜(醯)는 초(醋)다'라는 풀이는 '김치는 신 것', 구체적으로 말하면 '김치는 유산발효되어 신 맛을 가진 것'이라는 의미로 볼 수 있다. 그래서 혜(醯)는 유산발효된 김치류와 초산발효된 식품, 초에 절인 식품을 의미하며, 여기에 저(菹)와 제(齏)가 포함된다고 할 수 있다.

그러나 저(菹)에는 김치와 젓갈의 의미가 함께 들어 있어서 이 글자만으로는 김치를 의미하는지 젓갈을 의미하는지 알기 어렵다. 구분은 채소를 사용하였는가 육류를 사용하였는가 하는 데 의존할 수 밖에 없다.

사람을 저해(菹醢)로 만든다는 말은 사람을 젓갈로 담던 데서 나온 것이다.

하(夏)나라의 후예(後羿)는 백봉(伯封)을 잡아 젓갈(醢)을 담갔으나 후예도 역시 젓갈이 되고 말았다. 은(殷)나라의 주왕(紂王)은 구후(九侯)의 딸을 데리고 살다가 죽였는데 아비 구후가 항의하자 잡아서 젓갈로 담갔고 신하인 황비호(黃飛虎)의 아내 경씨(耿氏)를 희롱하다 거절당하자 젓갈로 담갔다. 공자의 제자 자로(子路, 기원전 543~기원전 480)는 위(衛)나라와 싸움에서 잡혀서 젓갈(醢)이 되어 공자에게 보내졌다. 한(漢)나라 고조(高祖) 유방(劉邦, 기원전 256~기원전 195)은 개국공신인 한신(韓信)과 팽월(彭越)을 젓갈로 담가 토사구팽시켰다. 그래서 토사구팽 당하여 죽는 것을 '한신 팽월 젓갈(菹醢)되듯' 하고 비유한다.

부상록(李景稷, 1617), 문견별록(南龍翼, 1655), 해유록(申維翰, 1719) 동사록(姜弘重, 1811) 등에 따르면 일본은 사람이 사형당하면 다투어 모여서 시체에 칼질을 하여 육장(肉醬)을 만드는 데 죽은 사람과 아무리 친하였어도 측은한 마음을 조금도 가지지 않는다고 한다.

김치를 나타내는 말에는 제(虀)도 있는데 이익(李瀷 1681~1763)은 성호전집(星湖全集) 잡저(雜著)에서 제(齊, 虀)는 김치, 젓갈, 장류(葅醬)에 속한다고 하였다.

이규경(李圭景)은 오주연문장전산고(五洲衍文長箋散稿, 1850)에서 다음과 같이 설명하였다.

주례(周禮)를 보면 조정 행사 때 나무그릇(豆)에 담는 음식으로 구저(韭菹, 부추김치) · 육장(醓醢) · 창본(昌本, 창포[98]김치) · 균니(麇臡, 노루 고기 육장) · 청저(菁菹, 무김치) · 녹니(鹿臡, 사슴고기 육장) · 묘저(茆菹, 순채[63]김치) · 미니(麋臡, 순록고기 육장)가 있는데 균(麇) · 녹(鹿) · 미(麋)는 뼈와 살을 잘게 썰어서 백일 안에 장(百日醬)을 만든 것이다.

주(註)에서 차(醝)는 고기즙(肉汁)이라고 하였고, 설문해자에서는 생선해(魚醢)라고 하였고, 해(醢)는 육장(肉醬)이라고 하였다. 니(臡)는 해(醢)의 다른 이름이고, 뼈가 있는 것을 니(臡), 뼈가 없는 것을 해(醢)라고 한다. 해(醢)나 니(臡)는 말린 고기(肉)를 잘게 썰어서 기장[20]가루, 소금, 술과 담아 백일 안에 익히는 것이다.

제(虀)도 니(臡)나 해(醢)와 같은 것인데 소의 백엽(百葉, 천엽) 등을 잘게 썰어서 초(醯)와 장(醬)을 넣어 담가 백일 안에 익히므로 따로 '제(虀)'라고 이름한 것이다. 제(虀)자에는 부추를 의미하는 구(韭) 자가 들어 있으므로 창포[98]나 부들[49]로 제를 만들 때 백엽(百葉, 천엽) · 신(蜃) · 돼지고기(豚肉) 등도 잘게 썰어 넣을 수 있는 것이다.

또, 현재와 같이 초(酢)를 넣어 만드는 것도 제(虀)라고 할 수 있는데, 삼재도회(三才圖會, 1522~1620, 王圻, 王思義)에서는 제(虀)를 생선식해(魚醢)라고 하였다. 남만(南蠻)에서는 초와 술을 같은 분량으로 한 차례 끓인 다음, 볶은 소금을 조금 넣어 항아리에 담고 날생선(生魚)과 육회(肉膾)를 넣어서 1주야 담그면 맛이 아주 좋으며 한더위에도 5~7일간 상하지 않아 회(膾)로 대용하는데 이것이 옛날 제(虀)를 만드는 방법이다. 우리나라의 웅어(鱭魚)나 가자미(鰈魚) 등의 식해(食醢)도 아마 이 종류의 제(虀)일 것이다.

이같이 오주연문장전산고에서는 니(臡)나 해(醢)는 고기를 잘게 썰어서 담그는 육장으로 같은 종류이며, 제(虀)도 같은 것이라고 하였다. 단, 제(虀)는 창포김치, 소천엽, 대합젓, 돼지갈비(어깨살), 부들순김치와 같이 부추, 창포[98], 부들[49] 등의 채소로 만드는 데 고기를 잘게 썰어서 함께 담그기도 하는 것이 다르다 하였다. 제(虀)에 들어 있는 구(韭)는 부추(韭)처럼 가늘게 채 썬 형태라는 의미라 한다. 또, 제(虀)는 해(醢)이기도 한데, 당시의 웅어 식해(食醢)나 가자미 식해(食醢)와 같은 것이라고 하였다.

안정복(安鼎福, 1712~1791)은 순암집(順菴集) '이형중(李瑩仲)의 문목(問目)에 답하다' 에서 해(醢)는 식해(食醢)를 말하고, 자(鮓)는 생선식해(魚鮓)를 말하는데 풍속에서 자(鮓) 음이 잘못 '젓' 으로 쓰이게 된 것이라고 하였다. 그리고 잡저(雜著) 묘제의(墓祭儀)에서 식해(食醢)는 생선젓 육장(肉醬)을 의미하는데, 제사에 쓰이는 것은 주로 식혜(食醯)라고 하였다.

청(淸)나라 때의 단옥재(段玉裁, 1735~1585)는 설문해자주(說文解字注)에서 저(菹)와 제(虀)를 다음과 같이 구분하여 설명하였다.

초(酢)는 지금의 초(醋)자이다. 김치는 담가서 맛을 내는 것인데 주례(周禮)에 부추 · 순무 · 순채[63] · 아욱 · 미나리 · 김 · 죽순 등 일곱 가지 김치가 나온다. 정씨가 말하기를 "혜(醯)와 장(醬)은 맛의 조화를 이루는 것이다. 가늘게 썰어 만든 것은 제(虀)이고 물체 그대로 큰 고깃덩이처럼 만든 것은 저(菹)이다. 소의(少儀)에 사슴으로 저(菹, 젓갈)를 담근다고 하였으므로 김치는 채소와 고기를 통틀어 말한 것이다."라고 하였다. 내(단옥재)가 보기에는 제(虀)와 저(菹)는 본래 채소로 담근 김치를 말하였지만 고기도 쓰게 되어 포함하게 되었다고 생각한다.

즉, 고대의 김치에는 제(虀)와 저(菹)가 있고, 채소를 가늘게 썰어 담갔느냐, 아니면 통째로 담갔느냐 하는 차이 밖에 없는데 짐승의 고기를 담근 것까지 의미하게 되었다는 말이다.

위(魏)나라의 장읍(張揖, 220~265)이 지은 광아(廣雅)라는 사전에서 제(虀)는 저(菹)라고 하였는데 제(虀)는 가늘게 잘라서 쓰는 채소와 육류를 말하고 저(菹)는 통째로 또는 길게 찢어서 담는 김치라고 하였다.

주례(周禮) 해인(醢人)의 주(注)에 제(齏)는 혜(醯)와 장(醬)에 섞어서 가늘게 썰은 것인데 매운 것(辛物)을 다져서 만들기도 한다고 하였다. 다산(茶山) 정약용(丁若鏞)은 송자대전(宋子大全) 수차(隨箚)에서 제(薺)는 제(虀)인데 통칭 채소김치(菜菹)를 말한다고 하였고, 아언각비(雅言覺非, 1819)에서 '제(虀)는 저(菹)의 일종으로 가늘게 썬 것을 초나 장(醬)에 섞어서 가늘게 썬 생강, 마늘 등의 양념을 넣고 버무린 것인데 후에 엄저(醃菹, 김치)에 포함되었다.' 고 하였다.

중국에서는 송(宋), 원대(元代) 이래 저(菹)와 제(齏)의 구별이 없다. 우리나라 중국어 사전에도 저(菹)와 제(齏)는 없고, 엄채(醃菜)나 함채(鹹菜)를 김치(沈菜)라 하였다.

1600년도 말의 주방문(酒方文)에서는 김치를 침채(沈菜, 지히)라 하고 있다.

오주연문장전산고에서는 다음과 같이 말하였다.

'조덕린(趙德麟)의 후청록(侯鯖錄 : 송나라 조영치(趙令畤)가 선배들의 고사(故事)와 시화(詩話)를 수록한 책. 덕린(德麟)은 자(字)에 가늘게 썬 것을 제(齏), 썰지 않고 그대로 만든 것을 저(菹)라고 하였는데 지금 중국에서는 제라 하고 강남에서는 저라 한다. 우리나라에서는 싱거운 저(菹)를 담제(淡齏), 짠 저를 함제(鹹齏)라 하며 해(醢)와 생선(魚)의 즙으로 만든 저(菹)가 해즙제(醢汁齏)이고, 해와 나물을 섞어서 담근 저는 교침제(交沈齏)인데 통칭 침채(沈菜)라 한다.'고 하였다.

정윤용(鄭允容)이 1856년에 지은 자전 자류주석(字類註釋)에서는 김치와 관련있는 한자를 다음과 같이 풀이하였다.

엄(醃) : 절임이라는 의미. 소금절임 생선. 엄(醃)은 저(菹)이다.
저(菹) : 침채라는 의미. 저(菹)는 자채(鮓菜, 식해형 김치)와 같다.
제(齏) : 양념김치라는 의미. 잘게 썰어 초와 장에 절인 것. 또는 매운 양념을 다져 넣은 것

김병규(金炳圭)가 지은 사류박해(事類博解, 1885(高宗 22年))에서는 저(菹)나 엄채(淹菜)를 침채(沈菜)라 하였다. 또 숙종(1700년대) 때의 정재륜(鄭載崙)이 지은 '공사견문록(公私見聞錄)' 에서는 중국처럼 김치를 엄채(淹菜)라 하였다.

임원십육지(徐有榘, 1827년)에서 저채(菹菜)는 담가서 그대로 먹는 것, 엄채(醃菜)는 담갔다가 헹구어 먹는 것, 제(齏)는 생강이나 마늘을 넣어서 맵게 한 것이라 하였다. 이것은 저채는 짜지 않게 담가 유산발효가 일어나

는 김치, 엄채는 짜게 담가 유산발효가 일어나지 않는 소금절임을 의미한다. 김치를 의미하는 저(菹)는 葅, 葙, 葅, 葙, 葅, 蕰, 薀 등도 있다.

이같이 조선시대에는 김치무리를 저(菹)라 하고, 일부에서는 엄채(醃菜)라 하였으며, 양념을 가한 김치를 제(虀)라 하기도 하였고 우리 고유의 침채(沈菜)라는 표현도 생겼다.

김 치

중국의 경서(經書)와 제민요술에서는 김치류를 저(菹)라 하였으나 그 후 중국에서는 송・원대 이래 저(菹)와 제(虀)를 구별하여 사용하지 않아서 저(菹)와 제(虀)라는 말은 없어지고 엄채(醃菜)라 하였다.

우리나라 상고시대에서도 김치를 저(菹)라고 하였다. 삼국유사(三國遺事)에 김치와 젓갈무리를 뜻하는 저해(菹醢)라는 기록이 보이고, 고려사(高麗史) 1452년(文宗 2) 2월에 춘추관에서 편찬한 고려사절요(高麗史節要)에도 '저(菹)'가 등장한다.

우리나라 고유의 김치무리는 지(漬)라고 한다. 고려 중엽의 이규보(李奎報, 1168~1241)가 지은 동국이상국집(東國李相國集) 후집(後集) 권4의 가포육영(家圃六詠)이라는 시에서 오이, 가지, 무(순무), 파, 아욱, 박을 읊었는데 그 중 무(순무)를 김치 담그면 한겨울을 날 수 있다(漬塩堪備九冬支)고 하였다. 송대(宋代)에 금(金)나라를 기록한 삼조북맹회편(三朝北盟會編)에서도 염지(鹽漬)라는 말을 쓰고 있다.

김치란 말은 '침채(沈菜)'라는 말에서 비롯되었는데, 1527년 최세진(崔世珍)이 지은 어린이용 한자 초학서 훈몽자회(訓蒙字會)에서 '딤ᄎᆡ조'라 하여 저(菹)를 '딤ᄎᆡ'라 하였는데 침채(沈菜)의 발음이다. 이 딤ᄎᆡ가 짐ᄎᆡ에서 짐치로 다시 김치의 여러 어음 변화를 거쳐서 '김치'가 된 것이다. 침채가 팀채가 되고 이것이 딤채로 변하고 구개음화하여 김채로 변하였다가 김치가 되었다고 풀이하는 사람도 있다.

'지' 형 김치는 국물을 붓지 않은 것이고, 침채는 국물이 있는 김치이다. 그리고 '지' 는 고대의 김치, 침채는 채소가 주로 사용되기 시작한 이후에 만들어진 김치로 볼 수 있다.

고려 말엽에 소금물에 김치 건더기가 가라앉는 침지형(沈漬形) 동치미형 김치가 나와서 김치를 침채(沈菜)라 하게 되었다. 이와 같이 침채(沈菜)는 김치류의 일종이었지만 김치의 비중이 커지는 데 따라 우리나라에서 김치류 전체를 대표하는 이름이 되었다.

이색(李穡, 1328~1396)의 목은집(牧隱集), 김시습(金時習, 1435~1493)의 매월당집(枚月堂集), 신흠(申欽, 1566~1628)의 상촌고(象村稿) 등 많은 자료가 김치를 침채(沈菜)로 표현하였는데 이 표현이 가장 많다.

'조선왕조실록(朝鮮王朝實錄)' 영조(英祖) 원년(1724) 11월에는 김치를 침채(沈菜)라 하였고, 선조(宣祖) 38년(1605) 8월, 영조(英祖) 32년(1756) 8월, 정조(正祖) 14년(1790) 7월, 정조(正祖) 18년(1794) 9월, 영조(英祖) 4년(1828) 10월에는 침저(沈菹)라 하였으나 헌종(憲宗) 3년(1837) 5월에는 엄채(淹菜)라 하고 있다.

축문에서 쓰는 가천(嘉薦)이라는 말은 김치와 육장(菹醢)을 말한다.

고전을 통하여 살펴 본 결과 김치는 침채(沈菜)로 표현한 경우가 가장 많아서 다음 표와 같이 59의 예를 기록하였다. 그 다음, 침저(沈菹) 15, 저채(菹菜) 13, 한저(寒菹) 12, 엄저(淹菹) 9, 침지(沈漬) 7, 엄채(淹菜) 6, 채저(菜菹) 6, 염지(鹽漬) 6 등의 순을 보였다.

김치이름	책이름	위치	지은이	연도
菹菜	默齋集	1권	洪彦弼	1561
	秋江集	6권	南孝溫	1577
	壽谷集	5, 7권	金柱臣	1600년대
	雪峯遺稿	13권	姜栢年	1603~1681
	約軒集	10권	宋徵殷	1652~1702
	南溪集	8권	朴世采	1732
	老峯集	12권	閔鼎遠	1734
	星湖全集	27, 48권	李瀷	1922(1681~1763)
	瓶窩集	4권	李衡祥	1774
	佔畢齋集	5권	金宗直	1789
	順菴集	2집45권	安鼎福	1712~1792
	與猶堂全書	3권	丁若鏞	1762~1836
	虛白堂集		成俔	1841
淹菜	梅月堂集	14권	金時習	1583
	穌齋集	2권	盧守愼	1665
	燕行日記	1권	金昌業	1712. 29일
	星湖全集	1, 19, 24, 48	李瀷	1922(1681~1763)
	佔畢齋集	상 尊錄	金宗直	1789
	與猶堂全書	3집22권	丁若鏞	1762~1836
淹菹	梅月堂集	4권	金時習	1583
	霽峯集	4권	高敬命	1617
	玉溪集	5권	盧禛	1632
	松江集	1권	鄭澈	1674
	藥峯遺稿	2권	徐渻	1927(1558~1631)
	東溪集	2권	趙龜命	1741
	與猶堂全書	1집24권	丁若鏞	1762~1836
	五洲衍文長箋散稿	人事篇服食類諸膳	李圭景	1780~1860
菹淹	穌齋集	3권	盧守愼	1665
醃菹	與猶堂全書	1집4권	丁若鏞	1762~1836
釃醋菹	東江遺集	2권	申翊全	1690
菹饌	大觀齋亂稿	2권	沈義	1577
葅蔬	黎湖集	24권	朴弼周	1665~1748
草菹	霞谷集	19권	鄭齊斗	1649~1736
	艮齋集	4권	李德弘	1752
	息山集	8권	李萬敷	1813
	琴易堂集	2권	裵龍吉	1855
菜菹	宋子大全	4권	宋時列	1901(1607~1689)
	圃陰集	6권	金昌緝	1726
	厚齋集	2권	金榦	1766
	青泉集	4권	申維翰	1770
	鹿門集	11권	任聖周	1795
	五洲衍文長箋散稿	人事篇論禮類祭禮	李圭景	1780~1860

김치이름	책이름	위치	지은이	연도
沈菜	梅月堂集	14권	金時習	1583
	牧隱集	13권	李穡	1626
	象村稿	55권	申欽	1629
	玉溪集	5권	盧진	1632
	仙源遺稿	-	金尙容	1640
	澤堂集	16권	李植	1674
	樂全堂集	4권	申翊聖	1682
	南溪集	8, 25, 48, 55권	朴世采	1901
	燕行日記	1,2권	金昌業	1712
	紫巖集	4권	李民寏	1741
	鎌菴集	4권	柳雲龍	1742
	北軒集	11권	金春澤	1760
	寒水齋集	11권	權尙夏	1761
	海槎日記	-	趙曮	1763
	陶谷集	26, 30권	李宜顯	1766
	鹿門集	11권	任聖周	1795
	渼湖集	11권	金元行	1799
	栗谷全書	27권	李珥	1814
	藥圃集	3권	鄭琢	1818
	赴燕日記	-	未詳	1828
	心田稿	1	朴思浩	1828
	燕轅直指	6권	金景善	1832
	氣測體義	2권	崔漢綺	1836
	李溪集	12권	洪良浩	1843
	泰村集	3권	高尙顔	1898
	順菴集	14권	安鼎福	1900(1712~1792)
	宋子大全	15권	宋時烈	1901(1607~1680)
	約軒集	10권	宋徵殷	(1652~1720)
	梧川集	15권	李宗城	1937(1692~1759)
	與猶堂全書	16, 21, 22, 24권	丁若鏞	(1762~1836)
	庚子燕行雜識	下	李宜顯	(1669~1745)
	薊山紀程	5권	未詳	1804
	象村集	52권	申欽	1990(1556~1628)
	象村雜錄	-	申欽	1971(1566~1728)
	湛軒書	내집 1권	洪大容	1974(1731~1784)
	東門選	속3권	柳洵	1968(1441~15157)
	萬機要覽	재용편 1	徐榮輔, 沈象奎	1971(1759~1816)
	戊午燕行	2권	徐有聞	1798
	燃藜室記述	23권	李肯翊	1966(1736~1806)
	燕行錄	-	崔德中	1712~1713
	朝鮮王朝實錄	영조 원년	-	1724.9.24
	承政院日記	고종 7년	-	1870.10.15
	日省錄	정조 10년	-	1786.5.11, 5.19

김치이름	책이름	위치	지은이	연도
沈菹	石川詩集	1권	林億齡	1572
	思齋集	4권	金正國	1591
	鶴峯集	7권	金誠一	1649
	捕渚集	3권	趙翼	1688
	四佳集	51권	徐居正	1705
	燕行日記	2권	金昌業	1712
	希菴集	11권	蔡彭胤	1775
	息山集	1권	李萬敷	1813
	心田稿	1	朴思浩	1828
	杞園集	6권	魚有鳳	1833
	燕巖集	160권별집	朴趾源	1932(1737~1805)
	與猶堂全書	3집22권	丁若鏞	1762~1836
	日省錄	정조10년	-	1786.5.19
	薊山紀程	5권	미상	-
	五洲衍文長箋散稿	人事篇器用類什物	李圭景	1780~1860
沈漬	謙齋集	32권	趙泰億	1675~1728
	與猶堂全書	18,19권	丁若鏞	1786
	圃陰集	5권	金昌緝	1726
	艮翁集	15권	李獻慶	1795
	大山集	28, 56권	李象靖	1802
	葛庵集	6권	李玄逸	1909(1627~1704)
	順菴集	14권	安鼎福	1900(1712~1792)
交沈菹	青莊館全書	7권	李德懋	1741~1793
交沈虀	五洲衍文長箋散稿	經史篇 1	李圭景	1780~1860
鹹菜	恬軒集	8권	任相元	1760
	與猶堂全書	22	丁若鏞	1762~1836
淹鹹菹	五洲衍文長箋散稿	人事篇服食類諸膳	李圭景	1780~1860
鹽漬	東文選	11권	李達衷	1385
	星湖全集	10권	李瀷	1922(1681~1763)
	海游錄	상, 하	申維翰	1719
	青泉集	4,7권	申維翰	1770
	與猶堂全書	7의학집 5권	丁若鏞	1762~1836
	冠陽集	2권	李光德	-
鹽菹	景淵堂集	6권	李玄祚	1654~1725
	與猶堂全書	22권	丁若鏞	1862~1836
	五洲衍文長箋散稿	人事篇服食類諸膳	李圭景	1780~1860
鹽菹交沈	五洲衍文長箋散稿	萬物篇草木類菜種	李圭景	1780~1860
淡菹	五洲衍文長箋散稿	淡菹	李圭景	1780~1860

김치이름	책이름	위치	지은이	연도
寒菹	揖翠軒遺稿	1권	朴誾	1514
	希樂堂稿	2권	金安老	1481~1587
	企齋集	2, 3권	申光漢	1573
	容齋集	5권	李荇	1586
	石州集	1권	權韠	1632
	東岳集	23권	李安訥	1640
	雪峯遺稿	2, 13권	姜柏年	1603~1681
	醒齋遺稿	3책	申翼相	1634~1697
	滄溪集	2권	林泳	1708
	谷雲集	2권	金壽增	1711
	佔畢齋集	5권	金宗直	1789
	思菴集	2권	朴淳	1857
霜菹	月沙集	5, 10권	李廷龜	1636
	思菴集	2권	朴淳	1857
冷菹	白州集	4권	李明漢	1646
酸菜沈菹	杞園集	6권	魚有鳳	1833
酸菹	白沙集	5권	李恒福	1629
	櫟泉集	3권	宋明欽	1805
	與猶堂全書	1집6권	丁若鏞	1762~1836

이들 문학작품 외에도 많은 자료가 있으나 간략하게 정리하면 다음 표와 같이 침채가 141로 가장 많고 그 다음 침저, 저채, 침지, 엄채, 염지 등의 순서를 나타냈다.

자료	菹*	菹菜	淹菜	淹菹	醃菹	菹淹	淹菜	沈菜	菜菹	沈菹	沈漬	鹽漬	醎菹
유지류								1					
상소류	9			4	1						5		
왕실자료	43	1					1	28	1			1	1
고문서	2							6					
일성록	27		2				2	20		14	1		
내각일력	5							5		1			
의궤	6							21					
관보								3					
왕조실록	76		1				1	1		5		1	
문집	334	15	9		1	1		41	7	9	8	5	
국학원전	37		1	4			1	15				3	1
합계	539	16	13	8	2	1	5	141	8	29	14	10	2

*菹에는 젓갈도 포함되어 있다.

김장

김치를 겨울철에도 먹을 수 있도록 늦가을에 많은 양의 김치를 한 번에 담그는 것을 김장이라고 한다. 김장은 침장(沈藏)에서 나온 말이다.

고려 중엽의 이규보(李奎報, 1168~1241)가 지은 동국이상국집(東國李相國集) 후집(後集) 권4 가포육영(家圃六詠)에서 오이, 가지, 무(순무), 파, 아욱, 박 등을 읊었는데 그 중 무(菁, 순무)에 대한 시는 다음과 같다.

장으로 하면 한여름에 먹기 좋고	得醬尤宜三夏食
김장으로 담그면 한겨울을 날 수 있네	漬鹽堪備九冬支
땅 속에 서린 뿌리 살쪄 있으니	根蟠地底差肥大
서슬 퍼런 칼로 배만큼 잘라 먹어야 가장 좋다	最好霜刀截似梨

여기서 지염(漬鹽)은 김장을 의미하므로 고려시대에 김장이 일반화되어 있었다는 것을 알 수 있다.

권근(權近, 1352~1409)은 양촌집(陽村集, 10권)에서 김장을 축채(蓄菜)라 하였다.

김장(蓄菜)

시월엔 바람높고 새벽엔 서리 내려	十月風高肅曉霜
울안에 가꾼 채소 다 거두어 들였네	園中蔬菜盡收藏
맛있게 김장 담가 겨울을 준비하니	須將旨蓄禦冬乏
진수성찬 없어도 날마다 먹을 수 있네	未有珍羞供日嘗
쓸쓸한 겨우살이 스스로 가엾으니	寒事自憐牢落甚
남은 해 감회가 깊음을 깨닫네	殘年偏覺感懷長
앞으로 얼마나 먹고 마실 수 있으랴	從今飮啄焉能久
백년 광음이 유수처럼 바쁜 것을	百歲光陰逝水忙

축채를 김장으로 표현한 예는 더 있다.

김치 종류	책이름	위치	지은이	연도
蓄菜	陽村集 定齋集 息山集	10권 1권 2권	權近 朴泰輔 李萬敷	1352~1409 1700년대 1813

조선왕조실록(朝鮮王朝實錄) 태종조 9년(1409)에는 김치를 만들어 관리하는 침장고(沈藏庫)를 두었는데 침장(沈藏)이 김장으로 변한 것으로 볼 수 있다.

농가집성(農家集成, 申洬, 1655)의 사시찬요초(四時纂要抄) 8월에는 오이김치(瓜菹), 파김치(沈葱)등 김치(淹菜)를 마련한다고 하였다.

이덕무(李德懋, 1741~1793)는 '중양절 마포(痲浦)에서 재선(在先)과 함께 외사촌 박치천(朴穉川) 종산(宗山)의 집에서 자는데, 마침 장유의(張幼毅) 간(僴)이 오다' 라는 시에서 김장을 애기하였다.

포전(浦田)에 무 풍년드니	渚田豐萊菖
올 겨울 김장 매우 싸겠네	今冬菹眞廉

정학유(丁學游)가 1816년 지은 농가월령가(農家月令歌)의 2월령에는 달래김치, 6월령에는 가지김치, 9월령에는 고추잎 장아찌, 10월령에는 김

장이 소개되어 있다.

二月令 달래김치 냉잇국은 비위를 깨치나니
六月令 호박나물 가지김치 풋고추 양념하고
七月令 박[42], 호박 고지 켜고 외가지 짜게 절여
겨울에 먹어보소 귀물이 아니 될까
九月令 배추국 무나물에 고초잎 장아찌라
十月令 무·배추 캐어들여 김장을 하오리라
앞 냇물에 정히 씻어 간을 맞게 하소
고추·마늘·생강[57]·파에 젓국지 장아찌라
독 곁에 중두리[93]요 바탱이[41] 항아리요
양지에 움집 짓고 짚에 싸 깊이 묻고

다산 정약용(茶山 丁若鏞, 1762~1863)은 '다시 앞의 운을 빌려서 두 아들에게 부치다(復次前韻寄二子)'라는 시에서 김장을 얘기하였다.

돈을 들고 시장 가는 것은 어리석다　　　　持錢走市眞愚劣
가난한 자 비축하는 데는 김장이 제일이다　醃菹正供貧人蓄

홍석모(洪錫謨)가 지은 동국세시기(東國歲時記, 1849)에는 여름의 장담기와 겨울의 김장을 민가의 가장 중요한 1년 행사로 생각하였다.

10월조 ; 도시풍습에 무청, 배추, 마늘, 후추[124], 소금으로 김치(沈菹)를 담는데 여름에는 장김치, 겨울에는 김장하는 것이 일 년 중의 큰일이다.
11월조 ; 메밀[36]국수를 사용하여 무김치, 배추김치를 담가 제육과 함께 먹는 것을 이른 바 냉면이라고 한다.
11월조 ; 잎을 제거한 작은 무로 담그는 김치를 이른 바 동침이(冬沈)라고 한다.
11월조 ; 새우젓국에 순무, 배추, 마늘, 생강, 후추, 청각[101], 굴, 조기, 식해로 섞박지(雜菹)를 만들어서 항아리에 넣어 겨울을 나며 먹는다. 순무, 배추, 미나리, 생강, 후추로 장김치(醬菹)를 만들어 먹는다.

1800년대 말 이기원(李基遠)이 지은 농가월령(農家月令)의 9월령에는

'박도 타서 삶아내고 무수 뽑아 김장하자' 라고 하는 구절이 있다.

김장은 농사일과 추수가 끝난 다음에 서리가 오는 때인 입동부터 소설 사이에 담그며 추운 북쪽 지방은 김치를 싱겁게, 따뜻한 남쪽 지방은 짜게 담가 금방 시지 않게 한다.

행세하는 집은 하인, 머슴들, 소작인들의 부인들이 모두 함께 일을 해 주며 규모가 커서 하루에 끝나지 않는다.

그러나 일반 백성들은 동네사람들이 와서 김장을 같이 해 준다. 도움을 받은 집은 도움을 준 집이 김장하는 날에 가서 역시 도와준다. 품앗이인 것이다.

김장을 할 때는 온 동네 아낙들이 모두 모여서 배추를 다듬고, 절이고, 소금기를 우려내고, 양념을 만들고, 소를 넣고, 독에 담그는 일을 함께 한다. 남자들은 이엉을 엮고 수숫단을 세워서 움을 짓고, 땅을 파고 독을 묻어 놓는다. 그 사이 절여서 양념한 겉절이 배추를 안주로 막걸리 사발을 기울인다. 김장할 때는 일하러 와준 아낙의 남편은 물론 그 집 식구 모두가 김장하는 집에 와서 밥을 먹는다. 잔치가 벌어지며 소란한 하루가 가는 것이다.

시집와서 일이 서투른 새댁은 시어머니에게 김장을 배우고, 다른 집을 도와주면서도 배운다. 김장은 동네 사람 모두 마음과 힘을 합하여 서로 돕고 결속하고, 김치 만드는 법을 전수하고, 서로 소식을 전하던 중요 행사였다.

고대의 김치

우리나라의 고대 김치에 대한 기록은 남아 있지 않고 중국의 것만 남아 있기 때문에 중국의 자료에서 기원을 찾을 수 밖에 없다. 중국 최초의 시집인 약 3천년 전의 시경(詩經)에 김치에 대한 기록이 처음 나오는데 오이김치(菹)이다.

밭 속엔 작은 원두막	中田有廬
밭 두덕엔 오이가 열렸네	疆埸有瓜
이 오이 깎아 김치를 담가서	是剝是菹
조상에 바치면	獻之皇祖
수(壽)를 누리고	曾孫壽考
하늘의 복을 받으리	受天之祜

이 시는 시경(詩經) 소아(小雅)의 신남산(信南山)이라는 작품으로, 밭에 열린 오이를 따다 정성스럽게 오이김치를 담아 조상에게 바쳐서 복을 받으려 하고 있다.

이같이 당시 이미 오이김치를 제수(祭需)로 사용하였는데 김치무리가 제사음식으로 사용된 기록이 많다.

주나라(기원전 1122년~기원전 256년) 주공(周公)이 쓴 의례(儀禮)는 주(周)나라 모든 의식과 예의법도가 실려 있는데 부추김치(韭菹)를 가장 많이 사용하고 그 다음 아욱김치(葵菹), 창포김치(昌本), 순무김치(菁菹)순으로 많다.

그릇에 부추김치(韭菹醢)를 가득 담고, 김치(菹)는 서쪽에 놓는다.
부녀자 중에 돕는 자가 창포[98]김치(昌菹醢)를 주부(主婦)에게 주면 주부는 일어나지 않고 받아서 남쪽에 진설한다.
주부가 부추김치(韭菹醢)를 올린다.
부녀자 중에 돕는 자가 부추김치(韭菹醢)를 올린다.

주례(周禮)를 살펴보면 김치를 관장하는 혜인(醯人)이라는 직책이 있는데 혜인은 오제칠저(五虀七菹)를 만들어서 제사와 연회에 제공하는 일을 담당하였다.

오제(五虀)는 창포김치, 소천엽, 대합, 돼지갈비(어깨살), 부들순김치인 다섯 가지이고 칠저는 부추, 순무, 순채[63], 아욱, 미나리, 김, 죽순으로 만든 일곱 가지 김치(七菹)인데 제(虀)와 저(菹) 모두 젓갈과 김치의 의미를 갖는다.

혜인은 김치를 제사에 올리기도 하고 김치로 손님을 접대하기도 하였다.

왕에게는 나물과 김치와 혜(醯)를 60항아리 올렸다.

해인(醢人)은 젓갈과 김치를 만들거나 보관하는 관청, 그런 일을 하는 관리로, 제사 때 목기(豆) 네 개를 채우는 것을 담당하였다. 첫새벽에 지내는 제사와 시동이 아헌할 때 김치와 육장, 젓갈을 올린다. 그리고 왕의 수라에는 젓갈 60항아리를 올리는데, 오제(五薺), 칠해(七醢), 칠저(七菹), 삼니(三臡)로 채운다.

대그릇(籩)에 담는 음식은 열여덟 가지, 목기(豆)에 담는 음식은 스물 네 가지인데 육장과 생선젓은 겹친다.

조정 행사 때 대그릇에 담는 음식은 풍(麷)·분(蕡)·백(白)·흑(黑)·소금(形鹽)·건육(膴)·생선젓갈(魚醢)·포(鮑, 절인 어물)·건어(魚鱐)이다.

조정 행사 때 목기에 담는 음식은, 부추김치·육장·창포김치·노루고기육장·순무김치·사슴고기육장·순채[63]김치·순록고기육장이다

잔치 때 목기에 담는 것 중 아욱김치만 칠저(七葅) 줄에 들고 나머지는 제해(虀醢)인데, 아욱김치, 고동젓갈·소천엽·대합젓갈·개미알젓·돼지갈비(豚拍, 어깨고기)·생선젓이다.

박세채(朴世菜, 1631~1695)가 소학(小學), 대학(大學), 중용(中庸), 근

사록(近思錄)을 바탕으로예절을 엮은 독서기(讀書記) 내칙(內則)과 내칙외기(內則外記)는 내용이 예기(禮記)와 거의 같다.

· 역제(繹祭)를 지내는 날에 주인이 시동(侍童)을 인도하여 시동에게 잔을 올리면 주부(主婦)가 동쪽 방으로부터 부추김치(韭菹)와 젓갈(醢)을 올린다.
· 제사 제물 중 물에서 나는 것으로 담근 김치(菹, 미나리와 순채[63]김치 등)와 물에서 나는 것으로 담근 젓(醢, 개미알 젓 등)은 작은 제물이다(예기).
· 회는, 봄에는 파, 가을에는 겨자로 조리한다. 새끼돼지고기는 봄에는 부추, 가을에는 여뀌[72]를 넣어 조리하는데 지방이 많은 것은 파, 기름(膏)이 많은 것은 염교(薤)[74]로 조리하며 혜(醯)를 써서 맛을 낸다(예기).
· 송양공(宋襄公, 기원전 650~기원전 637) 부인의 장사(葬事) 때는 김치와 젓갈, 장(醯醢)이 100단지나 되었다고 한다.

진(秦)나라(기원전 238~기원전 207) 때 여불위(呂不韋)가 만든 여씨춘추(呂氏春秋)에는 공자가 주문왕(周文王)이 저(菹)를 즐겨 먹는다는 얘기를 듣고 주문왕을 따라 김치(菹)를 먹기 시작하였으나 너무 시어서 코를 찌푸렸는데 삼년 후에나 맛을 즐길 수 있게 되었다고 한다.

고대의 김치는 지역에 따라, 시대에 따라 재료와 방법이 다르고, 나타났다가 사라지고, 존재하였지만 기록에 없는 것, 기록으로만 존재하는 것, 전래되다가 변한 것 등이 혼재하고 사람에 따라 시대에 따라 풀이가 달라져서 현대의 감각으로 풀이하기에 어려움이 있다.

삼국시대의 김치

삼국시대의 김치에 관한 기록은 남아 있지 않다. 그러나 우리나라에서 삼국 및 통일신라시대 이전에 김치(菹)에 대한 기록이 없다고 해서 실제로 김치가 없었던 것은 아니다. 기록이 남아 있는 중국 및 일본의 문헌과, 다른 시대 문헌을 통해 실상을 유추할 수 있다.

김치를 뜻하는 저(菹)자가 처음 등장한 것은 10세기경의 고려시대이지만 많은 자료에서 삼국시대부터 김치가 이용된 것으로 확인된다.

한치윤(韓致奫, 1765~1814) · 한진서(韓鎭書)가 지은 해동역사(海東繹史)에 의하면 삼국시대에 가지가, 김부식(金富軾) 등이 1145년(仁宗, 23)에 지은 삼국사기(三國史記)에는 마늘(蒜)이, 일연(一然, 1206~1289)이 지은 삼국유사(三國遺事)에는 삼국시대에 부추 및 오이가 재배되었다고 하고 있다.

후진(後晋) 개운(開運) 2년(945) 재상 유후(劉煦)를 비롯한 학자들이 지은 당서(唐書)에서는 삼국의 식품류가 중국과 같다고 하였으므로 삼국시대에 중국에서 식용하던 가지, 갓[4], 배추, 생강 등을 재배하고 있었을 것으로 추정되며 그것으로 만든 김치류가 있었을 개연성은 충분하다.

삼국사기에 주몽(朱蒙, 東明聖王. 기원전 37~기원전 19, 고구려 시조)은 비류수(沸流水) 상류 사람들이 채소를 먹는 것을 알고, 그곳으로 가서 영토를 넓혔다고 하는 기록이 있는데, 이로써 짐작해보건대 초기 고구려인들이 채소류를 생식하였으며, 추운 기후이므로 채소를 보관하는 방법이 있었을 것이므로 여기까지 우리나라 김치의 기원을 소급할 수 있을 것이다. 고구려 사람들은 일상적으로 채소를 먹었다고 하는 데다 추운 곳이라 겨울을 나기 위한 저장 방법도 있었을 것이기 때문이다.

서진(西晉)의 진수(陳壽, 233~297)가 펴낸 삼국지위지동이전(三國志魏志東夷傳)에는 우리나라의 동·식물이 중국과 비슷하고, 고구려 사람들은 술빚기, 장담기, 젓갈, 채소 발효시키기를 좋아하고 또한 잘 한다(自喜善藏釀)고 하였다.

고구려 안악고분 벽화에는 김치 장독대로 보이는 유물이 그려져 있다. 그러므로 당시 고구려에 생선이나 채소를 소금에 절여 발효시킨 김치와 식해류가 있었을 것이고 중국과 접경하고 있던 지역이어서 교류가 빈번하였으므로 중국에 존재하던 김치무리도 있었을 것이다.

당(唐) 무덕연간(武德年間, 618~627)에 비서승(秘書丞) 영호덕분(令狐德棻)이 편찬한 주서(周書)는 백제의 효찬(餚饌)이 중국과 유사하다고 기록하였는데, 효찬은 밥반찬을 의미하므로 백제에도 김치무리가 있었을 것으로 생각된다. 삼국지위지동이전, 주서이역전(周書異域傳)에 백제의 채소는 중국과 같다고 하여 이러한 사실을 뒷받침한다.

일본은 한반도의 문물을 받아들였다. 일본 나라시대(奈良時代, 710~794)에 만든 동대사(東大寺) 정창원(正倉院)에 소장된 잡물납장(雜物納帳)이라는 문서에는 소금 절임(鹽漬)이 있고, 연희식(延喜式)이라는 문서에는 봄의 14가지, 가을의 36가지 절임류가 있다. 절임으로는 소금 절임(김치, 鹽漬), 장절임(醬漬), 술지게미절임(糟漬), 초절임(醋漬), 수수보리절임(須須保利漬, 채소를 콩죽이나 쌀죽과 함께 소금에 절인 것) 등이 있다. 수수보리는 일본에 술 빚기와 기타 발효 기술을 전해 준 인번(仁番)이라는 백제 사람이므로 당시 백제의 김치류가 일본에 전해진 것으로 유추할 수 있다. 따라서 이들 절임류는 백제계열의 것으로 볼 수 있다.

삼국사기 신라본기 신문왕조(新羅本紀 神文王條)에 신문왕 3년(683)에 신문왕이 부인을 맞으면서 주(酒), 장(醬), 시(豉), 혜(醢) 등을 폐백으로 보냈다고 한다. 혜(醯)는 절인다는 의미로 젓갈, 장, 김치를 포함하는 총칭이므로 당시 재배하던 가지, 박[42], 무, 죽순과 산채 등을 소금, 식초, 장, 술지게미, 누룩 등으로 절여서 익힌 김치류가 있었을 것이다.

속리산 법주사 경내에는 돌을 쌓아 만든 항아리가 남아 있는데 신라 33대 성덕왕(聖德王) 19년(720년)에 만든 김치독이라고 전한다.

해동역사(海東繹史)는 당시대(唐時代)의 유양잡조(酉陽雜俎)를 인용하여 '신라의 가지는 품종이 매우 우수하여 중국에서도 재배한다'고 하였는데, 가지 등의 채소만 중국과 교류한 것이 아니라 채소로 만드는 김치도 교류하였을 것이다.

중국 송나라 구종석(寇宗奭)이 1199년 쓴 본초연의(本草衍義)에 '신라의 가지는 은은한 광택이 있는 연한 자색이고 모양이 달걀과 같다.' 고 한다. 이같이 가지를 중국보다 한 수 위의 품종으로 개량하였다는 사실은 그것을 재료로 하는 김치의 제조술도 중국보다 뛰어났다는 개연성을 보이는 것이다.

그러나 제대로 알 수 있는 기록이 없으므로 교류가 많았던 중국 고대의 저채법(菹菜法)에서 우리의 김치를 유추할 수밖에 없다. 중국의 북위(北魏) 말엽(439~535년)에 고양군(高陽郡) 산동성(山東省) 태수(太守) 가사협(賈思勰)이 고양군을 중심으로 식생활을 정리한 제민요술(齊民要術)에 김치 만드는 방법 36가지가 있다. 고양군은 고구려와 접하여 교류가 빈번하였으므로 한반도에도 같은 김치가 존재하였을 가능성은 매우 높다.

백제는 근고초왕시대인 360~370년에 중국의 요서(遼西), 산동(山東), 북경(北京) 지역을 지배하다가 제민요술이 쓰여진 500년경 요서지방을 잃었다. 그러나 백제의 유민과 문화와 식생활은 남아 있었다. 반증으로, 제민요술의 저자인 가사협의 가(賈)씨 성은 백제의 성씨라고 한다. 그리고 중국 고대의 김치는 단순히 신맛을 내는 것인데 반해 제민요술의 김치는 우리나라 김치와 종류가 같다. 그리고 제민요술형 김치는 백제의 영향을 많이 받은 일본에 많이 남아 있다. 그래서 제민요술의 김치는 백제의 것, 즉 우리의 것이라는 연구가 있다(김상보: 제민요술의 菹가 백제의 김치인가에 대한 가설의 접근적 연구 I, II, 한국식생활문화학회지 13, 1998).

고려시대의 김치

고려 초기는 불교를 숭상하여 육식을 잘 하지 않고 채식을 선호하였다. 그리고 재배 채소의 수가 매우 많아져서 채소를 조리 가공하는 방법도 다양해지고 그에 따라 김치를 담가 먹는 방법도 여러 가지로 발전하였다.

1123년(仁宗, 1)에 송나라 사신인 서긍(徐兢)이 지은 선화봉사고려도경(宣和奉使高麗圖經, 고려도경)에 의하면 고려에서는 혜(醯)가 귀천 없이 일상 반찬으로 쓰이고 있고, 조예(皁隷)에서는 녹봉(祿俸)으로 생쌀과 채소를 준다 하였고, 연례(燕禮)에서는 과일과 채소가 풍부하고 살졌다고 기록하고 있는데 이로 미루어 보아 김치를 일상적으로 담가 먹은 것으로 생각할 수 있다.

이수광(李睟光, 1563~1628)이 지은 지봉유설(芝峰類說)에서는 '고려의 생채 맛이 아름답고 산나물 향이 뒷산을 메운다. 고려인은 모두 생채 잎에 밥을 싸서 먹는다'고 하였다.

김종서(金宗瑞) · 정인지(鄭麟趾) · 이선제(李先齊) 등이 1454년(端宗, 2)에 지은 고려사제 60권 예지(禮志) 제14권 예2 새벽관제 제사를 올릴 때의 진설표 첫 번째 줄에 부추김치(韮菹), 무김치(菁菹), 미나리김치(芹菹),

둘째 줄에 죽순김치(筍菹)등 네 가지 제향(祭享) 김치류가 있는데 일반 백성들이 먹는 김치류는 더 많았을 것이다.

그러나 저(菹)라는 말은 고려의 기록에 보이지 않는다. 고려 중엽의 이규보(李奎報, 1168~1241)가 지은 동국이상국집(東國李相國集) 후집(後集) 권 4에 있는 가포육영(家圃六詠)이라는 시는 앞서 살펴보았듯이 김장과 김치에 대하여 읊었다.

덧 붙여서 같은 시기에 고려후기 이달충(李達衷)이 지은 제정집(霽亭集)의 산촌잡영(山村雜詠)이라는 시에 김치가 있다.

울 콩에 돌피[28] 섞어 밥은 거칠고 飯組編雜裨
여뀌[72]에 마름[32] 넣어 소금에 절이네 鹽漬蓼和萍

여기에 나오는 '염지(鹽漬)'는 이규보가 말한 '지염(漬鹽)'과 같은 것으로 김치 담는 법을 말한다. 순무 뿐 아니라 마름과 여뀌 등 여러 가지로 김치를 담갔던 것을 알 수 있다.

고려말의 권근도 양촌집에서 김장을 노래하고 있으므로 고려시대에 김장이 일반화된 것으로 볼 수 있다.

정도전(鄭道傳)이 우왕 말년(1385~1387년)에 쓴 삼봉집(三峯集) 17권에서는 대관서(大官署)에서 채소, 사선서(司膳署)에서 반찬을 다루었다고 하므로 대관서와 사선서에서 김치를 다루었을 것이다.

고려 말의 이색(李穡 1318~1396)의 목은집(牧隱.集)에도 김치(沈菜), 산갓[4]김치(山芥鹽菜), 오이장아찌(醬瓜, 장담금) 등이 있다.

이같이 삼국시대의 장아찌형 절임에서 발전하여 고려시대에는 동치미와 나박김치류가 첨가되었다. 그러나 배추가 주재료인 통배추김치의 흔적은 볼 수 없다. 이유는 이때까지만 해도 배추는 포기가 작아 손바닥만 하고 결구도 되지 않았고, 순무형 뿌리가 붙어있어서 볼품없었기 때문이다.

조선시대의 김치

왕실의 김치

조선왕조실록에 저(菹)는 76건이 나오는데 대부분 제향(祭享)에 올리는 김치로 세종(世宗) 원년(1419) 12월의 산릉(山陵)의 개토제(開土祭)와 참토제(斬土祭)에 처음 등장한다. 진설(陳設)은 두(豆, 사발형 다리 받침이 있는 목기)에 올리는 데 12개, 10개, 8개 규모가 있다. 어느 경우든 주례(周禮)를 따라 부추김치(韭菹) · 미나리김치(芹菹) · 죽순김치(筍菹) · 무김치(菁菹)는 반드시 들어갔다.

세종(1424) 6년 9월, 세조(世祖) 12년(1466) 8월에 김치인 저(菹)가 나오고, 성종(成宗) 8년(1477) 정월, 10년(1479) 10월에서는 저(菹)가 20가지라고 하였다.

조선왕조실록 세조 12년(1466) 8월 21일 사옹원(司饔院, 왕의 음식과 궁중 음식을 공급하던 관청) 관리와 설리(薛里, 왕의 수라를 맡던 內侍府 관리) 등이 계절에 따른 김치를 한 번도 올리지 않았다고 죄를 물으라고 하였다.

영조(英祖) 32년(1756) 8월, 정조 14년(1790) 7월, 정조 18년(1794) 9월, 선조(宣祖) 38년(1605) 8월에는 침저(沈菹)라는 말이 있다. 영조(英祖) 4년(1828) 10월에는 궁에서 김치(沈菹)를 1천 6백 바리[40] 담근다고 하였다. 소 한 마리가 싣는 양이 약 100kg이므로 160톤인 셈이다.

일성록(日省綠) 정조 10년(1786) 5월 11일에 '(죽은 文孝세자의) 염습을 행하였다'에서 별단으로 김치(沈菜) 1그릇이 있다.

일성록(日省綠) 정조(正祖) 10년(1786) 5월 19일에 혼궁(魂宮, 문효세자)에 대하여 발인(發靷, 죽은 자가 살던 집에서 상여가 떠남)하기 전후에 차리는 물품은 다음과 같다.

선달그믐날밤에 의영고는 김치(沈菹) 담그는 소금을 10석(1,800ℓ) 바친다.

사약방(司鑰房)에 대한 1년 치의 지출은 매년 김치 담그는 소금 1석(180ℓ)인데 사포서가 바친다.

호조가 왕세자상의 혼궁(魂宮)과 묘소(墓所)에 3년 동안 월령(月令)에 정해진 채소를 마련하는 별단으로 오이김치(苽子沈菜)를 660일간 매일 13개씩 모두 8,580개 차린다.

호조가 왕세자상의 3년 내의 수묘관(守墓官)·시묘관(侍墓官) 이하의 소선(素膳, 생선이나 고기가 없는 간소한 찬)을 마련하는 별단은 상궁 이하 나인(內人) 30인에 대해서는 5월 11일부터 7월 30일까지 무(菁根) 11,850개, 오이김치(沈苽) 4,640개, 순무(蔓菁根) 7,110개이다.

호조별단으로 세자궁에 매달 초하루에 김치(沈菜) 담그는 소금 1석(180ℓ)을 바치고, 매년 김치 담그는 소금 1석(180ℓ)을 사포서가 바친다.

호조의, 왕세자상의 발인 전과 발인 후 제향에 쓸 물품에 대한 별단으로 혼궁에 대한 조석 상식은 김치가 1그릇인데 제철 채소를 쓴다.

일성록 정조 10년(1786) 7월 18일 묘소(문효세자)의 3년 제사용 생김치 값을 구사(九司)가 함께 마련하여 사포서에 내 주고, 호조에서 생김치 값 1,200냥을 원두별감(園頭別監)에게 내 주어 차리는 것이 전례라고 하였다.

만기요람(萬機要覽, 1808) 재용편(財用編)에는 대전(大殿), 중궁전(中宮殿), 왕대비전(王大妃殿), 혜경궁(惠慶宮), 가순궁(嘉順宮)에 매달 김치 소금(沈菜鹽)을 1석9두(342ℓ)씩 올리고, 과거(科擧) 과장(科場) 김치(沈菜)는 한 그릇당 쌀 5홉(0.9ℓ)을 마련하여 지급한다고 하였다.

승정원일기 고종12년(1875) 9월 7일에 예조가 고종에게 묻기를 각전에 산갓김치 바치던 일은 없앴는데 세자궁에 바치는 것은 어떻게 하느냐고 하자 하던 대로 바치라고 하였다.

영조(英祖) 원년(1724) 11월에는 침채(沈菜), 헌종(憲宗) 3년(1837) 5월에는 엄채(淹菜)라는 표현이 있다.

세종(世宗) 6년(1424) 9월, 세조(世祖) 3년(1457) 7월에는 오이김치(瓜菹), 영조(英祖) 9년(1733) 5월에는 무김치(菁菹), 성종(成宗) 12년(1481) 7월에는 오이장김치(醬瓜兒)가 나온다.

조선 궁중연회에 오른 김치로 진찬의궤(進饌儀軌) 1848, 1868, 1873, 1887, 1892년과 진연의궤(進宴儀軌) 1902년에 김치(沈菜)가 있다. 진연의궤(進宴儀軌) 1901년에는 장김치(醬沈菜)가 있다.

인경왕후국휼등록(仁敬王后國恤謄錄, 1682), 숙종대왕국휼등록(肅宗大王國恤謄錄, 1722), 현빈궁상등록(賢嬪宮喪騰錄, 1752), 빈례총람(儐禮總覽, 순조)에는 산삼장김치(山蔘醬菹), 무장김치(菁根醬菹), 오이장김치(苽子醬菹), 가지장김치(茄子醬菹) 네 가지(四色)가 짝을 이루고 있다.

임금의 수라상에 오른 김치는 원행을묘정리의궤(園幸乙卯整理儀軌 1795)에 따르면 젓갈김치(交沈菜), 무김치(菁根沈菜), 도라지김치(桔梗沈菜), 숙주나물김치(綠豆長音沈菜)가 있고, 싱건지로는 산갓김치(山芥沈菜), 순무김치(蔓菁沈菜), 무김치(菁根沈菜), 어린오이김치(靑苽沈菜), 미나리김치(水芹沈菜), 유자김치(柚子沈菜), 배김치(生梨沈菜), 연한김치(雌沈菜), 동아김치(冬苽沈菜)가 있다.

궁중에는 김치를 담는 침장고(沈藏庫)라는 관이 있었다. 침장고는 채소를 재배하거나 공납을 받아서 궁중 제사와 각전(各殿)에 공급하고 김장을 담가 갈무리하였는데 조선왕조실록에 28회 나온다. 침장고 관원으로는 제거(提擧)·별좌(別坐)·향상(向上)·별감(別監)이 있고, 이조(吏曹)에 속하였다. 태종 9년(1409) 5월, 태종 14년(1414) 12월 침장고(沈藏庫)를 다방(茶房)에 이속(移屬)시켰다가 태종 16년(1416) 9월 다시 침장고를 두었다. 태종 17년(1417) 10월에는 침장고의 업무를 여러 곳으로 나누어 분담시켰다.

세조 12년(1466) 정월에 침장고(沈藏庫) 이름을 사포서(司圃署)로 바꾸었는데 조선왕조실록에 이름이 56회 나온다. 성종 4년(1473) 12월에 도성 10리 내의 백성을 사포서 김치 담그는 노역으로 쓴다고 하였다. 연산군 11년(1505) 7월에 연산군은 흙집을 짓고 겨울에도 시금치 등을 기르라고 사포서에 명하였는데 온실 시설재배인 셈이다. 연산 12년(1506) 정월에는 사포서를 중학(中學)으로 옮기라고 하였다. 사포서는 고종 19년(1882년)에 폐지되었다.

일반 김치

조선시대의 김치는 초기의 단순히 절인 상태의 장아찌 형과 싱건지 형에서 점차 소박이형, 섞박지형, 식해형으로 발전하였다. 주재료는 오이, 가지, 배추, 무, 동아[30], 갓[4], 생강[57], 부추, 마늘 등을 사용하였는데, 전래의 절임형 김치는 양념이 단순하였으나 조선시대에는 주재료와 부재료의 구분이 뚜렷하여지고 양념이 많이 사용되기 시작하였다. 절임방식도 소금에 절였다가 우려내는 법으로 발전하였다.

고려 이전에는 소금, 소금과 식초, 소금과 술지게미, 장을 사용하여 담그는 김치가 많았는데 조선시대에는 소금으로 담그는 방법이 가장 많고 그 다음 술지게미, 장, 식초로 담그는 방법이 사용되었다. 그래서 선대의 절임형 김치는 조선시대 중기 이후 장아찌가 되고, 젓갈과 고추 등의 양념을 사용하기 시작한 김치는 오늘날의 김치로 정착되었다.

초기에 배추는 결구형의 좋은 품질이 나오지 않아서 오이와 가지가 중심이었다. 본서에서 정리한 결과 조선시대의 오이김치는 46가지, 가지김치는 19가지, 오이-가지김치는 12가지를 차지한 반면 배추김치는 15가지, 무김치 17가지, 동아김치 16가지, 동치미 12가지, 갓김치 12가지, 생강김치 12가지, 부추김치 7가지, 기타의 순이었다.

배추가 개량되고, 고추가 유입되고, 젓갈을 사용하면서 배추김치가 우리의 음식문화를 대표하는 김치로 자리 잡게 되었다.

우리나라와 중국에서 김치가 발달하여 온 과정을 그림으로 표시하면 다음과 같다.

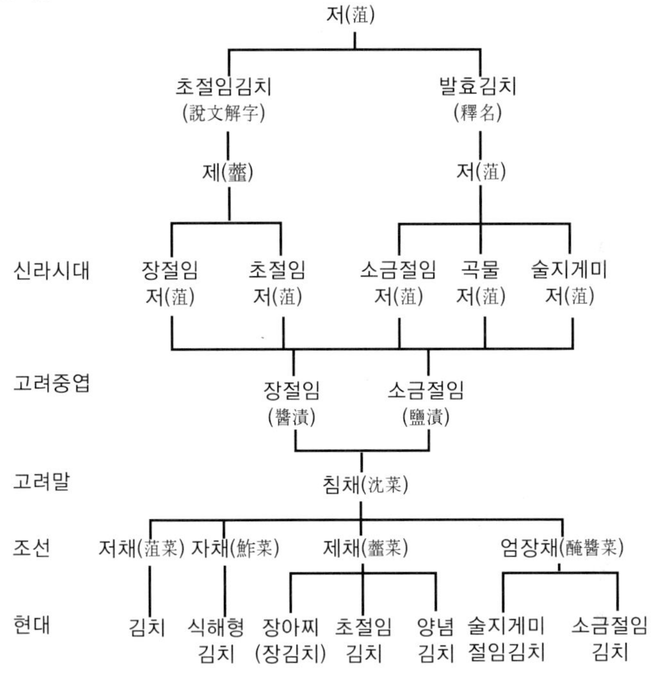

전통김치의 발달과 변화

임원십육지의 분류에 따르면 우리가 일상적으로 먹는 김치는 저채, 쌀이나 누룩을 함께 넣어 발효시키는 김치는 자채, 장에 담거나 식초를 넣거나 양념을 넣는 김치는 제채, 술지게미에 담거나 짜게 소금절임한 김치는 엄장채라고 한다.

김치 이야기와 시

광해군 원년(1608) 이후 기강이 무너지자 간신들에게 김치와 잡채 등을 뇌물로 바치고 벼슬하는 사람들이 생겨서 침채정승(沈菜政丞, 김치정승), 잡채상서(雜菜尙書)라는 말이 생겼다(象村集 52권, 申欽).

조선조 초에 맹(孟)재상은 아내가 잠들면 몰래 계집종 방을 찾았다. 계집종은 맹재상에게 "절편떡같이 고운 부인을 놓아 두고 어째서 저같이 천박한 종을 찾습니까?" 힐난하였더니 맹재상은 "아내가 절편떡이라면 너는 갓김치이다. 절편떡에는 갓김치를 먹어야 맛이 나기 때문이다."라고 하였다. 그 후 남자주인이 품는 계집종을 갓김치종이라고 하게 되었다.

이 이야기는 이륙(李陸, 1438~1498)의 청파극담(靑坡劇談)에 있는 골계담(滑稽談)과 서거정(徐居正, 1420~1488)의 태평한화골계전(太平閑話滑稽傳)에 있는데 갓김치를 일상적으로 절편떡과 곁들여 먹었다는 것을 알 수 있다.

신증동국여지승람(新增東國輿地勝覽) 한성부(漢城府)에 홍덕이밭(弘德田) 유래가 있다.

나인(內人, 궁중 女官) 홍덕(弘德)이 병자호란(丙子胡亂) 때 심양(瀋陽 = 奉川)에 포로로 잡혀 갔는데 김치를 잘 담가서 마침 인질로 잡혀 와 있던 봉림대군(鳳林大君) 집에 갖다 주곤 하였다. 봉림대군이 나라로 돌아와서 효종왕위에 오른 다음, 홍덕도 돌아와 궁에서 일하였다. 홍덕이 김치를 담가 나인을 통하여 효종(孝宗)에게 올리자 효종은 맛을 이상하게 여겨 홍덕이 이야기를 캐묻고 놀랍고 신기하여 상을 주려고 하였으나 홍덕은 사양하였다. 그러자 효종은 낙산(駱山) 아래 밭 수 경(頃 = 1경은 40마지기 = 8,000평)을 하사하여 수고에 답하였다. 그래서 그 밭을 홍덕이밭(弘德田)이라고 한다.

홍덕이밭은 서울의 대학로와 나란히 혜화동에서 동대문 방향으로 긴 등성이를 따라 성곽이 이어지는 대학로쪽 낙산공원 산복(山腹) 도로, 즉 낙산정 가까운 곳에 지금도 있다.

삼백(三白)은 무김치, 소금, 밥을 의미하는데 가난하여 손님접대를 잘 할 수 없는 것을 의미한다.

서거정(徐居正, 1420~1488)은 김치 시를 남겼다(속동문선 제4권).

채마밭을 돌며(巡菜圃有作)

그대는 못 보았는가. 올부추 늦배추의 주옹의 흥과[(1)]	君不見早韭晩菘周顒興
줄풀[12, 92] **순채**[63]**의 장한의 낙을**[(2)]	菰菜蓴絲張翰樂
또 못 보았는가. 문동 태수가 죽순을 즐겨 먹고[(3)]	又不見文仝太守饞筍脯
이간 학사가 부추즙을 좋아한 것을[(4)]	易簡學士愛虀汗
인생이 입에 맞으면 그게 진미지	人生適口是眞味
채소를 씹어도 고기만 못하지 않다네	咬菜亦自能當肉
내 집 동산에 몇 이랑 공터가 있어	我園中有數畝餘
해마다 넉넉히 채소를 심네	年年滿意種佳蔬
배추랑 무랑 상추랑	蕪菁蘿蔔與萵苣
미나리랑 토란이랑 자소[81]**랑**	靑芹白芋仍紫蘇
생강 마늘 파 여뀌[72] **오미 양념을 갖추어**	薑蒜葱蓼五味全
데쳐선 국끓이고 담가선 김치 만드네	細燖爲羹沈爲菹
내 식성이 본디 채식을 즐겨	我生本是藜藿腸
꿀처럼 사탕처럼 달게 먹으니	嗜之如密復如糖

(1) 주옹(周顒)이 산중에 있을 때 임금이 "산에서 무슨 맛있는 것을 먹는가." 묻자, "첫봄 부추와 늦가을 배추가 맛있습니다." 하였다.

(2) 진(晉) 나라 장한(張翰, 자는 季鷹)은 제왕경(齊王冏)에서 동조연(東曹掾) 벼슬을 하다가 가을바람이 불자 고향의 줄풀과 순채국이 생각나서 관직을 그만두고 돌아갔다.

(3) 문동(文仝, 자는 與可)은 송나라 문인화가(文人畵家)인데, 죽순과 창포를 좋아하고 대[竹]를 잘 그렸다. 그래서 소동파가 그에게 대 그리는 법을 배웠다.

(4) 송나라 임금이 소이간(蘇易簡)에게 "무슨 음식이 맛있는가." 묻자, "때에 따라 다릅니다. 한 번은 술에 취하여 자고 새벽에 목이 말라서 부추 담근 국물을 마셨더니 신선하고 좋았습니다." 하였다.

필경 내나 하증이나 다 같이 배부른데(5)　　畢竟我與何曾同一飽
식전방장 고량진미를 벌일 필요가 없네　　不須食前方丈羅膏粱

유순(柳洵, 1441~1517)은 산갓김치를 매우 좋아하여 시를 남겼다(속동문선, 제3권).

산갓김치를 이수에게 보냄(賦山芥沈菜寄耳叟)

하늘이 이 작은 것을 내렸는데　　天生此微物
타고난 성질이 홀로 이상하여　　賦性獨異常
저 벌판과 진흙을 싫어하고　　厭彼原與隰
높은 산 언덕에 뿌리 박네　　托根高山岡
봄에 나는 보통 풀을 시시하게 여겨　　春榮陋凡草
눈 속에서야 싹이 돋네　　雪裏乃抽芒
가는 줄기 한 치도 못 되니　　細莖不盈寸
어디 있는지 찾기도 어려운데　　尋討何茫茫
이따금 산속의 중들이　　時有山中僧
도망자 잡듯 뜯어서　　採掇如捕亡
사람들에게 내다 파는 것을　　賣向人間去
곡식과 함께 사오누나　　雜歸雜稻粱
생으로 씹으니 어찌 매운지　　生啖味何辣
산에서 전하는 묘법에 따라　　妙法傳山房
끓는 물에 데쳐 김치를 만드니　　湯燖淹作菹
금시 기특한 향내를 내는구나　　俄頃發奇香
한 번 맛보니 눈썹이 찡그러지고　　一嘗已攢眉
두 번 씹으니 눈물이 글썽하네　　再嚼淚盈眶
맵고도 달콤한 그 맛은　　既辛復能甘
계피와 생강을 깔보고　　俯視桂與薑
산짐승과 물고기의 맛　　山膏及海腥
갖은 진미가 겨룰 수 없네　　百味不敢當

(5) 진(晋)나라 하증(何曾)은 사치를 하여 한 끼에 만전(萬錢)짜리 음식을 먹었는데 소동파는 채소 먹는 시에서 "나나 하증이나 한 번 배부르기는 마찬가지다." 라고 하였다.

* 한국고전번역원 풀이

내 식성이 괴벽한 것을 즐겨 我性好奇僻
보면 매양 미칠 듯 좋아한다 每遇喜欲狂
어머니가 그런 줄 알고 慈母知其然
슬며시 한 광주리 보냈네 殷勤寄一筐
꿇어앉아 그 정에 감격하며 跪受感中情
봄에 빛나는 은혜를 어이 갚을까 春暉報何方
이 마음 그대에게 알리고 싶고 此心要君知
이 맛 혼자 맛보기 어려워 此味難獨嘗
작은 함에 담아서 收藏一小榼
군자의 집에 보내니 往充君子堂
바라건대 국물을 마시면서 願且醊其汁
함께 겨울의 향기를 보전하세 共保歲寒芳

* 한국고전번역원 풀이

김시습(金時習, 1435~1493)은 '연시(荷詩)'에서 김치를 읊었다.

이른 봄 연한 줄기는 삶아 먹을 만하고 春前莖嫩堪爲茹
늦가을에 뿌리 살쪄 김치 담글 만하다 秋後根肥可作菹

성현(成俔, 1439~1504)도 '이춘천태수가 보내온 멧돼지에 감사하며(謝李春川送野猪頭)'라는 시에서 김치를 얘기하였다.

내가 난파를 떠난 지 이십 년 自離欒坡今廾載
밥상에 처량하게도 나물 · 김치도 없더니 盂鉢凄涼困葅菜

신흠(申欽 1566~1628)은 상촌집(象村集)의 '즉흥을 읊다(詠事)' 라는 시에서 미나리김치를 읊었다.

흰종이 등 만들어 명절 놀이 마련하고 白紙作燈供節戲
미나리로 김치 담가 소반 반찬 꾸미네 青芹釀醋飾盤羞

다산 정약용(茶山 丁若鏞, 1762~1863)은 '장난삼아 서흥 도호부사 임군 성운에게 주다(戲贈瑞興都護林君性運)'라는 시에서 배추김치를 읊었다.

갓 모양의 남비에 노루고기 전골하고 樣溫銚鹿臠紅
무김치 냉면에다 배추김치 곁들인다 拉條冷麪菘菹碧

'족제 공예의 회갑을 축하하다(族弟公睿回甲之作)'에서도 김치를 얘기하였다.

어느새 육십일 년의 나이가 들어 飛騰六十一秋回
떡과 신 김치로 손에게 술잔을 권한다 溲餠酸菹勸客杯

김치관련 고문헌

김치의 존재에 대하여 기록한 문헌은 많다. 그러나 본서에서는 김치를 만드는 방법을 수록한 문헌만을 대상으로 풀이하였다.

우리나라의 김치와 관련된 고문헌은 540년 중국의 제민요술에 영향을 받은 바 크다. 그후 중국의 거가필용, 구선신은서, 군방보 등이 전통김치에 영향을 미쳐서 산림경제, 증보산림경제, 오주연문장전산고, 임원십육지 등은 중국의 자료를 그대로 인용한 것들이 많다. 그러나 1450년경의 산가요록 및 1500년대의 수운잡방과 한글로 쓰여진 자료들은 우리나라 독자적인 김치 만드는 방법을 수록하고 있다.

본서에서 풀이한 우리나라 김치 문헌은 다음과 같다.

고사신서(攷事新書) 1771년(英祖 47). 서명응(徐命膺)이 어숙권(魚叔權)의 고사촬요(攷事撮要)를 개정·증보한 책. 11 부분이 있고, 그중 농포(農圃)가 있다.

고사십이집(攷事十二集) 1787(正祖 11년). 서명응(徐命膺)이 지은 것을 서유구(徐有榘)가 편집하였다. 12권 5책, 자채조법(鮓菜造法), 제제조법(諸虀造法), 엄채조법(淹菜造法)이 있다.

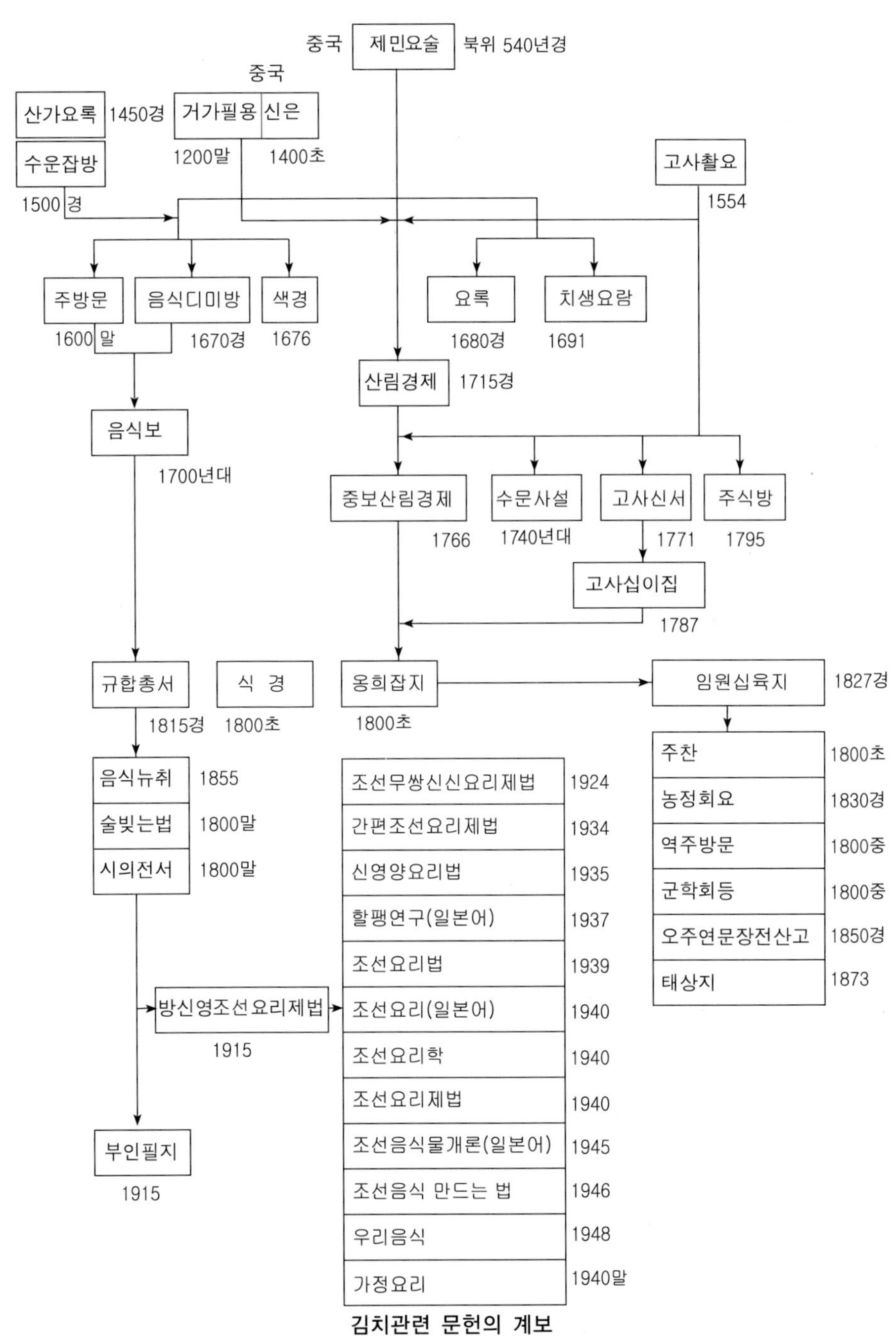

중국
제민요술
북위 540년경
중국
산가요록
1450경
거가필용
신은
1200말
1400초
수운잡방
1500경
고사촬요
1554
주방문
1600말
음식디미방
1670경
색경
1676
요록
1680경
치생요람
1691
산림경제
1715경
음식보
1700년대
중보산림경제
1766
수문사설
1740년대
고사신서
1771
주식방
1795
고사십이집
1787
규합총서
1815경
식 경
1800초
옹희잡지
1800초
임원십육지
1827경
주찬
1800초
농정회요
1830경
역주방문
1800중
군학회등
1800중
오주연문장전산고
1850경
태상지
1873
음식뉴취
1855
술빚는법
1800말
시의전서
1800말
조선무쌍신신요리제법
1924
간편조선요리제법
1934
신영양요리법
1935
할팽연구(일본어)
1937
조선요리법
1939
방신영조선요리제법
1915
조선요리(일본어)
1940
조선요리학
1940
조선요리제법
1940
조선음식물개론(일본어)
1945
조선음식 만드는 법
1946
우리음식
1948
가정요리
1940말
부인필지
1915

김치관련 문헌의 계보

군학회등(群學會謄) 1800년대 중반. 박해통고(博海通攷)라고도 한다. 각종 음식의 조리법과 먹을 때 주의할 점, 장채법(藏采法) 등이 있다.

규합총서(閨閤叢書) 1815년경. 빙허각전서(憑虛閣全書) 3권 중의 1권, 서유구(徐有榘)의 형수 빙허각(憑虛閣) 이씨(李氏 1759~1824)가 엮은 한글 생활지침서. 1권 1책. 주사의(酒食議)에 요리와 음식이 있다.

농가집성(農家集成) 1655 신속(申洬). 종합농서로 사시찬요초(四時纂要抄) 8월에 가지 및 오이김치가 있다.

농정회요(農政會要) 1830년경. 최한기(崔漢綺). 농업전반에 관한 것으로 10책. 9책 치선(治膳)중 채소(菜蔬)에 김치류가 있다.

도문대작(屠門大嚼) 1611(光海君 3년). 허균(許筠, 1569~1618). 8도의 명물 토산품과 별미음식을 소개한 책. 26권. 도문대작이란 유배되어 있을 때 고기를 먹고 싶어도 먹을 수 없어서 푸줏간을 쳐다보면서 고기씹는 시늉을 하며 크게 입맛을 다신다는 뜻. 조선팔도 음식 117종을 얘기하였다.

사시찬요초(四時纂要抄) 1483. 강희맹(姜希孟, 1469~1494). 사시순(四時順), 월별, 24절별로 전곡(田穀)과 벼의 경종법, 채소류와 약용 식물의 재배법이 있다. 팔월에 침과저(沈瓜菹)가 있다.

산가요록(山家要錄) 1450년경. 전순의(全循義). 2001년 발굴. 1권은 농서인데 유실. 2권은 중국의 문헌을 베끼지 않은 순수한 우리나라 식품서로 가장 앞선다. 술빚기 51가지, 장담그기 13가지, 김치담그기 22가지 등이 있다.

산림경제(山林經濟) 1715(肅宗, 41년)경. 홍만선(洪萬選, 1643~1715). 4권 4책. 농서로 치선(治膳)에 식품저장법·조리법·가공법이 있다.

색경(穡經) 1676년(肅宗, 2년). 박세당(朴世堂, 1629~1703). 2권 2책. 농서. 제목은 농사에 관한 경서라는 뜻이다. 중국의 고농서를 우리 농업의 환경에 맞도록 편찬하였다.

수문사설(謏聞事說) 1740년대(英祖代 중엽). 이표(李杓, 1680~). 1책. 식치방(食治方)에 김치가 있다.

수운잡방(需雲雜方) 1500년대초. 김수(金綏, 1481~1552, 中宗). 국내에서 산가요록 다음으로 오래 된 조리서. 121항이 있다. 안동지방을 대상으로 한 것이 많다.

술빚는 법 1800년대말. 저자미상. 한글본. 술 11 가지와 19가지의 요리법이 있다.

시의전서(是議全書) 1800년대 말. 저자미상. 한글본. 상권에 226, 하권에 422가지의 음식 만드는 법이 있다. 상권에 김치부가 있다.

식경(食經) 1800년대. 장영(張英). 6에 김치(菹)가 있다.

역주방문(曆酒方文) 1800년대 중반. 저자미상. 술 40가지, 요리 37가지가 있는데 장김치(汁菹) 등이 있다.

오주연문장전산고(五洲衍文長箋散稿) 1850년경. 이규경(李圭景 1788~?). 백과사전류로 60권 60책. 방대한 문물·제도를 1400여 항목 이상 기록하고 있다. 56권에 김치가 있다.

옹희잡지(饔饎雜志) 1800년대초. 서유구(徐有榘), 교가지류(咬茄之類)에 김치가 있다.

요록(要錄) 1680년경(肅宗, 초기). 저자미상. 김치, 조과류, 떡, 국수, 탕 등 76종의 음식만드는 법이 있다.

월사집(月沙集) 1636년경. 인조 때의 이정구(李廷龜, 1564~1635)의 시문집.

음식디미방 규곤시의방(閨壼是議方)이라고도 한다. 1670년경(肅宗, 초기). 석계부인(石溪夫人) 안동장씨(安東張氏)가 한글로 쓴 조리서. 소과류(蔬果類)에 김치가 있다.

음식법 저자 미상. 1854. 141가지의 음식만드는 법이 있다.

음식보(飮食輔) 1700년대초. 숙부인 진주정씨(淑夫人 晉州鄭氏, 石崖先生夫人). 수필. 생강김치, 배김치 등이 있다.

임원십육지(林園十六志) 1827(純祖, 27년). 서유구(徐有榘, 1764~1845). 13권 52책. 농서. 임원경제십육지(林園經濟十六志), 임원경제지(林園經濟志)라고도 한다. 정조지(鼎俎志)에 엄장채(醃藏菜), 자채(鮓菜), 제채(虀菜), 저채(菹菜, 沈菜)가 있다.

주방문(酒方文) 1600년대말. 하생원(河生員). 한글. 술 빚는 법, 요리, 김치 담는 법 등이 있다.

주식방(酒食方) 고려대 소장 규곤요람. 1795. 저자미상. 술만드는 법 25가지, 음식만드는 법 11가지 중 가지김치 만드는 법이 있다.

주찬(酒饌) 1800년대 초. 저자미상. 술 80가지, 김치담그기 7가지, 기타 항이 있다.

증보산림경제(增補山林經濟) 1766년(英祖, 42년). 유중림(柳重臨)이 홍만선(洪萬選)의 산림경제를 증보하여 엮은 농서. 16권 12책. 김치 조리법이 있다.

지봉류설(芝峰類設) 1613(광해군 5년). 이수광(李睟光, 1563~1628), 백과전서. 20권 10책. 총 3,425 항목으로 식품부에 부들김치가 있다.

치생요람(治生要覽) 강와(强窩). 1691년. 조선시대 생활지침서로 조리법, 농업기술, 가축 기르는 법이 있다. 상권에는 장담그기, 누룩·식초 만들기, 술 담그는 법, 찬법(饌法), 식품저장법 등이 있다.

태상지(太常志) 1873년. 이근명(李根命). 조선시대 제사(祭祀)·의시(議謚)를 관장하던 기관인 봉상시(奉常寺)의 연혁과 조직, 업무를 정리한 책. 8권 2책. 태상은 봉상시의 별칭.

해동농서(海東農書) 1799(正祖, 23년). 서호수(徐浩修)가 편찬. 우리나라 및 다른 나라의 문헌을 인용하여 만들었다. 오사카본(大板本)은 곤권(坤

券) 2에 과류(果類)와 채류(菜類)가 있고, 성균관대본에는 치선(治膳)에 소채(蔬菜)가 있다.

본서에서 풀이한 중국의 김치문헌은 다음과 같다.

거가필용(居家必用) 원대(元代, 13세기말). 저자미상. 몽고풍의 가정백과사전. 거가필용사류전집(居家必用事類全集)이라고 한다. 채소요리 35가지 중에 김치가 있다. 그중 12가지를 임원십육지가 인용.

구선신은서(衢仙神隱書) 1400년대초. 명나라 태조 17째 아들 주권(朱權~1448). 농서(農書). 상권은 양생과 가정, 하권은 농업을 중심으로 한 월령(月令). 우리나라 산림경제의 요리부분은 반을 여기서 인용하였다.

군방보(群芳譜) 1621년. 명대의 왕상진(王象晋). 식물에 대한 생활백과. 우리나라 임원십육지는 여기서 23가지의 김치무리를 인용하였다.

농상촬요(農桑撮要) 1330(원대, 1314년). 노명선(魯明善). 농사의식촬요(農桑衣食撮要), 양민월요(養民月要)라고도 하며 12개월로 편집.

물류상감지(物類相感志) 1690(元祿, 3년). 북송(北宋) 소식(蘇軾, 소동파 1036~1101).

사시찬요(四時纂要) 중국 당나라 말 서기 800~900년 사이에 한악(韓鄂)이 지은 농서. 제민요술 등을 인용하여 썼다.

산가청공(山家淸供) 1241~1252(南宋理宗淳佑年間). 임홍(林洪). 백여가지의 식품, 채식, 화초, 약물, 과일 콩제품 등. 전2권. 상권에는 음찬(飮饌) 47종. 하권에는 57종.

제민요술(齊民要術) 북위(北魏). 530~550. 가사협(賈思勰).

중궤록(中饋錄) 송대(宋代) 포강(浦江)의 오씨(吳氏)가 지은 것과, 청대(青代) 증의(曾懿)가 지은 것이 있다.

고전에 나타난 여러 김치의 종류와 이름은 표와 같다.

김치명	책이름	위치	지은이	연도
菘菹	梅月堂集	10권	金時習	1583
	蒼石集	1권	李埈	1631
	月沙集	5, 9권	李廷龜	1636
	谷雲集	2권	金壽增	1711
	與猶堂全書	1집 3권	丁若鏞	1762~1836
白菜菹	陽坡遺稿	14권	鄭太和	1602~1673
白菜沈菜	迎接都監雜物色儀軌	1책10장		1643
菘沈菜	燕行日記	1권	金昌業	1712
	薊山紀程	5권	미상	1803
冬菹	希樂堂稿	3권	金安老	1481-1537
	容齋集	5권	李荇	1586
	五山集	3권	車天輅	1909(1556~1615)
	柏谷集	3책	金得臣	1687
	宋子大全	10권	宋時列	1901(1607~1689)
	青泉集	1권	申維翰	1770
	打愚遺稿	2권	李翔	1761
冬沈菹	燕轅直指	2권	金景善	1832
凍菹	謙齋集	15권	趙泰億	1675~1728
	頭陀草	10책	李夏坤	1760
	恬軒集	13권	任相元	1677~1724
	李參奉集	1권	李光呂	1805
東菹	旅軒集	7권	張顯光	1554~1637
汁菹	東岳集	18권	李安訥	1640
	杞園集	6권	魚有鳳	1833
沈汁菹	燕巖集	160권 별집	朴趾源	1932(1737~1805)
芭蕉莖心沈菹	息山集	1권	李萬敷	1813
薑沈菹	四佳集	51권 24	徐居正	1705
薑葅	北軒集	14	金春澤	1760
薑髮菹	頭陀草	9책	李夏坤	1677~1724
蒜沈菹	四佳集	51권 24	徐居正	1805
蒜菹	歸鹿集	13권	趙顯命	1690~1752
蔥沈菹	四佳集	51권24	徐居正	1705
蔥沈菜	薊山紀程	5권	미상	1803
蔥菹	訥隱集	2권	李光庭	1808w
	海左集	부록	韓致應	1867
蓼沈菹	四佳集	51권24	徐居正	1705
紫蘇沈菹	四佳集	51권24	徐居正	1705

김치명	책이름	위치	지은이	연도
當歸莖葅	梅月堂集	5권	金時習	1583
當歸葅	江漢集	22권	黃景源	1790
蘘荷葅	梅月堂集	12권	金時習	1583
石葅	慕齋集	2권	金安國	1574
瓜葅	慕齋集 農隱遺稿 谷雲集 霞谷集 謙齋集 吉禮要覽	6권 2권 2권 16권 19권	金安國 允推 金壽增 鄭齊斗 趙泰億 李昰應	1574 1916(1632~1707) 1711 1649~1736 1675~1728 1870
青瓜葅	東岳集	18	李安訥	1640
沈瓜葅	燕巖集	4권	朴趾源	1932(1737~1805)
茄子沈菜	日省錄	정조 10년		1786.5.19
龍仁水茄葅	五洲衍文長箋散稿	萬物篇萬物雜類	李圭景	1780~1860
南茄雜葅	五洲衍文長箋散稿	人事篇服食類諸膳	李圭景	1780~1860
芹葅	國朝五禮書例 退溪集 晩全集 沙西集 忠烈公遺稿 農隱遺稿 與猶堂全書 日省錄 五禮儀抄 正宗大王胎室石欄干造排儀軌 聖上胎室加封石欄干造排儀軌 太祖大王胎室修改儀軌 牒呈洪原縣監牒呈	- 8권안문성공향도 5권 6권 부록 2권 20, 25권 하 - 1책16장 1책12장 1책10장 2책	申叔周 李滉 洪可臣 全湜 吳達濟 允推 丁若鏞 - 미상 行呈洪原縣監	1474 1573 1541~1615 1605 1697 1916(1632~1707) 1762~1836 1796.9.17 미상 1801 1847 1866 1877
甕葅	習齋集	1권	權擘	1653
菁葅	國朝五禮書例 晩全集 東岳集 水色集 忠烈公遺稿 谷雲集 西坡集 桐溪集	1, 5권 5권 3,15권 2권 부록 2권 6권 -	申叔周 洪可臣 李安訥 許積 吳達濟 金壽增 吳道一 李光庭	1474 1541~1615 1640 1661 1697 1711 1729 1852

김치명	책이름	위치	지은이	연도
菁菹	與猶堂全書	24, 25권	丁若鏞	1762~1836
	五禮儀抄	-	미상	미상
	聖上胎室加封石欄干造排儀軌	1책12장	-	1847
	太祖大王胎室修改儀軌節目	1책10, 14장	-	1866
	牒呈洪原縣監牒呈	13책	河陽	1855
		2책	行呈洪原縣監	1877
菁菘菹	五洲衍文長箋散稿	人事篇服食類諸膳	李圭景	1780~1860
青菹	醒齋遺稿	3책	申翼相	1634~1697
	陶谷集	30권	李宜顯	1766
	正宗大王胎室石欄干造排儀軌	1책16장		1801
菁根沈菜	東岳集	15권	李安訥	1640
	肅宗大王國恤謄錄	1권	-	1722
蘿葍菹	谷雲集	2권	金壽增	1711
	順菴集	14권	安鼎福	1900(1712~1791)
蘿葍沈菜	迂書	9권	柳壽垣	1694~1755
蘿薄沈菜	東岳集	속집	李安訥	1640
蔓菁菹	谷雲集	2권	金壽增	1711
筍菹	國朝五禮書例	1, 5권	申叔周	1474
	晩全集	5권	洪可臣	1541~1615
	象村稿	36권	申欽	1629
	與猶堂全書	25권	丁若鏞	1762~1836
	崇惠殿誌		金學銖編	1933
沈竹筍	東岳集		李安訥	1640
竹筍菹	五洲衍文長箋散稿	人事篇服食類諸膳	李圭景	1780~1860
韮菹	晩全集	5권	洪可臣	1541~1615
	於于集	3, 5권	柳夢寅	1832
	東編		미상	미상
	節目		河陽	1855
	崇惠殿誌		金學銖編	1933
韭菹	國朝五禮書例	5권2책	申叔周	1474
	醒齋遺稿	3책	申翼相	1634~1697
	霞谷集	19권	鄭齊斗	1649~1736
	三山齋集	10, 11권	金履安	1854
	與猶堂全書	22, 25권	丁若鏞	1762~1836
	五禮儀抄		미상	미상
菹韭	江漢集	9권	黃景源	1790
菹韮	五洲衍文長箋散稿	天地篇地理類州郡	李圭景	1780~1860

김치명	책이름	위치	지은이	연도
韭虀	赴燕日記	主見諸事	未詳	1828
	五洲衍文長箋散稿	人事篇服食類諸膳	李圭景	1780~1860
山芥菹	惺所覆瓿稿	26권	許筠	1569~1618
	順菴集	16권	安鼎福	1900(1712~1791)
山芥沈菜	青坡劇談	-	李陸	1512
	東岳集	22권	李安訥	1640
	日省錄			1870.10.15
芥沈菜	燕行日記	1권	金昌業	1712
	薊山紀程	5권	미상	1803
根芥沈菹	五洲衍文長箋散稿	人事篇服食類諸膳	李圭景	1780~1860
茄苽寒菹	谷雲集	2권	金壽增	1711
葵菹	霞谷集	19권	鄭齊斗	1649~1736
	與猶堂全書	2, 22, 25권	丁若鏞	1762~1836
雉瓜菹	三淵集	29권	金昌翕	1732
竹菹	蒼雪齋集	6권	權斗經	1800년경
桃菹	鳳巖集	5권	蔡之洪	1783
梅菹	鳳巖集	5권	蔡之洪	1783
水草菹	梧川集	15권	李宗城	1937(1692~1792)
忘憂菹	旅菴遺稿	1권	申景濬	1910(1712~1781)
相公沈菜	樂全堂集	4권	申翊聖	1682
雜菹	壺谷集	10권	南龍翼	1695
	順菴集	14권	安鼎福	1900(1712~1791)
菖蒲菹(蒲菹, 昌菹)	石川詩集	1권	林億齡	1572
	壽谷集	2권	金柱臣	1600년대
	竹南堂稿	2권	吳竣	1689
	西河集	1권	林椿	1713
	李參奉集	2권	李匡呂	1805
蠻椒沈淡菹	五洲衍文長箋散稿	人事篇服食類諸膳	李圭景	1780~1860
歠菹	五洲衍文長箋散稿	人事篇服食類諸膳	李圭景	1780~1860
醬菹	五洲衍文長箋散稿	人事篇服食類諸膳	李圭景	1780~1860
	宋子大全	118권	宋時烈	1607~1689
	三淵集	11권	金昌翕	1653~1722
	息山集	21권	李萬敷	1664~1731
	巍巖遺稿	8권	李柬	1677~1727
	星湖全集	48권	李瀷	1681~1763
	順菴集	14권	安鼎福	1712~1791
	旅軒集	7권	張顯光	1554~1637

전통김치의 특징과 종류

고추의 도입

고추는 랄가(辣茄), 번초(番椒), 남초(南椒), 왜초(倭椒), 왜개자(倭芥子), 당초(唐椒), 남번초(南蠻草), 천초(天椒), 고초(苦椒), 고초(苦草) 등의 다양한 명칭으로 불렸다. 그러던 것이 활활 타오를(苦) 정도로 매운 초(椒, 천초)라는 의미인 고초(苦草) 즉, 지금의 고추로 바뀌었다.

고추는 16세기 말경에 도입되었는데 김치에 주로 사용하기 시작한 것은 100여년 후이다. 고추(花椒)를 사용한 김치는 요록(1689)의 오이김치가 처음이다. 고추를 의미하는 화초(花椒)는 천초(川椒), 즉 산초를 의미하기도 하기 때문에 단독으로 쓰이면 고추인지 산초인지 구별하기 어렵지만 이 경우는 천초가 별도로 있기 때문에 고추가 분명하다고 할 수 있다. 그 다음은 1767년 증보산림경제에 소개된 오이짠지와 무짠지 김치이다. 1715년 산림경제에 나오는 김치에 고추가 처음 사용되었다는 주장이 있는데, 날생선회(魚生膾)에 사용하였을 뿐 김치에는 사용하지 않았다.

이어서 주식방(酒食方, 1795)의 가지(오이) 김치 담는 법, 시의전서(1800년대 말)의 배추통김치, 장김치, 섞박지, 열젓국지, 젓무, 동치미, 오이김치, 장짠지, 가지김치, 동아[30]섞박지, 박김치, 어육김치, 굴김치, 규합총서(1815)의 석박지, 동치미, 장짠지, 동아석박지, 어육김치, 주찬(1800년대)의 가을김치, 짠지, 오이짠지, 석박지 등에서 고추가 본격적으로 사용되었다.

붉은 색을 내기 위하여 쓰던 맨드라미꽃[35]은 고추가 들어오자 자리를 내주었고, 향미를 내기 위해 사용하던 천초(川椒, 초피)[100], 후추(胡椒)[124], 회향[123] 등의 향신료도 고추에 밀려서 사라졌다.

고추와 함께 사용되기 시작한 젓갈은 맛과 영양의 조화를 이루고 김치의 감칠맛을 향상시켰다.

고추의 매운맛 성분인 캅사이신은 입맛에 자극을 주면서 한편으로 젓갈의 비린내를 막아주고, 고추에 함유된 비타민 C와 E는 젓갈의 지방 산패를 방지하여 나쁜 냄새와 나쁜 맛이 나는 것을 막아 젓갈과 잘 어우러지고 매운맛은 입을 개운하게 하고 식욕을 돋웠다.

이러한 과정을 통해 고추 없는 김치는 생각할 수 없는 시대로 접어들게 되었다.

젓갈의 도입

젓갈이 김치에 도입되면서 김치 담는 법에 커다란 변화를 가져 왔다. 젓갈은 생선이나 조개에 소금을 가해 저장하는 동안 소금의 삼투압작용으로 세포가 파괴되어 분비된 자체의 단백질가수분해효소(protease)와, 호염성 세균이 번식하여 분비한 단백질가수분해효소에 의하여 생선과 조개의 단백질이 펩티드 및 아미노산으로 가수분해된다.

아미노산은 감칠맛을 내어 김치의 품격을 높이고, 세균 탈아미노화효소(deaminase)에 의한 일부 탈아미노화로 암모니아 가스를 발생시켜서 탄산가스와 함께 상큼한 느낌을 준다. 그리고 채소만으로 이루어져서 단백질이 부족하였던 조선시대의 식생활에 새로운 영양원이 되었다.

젓갈은 규합총서(1815)에서 처음 사용하였다는 주장이 있으나 실제로는 그보다 앞선 증보산림경제(1767)에서 오이술지게미 김치를 새우젓으로 담갔다. 물론 본격적으로 사용한 것은 규합총서(1815)에서부터인데 조기젓, 준치[91]젓, 소어젓, 생굴젓 등을 섞어 썼다.

조선시대의 김치에 젓갈을 사용한 예는 증보산림경제(1767), 규합총서(1815)의 섞박지, 장짠지(오이), 어육김치, 농정회요(1830년대 초)의 오이술지게미김치, 시의전서(1800년대 말)의 배추통김치, 장김치(배추), 열젓국지, 젓무, 장짠지(오이), 어육김치, 주찬(1800년대)의 섞박지, 술빚는법(1800년대 말)의 장김치(오이)가 있다.

담그는 법

데치거나 볶아서 담는 법

채소는 세포벽이 파괴되어야 세포 안의 효소와 영양분, 세포 밖에 첨가한 양념 성분이 서로 교환되어 발효가 된다. 그래서 소금에 절이는데, 절이지 않으면 세포벽이 파괴되지 않고 채소가 살아있는 상태라 유산균이 발육하지 못한다.

그런데 소금이 매우 비쌌던 조선시대에는 소금과 시간을 절약하기 위하여 데치거나 볶아서 세포벽을 파괴하는 방법을 사용하였다.

담금액을 끓여서 붓는 법

김치는 채소의 영양성분이 유산균의 작용으로 유산발효되어 익지만 채소와 재료에는 유산균 뿐 아니라 잡균들이 많다. 잡균들이 성하게 되면 김치를 무르게 하거나, 나쁜 맛과 냄새를 낸다.

물이나 소금물 담금액을 끓여서 채소에 부으면 잡균들이 죽어버리고 유산균만 잘 번식하여 맛있는 김치가 되고 골마지가 생기지 않는다. 갓의 경우 뜨거운 물로 담그는 것은 갓에 들어있는 효소를 활성화시켜서 매운맛을 내려는 목적도 있다.

동전이나 유기그릇 닦은 수세미 넣기

김치를 오래 두면 채소는 누런색이나 갈색으로 칙칙하게 변하는데 이것은 파란 색을 내는 엽록소가 파괴되기 때문이다.

엽록소는 한 가운데에 마그네슘(Mg)이 결합된 복잡한 구조인데 쉽게 수소와 바뀌어서 색을 잃는다. 그러나 마그네슘을 구리(Cu)로 바꾸어 주면 엽록소 구조가 안정화되어 파란색을 잃지 않는다.

그래서 구리로 만든 동전이나, 구리가 주성분인 유기(놋쇠) 그릇 닦은 수세미를 김치에 넣어서 구리이온을 우러나게 하여 김치의 파란색을 잃지 않게 한 것이다.

석회, 백반[46], 잿물 사용법

채소를 소금에 절이면 칼슘이 용출되어서 펙틴을 분해하는 pectinase라는 효소의 작용이 성하게 되어 김치가 물러진다. 그래서 칼슘이 주성분인 석회와 잿물 등을 첨가하여 김치를 담그면 칼슘용출이 저지되어 무르는 것이 방지된다.

장아찌와 장김치 담그는 법

간장이나 된장에 담근 채소의 소금농도가 높아서 유산발효가 일어나지 못하는 것은 장아찌이고, 소금 농도가 낮아서 유산발효가 일어나는 것은 장김치이다.

소금을 사용하는 경우도 소금 농도가 높아서 유산발효가 일어나지 못하는 것은 절임, 소금농도가 낮아서 유산발효가 일어나는 것은 김치이다.

무, 오이, 가지는 대량 저장할 때 발효가 일어나지 않을 정도로 소금에 짜게 절였다가 필요할 때 소금기를 우려내고 쓰는 경우가 많다.

식해형 김치 담그는 법

식해형 김치는 곡물과 누룩을 사용한다.

누룩에는 곰팡이가 만들어낸 강한 효소가 있어서 아밀라아제(amylase)는 전분을 포도당으로 가수분해하고, 단백질가수분해효소(protease)는 단백질을 아미노산으로 가수분해한다.

생성된 포도당은 단맛, 아미노산은 감칠맛을 만들고, 포도당은 유산균이 유산발효하여 신맛을 내고, 효모가 알코올 발효하여 에탄올과 탄산가스를 만든다.

세균이 분비하는 탈아미노화효소(deaminase)는 아미노산에서 아미노기를 떼어서 암모니아 가스를 만든다.

이들 반응은 한꺼번에 진행되어 완료되는 것이 아니므로 중간물질로 공존한다. 그래서 단맛, 신맛, 감칠맛에 에탄올과 암모니아의 맛과 향기가 더한다.

물론 곡물이나 누룩을 사용하지 않는 김치에서도 이런 반응이 일어나지만 반응의 속도와 생성물 양은 미미하므로 맛의 깊이는 비교할 수 없다.

누룩을 사용하는 김치는 생선이나 육류도 아미노산으로 쉽게 분해한다. 그러나 일반김치는 어려우므로 이미 아미노산으로 분해된 젓갈을 첨가

하는 것이다.

우리나라는 밀기울을 띄운 누룩을 사용하고 중국식은 쌀을 띄운 홍국(紅麴)[119]을 사용한다.

누룩을 사용하지 않고 뜨물, 쌀 등의 곡물만 사용하는 김치는 주로 유산발효만 일어난다.

장김치에 밀기울을 사용하는 것은 간장이나 된장의 소금기를 희석하고, 밀기울에 함유된 영양분과 미생물의 작용으로 상기와 같은 발효가 일어나게 하기 위한 것이다.

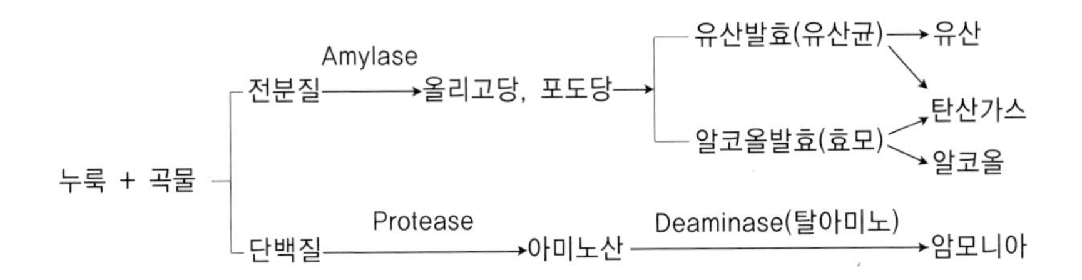

골마지 방지

김치를 오래 두면 표면에 생기는 하얀 부패물을 골마지(醭)라고 하는데 이것은 호염성 효모로, 군내가 나며 공기와 접촉하면서 생긴다. 그래서 김치 만들 때 부산물로 나오는 배춧잎, 무잎, 무껍질, 우거지 등으로 덮고 돌로 누르거나 나무로 질러 눌렀다.

골마지 방지용으로 사용하는 풀이나 나무를 박초(朴草)라고 하며, 볏짚, 수숫잎, 대잎, 상수리나무잎, 닥나무잎[24], 토란줄기, 기름종이 등을 사용하였다. 산가요록과 수운잡방에서는 할미꽃[111] 줄기도 사용하였다.

골마지를 방지하기 위하여 뚜껑을 덮고 진흙으로 봉하여 두는 방법도 많다.

장김치

집장에 담그는 김치는 오이와 가지뿐이다. 간장에 담그는 김치도 오이와 가지가 많다.

술지게미김치와 장김치는 익고 나서 담금액은 버리는데 오이와 가지는 표면이 미끈하여 담금액을 제거하기 쉽다. 그러나 배추 등의 잎사귀 채소는 얇고, 조직이 약하며 표면이 넓고 우둘 거려서 집장을 사용하면 제거하기 어려워서 간장을 쓴다.

간장을 쓴 예로는 배추(시의전서), 동아(요록, 증보산림경제)[30], 청장(햇간장)을 쓴 경우는 오이싱건지(주찬)가 있다.

오이나 가지 집장김치는 김치 독을 말똥 속에 묻어서 익히는 경우도 있는데 말똥이 부패하면서 내는 열로 김치를 빨리 익게 하기 위해서이다. 김치에는 그런 예는 없으나 장을 만들 때는 마른 말똥에 불을 붙여서 내는 열로 독을 가열하기도 한다.

별난 방법

산가요록의 무염김치, 요록의 무줄기김치, 임원십육지의 무김치, 산림경제의 곰취[16], 음식디미방의 산갓김치 등과 같이 소금을 사용하지 않는 무염김치도 있다.

임원십육지의 경지[10]김치는 담근 후 삶아서 얼린다.

임원십육지의 갓김치는 담가 말려서 여행길에 쓰는 휴대용이다. 임원십육지의 검은 김치도 배추를 절여 쪄서 말린 것이다.

임원십육지의 세 번 삶은 오이김치는 세 번 삶아 쪄서 말린다. 증보산림경제의 익힌 오이김치는 오이를 삶아 익혀 담가서 노인이 먹기 좋게 한 것이다. 꿩[21]김치는 꿩고기와 김치를 함께 담근다.

배추의 개량

배추는 한자로 숭(菘)이라고 하며 농가십이월속시(農家十二月俗詩, 金迵洙譯編, 1861)에 백숭(白崇), 우두숭(牛肚崇) 등의 명칭이 보인다. 백숭은 배추의 흰 밑둥을 보고 붙인 이름이며 우두숭은 배추가 소의 밥통 모양으로 생겼다고 해서 붙인 이름이다. 숭(崧)은 소나무(松)같이 추위에 잘 견디는 채소(草)라는 의미이다.

민간에서는 백채(白菜)라고 하였는데 백채가 배채를 거쳐 배추로 변하였다. 정약용(丁若鏞)이 지은 어학유고(語學遺稿)의 청관물명고(靑館物名攷)에서도 백채(白菜)를 배차라 하였는데 배차는 지금도 배추와 함께 쓰이는 말이다.

정약용은 다산시문선에서도 배추(崧菜)는 배초(拜草)라고 하는데 백채(白菜)가 와전된 것이라고 하였다.

배추의 조상은 겨자과에 속하는 평지(油菜)인데 이것이 꽃대와 씨가 발달하여 기름을 짜게 된 평지, 뿌리가 굵어져서 뿌리를 이용하게 된 순무(蔓菁), 잎의 수와 크기가 커진 배추(菘)로 분화되었다. 그러나 처음부터 평지, 순무, 배추가 뚜렷하게 구분될 정도로 분화한 것은 아니다. 배추는 남북조시대(220~280)에서부터 형태를 갖추기 시작하여 배추(菘)라고는 하였으나 작고 고갱이도 안지 않는 비결구(非結球)형으로 볼품이 없었다.

제민요술에 나오는 배추뿌리김치(菘根溘菹法)의 배추는 분화가 덜 된 상태로 부드러운 순무형 뿌리가 달린 것이었다. 당시의 배추 뿌리는 지금같이 작고 딱딱하고 질긴 것이 아니었다. 고려 고종(高宗) 때 간행된 향약구급방(鄕藥救急方)을 보아도 배추(崧)는 줄기가 짧고 넓고 두껍고 순무와 비슷하나 실털이 많다고 하여 순무에서 크게 벗어나지 못한 상태였다.

명나라 때 간행된 본초강목(本草綱目)에서도 배추(菘)는 순무와 닮았는데 강북에 심으면 무가 되고, 강남에 심으면 배추가 된다고 하였다. 이것은 순무뿌리와 배추 잎이 함께 달린 형태로, 기후에 따라 뿌리만 크거나 잎만 크게 자랐다. 그래서 추운 지방에서 오랜 세월동안 재배한 것은 뿌리가 발달하여 순무가 되고, 따뜻한 곳에서 계속 재배한 것은 배추로 고정되었을 것이다.

조선왕조실록에 따르면 세종(世宗) 12년(1430) 3월 경기도 각 고을에서 아침저녁으로 궁의 문소전(文昭殿)과 광효전(廣孝殿)에 배추(白菜) 등 채소를 바친다고 하였다. 중종(中宗) 28년(1533) 2월에는 밀수꾼들이 중국의 배추씨(白菜種)와 사기 그릇을 바꾸었다는 내용이 있다.

사육신의 하나인 김시습(金時習, 1435~1493)이 지은 매월당시집(梅月堂詩集)에 '배추통이 살찔 때는 볍쌀도 향기로워'라는 구절이 있으므로, 당시 반결구형 배추가 있었던 것으로 보인다.

박제가(朴齊家)는 1778년(정조 2)에 올린 북학의(北學議)에서 배추 종자를 북경(北京)에서 갖다 심으면 그 해는 좋은 것이 되지만 삼년을 계속 씨를 받아 심으면 무가 되어 버렸다고 하였다. 이렇듯 조선조 말까지 제대로 된 배추가 없었다. 그러다가 포기가 크고, 고갱이를 안아 결구하는 배추로 개량되면서 배추는 김치를 대표하는 재료가 되었다.

그러나 볼품없던 기간이 길어서 조선시대의 배추김치는 기록상 오이김치나 가지김치보다 수도 적고 김치 만드는 방법도 신통치 않다.

배추는 조선시대가 끝나갈 무렵에서야 지금과 같이 고갱이가 많이 앉는 포기형으로 개량되었기 때문이다.

무 순무 평지(유채) 배추

고대의 순무형 뿌리가
달린 배추(예상도)

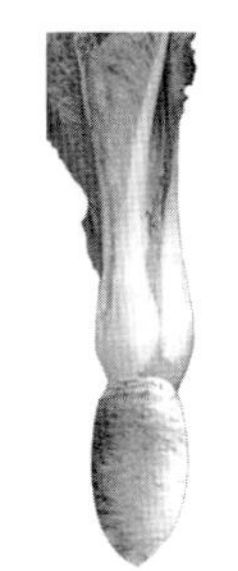

현재 중국 산동성의
뿌리가 굵은 배추

전통김치의 분류

서유구(徐有榘)는 1827년경 지은 임원십육지(林園十六志)에 김치무리 92가지를 수록하고, 소금이나 술지게미에 절이는 김치를 엄장채(醃藏菜), 곡물과 누룩을 첨가하는 식해형 김치를 자채(鮓菜), 양념형 김치를 제채(虀菜), 우리 고유의 김치를 침채(沈菜, 葅菜)로 분류하였다.

소금 및 술지게미 절임 김치(醃藏菜)

엄(醃)은 절인다는 뜻이므로 엄장채(醃藏菜)는 소금이나 술지게미에 절인 김치를 말한다.

임원십육지에서 채소는 소금에 절이거나 데치는데 소금에 절일 때는 짜게 절였다가 물에 씻어서 쓴다. 종류로는 채소를 소금물에 담그는 것, 기장[20]죽, 보리누룩과 함께 소금물에 담그는 것, 소금물과 향신료에 담그는 것, 술지게미와 소금물에 담그는 것이 있다.

이것은 주로 명나라 이전에 중국에서 사용하던 방법인데, 우리나라와 중국에는 남아 있지 않고 일본의 나라쓰케에만 남아 있다.

식해형 김치(鮓菜)

저(菹)는 채소로 담그는 김치인데 반해 자(鮓)는 생선으로 담그는 식해(食醢)형으로 소금과 쌀로 생선살을 잠깐 발효시킨다는 의미에서 생선 어(魚)와 잠깐 사(乍)자를 합하여 쓴다. 임원십육지에서는 곡물과 누룩에 담그는 식해형 김치를 자채(鮓菜)라고 하며 무, 줄풀,[92] 죽순, 부들[49]순, 연뿌리, 치자[104]꽃을 데치거나 쪄서 멥쌀밥, 홍국[119], 누룩과 소금, 양념 및 향신료를 섞어 담근다.

양념김치(虀菜)

임원십육지에서 제(虀)는 채소를 잘게 잘라서, 장, 초, 생강, 마늘 등의 시고 짜고 매운 양념으로 담근다고 하였다. 기원전 250년 이전의 주례(周禮) 시대의 제(虀)는 모두 신맛을 내고 채소를 가늘게 잘라 담갔지만 임원십육지에는 그렇지 않은 것도 있다.

임원십육지에는 채소를 장에 담그는 장제체(醬虀菜), 초에 담그는 초제채(醋虀菜), 향신료에 담그는 향신제체(香辛虀菜)가 있는데 채소를 끓는 물에 데쳐 담거나 소금, 술, 초, 장, 메주가루, 향신료 등을 넣어 볶기도 하고 쪄서 말리기도 한다.

장에 담그는 경우, 채소를 장에 담가 소금농도가 높아 유산발효가 일어나지 않는 것은 장아찌, 장을 적게 써서 유산발효가 일어나는 것은 장김치이다.

식초로 담그는 경우, 채소를 식초에 직접 담그는 것은 초절임, 유산발효가 일어난 다음 식초에 담거나 식초를 적게 써서 유산발효가 일어나는 것은 초절임김치이다.

이중 장김치와 초절임김치만 김치라고 할 수 있는데 채소, 장 및 식초의 사용 양이 명확하지 않으면 김치인지 장아찌 또는 절임인지 구분하기 힘들다. 임원십육지에는 제채가 27가지 있는데 반 정도만 김치로 보인다.

침채(菹菜)

임원십육지에서는 엄채(醃菜), 저채(菹菜), 제채(虀菜)가 이름만 다를 뿐 같은 것이라고 하였다. 그런데 저채는 익혀서 그대로 먹고, 엄채는 씻어서 먹는다고 하므로 저채는 짜지 않은 김치, 엄채는 짜서 물에 헹구어 소금기를 우려 내는 소금절임을 의미한다.

그리고 제(虀)는 채소를 가늘게 잘라서 담그는 김치인데 반해 저(菹)는 통째로 담그는 김치로 우리나라에서는 침채(沈菜)라고 한다고 하였다. 임원십육지의 저채(菹菜)로는 무김치, 배추김치, 오이김치, 가지김치, 무염김치가 있다.

배추김치

현재 김치를 대표하는 통배추형 김치는 규합총서(1815)와 시의전서(1800년대 말)에 와서야 본격적으로 모습을 드러냈다.

배추는 숭(菘)과 백채(白菜)로 표현현하는데 백채는 머위라는 의미도 있다. 머위 줄기가 희기 때문이다. 산가요록(1450경)과 수운잡방(1500년대)의 배추김치를 머위김치로 풀이한 사람도 있으나 머위는 껍질이 질겨 벗겨서 먹어야 한다. 그러나 두 문헌 모두 껍질에 대한 얘기가 없으므로 배추김치로 보는 것이 타당하며 두 문헌 모두 소금만으로 담그고 있다.

증보산림경제(1767)의 배추김치는 나박김치이고, 배추겨자[5]김치는 배추를 볶아서 담으며 시의전서(1800년대 말)의 장김치는 배추를 썰어서 담는다.

임원십육지(1827)의 검은 김치는 배추를 절여서 찐 다음 말려서 여행길의 식량으로 하는 김치이다.

부재료를 사용하지 않는 배추김치는 수운잡방(1500년대), 증보산림경제(1767), 임원십육지(1827) 등에 있는데 소금만으로 담갔다.

나머지도 대부분 소금으로 담그며, 시의전서(1800년대 말)의 배추통김치는 조기젓국, 속대짠지는 간장, 증보산림경제(1767)의 배추겨자김치는 초장과 겨자즙, 임원십육지(1827)의 배추술지게미김치는 소금+술지게미, 시의전서(1800년대 말)의 장김치는 간장에 담근다.

주찬(1800년대)의 가을김치는 현대와 같은 형태이다.

섞박지

섞박지의 주재료로 배추와 무를 사용하는 것은 규합총서, 시의전서(1800년대 말), 주찬(1800년대)의 예가 모두 같은데 시의전서(1800년대 말)에서는 동아[29]가 추가되고, 규합총서(1815)에서는 갓, 오이, 가지가 더 추가되었다.

부재료로는 양념 채와, 생선, 젓이 들어가고, 소금에 절여서 모두 젓국으로 담근다. 주찬(1800년대)의 섞박지는 생선을 사용하지 않고 담금에만 젓갈을 사용한다. 많은 부재료를 사용하는 것이 특징이다.

무김치

무를 썰어서 담그는 방법의 대표적인 예는 거가필용(1200년대 말)의 무김치, 상공의 김치법, 시의전서(1800년대 말)의 열젓국지와 젓무이다.

거가필용(1200년대 말)의 무김치는 식초에 지져 담가 말리고, 상공의 김치법은 소금에 볶아 데쳐 담고, 증보산림경제(1767)의 무짠지는 절인 무를 사용하고, 무싹김치는 무싹을 볶아 무와 나박김치를 담그고, 요록(1689)의 무염김치는 물로 담그고, 임원십육지(1827)의 무물김치는 무를 삶아서 담는다.

짠지는 증보산림경제(1767), 산림경제(1715)와 농정회요(1830년대)에 있고, 주찬(1800년대)의 싱건지는 동치미이다.

동치미는 요록(1689)에 처음 나오는데 순무를 재료로 사용하였고, 초기에는 부재료를 거의 사용하지 않다가 증보산림경제(1767), 규합총서(1815), 주찬(1800년대), 시의전서(1800년대 말)에서는 부재료를 많이 넣어서 담고 있다.

임원십육지(1827)에는 술지게미에 담근 것과 장에 담근 것이 있다. 대부분 소금에 담지만 거가필용(1200년대 말)의 무김치는 소금과 식초, 상공김치는 끓인 식초물, 증보산림경제(1767)의 무짠지는 마늘즙, 임원십육지(1827)의 무술지게미김치는 술지게미+소금, 시의전서(1800년대 말)의 열젓국지와 젓무는 젓국에 담는다. 깍두기는 시의전서(1800년대 말)

에 열젓국지와 젓무라는 이름으로 처음 나타나며 젓갈을 사용하고 있다.

임원십육지(1827)에는 줄풀[92], 죽순과 함께 담그는 식해형과, 오이, 동아[30], 배추와 함께 담그는 젓갈 김치가 있다.

동치미

순무동치미는 산가요록(1450년경)과 요록(1689)에만 있고 나머지는 무를 사용한 동치미이다. 산가요록(1450)의 동치미는 소금을 쓰지 않고 무동치미는 쌀뜨물을 쓰는 것과 소금을 넣는 것이 있다.

동치미는 모두 소금물에 담그는 데 산가요록(1950경), 수운잡방(1500년대)과 증보산림경제(1767)에서는 끓여 식힌 소금물을 사용하며 요록(1689)과 수운잡방(1500년대)은 부재료를 사용하지 않는다. 규합총서(1815)는 잎까지 달린 작은 무를 사용한다.

당근 및 순무김치

당근김치는 거가필용(1200년대 말)에 세 가지가 있는데 당근, 또는 당근과 갓을 함께 사용하며 회향[123], 천초[100], 시라[61] 등 중국식 향신료를 사용한다. 그중 한 가지는 소금에 절이고, 두 가지는 식초에 절이는 데 소금에 절이는 것은 데쳐서 담근다. 임원십육지(1827)의 방법은 식해형이다.

산가요록(1450경)의 순무김치, 나박김치, 무염김치는 순무를 쓰며, 순무김치는 소금만으로 담그고, 나박김치는 순무만 썰어서 담고, 무염김치는 소금을 쓰지 않고 통으로 담근다.

수운잡방(1500년대)도 잎까지 달린 작은 순무를 사용하고, 증보산림경제(1767)에서는 나박김치형으로 담근다.

오이김치

오이김치는 배추가 개량되기 전까지 김치의 주재료로 가장 많이 사용되었다. 이이(李珥, 1536~1584)는 전원사시가(田園四時歌)라는 시에서 여름의 외김치를 읊었다.

뜨거운 물로 담는 오이김치로는 거가필용(1200년대 말), 요록(1689), 임원십육지(1827)의 오이김치, 시의전서(1800년대 말)의 장짠지, 임원십육지(1827)의 김치, 거가필용(원대 13세기 말)의 오이마늘김치 등이 있다.

대부분 소금에 담그는 데 산가요록(1950년경), 수운잡방(1500년대)의 오이김치, 오이김치 다른 법, 시의전서(1800년대 말)의 오이지, 증보산림경제(1767)의 오이싱건지 등은 끓인 소금물에 담근다.

산가요록(1450년경)의 오이김치는 참기름+소금물, 참기름+끓여 달인 장물, 여뀌잎과 함께 담그는 법, 간장에 담가 바로 먹는 법, 할미꽃 뿌리와 줄기를 함께 담가 가을, 겨울에 먹는 법 등이 있다.

요록(1689)의 오이김치는 식초에 지져 담고, 증보산림경제(1767)의 오이겨자김치는 초장+겨자즙에 담그고 임원십육지(1827)의 오이초절임김치는 엿+식초에 담근다.

장에 담그는 오이김치로는 거가필용(1200년대 말)의 오이김치(장), 주찬(1800년대)의 오이싱건지(간장), 산림경제(1715)의 집장김치(장+밀기울), 수문사설(1740)의 오이장담금(장), 역주방문(1800년대 중반)의 집장김치(된장+밀기울), 시의전서(1800년대 말) 및 규합총서(1815)의 장짠지(장달인 물), 임원십육지(1827)의 김치(누룩+장), 쟁반오이김치(장황), 오이장김치(장황), 오이장김치(묵은장), 술빚는법(1800년대 말)의 장김치(장달인 물), 수운잡방(1500년대)의 오이향유김치(간장+기름), 임원십육지(1827)의 세 번 삶은 오이김치(소금+장) 등이 있다.

백반과 석회물에 데치는 김치로는 거가필용(1200년대말)과 임원십육지(1827)의 오이술지게미김치, 오이장김치, 마늘오이김치가 있는데, 백반과 석회가 조직이 무르는 것을 방지하여 술지게미에 담근다.

임원십육지의 오이김치는 메주가루+식초+누룩에 담그고, 역주방문(1800년대 중반)의 집장김치는 (콩)+밀기울 발효물+소금 또는 된장+밀기울에 담그고, 규합총서(1815)의 용인오이지법은 뜨물+소금물에 담근다.

소박이로는 주찬(1800년대)의 오이짠지와 싱건지, 증보산림경제(1767)의 오이싱건지, 시의전서(1800년대 말)의 오이김치, 규합총서(1815)의 장짠지가 있는데 가운데를 칼로 갈라내어 통하게 하고 양념으로 속을 채운다.

규합총서(1815)의 장짠지는 볶아 담고 증보산림경제(1767)의 오이겨자김치는 채를 쳐서 담는 겉절이다.

익힌 오이김치는 증보산림경제(1767)에 있는데 노인용이다. 임원십육지(1827)에는 세 번 삶아 쪄서 말리는 오이김치가 있다.

산림경제(1715)와 역주방문(1800년대 중반)의 집장김치는 말똥에 묻는데 말똥이 썩으면서 내는 열을 이용하여 익힌다.

임원십육지(1827)의 마늘오이 김치는 오이를 석회물에 데쳐서 마늘, 소금, 술, 식초와 담근다.

가지김치

산가요록(1450년경)의 가지김치는 가지를 반토막내어 갈라서 담는 반소박이형인데 간장과 참기름 끓인 물로 담근다.

시의전서(1800년대 말)의 가지김치 및 가지 짠지는 소박이이다.

가지김치는 거의 부재료를 사용하지 않고 대부분 소금에 절이는데 거가필용 (원대 13세기 말)의 가지김치는 소금+당초, 증보산림경제(1767)의 겨울가지김치 다른 법은 멥쌀가루+소금, 증보산림경제(1767)의 여름가지김치는 소금+마늘즙, 시의전서(1800년대 말)의 가지짠지는 간장+소금, 산림경제(1715)의 가지 집장김치는 장+밀기울, 수운잡방(1500년대)의 집장김치는 간장+밀기울+소금, 음식보(1700년대 초)의 가지약지는 장달인 물, 증보산림경제(1767)의 가지 장담금은 청장고기절임, 거가필용(1200년대 말)의 가지겨자김치는 겨자가루, 거가필용(1200년대 말)의 가지마늘김치는 소금+식초+마늘, 산림경제(1715)의 가지술지게미김치는 술지게미, 임원십육지(1827)의 가지술지게미 김치는 소금+백반[46]에 담근다.

데쳐서 담그는 것은 거가필용(1200년대 말)의 가지김치, 시의전서(1800년대 말)의 가지짠지, 음식보(1700년대 초) 및 거가필용(1200년대 말)의 가지약지법, 산림경제(1715)의 가지마늘김치, 산림경제(1715) 및 임원십육지(1827)의 가지술지게미김치가 있다.

말똥에 묻는 김치는 산림경제(1715)의 가지집장김치, 수운잡방(1500년대)의 집장김치로, 말똥이 썩으면서 내는 열을 이용하여 익힌다.

거가필용(1200년대 말)의 가지겨자김치는 가지를 소금에 볶아서 사용한다.

오이-가지김치

부재료를 거의 사용하지 않는 것으로 주방문(1800년대 말)의 약김치, 오이(가지)김치 담는 법이 있다.

소박이는 주방문(1800년대 말)의 약김치 및 오이가지김치, 주식방

(1795)의 가지(오이) 김치 담는 법이다.

장에 담그는 김치는 임원십육지(1827)의 오이가지장김치, 오이가지집장김치, 주방문(1800년대 말)의 약김치, 주식방(1795)의 가지(오이) 담는 법, 수운잡방(1500년대)의 집장김치 다른 법, 치생요람(1691)의 김치담기 등이 있다.

임원십육지(1827)의 오이술지게미 김치는 술지게미에 담는다. 주방문(1800년대 말)의 약김치는 데쳐서 담고, 주식방(1795)의 가지(오이) 김치는 볶아서 담는다.

수운잡방(1500년대)의 집장김치 다른 법과 치생요람(1691)의 김치담기는 말똥에 묻어서 말똥이 썩으면서 내는 열로 익힌다.

갓김치

갓[4]김치는 대부분 갓에 뜨거운 물을 부어 효소를 활성화시켜서 겨자[5]냄새가 강하게 나게 하여 담그는 데, 대부분 소금을 사용하지 않고 겨자냄새가 빠져 나가지 않도록 꼭 봉해 둔다.

그러나 임원십육지(1827)의 갓김치는 소금물에 담근다.

증보산림경제(1767)와 규합총서(1815)의 산갓김치는 나박김치에 산갓김치를 섞어 담는다.

짠지형 나박김치로는 증보산림경제(1767)의 갓김치가 있다. 시의전서(1800년대 말)의 상갓[56]김치는 나박김치+상갓김치인데 검은 장을 타서 먹는다.

대부분 부재료를 사용하지 않으며 시의전서(1800년대 말)의 상갓김치만 부재료를 사용한다.

동아[30] 및 박김치

짠 소금에 절였다가 쓸 때 우려내어 담는 것으로는 산가요록(1450년경)의 동아짠김치, 동아담기, 수운잡방(1500년대)의 동아담가 오래 저장하는 법, 음식디미방(1670)의 동아 담는 법, 요록(1689)의 동아김치가 있다.

볶아 담는 것으로는 산가요록(1450)의 동아짠김치, 요록(1689)의 마늘김치, 거가필용(1200년대 말)의 동아마늘김치와 증보산림경제(1767)의 동아마늘김치 세속법과 동아마늘김치 다른 속법이 있다.

규합총서(1815)의 동아석박지는 동아 꼭지를 오려내어 속을 파내고 양념한 고명을 넣은 뒤 꼭지를 덮어서 생채로 익히는 방법이고, 증보산림경제(1767)의 동아김치는 나박김치이다.

요록(1689)의 마늘김치는 청장+겨자가루+술에 담그므로 마늘과 관계가 없는데 이름이 잘못되어 있다. 임원십육지(1827)의 동아겨자장김치는 겨자장에 담근다.

산가요록(1450년경)의 동아김치와 동아짠김치는 소금물과 참기름으로 담근다.

규합총서(1815)의 동아석박지와 임원십육지(1827)의 동아젓갈김치는 젓국에 담그고, 거가필용(1200년대 말)의 동아마늘김치는 백반[46]+석회물에 데쳐서 조직이 무르는 것을 방지한 다음 소금+마늘에 담고, 증보산림경제(1767)의 동아마늘김치 세속 법은 마늘+식초 또는 초장+겨자즙에 담그고, 증보산림경제(1767)의 동아마늘김치 다른 속법은 식초+청장에 담근다.

시의전서(1800년대말)의 박김치는 박속을 잘라 소박이형으로 만든다.

마늘김치

산가요록(1450년경)의 마늘담기는 통마늘을 끓인 소금물에 담근다.

수문사설(1740)과 증보산림경제(1767), 임원십육지(1827)의 마늘초절임은 초에 담그고, 증보산림경제(1767)의 마늘술지게미김치는 술지게미에 담근다. 증보산림경제(1767)의 마늘초절임과 마늘 술지게미김치는 마늘을 석회 끓인 물에 데쳐서 담그며, 증보산림경제(1767)의 마늘초절임은 다시 소금에 볶아 담근다. 음식디미방(1670)의 마늘담기는 천초[100]만 사용한다.

임원십육지(1827)의 매실마늘김치는 끓여 담는다.

부들김치

거가필용(1200년대 말)의 부들순 김치는 회향, 홍국[119] 등 중국식 향신료가 들어가지만 산림경제(1715)의 부들순 김치에는 들어가지 않으며, 두 가지 모두 곡물을 첨가하여 발효시킨다.

거가필용(1200년대 말)과 산림경제(1715)의 부들순김치는 데쳐서 담근다. 산림경제(1715)의 부들김치는 부재료가 들어가지 않으며, 식초로 담근다.

부추김치

대부분 소금으로 담그며, 거가필용(1200년대 말)과 산림경제(1715)의 부추김치는 쌀가루나 멥쌀을 첨가하여 담근다. 거가필용(1200년대 말)과 산림경제(1715)의 부추꽃김치는 절인 오이와 가지를 사용한다. 임원십육지(1827)의 부추술지게미 김치는 술지게미로 담근다. 거가필용(1200년대 말)의 김치 만드는 법은 부추를 소금에 절여 쪄서 담그며 중국식 향신료를 사용한다.

생강[57]김치

거가필용(1200년대 말)의 생강절임은 생강을 삶아서 담고, 거가필용(1200년대 말)의 생강오미절임은 말려서 담는다.

산가요록(1450년경)의 생강김치는 끓인 소금물에 절였다가 술지게미나 식초지게미에 담근다.

증보산림경제(1767)의 생강잔뿌리김치는 잔뿌리까지 사용하여 나박김치 형태로 담는다.

거가필용(1200년대 말) 외에는 거의 부재료를 사용하지 않는다. 거가필용(1200년대 말)의 생강오미절임은 소금에 담고, 임원십육지(1827)와 거가필용(1200년대 말)의 생강술지게미 김치는 술지게미+소금에 담고, 주방문(1800년대 말)의 생강김치는 식초에 담고, 거가필용(1200년대 말) 및 산림경제(1715)의 생강초절임은 소금물+식초에 담는다.

연근김치

거가필용(1200년대 말)과 산림경제(1715)의 연근김치는 하루 만에 익혀 먹는데, 전분질로 홍국[119]과 멥쌀밥을 사용한다.

죽순김치

증보산림경제(1767)의 죽순소금절임은 소금으로 짜게 절이고, 산림경제(1715)의 죽순김치, 증보산림경제(1767)의 데친 죽순김치는 데쳐서 담근다.

산림경제(1715)의 죽순김치는 누룩가루+소금에 담그고, 증보산림경제(1767)의 데친 죽순김치는 소금에 담그는 데 홍국[119]을 사용한다.

임원십육지(1827)의 죽순김치는 쪄서 담는 것과 식해형이 있다.

육류 및 어류 김치

육류와 어류를 사용하는 김치 중 꿩[21]김치는 삶은 꿩을 찢어서 김치와 함께 내는 요리이므로 김치로 보기 힘들지만 음식디미방(1670)의 꿩김치는 꿩고기를 나박김치로 함께 담그므로 김치에 속한다.

규합총서(1815)와 시의전서(1800년대 말)의 어육김치는 쇠고기, 대구 북어, 민어, 머리뼈를 부재료로 사용하고, 고기육수와 생선육수에 담근다.

산림경제(1715)의 굴김치는 굴을 담가 하루 만에 익혀 먹는다. 시의전서(1800년대 말)의 굴김치는 굴 외에 굴젓과 배추도 함께 사용한다.

증보산림경제(1767)의 전복김치는 전복을 갈라 주머니처럼 만들어서 그 안에 부재료를 넣고 단독으로 익히거나 동치미에 넣어 익힌다.

기타 김치

산림경제(1715)의 치자꽃[104]김치는 담는 방법에 대해 설명이 없다. 증보산림경제(1767)에는 미나리짠지가 있다.

거가필용(1200년대 말)의 금봉화[19]김치는 술지게미에 담가 하루 익히고, 증보산림경제(1767)의 당귀줄기는 나박김치이고, 산림경제(1715)의 곰취[16]는 즙을 짜서 겨울까지 보존하였다가 사용하고, 산림경제(1715)의 원추리꽃[78]김치는 데쳐서 식초에 담그고, 임원십육지(1827)의 원추리김치는 초와 장에 담그고, 임원십육지(1827)의 경지[10]김치는 쌀뜨물에 담갔다가 삶아 얼리고, 오향김치는 소금, 감초, 시라, 회향으로 채소를 담그고, 치자 꽃, 고수, 상추, 줄풀로 담그는 김치가 있고, 참외장김치는 참외를 장에 담근다. 오주연문장전산고(1850년경)의 갓김치는 싱건지이다.

산가요록(1450년경)과 수운잡방(1500년대)의 토란줄기 김치는 소금물에 오래 담고, 산가요록(1450)과 수운잡방(1500년대)의 파김치는 소금물에 담고, 고사리는 모두 소금에 담그는데 음식디미방(1670)은 그냥 담고, 주방문(1800년대 말)은 데쳐 담고, 요록(1689)은 짜게 담는다.

색경(1676)의 여뀌김치는 장독에 담그고, 산림경제(1715)의 적로는 겨울에 담근다.

산가요록(1450년경)의 수박담기는 수박을 소금에 담가 봄에 쓰고, 청태콩담기는 청태를 가지까지 소금물에 담그고, 복숭아 담기는 꿀물에 담그고, 급히 담그는 김치는 김치항아리를 끓는 물 솥에 넣어서 빨리 익힌다.

근대의 김치

근대김치는 1900년도부터 1950년대까지의 김치를 말한다. 근대의 김치 담는 법은 한글로 기록되어 있고 현대의 김치와 큰 차이가 나지 않으므로 분류와 분석은 본문과 분석표로 대신한다.

제민요술에 수록된 김치

제민요술은 중국의 북위(北魏) 말엽(439~535년)에 산동성(山東省) 고양군(高陽郡) 태수(太守) 가사협(賈思勰)이 530~550년 사이에 고양군을 중심으로 농업기술과 식생활기술을 정리하여 낸 책이다. 물론 이전의 중국 고문헌을 인용한 부분도 있다. 북위는 동이족(東夷族)인 선비계(鮮卑系)가 중국 북쪽에 세운 나라이므로 북위 문화는 고구려와 가깝다. 가사협이 다스리던 고양군은 지금의 산동성(山東省) 치박(淄博)으로 우리나라와 가까워 제민요술에는 당시 우리나라의 것과 같은 음식이 많으며, 후대에도 많은 영향을 끼쳐 우리나라에서도 제민요술을 따르는 식생활 관련서가 많다.

제민요술은 10권으로 되어 있는데 1권에서 6권까지는 주로 농업에 관련된 기록이며 7, 8, 9권은 누룩, 술, 장, 식초 등의 가공과 조리법을 설명한 것이다.

제민요술에는 식초, 초간장과 같은 산미료에 담그는 초절임 김치무리(醋菹, 엄초저), 소금물과 보리밥, 기장[20], 찹쌀과 같은 발효기질을 사용하는 발효김치무리(醱酵菹), 장에 절이는 장절임 김치무리(醃醬菹), 김치(醃, 절임)가 있다.

그중 소금절임과 식초절임이 가장 많고, 술지게미나 누룩을 이용하는 방법도 있으며 데치거나 삶아서 담는 방법도 있다. 제민요술에서 사용한 주재료로는 오이가 가장 많고 그 다음 배추, 아욱, 무 등의 순이다.

누룩이나 술지게미 절임은 재료를 꾸들꾸들하게 말려서 사용하고 전처리로 소금절이와 건조를 하거나 건조만 하는 것도 있다.

초절임김치무리(醃醋菹)는 대부분 데쳐서 담갔는데 소금물에 절이는 법과 생채소를 사용하는 법이 있다.

발효김치무리는 순무, 배추, 아욱, 갓짠지법, 통김치, 배추짠지, 초김치, 오이술절임김치, 오이김치, 생강꿀절임, 등이 있으며 중국의 고대 문헌인 식경을 인용하여 소개한 발효김치무리로는 아욱김치, 오이담기, 월과담기[79], 낙안현지사 서숙이 개발한 오이담기, 고사리 저장법 등이 있다. 이것은 소금, 또는 곡류, 누룩, 술, 술지게미를 사용하였는데 소금이 부패를 막아 주고 곡물에 들어 있는 전분이 누룩의 아밀라아제와 미생물에 의하여 당과 유산이 되어 무르는 것을 막아 주고 김치맛을 생성한다.

초절임김치 김치무리에는 데친김치, 아욱즉석절임, 부들[49]김치, 동아겨자[30]김치, 죽순김치, 죽채[90]김치, 삼백초[55]김치, 배추뿌리김치, 따뜻한김치, 회향달래[123]김치, 배김치, 목이김치, 고사리김치, 마름[33]김치, 매실동아[30] 등이 있다. 이것은 채소를 초(醋)에 담그거나, 초(醋)+소금, 초(醋)+소금+향신료, 초(醋)+장(醬)+향신료, 유산+소금 등에 담근다. 식초는 pH가 낮아서 미생물 번식을 억제하고 채소 성분이 초, 향신료, 소금 등과 화학적으로 숙성된다. 초는 대부분 식초를 사용하지만 오매[76]즙과 석류[58]즙을 사용한 것도 있고, 식초 외에 소금, 장, 향신채를 사용한 것도 있다.

순무, 배추, 아욱, 갓짠지

좋은 채소를 거두어 골라 왕골[77]이나 부들[49]로 묶어 놓는다. 짠 소금물로 채소를 씻어서 바로 항아리에 넣는다. 싱거운 물로 먼저 씻으면 김치가 물러진다. 채소를 씻은 소금물은 가라앉혀 맑은 윗물만 채소가 잠기도록 항아리에 붓고 누른다. 속을 휘저으면 안 된다. 이렇게 만든 김치는 푸른 색을 잃지 않는데 물로 씻어서 소금기를 우려내고 삶아 먹으면 싱싱한 생채소와 같다.

순무와 갓[4]은 삼일간 절였다가 꺼내 물로 씻는다. 메기장[20]가루로 죽을 쑤어 맑은 즙을 취하고 보리누룩을 가루로 찧어 체로 쳐서 채소를 한 켜 펼치고 누룩 가루를 얇게 뿌리고 뜨거운 메기장 맑은 죽즙을 부어 항아리를 채워 나간다. 채소는 층마다 줄기와 잎사귀가 반대가 되도록 차곡차곡 넣는다.

사흘 간 채소를 절였던 소금물을 항아리 안에 부으면 채소는 누런 색이 되고 맛이 매우 좋아진다. 싱건지를 만들 때에도 메기장가루 죽즙과 누룩가루를 쓰면 맛이 좋다.(원문 1)

데친김치

배추가 좋고 순무도 상관없는데 좋은 것을 골라 뜨거운 물에 데쳐 바로 건진다. 시든 채소는 물에 씻어 적셔서 하룻밤 두어 싱싱하게 한 후 뜨거운 물에 데친 후 찬물에 담가 소금과 식초를 넣고 약간 볶은 뒤 참기름을 넣으면 향기가 좋고 연하다. 많이 만들어 두어도 이듬해 봄까지 맛이 상하지 않는다.(원문 2)

통김치

채소를 자르지 않은 김치를 양저(통김치)라고 하는데 말린 순무로 정월에 담근다.

뜨거운 물에 순무를 담가 연하게 하고 주름을 편다. 좋은 것을 골라 깨끗이 씻고 뜨거운 물에 잠깐 데쳐서 물로 깨끗이 씻는다. 소금물에 잠깐 담갔다가 발 위에 하루 올려놓으면 채소 색이 좋아진다. 여기서도 메기장가루로 죽즙을 만들고 체로 친 보리누룩가루를 채소에 뿌린다.

채소를 항아리에 채우는 방법은 앞의 방법(메기장가루로 묽은 죽을 쑤고 누룩을 가루로 찧어 체에 쳐서 채소를 1켜 펼치고 누룩 가루를 얇게 뿌리고 뜨거운 묽은 죽을 부어 항아리를 채워 나간다. 채소를 넣을 때 층마다 줄기와 잎사귀가 반대가 되도록 하여 차곡차곡 넣는다. 채소를 절인 소금물을 다시 항아리 안에 부으면 채소는 누런색이 되고 맛이 좋아진다)과 같다. 맑은 죽즙은 너무 뜨거우면 안 되며, 채소가 잠길 정도만 넣어 많지 않게 한다.

뚜껑을 진흙으로 봉하여 두면 7일이면 익는다. 독을 볏짚으로 싸는 것이 좋은데 술만드는 법과 같다.(원문 3)

아욱즉석절임

초장(식초와 간장을 섞은 것)을 넣어 아욱을 삶은 뒤 손으로 찢어서 식초를 치면 바로 초김치가 된다.(원문 4)

식경(食經)의 아욱김치

말린 아욱 5섬(900ℓ)를 골라 놓고 소금 2말(36ℓ), 물 5말(90ℓ), 말린 보리밥 4되(7.2ℓ)를 한꺼번에 섞어 아욱 1켜 넣고 소금과 보리밥 섞은 것

1켜 넣고 맑은 물을 가득 붓는다. 7일이면 누렇게 익는다.(원문 5)

배추짠지

물 4말(72ℓ)에 소금 3되(5.4ℓ)를 풀어 배추를 절인다. 다른 방법으로는 배추 켜마다 찹쌀누룩(女麴)을 넣는다.(원문 6)

초김치

3섬(540ℓ)짜리 독을 사용하여 쌀 1말(18ℓ)을 찧어서 물을 가해 즙 3되(5.4ℓ)를 취한다. 남은 앙금은 죽을 쑤어 3되(5.4ℓ)를 만들어 식힌다. 독 안에 채소를 넣고 즙과 죽을 붓는다. 하루 지낸 뒤 염교[74]와 부추줄기[51]를 각각 1켜씩 넣고 마비탕[33]을 만들어 부으면 된다.(원문 7)

부들김치

시경의 의소(義疏)에서 말하기를 '부들[49]은 심포(深蒲, 부들싹)이다. 주례(周禮)에서는 이것을 김치로 만들 수 있다' 고 하였다. 부들 싹이 처음 나올 때 땅에 들어 있는 심을 캐낸다. 부들 심은 길이가 숟가락 자루만 한데 하얗고 생으로 먹어도 달고 부드럽다.

또 식초를 끓여서 부들 순을 넣고 죽순과 같은 방법으로 먹어도 맛있다. 지금 오나라 사람들은 이것으로 김치를 담가 먹거나 초절임하기도 한다.(원문 8)

아욱김치

아욱은 너무 연하고 물러서 사람들이 아욱김치를 잘 담지 못한다. 김치용 배추는 사일[52](社日) 20일 전에 심고, 아욱은 사일 30일 전에 심어서 아욱 김치 담글 때 꽃이 피려고 해야 단단하여 김치로 담글 수 있다. 10일 이상 찬 서리 맞힌 아욱을 따서 독 안에 넣고 차기장[20] 밥을 지어 식혀서 위에 뿌린다. 누런 색이 나게 하려면 찐 밀을 가끔 섞어 준다. 사민월령(四民月令) 중에서 "구월에 아욱김치를 담그는데 따뜻한 날이 계속되면 10월에 담근다"고 하였다.(원문 9)

식경의 오이담기

백미 1되(1.8ℓ)로 묽은 죽을 쑤어 소금으로 간을 맞추고 온도를 조절하여 독에 넣는다. 익은 오이를 씻어서 독 속의 죽에 넣고 주둥이를 진흙으로 발라 봉한다. 이것은 촉(蜀)나라 사람이 만드는 방법인데 맛있다.

또 다른 방법으로, 작은 오이 100개당 시(豉, 콩메주) 5되(9ℓ), 소금 3되(5.4ℓ)를 준비한다. 오이는 반으로 갈라 씨를 빼고 잘라낸 면에 소금을 뿌리고 다시 작은 독에 넣고 주둥이를 솜으로 봉한다. 4일 후 콩메주의 기가 빠지면 먹는다.(원문 10)

식경의 월과(越瓜) 담기

월과[79]에 술지게미 1말(18ℓ), 소금 3되(5.4ℓ)를 넣어 3일 절인 후 천으로 닦아내는 일을 반복한다. 월과는 상처가 나면 물러지므로 상처가 없는 것을 쓰고, 담글 때도 상처가 나지 않게 해야 한다. 그래서 헝겊주머니에 담으면 좋다.

예장군(豫章郡, 지금의 중국 강서성 南昌) 사람들이 월과를 늦게 심는 것은 맛이 차이가 나기 때문이다.(원문 11)

식경의 매실-동아 담기

먼저 서리맞은 늙고 흰 동아[30]의 껍질을 깎아 버리고 속살을 손바닥처럼 얇고 네모반듯하게 자른다. 동아에 재를 살짝 뿌리고 동아를 다시 올리고 재를 뿌린다. 항피[112]와 오매[76]즙 삶은 것을 그릇에 넣는다.

재를 뿌린 동아는 폭 3푼(0.9㎝), 길이 2치(6㎝)로 가늘게 잘라 잠깐 데쳐서 먼저 만들어놓은 즙 안에 넣어 두면 며칠 뒤에 먹을 수 있다. 신 석류[58]를 넣어 두어도 맛있다.(원문 12)

식경의 낙안현(樂安縣) 지사 서숙(徐肅)의 오이 담기

가는 오이를 따서 물기를 없애면서 깨끗하게 하고 소금으로 짜게 절여서 10일쯤 뒤에 꺼내 씻어서 그늘에 잠시 말렸다가 다시 항아리에 넣는다. 그리고 붉은 팥 3되(5.4ℓ)와 찹쌀 3되(5.4ℓ)를 누렇게 볶아 합쳐서 빻아 좋은 술 3말(54ℓ)을 섞어 넣고 안에 오이를 넣고 꿀을 바른다. 이같이 하면 1년이 지나도 무르지 않는다.

최실(최식)이 사민월령에서 "대서 6일후 오이지용 주박을 만들면 좋다"고 하였다(대서 후 6월에 담을 수 있다고도 한다).(원문 13)

오이 술절임김치

찹쌀 1섬(180ℓ)에 빻은 보리누룩 소복하게 2말(36ℓ), 찹쌀누룩 깎아서 1말(18ℓ)을 섞는다. 이것을 술담는 법으로 술을 담가 찹쌀이 삭으면 고두밥 5되(9ℓ)를 더 넣어 삭히고, 다시 고두밥 5되(9ℓ)를 넣어 익혀서 술이 되면 쓴다. 이때 술지게미를 짜면 안 된다. 오이를 꺼내어 소금에 문질러 햇볕에 꾸들꾸들하게 말리고 소금과 술을 섞어 넣어 4일 재운 후 찹쌀누룩으로 만든 술로 옮겨 절이면 더 맛있다.(원문 14)

오이김치

오이는 껍질이 상하지 않게 따고 소금으로 여러 번 문질러서 햇볕에 꾸들거리게 말린다. 4월에 만든 탁주 지게미에 소금을 섞고 오이를 담근다. 며칠 후 꺼내어 본래 담갔던 술의 지게미와 소금과 꿀, 밀누룩(女麴)을 섞은 것에 담아 항아리에 넣어 단단히 봉하는데 오래 둘수록 좋다.

다른 방법으로 탁주 술지게미는 넣지 않아도 좋다. 또 다른 방법으로 대주(大酒, 겨울에 빚은 술, 청주)를 떠내고 남은 술을 쓰며 1섬(180ℓ)을 만들려면 소금 3되(5.4ℓ), 찹쌀누룩 3되(5.4ℓ), 꿀 3되(5.4ℓ)를 넣는다.

밀누룩은 햇볕에 말렸다가 손으로 잘게 부수되, 가루내지 말고 알갱이째로 쓴다. 여기서 사용하는 여국은 밀로 만든 누룩(黃依)을 말한다.

다른 방법으로 오이를 깨끗이 씻어서 말린 다음 소금으로 문질러서 소금과 술지게미를 넣는 데, 너무 짜지 않게 하고 항아리 주둥이를 진흙으로 봉하여 연한 누런색이 되면 먹는다. 큰 것은 6조각을 내고 작은 것은 4조각으로 하여 5치(15㎝)씩 잘라 넓건 좁건 오이 형태를 갖게 한다.

다른 방법으로 길이 4치(12㎝), 넓이 1치(3㎝)로 하여 4조각이 서로 향하게 하여 상에 올린다. 오이가 작고 구부러진 것은 쓰기에 좋지 않다.(원문 15)

동아겨자김치

동아[30]는 길이 3치(9㎝), 넓이 1치(3㎝), 두께 2푼(0.6㎝)으로 썰어 놓는다. 겨자[5]에 회향[123]열매를 넣어 갈아서 찌꺼기를 버리고 즙을 좋은 식초, 소금과 함께 동아에 붓는데 오래 둘수록 맛있다.(원문 16)

데침김치

어린 파와 순무 뿌리는 잘라 버리고 무청만 끓는 물에 데쳤다가 식기 전에 소금과 식초를 넣고 섞는데 긴 것은 그릇 크기에 맞추어 자른다. 식초를 가할 때는 채소 즙도 함께 가한다. 그렇지 않으면 식초 맛이 너무 강해진다.(원문 17)

죽순김김치

죽순은 껍질을 벗기고 3치(9㎝) 길이로 잘라 실처럼 가늘게 썬다. 작은 것은 손으로 가는 쪽 끝을 잡고 칼로 굵은 쪽을 가늘고 얇게 깎아 물 속에 넣었다가 건져서 잘게 자른 김을 섞고 소금과 식초를 넣고, 그릇에 반만 담근다.

김은 찬물에 담그면 자연히 풀어진다. 뜨거운 물로 김을 씻으면 맛을 잃으므로 뜨거운 물을 쓰면 안 된다.(원문 18)

죽채김치

죽채[90]는 대밭에서 나며 미나리와 비슷하고 포기가 크고 줄기와 잎은 가늘며 촘촘하게 큰다. 깨끗이 씻어 끓는 물에 잠깐 데쳤다가 바로 찬물에 넣고 눌러서 물을 빼고 가늘게 자른다. 호근(회향)[123]과 마늘도 잠깐 끓는 물에 데쳤다가 가늘게 잘라 섞고 소금과 식초를 넣어 그릇에 반만 담아낸다. 봄에 먹는 것이지만 4월까지 먹는다.(원문 19)

삼백초김치

삼백초[55]는 잔털과 흙과 상하여 검어진 곳은 잘라 버리고, 씻지 말고 끓는 물에 잠깐 데쳤다가 꺼내어 소금을 약간 넣는다.

삼백초 1되(1.8ℓ)를 따뜻한 쌀가루즙 윗물로 씻는다. 삼백초가 따뜻할 때 꺼내 물기를 빼고 소금과 식초를 넣는다. 따뜻할 때 꺼내지 않으면 붉어지며 물러 버린다. 또 흰 파를 뜨거운 물에 데쳐서 바로 찬물에 담갔다가 물기를 빼고 삼백초에 넣어 함께 1치(3㎝)로 잘라 먹는다.

그릇에 담아낼 때는 삼백초의 마디를 잘라내 정돈하고 요리하며, 삼백초와 흰 파를 서로 다른 쪽에 나누어 가득 채워 낸다.(원문 20)

배추뿌리통초절임

배추를 깨끗하게 씻어 통째로 길게 잘라 산자[53]같이 네모로 3치(9㎝)쯤 되게 자른다. 이것을 묶어 끓는 물에 데쳐서 뜨거울 때 소금과 식초를 넣고 실처럼 가늘게 자른 귤껍질을 섞어서 요리하여 그릇에 반쯤 채워 낸다.(원문 21)

따뜻한 무김치

무를 깨끗이 씻어서 3치(9㎝)로 가늘게 잘라 피리 정도의 작은 다발로 묶어 뜨거운 물에 살짝 데쳐 꺼내 따뜻할 때 소금과 식초를 넣고 위에 회향[123]씨를 뿌린 뒤 다른 요리와 낼 때 그릇에 가득 채워낸다.(원문 22)

회향달래김치

회향[123]과 달래를 끓는 물에 잠깐 데쳐 찬물에 담갔다 꺼낸다. 회향은 가늘게 썰고 달래는 1치(3㎝) 길이로 썰어서 소금과 식초를 넣는다.

상에 낼 때는 푸른 것과 흰 것을 반반씩 나누어 따로 담는다. 그러지 않거나, 찬물에 넣지 않으면 누렇게 되고 만다. 가득 담아낸다.(원문 23)

배추뿌리무김치

깨끗하게 씻어 통째로 실처럼 가늘게 잘라서 종이 10장 정도 말은 다발 크기로 만들어 끓는 물에 잠깐 데쳤다가 꺼내 소금을 많이 가한다. 끓는 물 두 되에 다발을 펴서 합치고 손으로 비빈다.

다른 방법으로 실처럼 가늘게 잘라서 끓는 물에 잠깐 데쳤다가 귤껍질을 위에 올린다. 따뜻할 때 넣으면 누렇게 무른다. 낼 때는 그릇에 가득 채워낸다. 따뜻하게 한 배추와 파, 순무도 이 방법으로 만들 수 있다.(원문 24)

김김치

김에 냉수를 넣어 풀고 파김치와 함께 나누어 담는다. 소금과 식초를 넣어 접시에 가득 담는다.(원문 25)

생강꿀절임

생강[57]을 깨끗이 씻어서 껍질을 벗겨 손질하고 항아리에 시월에 만든 술의 지게미에 넣어 봉하면 열흘이면 익는다. 이것을 꺼내 물에 깨끗이 닦아 꿀에 재우는데 큰 것은 가운데를 자르고 작은 것은 그대로 사용하여 4조각씩 담는다.

또 다른 법으로 급히 만들려면 껍질을 벗기고 손질한 것을 그대로 꿀에 졸여서 먹으면 된다.(원문 26)

매실동아법

큰 동아[30]의 껍질과 씨를 제거하고 3치(9㎝) 길이에 산자[53]모양으로 우동국수 굵기로 자른다. 천으로 가볍게 짜서 즙을 내고, 원즙(杬汁, 항피[112]

즙)을 넣고 따뜻하게 하루 재워 꺼낸다. 오매[76] 1되(1.8ℓ)에 물 2되(3.6ℓ)를 넣고 즙이 1되(1.8ℓ)가 되도록 졸이고 오매는 건져내고 즙은 맑게 가라앉힌다.

여기에 꿀 3되(5.4ℓ), 원즙 3되(5.4ℓ), 껍질과 씨를 없앤 생귤 20개로 만든 즙을 가해 2번 끓인 후 거품을 걷어 내고 가라 앉혀 식힌다. 여기에 동아와 신 석류[58], 현구자[116], 염강[73]가루를 넣는데 석류와 현구자가 많으면 10번 사용한다. 맛이 떫지 않으면 원즙을 1되(1.8ℓ)까지 넣는다. 다른 방법으로 오매 졸인 즙을 뿌려서 담아낸다. 석류와 현구자는 5~6개를 넘지 않게 담근다. 익은 후 껍질을 벗기고 원즙 1되(1.8ℓ)에 물 3되(5.4ℓ)를 부어 1되 반(2.7ℓ)으로 졸여서 맑게 가라앉힌다.(원문 27)

배김치

먼저 소금물을 만든다. 장아찌용 작은 배를 병 안에 넣고 소금물을 채워서 진흙으로 주둥이를 봉한다. 가을에 추우면 봄까지 가는데 겨울에 급히 필요하면 봄까지 기다리지 말고 먹어도 된다. 또 한 달이 지나면 먹을 수 있다고도 한다.

먹을 때는 껍질을 벗기고 통째로 얇게 썰어서 담는다. 즙에 소금물과 꿀을 조금 넣어 새콤달콤하게 하여 얇게 썬 배에 뿌린다. 한번 연 병의 주둥이는 다시 진흙으로 봉한다.

급히 만들려면 배 5개 반을 껍질 벗겨서 통째로 잘라 식초 2되(3.6ℓ)와 끓인 물 2되(3.6ℓ)를 넣어 섞어서 따뜻하게 하여 꺼내 담는다. 그릇에 5~6쪽을 담고 즙을 위에 붓고 꼬지를 그릇 옆에 둔다. 여름에는 5일을 넘길 수 없다. 또, 급히 만들려면 대추를 삶아 쓸 수도 있다.(원문 28)

목이김치

목이[38]는 대추나무나 뽕나무, 느릅나무[23], 버드나무에 생긴 것 중에 부드럽고 축축한 것을 따는 데 마른 것은 좋지 않다. 상수리 나무에서 핀 목이버섯도 쓸 수 있다. 끓는 물에 목이를 5번 데쳐 풋내와 풋맛이 나는 즙을 버리고 찬물에 넣어 깨끗이 씻고, 다시 초장수[10]에 넣었다가 씻는다.

이것을 실처럼 가늘게 썰어서 향기를 내기 위하여 고수풀[11]과 흰 파를 조금만 넣어 향만 취한다. 메주를 소금물로 우린 청장과 식초를 넣어 입에 맞도록 버무린다. 생강과 천초(산초)[100]가루를 넣으면 맛이 매우 미끌거리고 좋다.(원문 29)

상추김치

시경(詩經)에서 「기(芑, 상추)를 뜯는다」라고 하였는데 해설자가 기(芑)는 채소라고 하였고, 시경의 의소(義疏)에서는 「거(蘧)는 씀바귀와 비슷하게 생겼는데 줄기가 푸르다. 줄기를 따 버리면 잎에서 흰즙이 나오는데 달고 부드러워 먹을 수 있고 삶을 수도 있는데 청주(青州) 사람들은 기(芑)라고 한다」 고 하였다. 서하(西河) 안문(鴈門, 중국의 산동성 북부)의 상추가 가장 좋아서 당시 사람들은 이를 사랑하여 사는 곳에서 나오지 않았다고 한다(원문 30).

식경의 고사리 저장법

고사리를 씻어서 물기를 빼고 그릇에 고사리 1층, 소금 1층 씩 뿌려 그릇에 담고 묽은 죽을 붓는다.

다른 방법으로는 묽은 잿물로 고사리 하루 절인 후 끓는 물(蟹眼湯)[113]로 데쳐서 꺼내 술지게미에 담그면 다음 해 고사리 날 때까지 간다.(원문 31).

고사리김치

고사리와 마늘을 끓는 물에 잠깐 데치고 잘게 잘라 소금과 식초를 넣는다. 또는 마늘과 고사리를 함께 1치(3㎝) 길이로 썬다.(원문 32)

마름김치

이아(爾雅)에서 '마름[33]은 접여(接余)다' 라고 하였고, 곽박(郭璞)의 주(注)에서 마름잎은 '물 속에서 크는데 둥글고 줄기 끝에 있다. 물의 깊이에 따라 긴 것도 있고 짧은 것도 있는데 강동 사람들이 김치로 담가 먹는다' 하였다.

시경(詩經)의 주남(周南) 국풍(國風)의 관저장에 '물위의 마름풀이 이리저리 흔들리네' 라는 구절이 있는데 시경의 모시(毛詩)의 주(注)에서 '마름은 접여다' 라고 하였다. 시경의 의소(義疏)에서 '접여는 잎이 희고 줄기는 붉으며 둥글고 직경은 3㎝쯤 된다. 줄기는 물위에 떠 있고 뿌리는 물밑에 있으며 물의 깊이에 따라 줄기가 자라는데 큰 비녀 굵기이다. 밑의 줄기는 위는 푸르고 아래는 흰데 식초에 담가 김치를 만들면 부드럽고 맛이 좋아 안주로 좋으며 꽃은 노랗다.' 고 하였다.(원문 33)

조선시대의 김치

여기서는 제민요술 이후 1900년도 이전의 김치를 대상으로 하였는데, 주로 조선시대의 김치이다.

김치일반

채소절임 거가필용 1200연대말 오주연문장전산고 1850년대

잘게 잘라 대략 데쳐 말려서 가는 파와 회향[123], 화초(川椒)[100], 홍국[119]을 소금과 함께 갈아 잘 섞어서 담갔다가 먹는다.(원문 1)

김치 담는법 거가필용 1200연대말 임원십육지 1827 오주연문장전산고 1850년경

물로 깨끗이 씻고 누렇게 시든 잎사귀는 버린다. 소금 10냥(375g)를 넣어 물을 끓여서 따뜻해질 때까지 식혀서 야채를 씻어 항아리에 넣는다. 날씨가 따뜻하면 다음날 채소에 물기가 빠지는데 아래 위를 바꾸어 넣는다.

채소를 1켜[105] 깔고 늙은 생강을 1켜 깐 다음 채소 100근(60kg)에 생강 2근(1.2kg)을 넣는다. 날씨가 매우 추우면 하루 더 아래 위를 바꾸어 돌로 눌러서 물이 채소 위까지 올라오도록 한다.(원문 2)

김치담는 법 고사십이집 1737

김치 저(菹)는 막는다는 뜻이니, 싱싱한 것을 담아 차갑고 따뜻한 사이를 막아서 물러지지 않게 하는 것이다. 옛날에는 엄채(淹菜)라고 하였는데 지금은 침채(沈菜)라고 한다. 무나 오이, 배추 등의 여러 가지 김치가 있는데 우리나라에서 보통으로 담는 것이므로 쉬운 법은 싣지 않았다.(원문 3)

강절(江浙)김치 고사십이집 1737

합벽사류에 이르기를 강서성과 절강성 사이에서는 큰 항아리에 쌀뜨물을 가득 채워 놓고 거기에 신선한 채소를 넣어 그 안에서 숙성시켜 채소국을 끓인다고 한다.(원문 4)

김치 규합총서 1815

무릇 김치를 담그면 좋은 물을 써야 하며 물이 나쁘면 국물 맛이 좋지 못하다.

김치 태상지 1873

매년 초겨울에 무와 순무를 채소밭에서 거두어 김치를 담가 땅을 파고 흙집을 만든다. 항아리를 그 안에 넣고 뚜껑을 두껍게 덮어 놓는다. 겨울과 봄의 제사에 이바지하여 쓸 수 있고 여름과 겨울에는 쓸 때마다 미나리와 오이 등을 섞는다. 김치와 부추김치는 큰 제사 때만 사용하는데 김치 담글 때 쓰는 소금이 24말(432ℓ)이다(재원공).(원문 5)

김치 담기와 저장법 옹희잡지 1800년대초 임원십육지 1827

명품

송우(宋宇)의 조정조(助鼎俎)에 30여 가지나 있다. 주옹(周顒)이 이른 봄 부추나 가을의 늦은 배추는 맛이 있다고 했는데, 겨울에 땅이 메마르면 맛이 없어져서 김치 담거나 저장하는 방법이 생겼다고 한다.

'엄(醃)'은 '지(漬, 김치)'를 말하고 '지'는 소금이나, 술지게미나, 향료나 모두 그같이 모아 두었다가 겨울을 나는 것이다. 시인(詩人)이 '맛을 모아 두었다가 겨울을 난다'고 한 것은 이것을 말한다.

저장하는 법을 제대로 지키지 않으면 썩으므로 채소로 김치 담거나 저장하는 방법은 당연히 세상 사람들의 관심사항이다.(원문 6)

김치담는 법 주찬 1800년대

김치 담그는 그릇은 군내가 나지 않게 매우 깨끗하게 씻어야 한다. 무릇 김치 담그는 법은 국물이 적으면 좋지 않고 꺼내 쓸 때 맹물이 조금이라도 들어가면 맛이 변하여 좋지 않다. 김치를 섣달 전에 담그면 물 1동이에 바닷소금 7~8되(12.6~14.4ℓ)를 넣고, 섣달 뒤에 담그면 바닷소금 1말(18ℓ)을 넣는다. 또는 녹여 담아도 된다. 문헌에 자세한 방법이 없으므로 법에 따라 기록한다.(원문 7)

겨울김치 가숙사친 임원십육지 1827

가숙사친 : 11월에 겨울 채소를 절여 풀로 묶어서 100근(60kg)마다 소금 7근(4.2kg)을 항아리에 넣고 사흘 동안 돌로 눌렀다가 건지고 소금물은 받아 놓고 채소를 다시 돌로 눌러 놓으면 15일 후 먹을 수 있다. 받아 놓은 소금물을 항아리에 넣으면 여름이 끝날 때까지 상하지 않는다.

다능집 : 채소 100근(60kg)에 소금 8근(4.8kg)을 쓰는데 많으면 짜고 적으면 싱겁다. 항아리에 넣고 3~4일 돌로 눌렀다가 마른 풀로 싸맨다.(원문 8)

마른 항아리에 김치 담는 법 중궤록 송대 임원십육지 1827

채소 10근(6kg)에 볶은 소금 40냥(1.5kg)을 넣는다. 항아리에 소금에 절인 채소 1켜를 넣고 소금에 절이지 않은 채소 1켜를 넣어 담가 두었다가 4일 만에 꺼내 항아리에 넣으며 1번 섞는다.

항아리에 소금물을 넣은 뒤 익는 소리가 나는지 잘 들었다가 4일후 다시 채소를 꺼내어 1번 뒤집는다. 채소를 항아리에 다시 넣고 소금물을 붓고 잘 익었는지 들어 보고 꺼내 뒤집기를 9번 해서 항아리에 담는데, 채소를 1켜 깔고 술, 산초[100], 소회향[61]을 1켜 깔고, 채소 깔기를 번갈아 하여 단단히 다독거려 놓는다. 앞서 만들어 둔 채소의 소금물을 항아리마다 3사발씩 붓고 진흙으로 봉해 놓으면 해가 지나도 먹을 수 있다.(원문 9)

짠지 제민요술 530~550 임원십육지 1827

무, 순무, 배추, 아욱, 갓[4]으로 담은 짠지는 다 같다. 여기에서 김치라고 하는 것은 엄저(醃菹)를 가리키는 것이 아니라 엄장채법(醃藏菜法)을 말한다.

채소를 좋은 것으로 거두어 골라 왕골[77]이나 부들[49]로 묶어서 짠 소금물로 채소를 씻어서 바로 항아리에 넣는다. 싱거운 물로 먼저 씻으면 김치가 물러진다.

채소를 씻은 소금물은 가라앉혀서 맑은 물만 채소가 잠길 정도로 항아리에 붓고 누른다. 담근 채소를 꺼냈다가 다시 담지 않으면 김치의 색이 푸른데 물로 씻어 소금기를 빼고 나물 무치듯이 하면 싱싱한 날 채소와 같다. 그 중 순무와 갓은 3일 후 꺼낸다.

메기장[19]가루로 묽은 죽을 쑤고 누룩을 가루로 찧어 체로 쳐 놓는다. 채소를 1켜 펼치고 누룩 가루를 엷게 뿌리고 뜨거운 묽은 죽을 부어 항아리를 채워 나간다. 채소를 넣을 때 층마다 줄기와 잎사귀가 반대가 되도록 차곡차곡 넣는다. 채소를 절인 소금물을 다시 항아리 안에 부으면 채소는 누런색이 되고 맛이 좋아진다.

싱건지를 만들 때에도 수수[62]가루 묽은 죽과 누룩가루를 쓰면 맛이 좋다.(원문 10)

술지게미김치 군방보 1621 임원십육지 1827

무릇 술지게미김치는 소금과 술지게미에 채소를 먼저 담가 10여일 지난 다음에 꺼내어 술지게미는 버리고 깨끗이 씻어 말렸다가 좋은 새 술지게미를 쓰면 묘하다. 골마지[14]가 끼는 것은 대개 첫 술지게미에서 식초가 나오기 때문이므로 반드시 한 번 바꾸어 주어야 한다. 좋은 술지게미를 사용하면 모두 아름답게 되어 오래 보관할 수 있다.(원문 11)

한두 가지 저울질 하는 법 물류상감지 1690 임원십육지 1827

술지게미 10근(6㎏)을 잘 섞어 항아리에 넣고 진흙으로 봉하면 오래 되어도 가지의 색이 더 노랗게 되고 검어지지 않는다. 술지게미에 녹색 열매를 잘라 넣어두면 검어지지 않는다.(원문 12)

제사김치 시의전서 1800년대말

무를 골패[56]모양으로 얇게 썰어 나박김치를 담는데 파, 고추, 마늘, 생강을 다져 넣고 익힌다. 봄과 여름에는 미나리와 가지도 사용한다.

배추김치

배추불한김치 산가천공 1241~1252 임원십육지 1827

무밝은 국수물에 썰은 배춧잎, 생강, 천초, 회향, 시라를 섞어 빨리 익혀 김치(虀)를 한 그릇 만든다.(원문 13)

배추김치 증보산림경제 1767

무릇 배추를 담글 때는 마땅히 초하루나 초이틀, 초이레, 아흐레, 열하루, 열사흘, 열닷새에 담가야 하고 초닷새나 열나흘, 스무사흘은 피해야 한다(고기 포를 만드는 것도 같다).(원문 14)

배추김치 산가요록 1450년경

배추를 깨끗하게 씻어서 1항아리에 소금 한 홉(180㎖)씩을 넣고 이튿날 씻어서 앞서와 같이 소금을 넣고 항아리에 담아서 물을 붓는 데 다른 김치와 같다.(원문 15)

배추김치 수운잡방 1500년대 요록 1869

늦게 심은 메밀꽃[36]과 열매가 맺으면 부드러운 줄기로도 다음과 같이 만들 수 있다. 배추를 깨끗이 씻어 1동이에 소금 3홉(0.54ℓ)을 넣고 하루 지나 씻어서 다시 같은 양의 소금과 항아리에 넣고 배추가 잠기게 물을 붓는다. 다른 채소도 이와 같이 한다.(원문 16)

배추김치 증보산림경제 1767 고사신서 1771 임원십육지 1827 군학회등 1800년대 중반

한 번 서리 맞은 배추를 바로 거두어 보통 방법으로 싱건지 [나박김치]를

담가 항아리에 넣고 뚜껑을 봉하여 땅에 묻어 기운이 새 나가지 않게 하고 다음 해 봄에 열면 새 것 같은 색이 돌고 맛이 매우 맑고 상쾌하다.(원문 17)

배추김치 군방보 1621 임원십육지 1827

좋은 배추를 골라 심을 빼고 깨끗이 씻는다. 배추 100근(60㎏)에 소금 5근(3.0㎏)을 넣고 배추와 소금을 1켜씩 깔아 돌로 눌러 놓으면 이틀 만에 쓸 수 있다.

또 다른 방법은 배추 100근(60㎏)을 햇볕에 말려서 흙을 턴다. 먼저 소금 2근(1.2㎏)으로 3~4일간 절였다가 소금물 안에서 깨끗이 씻고 나뭇가지로 잘 섞는다. 소금 3근(1.8㎏)을 깨끗하게 써서 항아리 안에 넣고 싸서 오래 둔다.(원문 18)

배추김치 군방보 1621 임원십육지 1827

큰 배추를 통째로 뽑아 열십자로 자른다. 무는 단단하고 작은 것을 반으로 쪼개어 놓는다. 2개를 햇빛에 말려서 물기를 빼고 얇게 네모난 조각처럼 엽전 구멍 만하게 자른다.

깨끗한 항아리 안에 넣고 미나리, 회향[123], 술, 식초 등을 넣어 양념을 한다. 깨끗한 소금을 친 뒤 손으로 항아리를 들어 50~70차례 흔들고 항아리 입구를 꼭 막고 따뜻한 곳에 둔다. 다음날 다시 1번 앞서와 같이 흔들어 놓는다. 4일 뒤에 푸르고 흰 채소를 먹을 수 있는데 깨끗하고 맛이 좋다.(원문 19)

가을김치 주찬 1800년대

무와 배추를 짠 소금물에 오래 담갔다가 꺼내어 그릇에 담아 물기를 빼고 바로 항아리에 담고, 오이, 고추, 고추잎, 파, 마늘, 가지, 청각[101], 생강,

볶은 깨, 천초[100] 등의 양념을 층층이 담고 갓[8], 죽순도 사이사이 넣는다.

무와 배추를 담갔던 소금물의 간을 맞추어 체로 걸러 항아리에 붓고 소금에 절인 무와 배추잎을 위에 덮는데 오래되어 삭고 열이 나면 쓸 수 있다.

생강과 마늘즙을 많이 넣고 당파, 오이, 고추잎, 가지 등이 날 때마다 소금에 절여 두었다가 가을에 김치를 담글 때 잘라서 담근다.(원문 20)

배추통김치(菘沈菜) 시의전서 1800년대말

(북어를 깨끗이 씻어 통 속에 담아두었다가 봄에 먹으면 좋다.)

좋은 통배추를 절이고, 실고추, 흰 파, 마늘, 생밤, 배는 채로 치고 조기젓은 저민다. 청각, 미나리, 파, 소라, 낙지를 속에 섞어 간을 맞추고 무와 오이지는 4쪽으로 가른다. 재료를 켜켜 넣어 담고 3일 후 조기젓국을 달여 물에 타서 부으면 좋다.

속대짠지 시의전서 1800년대말

좋은 배추속대를 썰지 말고 간장에 절여서 고추, 파, 생강, 마늘을 채쳐서 넣고 깨소금과 기름을 넣어 무친다.

배추겨자김치 증보산림경제 1767 임원십육지 1827 농정회요 1830년경

서리맞은 배추를 잘 씻어서 2치(6㎝)로 썰어 풋풋할 때 뜨거운 가마솥에 기름을 두르고 재빨리 볶아 꺼내 식힌 후 항아리에 넣고 초장과 겨자즙[5]을 부어 기운이 새지 않게 단단히 봉한다(동아[30]나 마늘을 볶아 같이 넣어도 좋다).(원문 21)

배추김치 농상촬요 1330 임원십육지 1827

배추의 뿌리와 누런 겉잎은 버리고 깨끗이 씻어 말렸다가 10근(6㎏)마다 소금 10냥(375g)과 감초[3] 몇 뿌리를 쓴다. 소금을 배추에 뿌리고 깨끗한 항아리에 넣고 시라[61]를 조금 넣고 손으로 단단히 다독거린다. 항아리에 반쯤 차면 감초 몇 뿌리를 넣고 가득 차면 돌로 눌러 놓는다.

4일 뒤에 배추를 거꾸로 놓아 나오는 소금물을 깨끗한 그릇에 받아놓고 맹물이 닿지 않도록 한다. 다시 소금물을 배추에 붓고 7일이 지난 뒤에 앞의 방법처럼 배추를 다시 거꾸로 놓고 새로 길어온 물을 붓고 벽돌로 눌러 놓는다. 배추맛이 좋고 향기로우며 부드러워서 봄에는 한없이 먹을 것 같다.

끓는 물에 데쳐서 햇볕에 말려 저장하였다가 한여름 따뜻한 물에 배추를 담가 물을 빼고 참기름을 섞어서 사기그릇에 가득 담아 밥 위에 쪄먹으면 맛이 더 좋다.(원문 22)

배추술지게미김치 군방보 1621 임원십육지 1827

먼저 눌러 놓은 해묵은 술지게미(술이 조금도 나오지 않는 것) 1근(600g)마다 소금 4냥(150g)을 넣어 잘 섞고 항아리에 넣어 봉한다. 좋은 배추를 골라 깨끗이 씻어 잎사귀를 떼어 그늘진 곳에서 물기를 말린다.

배추 2근(1.2㎏)에 술지게미 1근(600g)을 넣으며 서로 번갈아 1켜씩 깐다. 2일에 1번씩 뒤집어 놓고 익으면 다독거려 항아리에 넣고 위에 술지게미와 배추에서 나온 소금물을 둘러 부으면 맛이 좋아진다.(원문 23)

장김치(醬沈菜) 시의전서 1800년대말

좋은 배추를 1치(3㎝)길이로 썰고 무도 껍질 벗겨서 반듯반듯하게 썬다.

배도 무처럼 썰어 좋은 진장(묵은 간장)에 절이고 소금 가하고 흰 파, 마늘, 생강, 생밤, 석이버섯, 표고버섯 등은 채를 친다. 전복, 해삼, 양지머리(소 가슴살), 차돌박이(양지머리 복판의 살, 차돌 박힌 것 같다)를 얇게 저며 넣고 잣을 넣고 재료를 버무린다.

절인 간장 물을 달여서 물 타고 간 맞추어 꿀을 타 국물을 부어 익으면 쓴다.

여름에는 어린 오이를 장에 절여 오이김치 속 넣듯이 만든다.

검은김치 군방보 1621 임원십육지 1827

배추를 보통 방법대로 절여서 시렁[64] 위에 걸어서 햇볕에 잘 말린 뒤 시루[65]에 얹어 1번 찌고 다시 햇볕에 말리면 매우 오랫동안 저장할 수 있다. 여름에 이 김치에 고기를 넣어 볶으면 오래두어도 냄새가 나지 않는다.

시루를 쓰기 불편하면 물에 삶았다가 햇빛에 말려도 되는데 찐 것만치 좋지는 않다. 갓도 이와 같이 한다.(원문 24)

섞박지

섞박지 규합총서 1815

가을에서 겨울까지 김장할 때 껍질이 얇고, 크고 연한 무를 너무 짜게 절이지 말고 좋은 갓과 배추를 따로 4~5일 절인 후 맛있는 조기젓과 진어(眞魚, 준칫과), 소어(준치[91], 밴댕이) 젓들을 좋은 물에 담가 하룻밤 재운다.

무도 껍질을 벗겨서 길거나 둥글게 좋은 대로 썰고, 배추와 갓을 적당히 썰어 물에 담근다.

오이는 여름에 소금물을 끓여 뜨거울 때 붓고 굴이나 녹슨 동전을 넣거나 놋그릇 닦은 수세미를 넣어 두면 빛이 푸르고 싱싱한데 담기 며칠 전에 꺼내어 물에 담가 짠물을 우려낸다.

가지는 잿물 받고 난 재를 말려서 가지와 층층이 번갈아 담고 단단히 봉하여 땅에 묻어 두면 오래되어도 싱싱한데 섞박지 담는 날 꺼내어 물에 넣는다.

동아[30]는 과즐(약과)만치 잘라 껍질은 벗기지 말고 속은 긁어낸다.

젓갈은 형태가 남은 생선의 지느러미와 꼬리, 비늘을 제거한다. 소라와 낙지는 머릿골을 제거하고 깨끗이 씻는다.

무와 배추는 광주리에 건져 올려서 물기를 뺀다.

독을 땅에 묻고 물 뺀 무와 배추를 넣은 후 가지, 오이, 동아 등을 넣고 젓을 1층 깔고 청각[5]과 마늘, 고추 등을 많이 뿌리고, 고추와 채소를 시루떡 안치듯 넣는다.

항아리에 국물을 넉넉하게 채우고 위에 절인 배추 잎과 무 껍질을 두껍게 덮고 가늘고 단단한 나무로 가로질러 눌러 놓는다. 젓 담갔던 물이 적으면 찬 물을 더 넣고, 좋은 조기젓국과 깨끗한 굴젓국을 더 타 간을 맞춘다. 굴젓국은 맛이 더 좋기는 하지만 많이 넣으면 국물이 흐려지므로 젓국이 2/3면 굴 젓국을 1/3섞어 독에 가득 붓고, 두껍게 싸서 소라기[60] 뚜껑이나 방석으로 덮어둔다.

겨울에 익으면 젓과 생복, 낙지 등은 좋은 대로 썰어 쓰고 동아 껍질을 벗겨 썰면 동아 색이 옥 같다. 고추와 마늘은 식성대로 양을 넣는다.

더울 때 담그면 국물은 시고 채소는 설어서 좋지 않으므로 3~4일만 절여서 방법대로 해야 맛이 좋다.

섞박지 시의전서 1800년대말

연하고 좋은 무를 얌전히 썰고 좋은 배추를 잘 절여서 진어, 준치[91], 소라, 조기젓, 밴댕이를 물에 담가 하룻밤 재운다.

무는 마음대로 또는 둥글게 썰고 배추와 갓[4]은 적당히 썰어 물에 담고 오이와 가지는 섞박지 담그는 날 찬물에 넣고 선(덜익은) 동아[30]는 과즐만하게 잘라 껍질은 벗기지 말고 속을 긁어 없앤다.

생복, 소라, 낙지는 머리의 골만 뺀다.

독을 묻고 무와 배추를 먼저 넣고, 가지와 동아 등을 넣고 젓을 1번 깔고 마늘, 파, 고추 등을 많이 넣고, 떡 안치듯 차례로 채소를 넣는다.

무 껍질로 독의 위를 많이 덮고 단단한 나무로 독 속 좌우를 단단히 질러 누른 후 좋은 조기젓국에 맛있는 굴젓국을 조금 섞어 간을 맞추어 가득 부어 익히면 맛이 자별하다.

날이 더우면 쉬므로 때를 잃으면 안 된다. 생복과 낙지는 먹을 때 썬다. 절인 동아 껍질을 벗겨 놓으면 빛이 옥같다.

섞박지 주찬 1800년대

연한 무와 배추를 소금물에 절이면 줄기에 짠맛이 배는데 잎사귀는 넣지 않는다. 짠맛이 나면 채반[99] 위에 건져 둔다.

맛좋고 냄새가 안 나는 황석어(조기) 젓갈을 찬물에 담가 비늘을 훑어버리고 깨끗이 씻는다.

소라, 굴, 대하, 파, 마늘, 생강, 천초[100], 청각[101], 생복, 석이, 표고 등의 양념은 자를 것은 잘라 다른 그릇에 넣는다.

그리고 황석어 젓갈과 무와 배추 잎을 넉넉하게 층층이 담고 소금에 절인 무와 배추잎으로 덮고, 황석어 젓갈 씻은 물을 걸러 넣는다. 너무 싱거우면 다른 좋은 젓갈 국물을 더 넣고, 너무 짜면 무와 배추를 절였던 물을 간 맞추어 항아리 가득 붓는다. 국물이 많아서 다 못 넣으면 다른 그릇에 두었다가 김치 국물이 줄어들 때 부으면 그 국물이 다 익었어도 가득 채울 수 있다. 이같이 여러 차례 나누어 국물을 많이 붓는다. 국물을 너무 많이 부으면 군내가 나지 않고 좋다.

이 김치는 너무 싱거우면 맛이 이상해져 좋지 않고 너무 짜도 좋은 맛이 안 난다. 준치[91]젓도 넣을 수 있는데 젓갈은 굴젓이 가장 좋다.

이 김치는 짜야 좋은데 젓갈국물을 국물로 부으면 맛이 이상해져서 아주 좋지 않으므로 절대 젓갈 국물을 쓰면 안 된다.(원문 25)

이른 석박지 주찬 1800년대

한 항아리에 맛있는 젓갈과 고명으로 구색을 갖추어 배추김치와 무김치를 층층이 같이 담는다. 더워서 금방 익지 않도록 며칠 동안 서늘한 곳에 놓고 너무 짜면 김치국물을 붓고 너무 싱거우면 짠 김치국물을 부어도 좋다.

젓갈은 굴젓이 가장 좋고 다음 새우젓인데 두 가지를 많이 넣으면 젓갈의 좋은 맛이 김치와 어우러져서 석박지보다 못하지 않다. 기름종이로 항아리를 봉하여 속의 기운이 빠져나가지 않게 한다. 국물이 줄어들면 군내가 나고 맛이 없으므로 줄어들면 국물을 더 붓는 것이 좋다.(원문 26)

무김치

무김치 거가필용 1200연대말 임원십육지 1827 오주연문장전산고 1850년경

무를 복숭아뼈 크기로 잘라서 소금에 하루 절인 후 햇볕에 말린다. 채

친 생강, 채친 귤, 시라[61], 회향[123] 등을 잘라 섞고 보통 식초에 지져서 물을 조금 뿌려 항아리에 담고 햇볕에 말려 저장한다.(원문 27)

상공의 김치 담는 법 거가필용 1200년대말 임원십육지 1827 오주연문장전산고 1850년경

무를 얇은 조각으로 자르고 상추와 여린 순무, 배추를 무 크기로 잘라서 소금에 오래 볶아 끓는 물에 잠깐 데쳐서 새로운 물에 넣는다. 그리고 끓인 식초물을 붓고 무거운 것으로 뚜껑을 덮는다. 우물 속에 넣어 차게 하면 더 좋다.(원문 28)

무짠지 증보산림경제 1767 임원십육지 1827 농정회요 1830년대초

첫서리가 내린 뒤 무의 뿌리와 잎사귀를 깨끗이 씻는다. 별도로 고추(만초)의 연한 열매와 줄기와 잎을 준비하고(이것은 서리가 찰 때 먼저 짠지로 담가 놓았다가 합쳐서 담근다) 청각[101]과 늙지 않은 오이, 아이 주먹만 한 남과(호박)의 잎사귀와 껍질 벗긴 연한 줄기, 가을 갓의 줄기와 잎사귀, 그리고 동아[30](껍질을 벗기지 말고 손바닥 크기로 잘라 넣는데 깊은 겨울, 익은 동치미를 먹을 때 껍질을 벗기면 색이 희어서 사랑스럽다), 천초[100], 부춧잎과 함께 마늘을 많이 갈아 즙을 내 넣어 담근다.

항아리에 무와 여러 재료들을 층층이 넣고 마늘즙을 골고루 넣고 단단히 봉하여 땅 속에 묻어 납월(섣달)에 꺼내 먹으면 맛이 좋다. 기운이 새나가지 않게 하면 봄까지 간다. 미나리와 어린 가지를 함께 넣어도 좋다.(원문 29)

짠지 주찬 1800년대

무를 깨끗이 씻어 마른 소금에 절이면 진한 소금물이 나오고 무는 연해

진다. 그러면 무를 꺼내 생강, 천초[100] 등의 양념을 층층이 넣고 진한 소금물을 항아리에 가득 붓는데 맹물을 쓰지 말고 소금물만 쓴다.

이 김치는 아주 짠 소금물에 담는데 때로 소금물을 더 붓는다. 이 짠지 담그는 법은 자세하지 않은데 아마 이 방법과 같지는 않을 것이다.(원문 30)

짠지 주찬 1800년대

무껍질을 벗겨 소금물에 절이는데 하나씩 짠맛이 들면 꺼내어 찬물에 헹구어 물기를 말려서 항아리에 넣고 고추, 천초[100], 생강, 파 등을 층층이 섞어 넣고, 무를 담갔던 소금물을 붓는다. 싱거우면 소금을 더 넣고 오래 두고 쓴다.(원문 31)

싱건지 주찬 1800년대

무를 깨끗이 씻어 생강, 천초 등의 양념과 섞어서 층층이 담그는데 물 한 동이에 소금 한 되(1.8ℓ)를 녹인다. 이 동치미법도 자세하지 않은데 이보다 나은 방법은 없을 것이다.(원문 32)

무싹김치 거가필용 1200년대말 증보산림경제 1767 임원십육지 1827 농정회요 1830년대초

땅(움) 속에 저장했던 무를 정월에 꺼내어 무 싹을 볶고 무를 저며 파를 넣고 싱건지(나박김치)를 담가 먹으면 봄기운을 느끼게 한다.(원문 33)

무염김치 요록 1689

무 줄기를 깨끗이 씻어 항아리에 가득 담고 맑은 물을 부어 놓는다. 흰 거품이 생겨서 물이 뒤집히면 맑은 물을 더 붓는다.(원문 34)

무염김치 임원십육지 1827

무를 잘 씻어서 항아리에 담고 맑은 물을 채워 3~4일 후 흰 거품이 넘치면 다시 맑은 물을 부어서 익으면 먹는다.(원문 35)

무술지게미 김치 중궤록 송대 임원십육지 1827

무 1근(600g)에 소금 3냥(112.5g)을 쓰며 무가 물에 닿지 않게 한다. 뿌리털이 달린 채로 깨끗이 씻어 뿌리와 섞어서 햇볕에 말린다. 술지게미와 소금 섞은 것에 무를 넣고 섞은 후 항아리 안에 넣는다. 이 방법은 빨리 먹는 것이 아니다(살펴보건대 빨리 먹는 것이 아니라는 것은 이것은 빨리 먹을 수 있는 김치 담그는 방법이 아니기 때문이다).(원문 36)

무물김치 군방보 1621 임원십육지 1827

무의 뿌리털을 깎아 버리고 깨끗이 씻어서 항아리에 넣고 소금을 뿌리고, 5~6일 뒤 물을 부으면서 무를 고르게 섞는 데 1달 뒤에 먹을 수 있다. 배 1~2개를 넣으면 향기롭고 부드러워서 한없이 먹을 것 같다. 소금물에 삶은 무를 넣어 건져 말렸다가 된장에 넣거나 가늘게 잘라 말려서 끓는 물에 잠깐 데쳤다가 먹을 수 있다.(원문 37)

담족김치 주찬 1800년대

무 뿌리를 얇게 썰어서 소금을 뿌려서 키[106]로 까불어 두어 숨을 죽인 다음 손을 넣어도 될 정도의 뜨거운 물에 넣어 재운다. 한참 후 무를 건져내어 항아리에 담고 재웠던 물을 체에 걸러 싱거우면 간을 적당히 맞추어 부어 넣는다. 흰 파 줄기를 잘게 찢어 넣고 통천초와 잘게 썬 고추도 넣는다. 반정도 익으면 먹을 수 있다.(원문 38)

식해형 삼백김치 중궤록 송청대 임원십육지 1827

흰 무와 줄풀[92], 생죽순을 잘라 데쳐 익혀서 식해형 당근김치와 같이 만든다(파꽃, 대회향, 소회향[61], 채로 썬은 생강과 귤껍질, 화초[100]가루, 홍국[119]을 곱게 갈아 소금과 섞어 두었다가 먹는다).(원문 39)

무젓갈김치 옹희잡지 1800년대초 임원십육지 1827

서리 내린 후 무에서 누런 잎만 떼 내고 어린잎은 붙여서 쓴다. 무를 깨끗이 씻어서 세로로 서너 조각으로 잘라 동이에 넣고 소금을 약간 뿌린다. 사흘 후 6, 7월에 소금에 절였던 오이를 물에 담가 소금기를 우려서 쓴다. 가지는 꼭지를 따 버린다. 동아[30]는 껍질을 벗기고 조각으로 썬다. 배추는 겉잎을 떼 내고 갓은 다듬는다. 이들 재료를 함께 항아리에 넣는다.

양념으로, 조기젓은 비늘, 머리, 꼬리를 자르고, 잘게 썰고 생복어 살은 잘게 썰고, 소라도 잘게 썰고, 낙지도 1치(3㎝)로 썰고, 생복어 껍질을 썰고 청각[101]은 여러 치로 썰고, 생강은 껍질을 벗겨 썰고 천초[100]는 눈을 떼어버리고, 고추는 1치(3㎝)로 썬다.

한 층은 채소, 한 층은 양념 넣기로 층층이 넣는다. 감천수에 젓갈즙을 타서 간을 맞추어 붓고 밀봉하여 짚으로 싸서 땅 속에 깊이 묻어 21일 익혀 먹는다.(원문 40)

열젓국지 시의전서 1800년대말

좋은 무를 네모반듯하게 도독도독 가늘게 썰어 절이고 배추가 있으면 넣고 고추, 흰 파, 마늘, 생강은 채로 치고 미나리는 갸름하게 잘라 넣고 버무린다. 김치국은 좋은 젓국을 쳐서 간 맞추어 익힌다.

젓무 시의전서 1800년대말

(오이젓무는 오이김치처럼 소 넣고 새우젓은 다지고 고춧가루와 파 마늘 다져 합하여 익힌다.)

배추속대는 네 절로 썰고 무도 도독도독 네모반듯하게 썰고, 오이지도 넣고, 새우젓은 다져넣고, 고추, 파, 마늘은 절구에 찧어 고춧가루를 섞어 버무려 간을 맞추어 넣는다. 위를 많이 덮어야 잘 익고 맛이 좋다.

무김치 수운잡방 1500년대

서리 내린 후 당무(唐蘿蔔) 줄기와 잎은 버리든지, 연하면 그냥 쓰되 흙은 닦고 잔뿌리는 돌로 문질러 없애고 깨끗이 씻는다. 무 1동이에 소금 2되(3.6ℓ)를 뿌려서 하루 지나면 소금기를 씻어 버리고 물에 하룻밤 담가 두었다가 발[44]에 건져 널어 물기를 없애고 독에 담근다.

무 1동이에 소금 1되 반(2.7ℓ)녹인 물을 가득 부어 얼지 않는 곳에 놓았다가 쓴다. 싱거우면 무 1동이 당 소금 2되(3.6ℓ)를 물에 녹여 붓는다.(원문 41)

동치미

동치미 산가요록 1450년경

겨울에 순무 껍질을 벗겨서 그릇에 담아 잘 얼려서 항아리에 담아 찬물을 붓고 주둥이를 봉하여 따뜻한 방에 두었다가 익으면 찢어서 수저로 떼어 동치미 국물을 묻혀서 소금을 조금씩 찍어 먹으면 매우 맛있다.(원문 42)

동치미 요록 1689

겨울에 순무 껍질을 벗겨 물에 하룻밤 담근 후 물을 버리고 얼음물을 붓는다. 항아리 주둥이를 봉하고 따뜻한 방에서 하루 두었다가 익으면 먹을 때에 잘라 소금을 조금씩 넣어 먹으면 맛이 달고 좋다. 짚거적[7]으로 싸 놓는다.(원문 43)

동치미(순무) 요록 1689

순무를 깨끗이 씻어서 발[44] 위에 널고 소금을 싸락눈처럼 뿌려서 항아리에 넣고 물을 부어 사흘 후 건져내어 깨끗이 씻어 발 위에서 잠깐 말렸다가 큰 항아리에 넣는다. 소금물을 끓여서 식히고, 짭짤하면 항아리에 담아 익으면 먹는다.(원문 44)

동치미 산가요록 1450년경

1~2월에 참무(眞菁根)를 깨끗하게 씻어서 껍질을 벗기고 큰 것은 3~6조각으로 썰어 담가서 3일 동안 물을 자주 갈아 준다. 마지막 물을 버리고 참무를 항아리에 담는다. 깨끗한 물이나 쌀뜨물을 끓여서 식혀 붓고 온돌 위에 놓고 두껍게 싸서 익으면 먹는다.

다른 방법 : 2월에 참무를 깨끗하게 씻어서 껍질을 벗기고 큰 것은 3~4조각으로 잘라 항아리에 담는다. 소금물을 끓여 식혀서 순무 1항아리(요강 크기)에 소금물 3항아리를 부어서 서늘한 곳에 둔다. 어떤 사람은 약간 마른 순무 1항아리에 소금 1국자, 물 1항아리를 섞어도 된다고 하였다.(원문 45)

동치미 수운잡방 1500년대

정이월에 참무를 깨끗하게 씻어서 껍질을 벗기고 큰 것은 갈라서 조각내어 독에 담는다. 깨끗한 물에 소금을 조금 넣고 한 소큼 끓여 식힌 후 무 1동이에 물 3동이를 부어 익혀서 쓴다.(원문 46)

동침이법 음식보 1700년대초

고운 무 많이 써서 그 위에 칼 금을 그어 칼집을 많이 내서 불고 무가 맑아지면 여러 번 물과 함께 독에 넣되 파초 2~3토막도 넣는다. 물 한 동이를 덥게 데워 소금 1되(1.8ℓ)를 녹여 두었다가 식으면 든든하게 부어 땅을 파고 맛있게 묻어 두었다가 세시에 쓰면 좋다.

무동치미 증보산림경제 1767 임원십육지 1827 농정회요 1830년대초

늦가을이나 초겨울 들어 매우 추워지면 칼자루 정도의 연한 무를 뽑아 칼로 껍질을 긁어내고 깨끗하게 씻어서 항아리에 넣는다. 물을 끓여 식혀서 소금을 담담하게 넣어 항아리에 붓고 짚으로 싸서 땅에 묻는다.

이보다 먼저 늙기 전의 오이와 연한 가지, 적로근[83], 송이 등을 철마다 매우 짠 소금물에 담갔다가 무동치미를 담글 때 모두 꺼내어 찬물에 담가 소금기를 빼고 생강, 흰 파 줄기, 청각[101], 눈을 뗀 천초[100], 가지, 오이 등을 땅에 묻은 항아리에 넣고 단단히 봉하여 흙으로 덮어서 익으면 먹는데 맛이 매우 좋다.

그러나 너무 많이 먹으면 가래와 기침이 나므로 삼가한다(가지는 재 속에 두었다가 쓰는 데 앞에 방법이 있다).(원문 47)

동침이 규합총서 1815

작고 예쁜 무를 깨끗하게 잘 다듬어 꼬리 채 소금에 하루 절였다가 잘 씻어서 땅에 묻은 독에 넣는다.

어린 오이와 가지는 잿물 받은 마른 재에 묻어서 저장한 싱싱한 것을 꺼내 절여 넣고, 배와 유자[80]는 껍질만 벗기고 썰지 말고, 흰 파 줄기는 1치(3㎝)씩 잘라 위를 반씩 갈라 넷으로 가르고, 생강은 넓고 얇게 저미고, 고추는 씨를 빼고 네모나고 반듯하게 썰어서 위에 많이 넣는다.

소금 녹인 좋은 물을 간 맞추고 고운체로 걸러 가득 붓고 두껍게 봉해 둔다.

겨울에 익은 후 먹을 때 배와 유자는 썰고, 국물에 꿀을 타고 석류[46]와 잣을 뿌리면 맑고 산뜻하고 맛이 매우 아름답다.

무동치미 주찬 1800년대

무의 껍질을 벗겨서 약간 싱거운 소금물에 절이면 무가 부드러워지고 윤기가 나는데 냉수를 많이 부어 씻어서 항아리에 담근다. 오이와 가지도 소금에 며칠 절였다가 냉수에 씻어서 같이 담근다. 그리고 천초[100], 씨 뺀 고추를 층층이 담고 무 절였던 물을 체로 걸러 간맞추어 붓는다.(원문 48)

동침이(冬沈伊) 시의전서 1800년대말

잘고 모양 좋은 무를 깨끗하게 껍질 벗겨서 하루 절여 깨끗이 씻는다. 독을 묻고 어린 오이를 함께 절여 넣고, 배와 유자[80]는 껍질 벗기고 썰지 말고 통째로 넣고, 파뿌리는 1치(3㎝)로 썰어 4쪽 내고 얇게 저민 생강과 고추 썬 것을 위에 많이 넣는다. 좋은 물을 간 맞추어 고운 체로 받쳐 가득 붓고 두껍게 봉하여 익은 후 먹는다.

배와 유자는 먹을 때 썰고 국에 꿀을 타서 석류[58]와 잣을 띄워서 쓴다.

동저 규합총서 1815

김장 후, 잎이 크고 좋은 무 꼬리와 줄기를 잘라 깨끗이 다듬고 여러 번 씻어 소금에 굴려 묻혀서 땅에 묻은 독에 층층이 넣으면서 소금을 많이 뿌려 넣는다. 며칠 후 반 절여지면 아래와 위를 바꾸어 넣고 4~5일 절인 후 따로 짜게 절여 놓았던 오이를 물에 담가 짠 맛을 빼서 넣고 고추와 청각[101]을 넣는다.

소금 타지 않은 냉수를 가득 부어 단단히 봉하여 그릇을 덮고 단단히 묻었다가 설 지난 뒤에 꺼내면 국물이 유난히 맑고 시원하고 담소하여 다른 여러 김치보다 배는 아름답다.

당근 및 순무김치

당근김치 거가필용 1200년대말 오주연문장전산고 1850년경

조각으로 잘라 대략 데쳐 말려서 가는 파와 회향[123], 화초[100], 홍국[119]을 소금과 함께 갈아 잘 섞어서 담갔다가 먹는다.(원문 49)

호나복(당근)김치 거가필용 1200년대말 오주연문장전산고 1850년경

조각으로 잘라 좋은 갓[4]과 함께 식초 안에 넣어 대충 절여지면 먹는다. 부드러운 갓 안에 천초[100], 시라[61], 회향[123], 채친 생강, 채친 귤, 소금을 잘 섞어 쓴다.(원문 50)

당근김치 중궤록 송대 임원십육지 1827

붉고 가느다란 당근을 조각으로 자르고, 갓[8]도 같이 잘라 식초를 넣고 대략 절여서 밥 먹을 때 먹으면 매우 부드럽다. 소금을 조금 넣고 회향[123]과 생강, 귤껍질채 등을 같이 식초에 넣고 버무려 담가 먹는다.(원문 51)

식해형 당근김치 중궤록 송청대 임원십육지 1827

조각으로 잘라서 끓는 물에 데쳐 말린다. 파꽃을 조금 넣고, 회향[123], 생강, 채친귤, 후추가루를 얼마간 넣고 홍국[119]을 갈아 소금과 함께 섞어 얼마간 담가 놓으면 먹을 수 있다.(원문 52)

순무김치 산가요록 1450년경

서리가 서너 차례 내리면 순무를 거두어서 볕에 약간 말려서 잔 줄기와 잎을 떼어 버린다. 흙을 씻어서 껍질을 깎고 다시 씻어서 펴 놓고 순무를 손으로 하나하나 꾹꾹 누르면서 소금을 서리처럼 묻힌다. 순무를 다시 펴 놓고 소금 묻히기를 번갈아 하여 다 넣고 빈 섬(거적처럼 엉성하게 짠 가마니)으로 덮어서 하루 밤 두었다가 물이 맑아질 때까지 씻어서 항아리에 담는다.

순무 한 동이에 소금 8~9홉(1.44~1.62ℓ)을 찬 물에 녹여 찌꺼기를 없애고 가득 붓는다. 거품을 내며 넘치면 소금을 조금씩 물에 타서 매일 부어도 된다.

또 다른 방법 : 위와 같은데, 중간 중간 소금을 넣는다. 하룻밤 지난 후 잘 씻어서 소금기를 없애고 항아리에 담고 이튿날 소금기 없는 깨끗한 물을 붓는 데 다음날 거품 뜬 물이 넘쳐 나올 때까지 가득 채운다. 다시 다음날 두 번 깨끗한 물로 씻기도 한다. 이렇게 7일간 해야 한다.(원문 53)

나박김치 산가요록 1450년경

순무를 깨끗이 씻어 껍질을 벗겨서 씻지 말고 편으로 잘게 잘라서 바로 항아리에 넣고 바람이 들지 않게 담가야 좋다.(원문 54)

무염김치 산가요록 1450년경

순무를 깨끗하게 씻어서 항아리에 담고 맑은 물을 가득 붓는다. 3~4

일 되어 흰거품이 올라오면 다시 맑은 물을 더 붓고 익으면 먹는다.(원문 55)

청교(靑郊)의 김치 담는 법 수운잡방 1500년대

순무를 깨끗하게 씻어서 발[44] 위에 펼치고 소금을 싸락눈처럼 뿌려서 잠시 후 씻고 소금을 다시 뿌려 푸성귀 냄새를 없애며 숨을 죽이고 남은 잎과 향초[115]로 덮어서 4일 후 3~4치(9~12㎝)로 잘라 항아리에 넣는다. 큰항아리는 소금 2되(3.6ℓ)를 쓰고 작은 항아리는 소금 1되(1.8ℓ)를 쓴다. 반쯤 익으면 찬물을 붓고 익혀서 쓴다.(원문 56)

순무김치 증보산림경제 1767 농정회요 1830년대초

뿌리를 취하여 다만 날려 깎기하여 싱건지를 담는다. 한 때 먹을 것이지 겨울을 나는 반찬거리로 만들 수 없다.(원문 57)

침채 음식법 작자미상 1854

이런 부침개에나 벙거지(색떡을 넣을 때 속에 넣는 흰떡의 하나. 벙거지 비슷하게 만든다) 가루에나 그런 음식에 채, 김치가 해롭지 않으니 전무, 순무를 반씩 하되 얇게 저며서 사면을 깨끗하게 씻어서 완자로 비스듬히 썬다. 넓이는 좁고 길이는 길게 썰고 배추줄기, 순무줄기, 푸른 잎 하나도 없이 긁어서 다시 완자로 빗썰어서 얼핏 섞는다. 생강과 고추를 모두 완자로 썰어 넣고 싱겁게 김치를 담으면 하루 밤에 익는다.

신검초[68] 줄기 잎이나 넣었다가 쓸 때 내고 배완자와 유자껍질 벗기고 얇게 저며 모양대로 썰어 넣고 국물에 꿀을 타서 가라앉혀 붓고, 석류와 잣을 넣고 파와 생강 고추를 위로 오게 담으면 모양과 맛이 아름답기 수정과에 못지 않고 술 먹는 사람과 다모떡 먹는 사람이 좋아한다.

이 김치는 무와 동아가 다 좋지 않고 오이 있을 때 겨울에 동청물 든(녹슨) 푸른 오이(동전, 또는 유기그릇 닦은 수세미로 푸르게 유지시키는 방법)로도 먹는데 우려 넣고 무를 다듬어 넣으면 좋다.

오이김치

팔월 조 사시찬요초 1469~1494

오이김치를 담는다.(원문 58)

오이김치 거가필용 1200년대말 오주연문장전산고 1850년경

오이는 양에 관계없이 얇게 잘라 소금을 조금 뿌려 하룻밤 재운 뒤 건진다. 오이에서 생긴 소금물을 끓여 절인 오이를 잠깐 데친 뒤 햇볕에 말린다. 보통 식초로 지져서 식으면 설탕, 채친 생강, 자소[81], 시라[61], 회향[123] 등을 넣고 버무려 항아리에 담아 햇볕에 쪼여 마른 뒤 저장한다.(원문 59)

오이김치 산가요록 1450년경

푸른 오이를 깨끗하게 씻어서 볕에 하루 말렸다가 항아리에 오이 한켜, 참기름 한켜 넣기를 하여 다 채우고 끓인 소금물을 식혀서 붓고 할미꽃[111] 줄기로 덮는다.

방법 1 : 푸른 오이를 1치(3㎝)로 잘라 끓는 물에 데쳐서 푸른 색을 없애고 정가(荊芥)[86], 산초 잎, 생강, 마늘을 섞어서 항아리에 담고 참기름과 달인 장물을 붓고 하룻밤 익혀서 먹는다.

방법 2 : 푸른 오이를 1치(3㎝)로 잘라서 끓는 물에 데쳐서 푸른 색을 없애고 여뀌[72] 잎을 섞어 절이면 매우 좋다.

방법 3 : 푸른 오이를 1치(3㎝)로 잘라서 동아[30]꼭지, 정가[86], 여뀌[72] 잎이나 열매를 섞어서 절이면 매우 좋다.

방법 4 : 어린 오이를 끓는 물에 데쳐서 푸른 색을 없애고 3조각으로 잘라서 간장에 담가 바로 먹는데 매우 연하다.

방법 5 : 5~6월 사이에 오이를 씻어서 물기를 없애고 햇볕에 말려서, 할미꽃[111] 뿌리와 줄기를 무르도록 쪄서 오이와 같이 항아리 사이사이에 담고 소금물을 끓여서 식기 전에 가득 붓는다. 주둥이를 덮고 진흙으로 발라서 서늘한 곳에 두었다가 가을과 겨울에 먹는다.(원문 60)

오이김치 수운잡방 1500년대

7~8월에 오이나 가지를 물로 씻지 말고 행주로 씻어 놓는다. 물 3동이에 소금 3되(5.4ℓ)를 넣어 끓여서 1동이가 될 때까지 졸여 식힌다. 오이를 항아리에 넣으면서 할미꽃[111] 줄기와 잎을 층층이 넣고 끓인 소금물을 오이가 잠길 때까지 붓고 돌로 눌러 놓는다.(원문 61)

오이김치 다른 법 수운잡방 1500년대

7~8월에 늙지 않은 오이의 껍질을 벗기고 깨끗이 씻어서 물기를 없애고 항아리에 넣고 간을 적당히 맞춘 소금물을 끓여 넣는다. 오이에 할미꽃[111] 줄기와 산초[100]를 층층이 섞어 넣으면 오이가 무르지 않고 달다.(원문 62)

오이물김치 수운잡방 1500년대

8월에 크고 좋은 오이를 따서 깨끗이 씻어 말려서 물기를 없애고 할미꽃[111] 줄기를 박초(朴草)[43]로 하고, 산초[100]와 섞어 항아리에 넣는다. 오이 1동이당 끓는 물 1동이에 소금 3되(5.4ℓ)를 녹여 붓는다.

익으면 위에 거품이 생기는데 거품이 없어질 때까지 정화수[71](井華水,

이른 새벽에 기른 물, 약을 다리거나 정성을 드릴 때 쓴다)를 매일 부으면 매우 맛이 좋아지고 국물이 독 밑까지 수정처럼 맑아진다.(원문 63)

늙은오이김치 수운잡방 1500년대

늙은 오이를 따서 반으로 갈라 수저로 속을 긁어내고 가늘게 잘라 항아리 안에 넣고 소금을 조금 뿌렸다가 이튿날 고인 물을 버리고 소금과 산초를 층층이 섞어 다시 넣는데 물을 넣지 않아도 물이 생긴다.

할미꽃[111] 풀로 덮어서 돌로 눌러 두면 1년이 지나도 맛이 변하지 않는다. 큰 오이로 담글 때는 박초[43]를 엮어 주둥이를 막고 무거운 돌로 눌러 놓는다.(원문 64)

오이김치 요록 1689

작고 늙은 누런 오이 100개를 끓는 물에 잠깐 데쳐 말려서 물기를 없애고 소금을 뿌려 볕에 말려 오이가 줄어들면 소금과 설탕 4냥(150g)씩과 천초(川椒)[100]와 회향[123]을 조금씩 넣어 끓여내어 좋은 식초 1되(1.8ℓ)에 설탕과 화초(花椒, 고추) 등을 넣어서 같이 담으면 15일 후 먹을 수 있다.(원문 65)

오이김치 거가필용 1200년대말 임원십육지 1827 오주연문장전산고 1850년경

꼭지 달린 단 오이 10개를 취하여 대나무 꼬챙이로 찔러 놓고 소금 4냥(150g)을 섞어 오이에 소금물이 배면 물을 버려서 말리고 장 10냥(375g)을 고루 섞는다. 햇볕이 뜨거운 날 뒤집어가며 말렸다가 새 항아리에 소금과 장을 넣어 함께 담는데 오이의 크기에 따라 양을 조절한다.(원문 66)

오이김치 군방보 1621 임원십육지 1827

채 익지 않은 오이를 따서 씨는 발라 버리고 끓는 물에 잠깐 데쳐서 소금 5냥(187.5g)을 골고루 섞어 뒤집는다.

메주가루 반근(300g), 독한 식초 반근(300g), 누룩장 1근반(900g), 마근[32], 천초[100], 마른 생강, 진피(귤껍질), 감초[3], 회향[123] 등은 반냥(18.8g)씩, 무이[39] 2냥(75g)을 가루 내어 오이와 함께 넣고 잘 섞어서 항아리에 넣어 무거운 것으로 눌러 서늘한 곳에 둔다.

15일 정도면 익는데 오이의 색이 투명하여 호박(琥珀)[117] 같고 맛이 매우 향기롭고 좋다(살펴보면 참외나 오이나 모두 같은 방법으로 만든다).(원문 67)

오이지 시의전서 1800년대말

소금물을 끓여 식혀서 항아리에 붓고 오이를 넣어 절이고, 수수잎[62]으로 위를 덮고 돌로 단단히 누른다.

오이지 푸르게 하는 법 시의전서 1800년대말

녹슨 구리돈이나, 그릇 닦은 수세미를 넣어 두면 오이빛이 푸르고 생생하다.

오이짠지 증보산림경제 1767 농정회요 1830년대초

늙고 좋은 오이를 골라 깨끗이 씻고, 생강, 마늘, 고추(蠻椒), 부춧잎, 흰파 줄기 등을 잘게 잘라 놓는다. 먼저 깨끗한 항아리에 오이 1층, 양념 1층 깔기를 반복하여 채운다. 끓는 물에 소금을 조금 짜게 타서 뜨거울 때 항아리 안에 붓고 닥나무 잎으로 덮어 뚜껑을 봉하여 이튿날 먹는다(여름에 담그는 법이다).(원문 68)

오이짠지 증보산림경제 1767

겨울을 나려면 반드시 늦오이를 쓰며 양념은 위와 같지만 끓는 물을 쓸 필요는 없다. 냉수에 소금을 타서 쓰며 짜게 해도 관계없다.(원문 69)

오이짠지 주찬 1800년대

작고 파란 오이에 소금을 발라 문질러서 한참 두었다가 저절로 푹 절여지면 칼로 가운데를 3~4갈래로 가르되 양끝은 가르지 말고 남겨 놓는다.

고추껍질, 파, 생강, 마늘, 후추[124], 천초[100]를 함께 다져서 즙처럼 만들어 가른 자리에 끼워 넣고 항아리에 담는다.

소금으로 절인 파잎과 부춧잎을 그 위에 덮고 오이를 절인 매우 짠 소금물을 체로 걸러서 많이 붓는다. 다음날 먹을 수 있는데 담글 때 통천초와 흰 파를 넣어도 좋다.(원문 70)

오이싱건지 주찬 1800년대

푸르고 작은 오이에 소금을 발라 문질러 재워서 푹 절여지면 찬물로 씻고 물은 버린다.

오이짠지(소박이)와 같이 오이를 칼로 가르고 가른 자리에 여러 고명을 끼워 넣고 소금에 절인 파잎으로 몸통을 단단하게 묶어서 굴려도 양념이 빠져 나오지 않게 하여 항아리에 넣는다.

물을 끓여 식힌 후 간장으로 맛을 내어 항아리에 붓고, 통잣, 통천초[100], 흰 파 줄기를 넣고 소금간장을 많이 부어 두면 다음날 먹을 수 있다. 하루 정도면 맛이 좋은 데 더 이상 두지 못한다.(원문 71)

오이싱건지 증보산림경제 1767 임원십육지 1827 농정회요 1830년대초

늙지 않은 오이 꼭지를 따 깨끗이 씻어서 칼집을 3줄로 내고 꿀과 후춧가루를 약간씩 넣고 칼집 자리에 마늘 4~5조각을 끼워서 항아리에 넣는다. 소금물을 펄펄 끓여서 붓고 주둥이를 단단하게 봉하면 다음 날 먹을 수 있다.(원문 72)

오이김치(胡苽沈菜) 시의전서 1800년대말

어린 오이를 소금으로 문질러서 물에 깨끗이 씻어 꼭지를 잘라내고 가운데만 세로로 열십자로 갈라서 소금을 뿌려 절인다. 흰 파와 마늘을 다져 고춧가루를 섞어서 오이 소를 넣고 간을 맞추어 국물을 붓는다.

쟁반 오이김치 군방보 1621 임원십육지 1827

장황(醬黃, 경지김치 참조) 1근(600g)에 오이 1근(600g), 볶은 소금 4냥(150g)을 쓴다. 7월에 어린오이를 하룻밤 소금에 통째로 절여서 소금, 장, 밀가루를 섞어서 장 한 켜, 오이 한 켜씩 항아리에 담고 켜마다 오이 사이에 가지를 하나씩 끼운다. 새벽마다 쟁반에 펴서 말리고 저녁에 다시 항아리에 넣기를 10여일 반복하여 저장하였다가 쓴다.(원문 73)

오이장김치 군방보 1621 임원십육지 1827

파란오이를 갈라서 씨를 빼고 석회, 백반[46]가루에 하루 절였다 꺼내 소금에 절여서 끓는 물에 데쳤다가 그늘에서 말린다. 이렇게 말린 오이 1근당 장황(경지김치 참조) 1근(600g), 소금 4냥(150g)을 항아리에 넣어 담그면 1달 후 먹을 수 있다. 오이를 다른 항아리에 담으면 장은 다른 채소 담그는데 쓸 수 있다. 가지는 9월에 어린 것의 꼭지를 따고 소금에 닷새 절인 후 물은 버리고 햇볕에 하루 말려서 새 장에 담근다.(원문 74)

오이장김치 옹희잡지 1800년대초 임원십육지 1827

사오월에 밭에서 햇오이를 따서 꼭지를 잘라 버리고 반으로 갈라 속을 빼고 두부, 고기, 파, 천초 등을 곱게 갈아 가른 자리에 채우고 좋은 묵은 장과 살찐 쇠고기를 넣어 항아리에 담그면 하룻밤 후 먹을 수 있다.(원문 75)

집장김치 사시찬요초 1483 산림경제 1715 고사신서 1771

구월의 가지 오이 1접(100개)을 장(醬) 1말(18ℓ), 밀기울 3되(5.4ℓ)에 섞어서 깊이 묻고 뜨거운 말똥 속에 묻어서 21일 지나면 먹는다.(원문 76)

오이장아찌 수문사설 1740

동아[30]와 늙은 오이, 살구씨, 수박씨 등을 장에 담가 반찬을 만든다. 일찍이 연경(燕京)의 어느 집에서 먹어봤는데 맛이 아주 좋아서 오래 전해져 온다.(원문 77)

집장김치 역주방문 1800년대 중반

① 8월 15일쯤 콩 1말(18ℓ)을 삶고, 삶은 물에 밀기울가루 4되(7.2ℓ)를 넣어 시루[65]에 쪄서 절구로 찧어 호두알 크기 덩어리를 만든다. 닥나무 잎사귀[24]로 싸서 쪄서 말려서 대나무 체로 쳐서 소금 5홉(0.9ℓ)을 물에 넣어 벽칠용 진흙처럼 반쯤 죽으로 만든다.

이것을 천천히 항아리 속에 1켜 깔고 가지나 오이 등의 채소를 그 위에 깐다. 이렇게 하여 위에까지 차면 남은 즙과 찌꺼기를 두텁게 덮고 단단히 항아리 입구를 싸고 축축한 덮개를 덮고 말똥에 묻어 7일 후 쓴다.

② 여름에는 단 된장 1사발에 밀기울 가루 4홉(0.72ℓ)을 합하여 연하고

좋은 새 오이를 깨끗이 씻어 말린 후 같이 항아리에 넣고 뚜껑을 꼭 덮고 진흙으로 단단히 봉한다. 말똥에 빈틈없이 묻은 뒤 7일 후 쓴다.(원문 78)

장짠지 시의전서 1800년대말

어린 오이와 무, 배추를 데쳐서 청장(햇간장)에 절여 숨이 죽으면 길이로 저민 파, 생강, 송이와 넓게 저민 생복이나 전복, 마른 청각, 고추 등을 켜켜 넣고 맛있는 장을 달여 냉수로 간 맞추어 붓고 익힌다. 전복이 없으면 마른 조기라도 넣는데, 젓갈을 넣으면 좋지 않다.

장짠지 ① 규합총서 1815

여름에 어린 오이와 무 배추 등을 살짝 삶아 청장(햇간장)에 절여 숨이 죽으면 파, 생강, 송이는 길이로 저미고, 생복이나 전복은 넓게 저미고, 마른 청각[101], 고추 등을 층층이 넣고, 꾸미(소)를 많이 넣고, 좋은 장을 달여 간 맞추어 부어 익힌다.

전복이 없으면 큰 말린 조갯살 혀만 잘라 써도 좋다. 이 김치에 젓갈을 넣으면 좋지 않다.

장짠지 다른 법 ② 규합총서 1815

오이 속을 없애고 살짝 볶는다. 잘 다진 고기와 생강과 파를 넣어 기름장(油醬) 맞추어 넣어 볶고, 잣가루와 후추[124]를 섞어 오이 속에 소로 넣고, 가늘고 긴 부춧잎으로 동여 소가 빠지지 않게 한다. 파, 생강, 부추, 고추 양념을 많이 만들어 넣고 장국을 달여 부어 채운다.

익으면 얼음에 채워 쓴다. 오이김치는 끓여 담가야 골마지[55]가 없다.

오이김치 군방보 1621 임원십육지 1827

새 오이를 따서 두 조각으로 잘라 씨는 버리고 깨끗이 씻어서 소금을 넣고 2~3일 간 절였다가 햇빛에 말려 소금물과 장을 넣고 다시 10여 일간 절여서 끓는 물을 부어 식힌 뒤 깨끗이 닦아 햇볕에 말린다. 좋은 누룩과 장을 넣고 담근다. 매우 연한 오이를 차곡차곡 담그면 더 좋다. 가지도 같은 방법으로 한다.(원문 79)

장김치법 술빚는법 1800년대말

① 오이는 속을 빼고 잠깐 볶아 놓는다. 고기는 가늘게 다지고 생강, 파도 다져서 참기름과 식초와 잣가루와 후추[124]를 섞어서 오이 속에 소로 넣고 배추 잎으로 싼 뒤 생강과 파 등의 양념을 만들어 함께 넣어 장국을 달여 채워 붓고 쓴다.

② 오이김치는 물을 1번 끓여 식혀서 써야 골마지[14]가 생기지 않는다. 또 한 가지 법은 오이와 무 배추를 약간 데친 후 오이는 고기 소 양념을 만들어 넣고 마른 조개를 넣어 위의 법대로 담근다. 석이버섯과 버섯, 배래초도 넣으면 좋다.

오이마늘김치 거가필용 1200년대말 구선신은서 1400년대초 산림경제 1715 증보산림경제 1767 고사신서 1771 고사십이집 1787 해동농서 1799 군학회등 1800년대 중반 오주연문장전산고 1850년경

늦가을에 늙지 않은 오이를 따서 꼭지를 떼고 닦는다. 식초 1사발과 물 1사발을 부어 끓여서 오이를 데쳐서 물기를 없애고 마늘을 찧어서 소금에 함께 버무려서 항아리에 담는다.(원문 80)

마늘오이김치 중궤록 송청대 임원십육지 1827

(중국사람들이 말하는 마늘오이나 마늘가지는 진흙처럼 찧은 마늘을 넣어 익힌 오이나 가지이다. 우리나라에서는 겨자장(芥醬)과 오이(瓜菜)를 마늘이라고 한다. 옛사람들은 자(鮓, 식해)를 선(膳)이라고 하였는데 자(鮓, 식해)는 형주(荊州)지방의 식해이다. 선(膳)과 산(蒜, 마늘)은 음이 비슷하여 와전되어 산(蒜)이 되었다.) 가을에 작은 오이 한 근을 석회물 백비탕에 데쳐서 햇빛에 말려서 소금 반냥(18.8g)에 하룻밤 절인다. 다시 소금 반냥, 껍질 벗긴 큰 마늘 3냥(112.5g)을 진흙처럼 찧어서 오이와 잘 섞어서 항아리에 넣고 좋은 술과 식초를 넣어 서늘한 곳에 둔다. 동아도 같은 방법으로 할 수 있다.

늦가을에 작은 오이를 따서 식초 물에 데쳐서 마늘가지법(거가필용 참조)과 같이 만들어 쓴다.(원문 81)

오이겨자김치 증보산림경제 1767 임원십육지 1827 농정회요 1830년대초

늙은 오이의 껍질과 속은 까 버리고 흰 살만 실처럼 가늘게 채쳐서 소금을 뿌려 절였다가 바로 물에 헹구어 소금기를 빼고 초장과 겨자즙을 넣어 담근다.(원문 82)

오이향유김치 수운잡방 1500년대

어린 오이를 물로 씻지 말고 수건으로 닦아 햇볕에 잠깐 쪼인 후 칼로 아래 위 끝을 잘라내고 3가닥으로 갈라놓고 생강, 마늘, 후추[124], 향유유(고수유)[11] 1수저, 간장 1수저와 함께 지져서 오이 가른 자리에 넣는다.

물이 새지 않는 항아리를 말려서 물기를 없애고 소 넣은 오이를 담고 간장에 기름을 섞어 졸여서 뜨거울 때 항아리에 부었다가 이튿날 쓴다.(원문 83)

익힌오이김치 증보산림경제 1767 농정회요 1830년대초

늦오이를 끓는 물에 푹 익혀서 꺼내 식힌 후 항아리에 넣고 소금을 짜게 넣는다. 10월 말 꺼내어 냉수에 담가 소금기를 빼고 무동치미 담글 때 넣어 맛이 들면 이가 없는 노인이 먹기 좋다.(원문 84)

세 번 삶은 오이김치 중궤록 송대 임원십육지 1827

단단하고 늙은 푸른오이를 2조각내어 오이 1근(600g)당 소금 반냥(18.8g), 장 1냥(37.5g) 및 자소[81]와 감초[3]를 약간 넣고 담근다. 삼복 때 소금물이 흘러내리면 밤에 삶아서 낮에 말린다. 이렇게 3번 한 후 날이 맑았다가 비가 오는 날 시루[65]에 쪄서 햇빛에 말려 저장한다.(원문 85)

오이 술지게미김치 거가필용 1200년대말 구선신은서 1400년대초 산림경제 1715 고사신서 1771 고사십이집 1787 해동농서 1799 임원십육지 1827 오주연문장전산고 1850년경

(양에 관계없이) 물에 석회와 백반[46]을 넣고 끓여 식힌 뒤 하루 두어 찌꺼기를 가라앉힌 후 오이와 끓인 술거품, 술지게미, 소금, 동전 100여 개를 넣고 10일 동안 절여서 꺼내 씻어 말린다.

다시 끓여 식힌 좋은 술지게미와 소금으로 바꾸어 주고 뒤섞은 뒤 항아리에 넣어 저장한다. 대나무 잎으로 입구를 막고 진흙으로 봉하고 [익으면 먹는다.] *[ ]는 거가필용(원문 86)

오이 술지게미김치 거가필용 1200년대말 구선신은서 1400년대초 산림경제 1715 증보산림경제 1767 농정회요 1830년대초

① 물에 석회와 백반[46]을 넣어 끓여 식혀서 술거품, 술지게미, 소금과 동전 100여개를 넣어 섞고 늙은 오이를 10일 동안 담갔다가 꺼내 말린다. 다시 새로운 술거품, 술지게미와 소금, 술에 섞어 항아리에 담고 대나무

껍질과 잎으로 입구를 단단히 막고 진흙으로 봉하여 익으면 꺼내 먹는다.

② 늙지 않은 오이를 집장(汁醬)에 담거나 장독에 담거나, 소금에 절인 다음 꺼내 새우젓 속에 넣으면 다른 반찬과 쓸 수 있는 좋은 반찬이 된다.(원문 87)

술지게미법 군방보 1621 임원십육지 1827

오이 5근(3.0kg)에 소금 7냥(262.5g)과 술지게미를 넣고 담그며 층마다 옛날 동전 50개를 넣는다. 10일 뒤에 꺼내어 동전과 술지게미를 버리고 좋은 새 술지게미로 바꾸어서 먼저와 같은 방법으로 담가 항아리에 넣어 저장한다.(원문 88)

오이술지게미김치 군방보 1621 임원십육지 1827

석회와 백반[46]을 넣고 물을 끓여 식혀서 오이를 담가 놓는다. 쓸 때에 술지게미와 소금, 동전 100여 개를 넣고 잘 섞는다. 10일 동안 담가 두었다가 꺼내 말린 뒤 다시 좋은 새 술지게미와 소금을 사용하는데 술거품을 적당하게 끓여 다시 항아리에 넣어 섞는다. 대나무 껍질로 입구를 싸고 진흙으로 봉하여 저장한다.(원문 89)

오이초절임김치 군방보 1621 임원십육지 1827

작은 오이를 두 토막 내서 길이로 얇게 잘라 볕에 말린다. 생강채, 엿, 식초와 함께 깨끗한 항아리 안에 담그면 열흘 후 먹을 수 있다.(원문 90)

용인 오이싱건지 증보산림경제 1767 임원십육지 1827 농정회요 1830년대초

늙지 않은 오이 100개의 꼭지를 따고 겉이 상한 오이는 버린다. 맛이 좋은 찬물에 소금을 싱겁게 타서 깨끗이 씻고 깨끗한 항아리에 넣어 오이가

잠길 정도로 소금물을 붓는다.

이튿날에 위에 있는 것은 아래로, 아래 있는 것은 위로 뒤집어주면서 껍질이 상한 것은 골라 버린다. 다음 날도 같은 방법으로 뒤집어 주는데, 이렇게 뒤집기를 6~7차례 해 주면 맛이 좋다.

겨울을 나려면 보리를 벤 후에 심은 오이로 약간 짜게 담는다. 정월에 먹을 때는 오이의 양 끝을 잘라 물에 담가 소금기를 빼고 먹으면 좋다.(원문 91)

용인 오이지법 규합총서 1815

오이 100개의 꼭지를 따고 상한 것은 가려내서 항아리에 넣고 맑은 뜨물에 냉수를 섞어 소금을 싱겁게 타 항아리에 부은 다음 이튿날 꺼내어 아래 오이와 위의 오이를 바꾸어 넣고, 이튿날 다시 아래와 위의 오이를 바꾸어 넣는다.

이것을 6~7번 반복하여 익히는 데 이렇게 만드는 용인 오이지는 우리나라에서 유명하다.

가지김치

가지김치 거가필용 1200년대말 오주연문장전산고 1850년경

부드러운 새 가지를 세모꼴로 잘라 끓는 물에 데친 뒤 헝겊으로 꼭 짜 말린다. 소금에 하루 절인 뒤 햇볕에 말리고 채친 생강, 채친 귤, 자소[81] 등과 섞어서 당초(단 식초)에 지지고 물을 뿌려 햇볕에 말리고 저장한다.(원문 92)

가지김치 산가요록 1450년경

첫서리 내린 후 크고 작은 가지 1말(18ℓ)을 십(十)자로 갈라서 반토막 내어 끓는 물에 데쳤다가 꺼내 말린다. 축축하면 베수건으로 닦아 물기를 없앤다. 파와 마늘을 곱게 다져서 십자로 가른 가운데에 넣어 항아리에 담고 간장 한 사발과 참기름 5홉(900㎖)을 섞어서 진하게 끓여서 붓고 익으면 먹는다. 분량은 이 비율로 짐작한다.(원문 93)

겨울가지김치 증보산림경제 1767 임원십육지 1827 농정회요 1830년대초

첫 서리맞은 단 가지를 바로 따서 꼭지를 떼고 칼집을 내고 껍질을 벗기고 물을 끓여 식혀서 소금으로 간을 맞추어 놓는다. 작은 항아리에 가지를 차곡차곡 넣고 맷돌로 눌러서 닥나무잎[24]으로 항아리 주둥이를 봉하여 땅에 묻는다.

납일(臘日, 12월)에 꺼내 꿀을 발라 먹는데 맛이 깨끗하고 좋다. 붉은 색을 내려면 맨드라미꽃[35]을 넣는다(생가지를 쓸 필요 없다).(원문 94)

겨울가지김치 다른 법 증보산림경제 1767 임원십육지 1827 농정회요 1830년대초

토란줄기(속칭 고은대)를 3치(9㎝)로 잘라 멥쌀가루와 소금에 섞어 반나절 두었다가 빠져나온 소금물을 버리고, 다시 소금을 넣어 섞어 풋풋한 기운을 뺀다.

다시 소금을 넣고 가지 꼭지를 따고 깨끗이 씻어서 작은 항아리에 넣고 소금에 절인 토란줄기로 덮고, 맨드라미꽃[35]을 많이 넣고 물은 넣지 말고 서늘하면서도 겨울에 얼지 않는 곳에 둔다.

겨울에 꺼내면 가지 색이 붉어서 매우 좋은데, 가지를 갈라서 꿀을 발라 먹는다(물을 전혀 쓰지 말라고 했으나 이치가 그렇지 않은 것 같으므

로 시험해 보아야 할 것이다).(원문 95)

여름 가지김치 증보산림경제 1767 임원십육지 1827 농정회요 1830년대초

생가지를 깨끗이 씻고 작은 꼭지는 내버려 두고 큰 꼭지만 떼어 버리고 상한 가지는 버리고 좋은 가지만 쓴다. 소금을 짜지 않게 물에 녹여 끓여서 식힌 후 마늘즙을 소금물에 섞어 항아리 안에 부은 다음 가지를 다독여 넣고 가지가 잠기도록 소금물을 붓고 며칠 뒤에 먹는다.

속법은 가지를 3갈래로 갈라서 마늘 편을 꽂고 김치 담그는 것처럼 담는데 가지의 물이 다 빠져나오므로 좋지 않다.(원문 96)

동가(冬茄)김치 규합총서 1815

9월에 전혀 늙지 않고 물기 적은 가지를 씻어서 물기를 빼고 땅에 묻은 항아리에 상하지 않게 층층이 넣고 맨드라미꽃도 많이 넣고 위에 수숫잎이나 단단한 잎을 두껍게 덮고 돌로 누른다. 물을 끓여 얼음 같이 차게 해 두고 약간 짜게 국물에 소금을 넣어 두껍게 싸매고 뚜껑으로 위를 덮어두었다가 깊은 겨울에 내면 가지와 국이 모두 단사(丹砂, 朱砂)[26]같이 빨갛게 되는데, 둥글게 또는 길게 좋은 대로 썰어서 꿀을 많이 타면 맛이 기이하다. 그러나 반찬으로는 적합하지 않다.

가지김치(茄沈菜) 시의전서 1800년대말

가지를 따서 꼭지는 떼지 말고 가운데를 길이로 열십자로 갈라 오이김치 속같이 속을 넣고 어금막게(비스듬히 어긋나게) 동여서 실고추와 파를 넣어 익힌다. 열무를 섞으면 좋은데 이것이 이른바 가지김치이다.

가지짠지 시의전서 1800년대말

가지를 쪼개서 반듯하게 자르고 칼집을 넣어 잠깐 데쳤다가 쇠고기를 다져 채운다. 칼집 사이로 소를 넣고 간장을 조금 쳐서 기름을 두르고 볶아서 깨소금, 기름을 넣어 버무린다.

가지집장김치 산림경제 1715 고사신서 1771 고사십이집 1787

9월의 가지 100개를 장(醬) 1말(18ℓ), 밀기울 3되(5.4ℓ)에 섞어서 깊이 묻고 뜨거운 말똥 속에 묻어서 21일이 지나면 먹는다. 지금 전주에서 만드는 것이 가장 좋다.(원문 97)

집장김치 수운잡방 1500년대

가지를 따서 씻어서 간장, 밀기울, 약간의 소금을 섞어서 항아리에 넣는다. 장을 먼저 깔고 가지 넣기를 번갈아 하여 가득 채운다. 사발로 뚜껑을 하여 진흙으로 꼭 봉하여 말똥 속에 묻었다가 5일 후 익으면 쓴다. 익지 않았으면 다시 묻어서 더 익힌다.(원문 98)

집장김치 색경 1676

7월 보름 후에 콩 한 말을 무르게 삶아 체로 깨끗하게 치고, 밀가루 없는 밀기울 3말과 함께 섞어서 시루에 찐다. 이것을 절구에 찧어서 타원형 덩어리로 만들어 짚둥구미에 짚을 깔고 놓아 흰곰팡이가 피면 말려서 절구에 찧어 체로 친다. 이것 한 말에 소금 세 홉을 넣어서 섞는다.

가지 꼭지를 떼고 깨끗하게 씻어서 물이 마르기를 기다려 얼마간 놓아두고, 항아리도 깨끗하게 씻어서 물기를 말린다.

먼저 위에서 만든 밀기울과 콩메주가루를 1~2겹 깔고 가지를 빽빽하게 깔고 가지 꼭지를 항아리 안에 가득 채워 두툼하게 덮는 데 손으로 꾹꾹 누르면서 채워서 틈새가 없게 한다.

기름종이로 항아리 주둥이 둘레를 꼭 봉하고 뚜껑을 덮고 항아리 둘레는 진흙을 발라 말똥 속에 묻고 생풀을 덮은 뒤 겉을 말똥으로 두텁게 덮어 둔다. 이때에도 꼭꼭 눌러 틈새가 생기지 않게 한다. 작은 항아리는 14일 뒤에, 큰 항아리는 21일 뒤에 꺼낸다. 말똥이 적으면 풀이 무성하지 않으므로 물을 주어 무성하게 한다.(원문 99)

가지약지법 음식보 1700년대초

가을 날 찬 이슬 맞은 좋은 가지를 상하지 않은 것으로 골라 칼집을 십자로 넣어 데쳐서 익혀서 물기 없이 말리고 생강 등 고명과 함께 단지에 담고 기름간장을 달여 가지 위에 고르게 부어 두고 겨울에 쓴다.

가지장담금 중궤록 송대 증보산림경제 1767 농정회요 1830년대초 임원십육지 1827

서리 내릴 때 작은 가지를 따서 여러 날 소금에 절였다가 가지는 건져내고 물은 버린다. 따로 청장(햇간장)에 고기를 넣고 조렸다가 가지를 거기에 절여서 여러 날 뒤 먹는다.(원문 100)

가지겨자 김치 거가필용 1200년대말 구선신은서 1400년대초 산림경제 1715 증보산림경제 1767 고사신서 1771 고사십이집 1787 해동농서 1799 농정회요 1830년대초 임원십육지 1827 군학회등 1800년대 중간 오주연문장전산고 1850년경

작고 여린 가지를 길게 잘라 씻지 말고 햇볕에 말린다. 번철에 참기름을 많이 치고 소금을 넣어 볶아 자기항아리에 넣고 꺼내어 펼쳐 식으면 마른 겨자[5]가루를 넣어 잘 섞어 항아리에 넣어 저장한다.(원문 101)

가지마늘김치 거가필용 1200년대말 임원십육지 1827 오주연문장전산고 1850년경

깊은 가을에 작은 가지를 따서 꼭지를 버리고 손으로 비벼 깨끗이 닦아 보통 식초 1사발과 물 1사발을 부어 은근히 끓인다. 거기에 가지를 잠깐 데쳐서 햇볕에 말린 뒤 잘게 부순다. 마늘에 소금을 섞어 식으면 식초물을 섞어서 항아리에 반쯤 채운다.(원문 102)

가지마늘김치 구선신은서 1400년대초 산림경제 1715 증보산림경제 1767 고사신서 1771 고사십이집 1787 해동농서 1799 농정회요 1830년대초

늦가을에 작은 가지를 따서 꼭지는 따 버리고 깨끗이 씻고, 식초 1사발에 물 1사발을 넣고 천천히 끓여서 가지를 담갔다가 건져 말리고, 마늘과 소금을 찧어서 자기항아리에 가지와 함께 담근다.(원문 103)

가지술지게미김치 거가필용 1200년대말 오주연문장전산고 1850년경

8~9월 사이에 여린 가지를 골라 꼭지를 떼어 낸다. 좋은 물을 끓여 식힌 뒤 술지게미와 소금을 섞어 가지와 함께 항아리에 넣고 대나무 잎으로 주둥이를 막고 진흙으로 단단히 봉한다.(원문 104)

가지 술지게미 김치 구선신은서 1400년대초 산림경제 1715 증보산림경제 1767 고사신서 1771 고사십이집 1787 해동농서 1799 농정회요 1830년대초

(이른 팔월)7~8월의 연한 가지를 따서 꼭지를 떼고 끓는 물에 잠깐 데쳤다가 식힌다. 술지게미와 소금을 가지와 섞어 병에 넣고 대나무 껍질과 잎으로 병 주둥이를 꼭 막고 진흙으로 봉한다. *( )는 농정회요 추가분(원문 105)

가지 술지게미 김치 군방보 1621 임원십육지 1827

맑은 한 낮에 연한 가지를 따서 꼭지를 떼고 끓는 물에 잠깐 데쳤다가 식으면 부드러운 수건으로 씻어 말린다. 10근(6kg)마다 소금 20냥(750g)을 쓰고 백반[46]가루를 뿌려 놓는다.(원문 106)

가지-오이김치

약김치(藥沈菜) 주방문 1600년대말

가지나 오이가 맺으면 꼭지를 따 버리고 열 십자로 칼집을 넣은 뒤 뜨거운 물에 잠깐 데쳐 물기 없이 널어 짚 깔고 기다렸다가 여기에 정가(형개)[86], 호초(후추)[124], 마늘, 파 등 갖은 양념을 싸서 기름을 치고 볶아 그 속에 넣는다. 그리고 간장을 달여 따뜻할 때 붓고 알초 단지[69]에 넣어 두고 쓴다. 산 꿩고기[21]나 쇠고기를 만두 속처럼 하여 넣어도 좋다.

오이가지김치(苽茄菜, 苽茄菁沈菜) 주방문 1600년대말

오이를 씻어서 꼭지를 따 버리고 열십자로 칼집을 내어 마늘을 잘게 다져서 속에 넣고 지푸라기로 묶은 뒤 알맞게 만든 소금물에 담가 두었다가 먹는다.

사시찬요초 8월 농가집성 1655

오이김치(瓜菹)와 파김치를 담근다. 9월에 가지나 오이김치를 담그려면 가지나 오이 1분, 간장 1말, 밀기울 3되를 섞어서 독 안에 넣어 묻은 다음 열이 나는 말똥에 묻어 두었다가 21일 후 먹는다.(원문 107)

가지(오이)김치 담그는 법 주식방 1795

어린 오이와 가지를 씻어 물기를 없애고 머리와 뿌리를 조금씩 잘라 버린다. 몸통에 열십자로 칼집을 낸 뒤 번철을 달궈 기름을 약간 치고 오이와 가지를 볶아 숨만 죽이되 익지 않게 한다. 익으면 나빠진다. 번철에 잠깐 둘러낸 마늘, 생강, 고추를 오이나 가지의 칼집 낸 자리에 넣은 후 항아리에 담고 부추와 파를 섞어 넣는다. 좋은 간장에 물을 타고 끓여서 간을 맞춘 다음 항아리에 붓고 생강과 마늘도 식기 전에 섞어 넣어 익으면 먹는다.

오이 가지 장김치 거가필용 1200년대 임원십육지 1827

(식보(食譜)에 오이, 호박, 가지 등으로 소금절임(醬淹), 초절임(醋釀). 겨자장(介醬) 등의 장김치 만드는 방법이 있는 데 모두 잘라서 양념을 넣는 김치(虀)이다.)

장황(醬黃: 군방보에서는 복(伏) 중에 새로 길어온 물로 밀가루를 반죽하여 손가락 두 개 폭으로 잘라 돗자리에 놓고 21일동안 쑥으로 덮어서 누런 곰팡이가 피면 햇빛에 말려 물에 잠깐 담갔다가 곰팡이를 벗기고 가루로 곱게 빻은 것이라고 하였다.)을 항아리에 펴서 넣고 신선한 오이와 가지는 양에 상관없이 한 켜씩 깔고 쌀가루(糝)와 소금을 한 켜씩 번갈아 뿌리기하여 채운다. 7일 절여서 햇볕에 말리면 장과 오이 모두 맛있다.(원문 108)

오이가지 집장김치 삼산방 임원십육지 1827

가지와 새끼오이를 십자로 갈라 끓는 물에 데쳐서 헝겊으로 물기를 닦고 가늘게 썬 파, 생강, 마늘, 천초를 가른 자리에 넣고 이것 1말(18ℓ)에 청장 1사발, 참기름 5홉(0.9ℓ)을 끓여 부으면 맛이 좋다. 여름에 좋지만 오래 둘 수 없다.(원문 109)

집장김치 다른 법 수운잡방 1500년대

감장 1말(18ℓ)과 말장 1말(18ℓ), 화염[121] 8되(14.4ℓ), 소금 1되 1홉(1.98ℓ)을 섞는다. 항아리 바닥에 즙을 깔고 다음에 가지와 오이 깔기를 번갈아 하여 가지와 오이가 잠길 때까지 즙을 붓는다. 그리고 말똥에 묻어 5일 후 안 익었으면 2일 동안 더 묻어서 익으면 먹는다.(원문 110)

김치담기 치생요람 1691

싱싱한 가지와 오이 등에 장 1말(18ℓ)과 밀기울 3되(5.4ℓ)를 섞어 담은 뒤 뜨거운 마굿간의 거름풀 안에 묻었다가 21일 만에 먹는다.(원문 111)

집장김치 사시찬요 800~900 산림경제 1715

9월에 가지와 오이 일부를 장 1말(18ℓ), 밀기울 3되(5.4ℓ)에 섞은 다음 위에 뜨거운 말똥을 덮고 21일 지나면 먹는다.(원문 112)

납일주 술지게미김치 수운잡방 1500년대

납일(臘日, 동지 뒤의 세 번째 戌日)에 술지게미와 소금을 섞어 항아리에 넣고 주둥이를 진흙으로 봉하고 여름까지 두었다가 가지와 오이를 수건으로 씻어서 물기를 없애고 술지게미 항아리에 깊이 박아 익혀서 쓴다. 물기가 있으면 벌레가 생긴다. 납일이 아니더라도 섣달 안에만 납일주 지게미와 소금을 섞어 놓으면 된다(가지와 오이는 어린 것을 써서 햇볕에 말리고 끓는 물에 데쳐야 좋다).(원문 113)

오이가지 술지게미 김치 중궤록 송대 임원십육지 1827

① 오이나 가지 5근(3.0kg)마다 소금 10냥(375g)과 술지게미를 넣어 잘 섞고 켜마다 동전 50개를 깔고 10일 후 동전은 빼고 술지게미를 바꾸어 병에 넣어 놓는다. 오래 될수록 비취색처럼 파래서 마치 새 것 같다.

② 만드는 비결로 가지 5, 술지게미 6, 소금 17에 강물을 더하면 꿀과 같이 달다고 하였는데, 가지 5근(3.0kg)에 술지게미 6근(3.6kg), 소금 17냥(637.5g), 강물 2~3사발을 섞어 넣으면 저절로 달게 된다는 의미이다. 이것은 가지를 저장하는 방법이지 빨리 먹는 방법은 아니다.(원문 114)

갓김치

산갓김치 음식디미방 1670

산갓(山芥)[4]을 다듬어 찬물에 씻은 다음 더운물에 헹구어 작은 단지에 넣고 물을 따뜻하게 데워 붓고 방구들이 따뜻하면 옷으로 싸서 익히고, 따뜻하지 않으면 솥에서 데워서 익힌다. 그러나 물이 너무 뜨거워서 산갓이 데쳐져도 좋지 않고, 덜 익어도 좋지 않다. 찬물로만 씻고 더운물로 헹구지 않으면 맛이 쓰다.

산갓김치 거가필용 1200년대말 구선신은서 1400년대초 산림경제 1715 고사신서 1771 해동농서 1799 고사십이집 1787 임원십육지 1827

좋은 산갓을 깨끗이 씻어 대나무 그릇에 가득 담고 손을 데지 않을 정도의 뜨거운 물을 붓고 뚜껑을 덮어 따뜻한 아랫목에 두고 옷으로 덮는다. 밥 한 끼 먹을 정도 놓아두었다가 꺼내면 누런색이 되는데 초장에 섞어 먹는다. 무를 얇게 잘라 무싹, 파뿌리와 함께 동치미로 담으면 매운 맛이 줄어서 먹기 좋다(속방).(원문 115)

산갓김치 증보산림경제 1767 농정회요 1830년대초

먼저 순무뿌리나 무를 얇게 썰어 싱건지를 담는다(세속에서 싱건지(淡菹)를 나박김치라고 한다).

따뜻한 곳에서 1~2일 익혀서 좋은 산갓을 골라 뿌리를 떼지 말고 물로 깨끗이 씻어 항아리에 담는다. 솥에 뜨거운 물(손을 넣어도 데지 않을 정도)을 3~4차례 부은 다음 산갓을 넣고 함께 항아리에 넣는다(물은 양을 잘 조절하여 넣어야 한다). 항아리 안에 입김을 많이 불어넣고 두꺼운 종이로 항아리 입구를 덮어 봉한다. 그리고 뚜껑을 꼭 닫아 기운이 조금도 새어 나가지 않게 하고 온돌에 두고 옷으로 덮어 놓는다. 1시간쯤 뒤에 꺼내 따뜻해질 때까지 기다렸다가 먼저 담근 김치와 합친다.

단맛 나는 좋은 장과 먹으면 매운 맛이 줄고 맑고 상쾌한 맛이 난다. 산갓만 담가서 장과 먹으면 맵고 맛이 좋지 않다. 꺼내 먹을 때마다 꼭 닫아 기운이 새나가지 않게 한다. 바람이 들어가면 쓴맛이 난다(먼저 담근 무김치에 무 싹이나 흰 파줄기 등을 넣어야 좋다).(원문 116)

산갓김치 규합총서 1815

입춘 때 무를 칼로 가늘게 쳐서 깎고 미나리 순무, 파싹, 신 감채(사탕무)를 넣고 물을 끓여 삼삼하게 나박김치를 담가 따뜻한 곳에 둔다.

김치가 익을 때 산갓을 골라 깨끗이 씻어서 뿌리 채 굽 없는 그릇에 담는다. 산갓이 익지 않을 정도로 끓인 물을 3~4번 나누어 넣고 물과 산갓을 넣고 겨자 개듯 입으로 한참 불고 종이로 두껍게 여러 번 덮는다. 위를 옷이나 솜으로 눌러 따뜻한 곳에 묻고 김이 조금도 새지 않게 하여 30분

후 꺼내어 먼저 담근 김치에 섞어 검은 장을 타 먹는다. 이 김치에서 김이 나면 쓰고, 좀 자란 산갓은 바로 쇠어서 맛이 나쁘다.

봄뜻이 먼저 있다고 하여 이 김치를 보춘저(報春菹)라 한다.

겨울나기겨자김치 수운잡방 1500년대

동아[30], 순무, 순무 줄기의 껍질을 벗기고 한채[110]처럼 도독도독 썰어서 물이 새지 않는 독에 넣은 다음 소금을 살짝 뿌리고 다시 채소 넣기를 번갈아 하여 독을 채운다. 채소를 넣을 때마다 참기름을 적당히 치고 겨자가루[5]를 거친 체에 쳐서 넣는다. 가지를 잘라서 같이 넣어도 좋다.(원문 117)

갓김치 증보산림경제 1767

갓은 봄에 반드시 물고기 비늘처럼 빽빽하게 심어 연한 줄기를 따서 짠지와 싱건지(나박김치)를 담그면 좋다. 가을 갓은 김장김치를 담근다.(원문 118)

갓김치 ① 중궤록 송청대 임원십육지 1827

좋은 갓을 골라 물기에 닿지 않게 햇빛에 60~70% 정도 말렸다가 잎사귀를 떼고 1근(600g)당 소금 4냥(150g)을 넣어 하룻저녁 재운다. 다음 날 꺼내어 줄기를 한 움큼씩 작은 병에 넣고 거꾸로 세워 소금물을 다 뺀다.

앞에서 절였던 물을 같이 끓이고 맑은 즙을 취하여 식혀서 병에 넣고 단단히 봉하면 여름에 먹을 수 있다.(원문 119)

갓김치 ② 군방보 1621 임원십육지 1827

가을날 늙지 않고 부드러운 갓을 그늘에서 반쯤 말려 누런 겉잎과 늙은 줄기는 버리고 뿌리는 몇 번 갈라놓는다. 1근(600g)당 볶은 소금 3냥5전(131.3g)을 쓰는데 채소 안에 계속 소금을 섞어 넣는다.

새벽마다 매일 소금을 넣고 먼저 뿌리를 비비고 다음에는 줄기와 잎을 비빈다. 위의 방법대로 햇볕에 말려서 또 한 차례 비벼 놓는다. 이렇게 이레를 하면 순서가 맞는데 모름지기 소금을 조금 섞어 비빌 때는 가는 소금을 쓴다.

매근(600g)마다 화초[100]와 회향[123]을 써서 가운데가 푹 들어가도록 항아리에 넣고 원래의 즙을 취하여 빙 둘러 붓고 진흙으로 단단히 봉한다. 입춘이 되면 방안에 있는 시렁[64]으로 옮긴다.(원문 120)

갓김치 군방보 1621 임원십육지 1827

① 9월이나 10월에 푸르고 붉거나 흰 갓을 뜯어 가늘게 잘라 끓는 물에서 데쳐 뜨거울 때 동이에 건져내어 상추와 같이 익힌다. 참기름이나 갓꽃, 혹은 지마(참깨), 흰 소금 등을 적당히 섞고 항아리에 담는다.

2~3일 지나 누렇게 변하면 먹을 수 있다. 봄이 될 때까지 맛이 변하지 않는다.

② 마른 냉이와 갓 100근(60kg)당 소금 22냥(825g)을 넣어서 이리저리 잘 섞어서 동이나 항아리에 겹겹이 담고 큰 돌로 눌러 놓는다. 며칠 절여 소금물이 나오면 돌을 들어내고 꺼내서 햇볕에 말린다. 뒤에 여기서 생긴 소금물을 끓여 넣고 반쯤 익으면 다시 햇볕에 말려 저장한다. 다시 찔 때 지나치면 검어지고 물러진다.

깨끗한 마른 항아리에 넣고 잘 봉하여 아무데나 두어도 몇 년 동안 맛이 상하지 않아 여행길용 채소로 만들기 매우 편하다. 6월의 삼복더위에 볶은 마른고기를 냉이와 같이 볶아 놓으면 10여 일이 지나도 썩지 않는다.

무릇 6월에 날씨가 덥고 반찬은 감당할 수 없으면 마른 (김치)만 볶는데 물에 넣지 말고 식혔다가 다시 거두면 그냥 두어도 10일이 지나도 기운이 식지 않아 매우 묘하다.

갓김치를 담그려면 소금물에 콩을 넣고 삶다가 잘 말리고 무를 햇볕에 말려 같이 저장해 두면 한 해가 지나도록 먹을 수 있다.(원문 121)

갓김치 오주연문장전산고 1850년경

갓을 취하여 잘라 놓고 얇은 잎에 생강과 파, 대초(고추)를 넣어 섞어서 싱건지를 담가 익으면 먹는데 기운이 빠져나가지 않게 하고 마른 청각[101]을 조금 넣으면 또한 오묘하다.(원문 122)

상갓김치(香芥沈菜) 시의전서 1800년대말

입춘날 무를 가늘게 채쳐서 무순, 미나리, 순무 움, 신검초[68, 69]를 넣고 백비탕(맹물탕)을 끓여 나박김치처럼 담가 따뜻한 데 둔다.

익을 때 상갓[56]을 뿌리 채 깨끗하게 골라 씻어 담고 상갓이 익지 않을 정도로 끓는 물에 3~4차례 넣었다가 뺀다.

항아리에 물과 상갓을 넣고 겨자[5] 개듯이 입으로 천천히 불고 종이를 두껍게 잘라 덮고, 솜옷으로 눌러 김이 조금도 나지 않게 하여 1시간 후에 꺼내 먼저 담았던 김치에 섞어 검은 장을 타 먹는다. 김이 나면 상갓[56]이 쓰고, 상갓이 너무 자라면 쇠어서 맛이 나쁘다.

동아 및 박김치

동아김치 산가요록 1450년경

동아[30]와 순무 껍질을 벗겨서 우뭇가사리(漢菜)처럼 썰어서 물기를 없애고 고운 소금을 뿌리며 항아리가 찰 때까지 켜켜 담는다. 익으면 켜마다 참기름을 적당히 넣는다. 또, 겨자가루를 굵은 체로 걸러서 봉한 항아리를 열고서 가지를 함께 담가도 된다.(원문 123)

동아짠김치 산가요록 1450년경

동아[30]를 손가락 두께 사방 1치(3㎝)로 잘라서 베나 대광주리에 담아 끓는 물에 데친다. 동아 1동이에 기름 5홉(0.9ℓ)과 소금 5홉(0.9ℓ)을 따로 진하게 타서 항아리에 담는다.(원문 124)

동아담기 산가요록 1450년경

동아[30]는 썩기 쉬워서 겨울을 나기가 어려우므로 반드시 9~10월 사이에 껍질을 벗겨 썰어서 소금을 많이 넣어 항아리에 담갔다가 봄에 소금기를 빼고 먹으면 좋다.(원문 125)

동아 담가 오래 저장하는 법 수운잡방 1500년대

동아[30]를 크게 잘라 소금에 절여 저장한 후 소금기를 우려내어 찌던지 굽던지 마음대로 하여 쓴다.(원문 126)

동아 담는 법 음식디미방 1670

동아는 쉽게 썩어서 겨울을 나기가 어려우므로 9~10월 사이에 껍질을 벗기고 잘라서 소금을 많이 넣어 독에 넣었다가 이듬해 봄에 소금을 우려내고 쓴다.

동아김치 요록 1689

늙은 동아[30]를 길게 잘라 껍질을 벗기고 소금을 많이 가해 항아리에 담는다. 뚜껑을 단단히 막아 서늘한 곳에 두었다가 봄이 되면 소금물을 우려서 쓴다.(원문 127)

마늘김치 요록 1689

늙은 동과(冬果, 동아)를 채소처럼 썰어서 뜨거운 물에 데쳤다가 식혀서 넓은 데 널어놓는다. 채소 한 동이에 끓인 기름 1되, 끓인 간장, 겨자가루[5]를 적당히 섞어서 채소와 고루 섞고, 항아리에 담아 서늘한 곳에 두었다가 쓴다.(원문 128)

동아 섞박지(冬苽沈菜) 규합총서 1815 시의전서 1800년대말

서리 맞고, 매우 크고, 상하지 않아서 껍질이 분 같은 동아[30]의 윗쪽 꼭지 부분을 넓게 도려내고 씨와 속을 긁어낸다.

동아가 넘어지지 않도록 그릇 속에 넣어 세운 채로 속에 좋은 조기젓국을 가득 붓고 청각[101], 생강, 파, 고추를 다져 넣고 [돌쑥을 나른하게 찧어 넣고] 오려 낸 동아 뚜껑을 덮어 맞추고 종이로 단단히 발라 온도가 높거나 어는 곳을 피하여 넘어지지 않도록 세워 둔다.

겨울에 도려내었던 뚜껑을 열어서 맑은 국이 가득 고였으면 깨끗한 항아리에 쏟아 동아를 썰어 담가 두고 먹으면 맛이 매우 아름답다.

[ ]는 시의 전서

동아김치 증보산림경제 1767 농정회요 1830년경

동아[30]껍질을 벗겨 버리고 1치(3㎝)정도의 얇은 조각으로 잘라 보통 방법으로 싱건지를 담근다. 붉은 색을 내려면 맨드라미꽃을 넣고, 생강과

파도 넣는다.(원문 129)

동아마늘김치 거가필용 1200년대말 중궤록 송청대 구선신은서 1400년대초 요록 1680 산림경제 1715 증보산림경제 1767 고사신서 1771 고사십이집 1787 해동농서1799 농정회요 1830년대초 군학회등 1800년대중반 임원십육지 1827 오주연문장전산고 1850년경

큰 동아를 동짓날 정도까지 두었다가 껍질을 벗기고 속을 빼어버리고, 손가락 굵기로 잘라 백반[46]과 석회를 탄 끓는 물에 데쳐 말린다. 동아 1근(600g)당 소금 2냥(75g)과 마늘 3냥(112.5g)을 함께 찧어서 넣는다. 자기 항아리에 차곡차곡 넣어 두었다가 국물을 한 번 더 따로 끓여서 식혀 붓는다. 좋은 대로 식초를 넣기도 한다.(원문 130)

동아마늘김치 세속법 증보산림경제 1767 농정회요 1830년대초

늙은 동아[30]껍질을 벗겨 버리고 길이 1치(3㎝), 두께 2푼(0.6㎝)정도로 둥글게 자른다. 소금을 넣고 반나절 지나면 물로 씻어 소금기를 없애고 깨끗하게 말린다.

여기에 기름을 넣고 볶아 식혀서 좋은 식초와 찧은 마늘을 많이 넣고 항아리에 담가둔다. 마늘과 식초를 쓰지 않으려면 초장을 두르고 겨자즙[5]으로 조리하여 기운이 빠져나가지 않게 하여 담근다.(원문 131)

동아마늘김치 다른 법 증보산림경제 1767 농정회요 1830년대초

위와 같은 방법으로 동아의 껍질과 속을 제거하고 기름으로 볶아 길이 1치(3㎝), 두께 2푼(0.6㎝)정도로 둥글게 자른다. 소금으로 반나절 절인 후 물로 씻어 소금기와 물기를 없애고 깨끗하게 말린다.

여기에 기름을 넣고 볶은 뒤 생강과 파, 마늘을 잘게 채쳐서 잘라 항아리에 동아와 함께 겹겹으로 좋은 식초와 청장(햇간장)을 넣어 위까지 담

근 다음 뚜껑을 단단히 봉하여 땅에 묻고 2~3월에 꺼내 먹으면 매우 맛이 좋다.(원문 132)

동아 젓갈김치 옹희잡지 1800년대초 임원십육지 1827

서리 내린 후 큰 동아[30]의 꼭지를 1치(3㎝)로 도려 내는데 껍질이 상하지 않게 한다. 칼로 속과 씨를 파 내고 소금물 1사발을 동아 속에 붓는다. 다시 생강, 천초[100], 볶은 참깨 등을 넣는다. 도려 낸 꼭지를 닫고 꼬챙이로 꽂아 고정시켜서 차지도 따뜻하지도 않은 곳에 둔다. 동아속에 넣은 것이 살 속으로 다 스며들면 칼로 잘라서 먹는다.(원문 133)

동아젓갈김치 오주연문장전산고 1850년경

큰 동아[30] 1개를 취하여 껍질을 버리고 깨끗한 속을 취하여 먼저 석회를 고루 발라 몇 시간이 지나면 물에 담가 놓는다. 석회기운을 깨끗이 씻어내고 끓는 물에 잠깐 넣었다가 건져서 물기를 없앤다. 소금을 뿌린 뒤에 항아리 안에 채워 넣고 파, 생강, 마늘, 눈을 뗀 천초[100], 고추 등을 곱게 빻아서 동아 한 켜를 넣고 그 위에 양념 한 켜를 넣는다. 이와 같이 한 다음에 물을 타지 않은 조기 젓국을 항아리 안에 부어 가득 채운다. 그리고 기름종이와 두꺼운 종이로 단단히 봉하고 나뭇조각으로 덮어야 하는데 사기그릇이나 작은 쟁반으로 덮어서는 안된다. 땅을 파고 풀 더미를 깐 뒤에 항아리를 묻고 흙을 두텁게 덮는다. 겨울이 지나고 봄에 꺼내 먹으면 매우 맛이 아름답다.(원문 134)

동아겨자장김치 증보산림경제 1767 임원십육지 1827

늙은 동아[30]의 껍질을 벗기고 속을 버리고 흰 살만 엽전 크기 2푼(0.6㎝) 두께로 잘라서 소금에 절였다 건져서 헝겊으로 물기를 닦고 노구에 참기름을 두르고 볶아 식혀서 자기 항아리에 넣고 겨자장을 부어 주둥이를 묶어 막아서 새지 않게 한다.(원문 135)

동아장김치 오주연문장전산고 1850년경

동아를 씻고 양념하는 것은 동아 젓갈 김치 만드는 방법과 같다. 여기에 단맛 나는 청장(햇간장)을 달여 항아리에 부어 동아가 잠길 정도가 되게 한다. 땅에 묻는 것도 위의 방법과 같다. 겨울이 지나고 봄에 꺼내 먹으면 매우 좋다.(원문 136)

박김치(匏沈菜) 시의전서 1800년대말

연한 박[42] 껍질을 벗기고 속은 긁어내 버리고 네모 반듯이 도독도독 짧게 잘라 옆을 열십자로 갈라 절인 후 오이김치 소처럼 소를 넣고 실고추와 파를 채쳐 넣고 국물은 간맞추어 부어서 익힌다.

마늘김치

마늘 초절임 중궤록 송청대 임원십육지 1827

1치로 자른 풋마늘 10근(6kg)에 볶은 소금 4냥(150g), 식초 1사발, 물 2사발을 섞어서 항아리에 담는다.(원문 137)

매실마늘김치 중궤록 송청대 임원십육지 1827

푸르고 단단한 매실 2근(1.2kg), 큰마늘 1근(600g)에 볶은 소금 3냥(112.5g)과 물을 끓여 식혀서 붓는다. 50일 후 소금물 색이 변하면 물을 따라 달여서 붓는다. 병에 넣어 7월 후 먹는데 매실의 신맛과 마늘의 매

운 기운이 없다.(원문 138)

마늘담기 산가요록 1450년경

덜 익었을 때 마늘을 캐서 거친 껍질을 벗겨서 깨끗하게 씻어서 말려 물기를 없앤다. 끓는 물에 소금을 짜지 않게 타서 식으면 담근다. 먹을 때 껍질을 벗기면 하얗고 맛이 좋다.(원문 139)

마늘 담기 음식디미방 1670

첫 가을에 마늘을 캐서 깐 다음 마늘 하나에 햇천초[100] 3알씩 넣어서 소금을 넣어 김치 담듯 담고 기름진 고기를 먹을 때 같이 먹으면 맛있다.

마늘초절임(중국인이 전한 것) 수문사설 1740

큰 마늘 껍질을 벗겨서 법초 1말(18ℓ)과 함께 자기 항아리에 담근다. 몇 달 또는 1년 동안 두는데, 오래 땅에 묻어 둘수록 마늘 냄새가 없어져서 먹기 좋으며 식초도 맛이 좋다. 일찍이 요령위(寧遠衛)였던 사장(謝長)의 처가 사장의 병을 고치기 위하여 담던 것인데 맛이 좋다.(원문 140)

마늘초절임 중궤록 송대 증보산림경제 1767 농정회요 1830년대초 임원십육지 1827

석회 끓인 물에 마늘 1근(600g)을 잠깐 데쳐 서늘한 곳에서 말려서 소금 3전(11.3g)을 넣고 하루 절인 뒤 걸러서 다시 햇볕에 말린다. 소금 7전(26.3g)을 넣고 볶아 말려서 두초(頭醋)[83]를 넣고 볶은 소금을 넣어 한두 번 끓으면 식혀서 항아리에 넣고 진흙으로 봉하면 1년이 지나도 상하지 않는다.(원문 141)

마늘 술지게미 김치 군방보 1621 증보산림경제 1767 임원십육지 1827 농정회요 1830년대초

마늘 1근(600g)을 석회 끓인 물에 잠깐 데쳐 말려서 물기를 없앤다. 소금 1냥5전(56.3g), 술지게미 1근반(900g)을 골고루 섞어 항아리에 넣고 진흙으로 봉하면 두달 뒤에 먹을 수 있다.(원문 142)

부들김치

부들순김치 거가필용 1200년대말 오주연문장전산고 1850년경 해동농서 1799 식해형 부들김치 임원십육지 1827

싱싱한 부들[49] 1근(600g)을 1치(3㎝)씩 잘라 끓는 물에 데치고 헝겊에 싸서 눌러 말린다. 생강채, 끓인 기름, 채로 썰은 귤, 홍국, 멥쌀밥, 화초[100], 회향[17], 파채 등을 넣어 잘 섞은 뒤 항아리에 넣는다. 하루 지나면 먹을 수 있다.(원문 143)

부들순김치 구선신은서 1400년대초 산림경제 1715 증보산림경제 1767 고사신서 1771 고사십이집 1787 해동농서 1799 군학회등 1800년대중반

3월(5월)에 싱싱한 부들순[49] 1근(600g)을 1치(3㎝)로 잘라 끓는 물에 잠깐 데쳐서 삼베주머니에 넣어 눌러 말린다. 양념재료를 넣고 참기름과 멥쌀밥, 엿기름 등을 잘 섞어 자기항아리에 담그면 하루 후 먹을 수 있다.(원방법(거가필용)에서는 엿기름이 아니라 홍국[119]을 쓴다)(원문 144)

부들김치 구선신은서 1400년대초 지봉류설 1613 산림경제 1715 증보산림경제 1767 고사신서 1771 고사십이집 1787 임원십육지 1827 농정회요 1830년대초

향포[49]는 부들의 누런 싹이다. 부들순초법은 위에 있는데 초는 곧 소금이다. 봄에 처음 나온 연한 부들싹을 생으로 먹어보면 달고 부드러워 매우 좋다. 보통법으로 담그는데 양생서에 부들순으로 김치를 담그면 매우 좋다고 하였다.(원문 145)

부들김치 산림경제 1715 고사십이집 1737

봄에 처음 난 홍백색 여린 부들 싹[6]은 생으로 먹어도 달고 부드럽다. 죽순처럼 식초에 담가 먹어도 좋고 젓을 담기도 하고 김치를 담기도 하는데 이것을 포황묘(蒲黃苗)라고 하며 단 부들로 만든 것이다.

오장의 사악한 기운을 물리쳐 치료하고 입냄새를 없애고, 이빨을 단단하게 하고, 눈을 밝게 하고, 귀를 밝게 한다. 그러므로 양생서에서 부들순으로 김치를 담그면 매우 좋다고 하였다.(원문 146)

부추김치

김치담그는 법 거가필용 1200년대말 오주연문장전산고 1850년경

부추를 소금에 절여 줄기는 버리고 잎만 얇은 떡만 한 크기로 펼쳐 널고 진피(귤껍질), 축사[103], 홍두[120], 행인[114], 화초[100], 감초[3], 시라[61], 회향[123] 등 여러 재료를 섞어 바른다.

이것들을 잘게 갈아서 쌀가루와 버무려 부추 위에 바르는데, 부추를 1켜 깔고 그 위에 섞은 재료를 1켜 깔기를 5번 하고 무거운 것으로 눌러 놓는다. 조롱 안에 찔 때는 작은 덩어리로 잘라 콩가루를 묻히고 물을 가

득 부었다가 참기름에 데쳐 식혀서 항아리에 넣어 저장한다.(원문 147)

부추김치 구선신은서 1400년대초 산림경제 1715 증보산림경제 1767 고사신서 1771 해동농서 1799 농정회요 1830년대초

서리 내리기 전에 누렇거나 시들지 않은 좋은 부추를 깨끗이 씻어 말려서 자기 항아리 안에 1층 깔고 쌀가루와 소금을 1층 깔아 2~3일 담그면서 여러 차례 뒤집어주고, 자기 항아리에 차곡차곡 넣어 원래의 소금물에 참기름을 조금 섞어 잘 버무린 뒤 다독여서 저장한다.(원문 148)

부추김치 거가필용 1200년대말 중궤록 송대 임원십육지 1827 오주연문장전산고 1850년경

서리 내리기 전에 누렇지 않은 좋은 부추를 깨끗하게 씻어 말려서 항아리에 1켜 깔고 멥쌀과 소금을 1켜 깔면서 소금과 부추가 다 할 때까지 번갈아 넣는다. 1~2일 담가 두었다가 여러 차례 뒤집어서 자기 항아리에 넣는데 원래의 소금물을 넣고 참기름을 조금 가하면 더 묘하다.(원문 149)

부추꽃김치 거가필용 1200년대말 군방보 1621 임원십육지 1827

부추꽃 열매가 반쯤 맺었을 때 따서 꼭지와 억센 줄기를 버리고 부추꽃 1근(600g)마다 소금 3냥(112.5g)을 넣고 같이 찧어서 항아리에 담는다. 작은 오이나 작은 가지를 따로 소금에 절였다가 물기를 빼고 4일 후 부추꽃 속에 넣어 잘 섞어 담는다. 항아리 밑에 동전 3~4개를 넣으면 더 좋다.(원문 150)

부추꽃김치 구선신은서 1400년대초 산림경제 1715 증보산림경제 1767 고사신서 1771 고사십이집 1787 해동농서 1799 농정회요 1830년대초

부추꽃[50] 열매가 반쯤 맺었을 때 따서 꼭지와 억센 줄기를 버리고 꽃

1근(600g)에 소금 3냥(112.5g)을 넣고 같이 찧어 항아리에 담는다. 또는 부추꽃을 딸 때 작은 오이나 가지를 소금에 절였다가 물기를 빼고 1~2일 후 부추꽃에 버무려 담는다. 항아리 밑에 동전을 넣으면 더 좋다.(원문 151)

부추꽃김치 오주연문장전산고 1850년경

부추꽃[50] 열매가 반쯤 맺었을 때 따서 꼭지와 억센 줄기를 버리고 꽃 1근(600g)에 소금 3냥(112.5g)을 넣고 같이 찧어 항아리에 담는다.(원문 152)

부추술지게미김치 군방보 1621 임원십육지 1827

크고 부드러운 부추를 햇볕에 말린다. 항아리에 익힌 술지게미를 1켜 깔고 그 위에 부추 깔기를 반복하여 무거운 것으로 눌러 저장한다.(원문 153)

생강김치

생강절임 거가필용 1200년대말 오준연문장전산고 1850년경

여린 생강[57]의 껍질을 벗겨 감초[3], 백지[47], 영릉향[75]을 조금 넣고 삶아 익힌다. 작은 조각으로 잘라먹으면 이상하리만치 부드럽고 맛있다.(원문 154)

생강오미절임 거가필용 1200년대말 오주연문장전산고 1850년경

여린 생강 1근(600g)을 조각으로 잘라 백매[45] 반근(300g)을 부수어 씨

를 뺀 뒤에 볶은 소금 2냥반(237.5g)을 넣어 잘 섞는다. 햇볕에 4일간 말린 뒤 감송[2] 3전(11.3g)과 감초[3] 5전(18.8g), 단말[25] 3전(11.3g)을 넣고 다시 섞어서 햇볕에 4일간 말려 항아리에 넣어 저장한다.(원문 155)

생강김치 산가요록 1450년경

8월 보름쯤 연한 생강을 골라 대나무 칼로 껍질을 벗긴다. 생강 1말(18리터)을 소금 1되(1.8ℓ)와 끓는 물 3말(54ℓ)로 담고 하룻밤 지나 물을 버리고 볕에 말려서 익기 전에 술이나 식초 찌꺼기를 섞어서 담근다. 21일 후 꺼내 쓰는 데 소금기가 많으면 찹쌀로 진밥을 지어서 쓴다.(원문 156)

생강 잔뿌리김치 증보산림경제 1767 농정회요 1830년대초

순무나 무를 예리한 칼로 저며 연한 파를 넣어 나박김치를 담그는데, 생강[57]의 잔뿌리도 함께 넣는다. 익으면 맛이 깔끔하고도 강하여 비할 바 없다. 또 시월에 무동치미 담글 때 넣어도 기가 막히다(생강의 순(笋)도 좋다).(원문 157)

생강술지게미 김치 중궤록 송대 임원십육지 1827

생강 1근(600g)에 술지게미 1근(600g)과 소금 5냥(187.5g)을 넣고 김치를 사일(社日)[52]전에 담그는데 술지게미에 물이 보이지 않아야 손해나지 않는다. 생강 껍질은 마른 수건으로 비벼 붙은 흙을 없애고 햇빛에 반쯤 말린 뒤에 술지게미와 소금을 섞어서 항아리에 넣는다.(원문 158)

생강 술지게미 김치 다른법 거가필용 1200년대말 구선신은서 1400년대초 산림경제 1715 증보산림경제 1767 고사신서 1771 고사십이집 1787 해동농서 1799 임원십육지 1827 농정회요 1830년대초 오주연문장전산고 1850년경

전에 연한 생강을 캐서 [양에 관계없이] 잔뿌리를 떼고 문질러 깨끗하게 씻어서 항아리에 [데운]술과 술지게미, 소금과 함께 넣고 고르게 섞어 담는다. 위에 설탕 한 덩어리를 넣고 대나무 껍질과 잎으로 막고 진흙으로 봉하면 7일이면 먹을 수 있다.

[ ]는 거가필용(원문 159)

생강술지게미 김치 또 다른 법 군방보 1621 임원십육지 1827

맑은 날 연한 생강을 뽑아 그늘에서 5일 말린 뒤 삼베 수건으로 문질러 붉은 껍질을 없앤다. 생강 1근(600g)에 소금 2냥(75g)과 술지게미 3근(1.8㎏)을 넣어 김치를 담그고 7일 뒤에 꺼내어 깨끗이 씻는다.(원문 160)

생강술지게미김치 별도로 소금 두냥(75g)을 쓰는 법 물류상감지 1690 임원십육지 1827

술지게미 5근(3.0㎏)을 섞어서 새 항아리에 담근다. 먼저 생강에 쓴 맛이 나지 않도록 복숭아 씨 2개를 잘게 부수어 항아리 밑바닥에 깔아 두고, 생강과 술지게미를 넣고 약간 익힌 밤가루를 위에 뿌리면 생강에 찌꺼기가 없어진다.

그리고 보통 방법대로 술지게미와 생강을 항아리에 넣으면 매미가 허물을 벗고 늙을 때까지도 생강에 힘줄이 생기지 않는다.(원문 161)

생강김치(沈薑法) 주방문 1600년대말

깨끗이 다듬어 씻어서 항아리에 넣고 끓는 물에 소금을 넣어서 부어 두었다가 3일 뒤에 그 물에 다시 씻어서 물은 버리고 식초를 많이 부어 둔다.

생강초절임 거가필용 1200연대말 오주연문장전산고 1850년경

양에 관계없이 고운 소금을 뿌려 하루를 재운다. 여기서 생긴 소금물에

센 식초를 넣고 여러 번 끓여 식으면 생강을 넣고 대나무 잎으로 입구를 막고 진흙으로 단단히 봉한다.(원문 162)

생강초절임 구선신은서 1400년대초 산림경제 1715 증보산림경제 1767 고사신서 1771 고사십이집 1787 임원십육지 1827 농정회요 1830년대초

팔월의 연한 생강을 (양에 관계없이) 볶은 소금에 하루 절였다가 그 소금물에 매우 신 식초를 넣고 같이 여러 번 끓여서 끓어오르면 식힌다. 식으면 생강과 함께 항아리에 넣고 대나무 껍질과 잎으로 입구를 막고 진흙으로 봉한다.(원문 163)

연근김치

연근절임 거가필용 1200년대말 임원십육지 1827 오주연문장전산고 1850년경

싱싱한 연근을 1치(3㎝)로 잘라 데쳐서 소금에 절여 물을 빼고 파와 참기름을 약간 넣고 시라[61], 회향[123], 멥쌀밥, 홍국[119]을 넣어 잘게 갈아 섞는다. 연 잎으로 싸서 하루 지나면 먹는다.(원문 164)

연근절임 구선신은서 1400년대초 산림경제 1715 증보산림경제 1767 고사신서 1771 고사십이집 1787 해동농서 1799 식해형연근김치 임원십육지 1827

생 연뿌리를 4월에 1치(3㎝)로 잘라 끓는 물에 데치고 소금물에 담갔다가 소금물은 버린다. 연뿌리에 파와 참기름을 약간 넣고 생강과 귤홍(橘紅)[18] 등과 멥쌀밥, 홍국[119] 등을 곱게 갈아 섞은 뒤 연잎에 싸서 1~2일 두면 먹을 수 있다(홍국 대신 엿기름을 써도 된다).(원문 165)

죽순김치

식해형 죽순김치 중궤록 송청대 임원십육지 1827

봄에 어린 죽순을 따서 딱딱한 부분은 떼어 버리고 두께 4푼(1.2㎝), 길이 1치(3㎝)로 잘라 시루[65]에 쪄서 헝겊으로 물기를 닦고 그릇에 담는 데, 앞의 방법과 같이 기름에 익힌다.(원문 166)

식해형 죽순김치 구선신은서 1400년대초 임원십육지 1827

3월에 죽순을 편으로 잘라서 끓는 물에 데쳐 햇빛에 말린 후 채친 파, 회향[123], 화초[100], 홍국가루[119]를 넣고 소금과 잘 섞어서 잠시 절였다가 먹는다.(원문 167)

죽순짠지 도문대작 1611

호남의 노령(蘆嶺) 아랫 쪽에서 잘 담는데 맛이 매우 좋다.(원문 168)

죽순소금절임 증보산림경제 1767 농정회요 1830년대초

죽순을 소금에 매우 짜게 절여서 10월에 꺼내 물에 담가 소금기를 빼고 무동치미 속에 넣으면 맛이 더 좋다.(원문 169)

죽순김치 구선신은서 1400년대초 산림경제 1715 증보산림경제 1767 고사십이집 1787 임원십육지 1827 농정회요 1830년대초

숙성한 죽순을 조각으로 잘라 끓는 물에 데쳐서 말린다. 별도로 생강, 파, 천초[100]와 누룩가루를 함께 끓여 소금을 섞어서 같이 담가 먹는다.(원문 170)

데친죽순김치 거가필용 1200년대말 구선신은서 1400년대초 산림경제 1715 고사신서 1771

오월에 작은 토막으로 잘라 끓는 물에 데쳐서 물기를 빼고 말린다. 파, 마늘, 회향[123], 화초(花椒)[100], 홍국(紅麴)[119] 등을 갈아 소금과 함께 섞어 두었다가 한 번에 먹는다.(원문 171)

어·육류김치

꿩김치 수운잡방 1500년대

꿩[21]오이김치는 새로 만든 오이김치로 만든다. 꿩을 김치 모양으로 자르고 생강은 가늘게 자르고, 만들어 놓은 오이김치를 물에 담가 짠맛을 없앤다. 이 세 가지를 섞어 간장과 물을 넣고 번철에 참기름을 약간 쳐서 익힌다. 그리고 씨를 뺀 천초[100]를 약간 넣으면 맛이 묘한데 술안주로도 좋다.(원문 172)

꿩(닭)짠지 주찬 1800년대

오이 껍질과 속을 없애고 삶아서 썬 다음 볶아 둔다. 꿩[21]의 뼈는 부수어 다져서 진흙 덩어리같이 만들고 고기는 똑바로 썰어서 기름에 살짝 볶아낸다. 한참 뒤 장국을 부어서 펄펄 끓여서 고기가 익으면 볶은 오이를 넣어 맛이 어울리게 하고 생강, 후추가루[124], 잣가루를 많이 넣고 다진 양념을 넣은 후 식으면 쓴다. 닭짠지도 이렇게 한다.(원문 173)

꿩김치법(生稚沈菜法) 음식디미방 1670

간이 든 오이지 껍질과 속을 없애고 1치(3㎝)길이로 도독도독 가늘게 썰어서 물에 우려 둔다. 꿩[21]을 삶아 오이지 크기로 썰어서 따뜻한 물에 소금을 적당히 넣고 나박김치같이 함께 담아 삭혀 쓴다.

꿩짠지(생치짠지) 음식디미방 1670

오이지 껍질을 벗겨서 가늘고 잘게 썰고 꿩[21]고기도 같은 크기로 썰어서 간장과 기름에 볶아 천초[100], 후추[124]로 양념하여 사용한다.

꿩지(생치지히) 음식디미방 1670

오이지의 속만 도려내고 껍질은 벗기지 말고 도독도독하게 썰어서 따뜻한 물에 빤다. 꿩[21]도 같은 크기로 또렷하게 썰어서 간장과 기름에 볶아 담아 쓰면 여러 날이 지나도 변하지 않고 맛이 점점 좋아진다.

꿩김치 규합총서 1815

또 꿩[21]을 백숙으로 고아 국물의 기름기를 제거하고 얼음 같이 차게 동침이 국물에 넣고 꿩고기를 찢어 넣으면 생치김치(꿩김치)가 된다. 동치미 국물에 가는 국수를 넣고 무, 오이, 배, 유자[80]를 저며 얹고 돼지고기와 부친 계란채를 올리고 후추[124]와 잣을 뿌리면 냉면이 된다.

꿩김치 주찬 1800년대

오이 껍질을 벗기고 속을 파 낸 후 길이 1치(3㎝), 넓이 3푼(0.9㎝) 남짓 썰고 기름냄비에 지져서 식혀둔다. 살찐 꿩[21]을 잡아 깨끗이 씻어서 기름기를 없애고 푹 삶아서 오이와 같은 크기로 반듯하게 썬다.

끓인 국물의 기름기를 걷어 없애고 표면에 남은 기름은 한지를 펴서 묻혀 낸 다음 꿩 삶은 물에 소금과 식초로 알맞게 간을 하고, 볶은 오이와 삶은 꿩고기를 넣고 통천초[100]와 잣을 띄워 먹는다.(원문 174)

어육김치(魚肉沈菜) 시의전서 1800년대말

대구, 북어, 민어 등을 쓸 때마다 머리뼈와 껍질을 많이 모아 놓는다. 첫서리가 내리고 날씨가 추워지면 김장한다.

이 때 좋은 무와 연한 배추와 굵은 갓을 깨끗하게 씻어 간을 맞추어 절이고 오이와 가지는 법대로 절인다.

호박은 아이 주먹만 한 것을 절이고 고추는 잎이 달린 채 딴 어린 것을 서리 내리기 전에 골라 소금에 절이면 질기고 맛이 사납다. 그러므로 항아리에 넣고 돌로 단단히 누른 후 냉수를 부었다가 쓸 때 꺼내어 여러 번 깨끗이 씻으면 연하고 좋다.

김치 담기 전 다림방(푸줏간, 또는 곰탕집)에서 냉수 타지 않은 고기 삶은 물을 두어 동이 사다가 전에 모아둔 머리뼈와 껍질을 많이 넣고 쇠고기도 넣어 진하게 달인다.

이것을 땅에 묻은 독에 붓고 청각[101], 마늘, 생강, 고추 등을 많이 넣고 마늘은 갈아 넣고 미나리는 깨끗이 씻어서 사이사이 넣는다. 위를 두껍게 덮고 어육 달인 물을 맛보아 싱거우면 무절인 물을 체에 받아 가득 붓고 두껍게 싸고 위를 흙으로 덮어 두었다가 연말이나 새봄에 먹으면 맛이 진하고 절미하다. 이 김치는 무와 배추를 썰지 않는다.

어육김치 규합총서 1815

대구, 북어, 민어, 조기 등을 쓸 때마다 머리와 껍질을 많이 모아 둔다. 첫서리가 내리고 날이 찰 때 김장하는데 좋은 무와 연한 배추, 굵은 갓[4]을 깨끗이 씻어 간 맞추어 절인다.

서리 내리기 전에 절여 놓은 오이와 가지, 애주먹 크기 호박과 어린 고추 달린 고춧잎을 가려 놓는다. 소금에 절이면 질기고 맛이 없으므로 항아리에 넣고 돌로 단단히 누른 후 냉수를 부었다가 쓸 때에 여러 번 씻으면 연하고 좋다.

김치 담기 하루 전에 다림방(푸줏간 또는 곰탕집)에서 물타지 않은 고기 삶은 물 두 동이를 사다가 생선 머리와 껍질을 많이 넣고, 쇠고기를 넣어 진하게 달여서 독에 붓고 독을 묻은 후 청각, 마늘, 파, 생강, 고추 등을 층층이 넣는다.

마늘은 갈아 넣고 미나리는 깨끗이 씻어 사이사이 넣고, 위를 두껍게 덮고 생선과 쇠고기 달인 물이 싱거우면 무절인 국을 체로 쳐서 가득 붓는다.

두껍게 싸서 위를 흙으로 덮었다가 섣달그믐께나 이른 봄에 먹으면 맛이 진하고 아름답다. 무 배추 등은 썰어서 담지 않는다.

굴김치 산림경제 1715 고사십이집 1737 증보산림경제 1767 고사신서 1771 임원십육지 1827

굴을 깨끗이 씻어 소금을 뿌리고, 무와 흰 파 줄기를 가늘게 썰어 소금을 뿌려서 소금기가 스며들 때까지 기다린다. 그릇을 기울여 생긴 즙을 받아 끓여 항아리에 넣고, 따뜻해지면 굴과 무, 파 등과 같이 담그는데 반드시 굴과 소금 양을 고르게 하여 따뜻한 곳에 옷으로 덮어두었다가 하룻밤 지나 먹는다.(원문 175)

굴김치법 시의전서 1800년대말

초가을에 좋은 배추를 깨끗하게 씻어서 반듯반듯하게 잘라 소금에 살짝 절였다가 실고추, 미나리, 파, 생강, 마늘을 모두 채쳐서 넣고, 굴젓을 가려서 함께 버무리고 굴들을 삼삼하게 익힌다. 쑥갓, 향갓[56], 배추를 합하여 양념하여 익히면 좋다. 오이도 더러 섞는다.

전복김치 증보산림경제 1767 임원십육지 1827

유자[80] 껍질과 생 배를 가늘게 썬다. 전복은 물에 축여서 칼로 배를 갈라 주머니처럼 만들어 유자껍질과 배 썬 것을 안에 채우고 묽은 소금물로 절여서 익으면 먹는다. 신선의 풍미가 나는데 약천집(藥泉集)에 있다. 동치미와 함께 절여도 맛이 특별하다.(원문 176)

전복김치 규합총서 1815

전복을 축여 칼로 넓게 저민다. 유자[80] 껍질과 배를 가늘게 썰어 전복을 주머니처럼 만들어 속을 넣고 소금물을 삼삼하게 하여 김치를 담가 익힌다. 약천집(藥泉集)에서 이르기를 이 전복김치의 맛은 신선 같다고 하였다. 무와 생강 파 등을 더 넣어서 담그면 맛이 더욱 기이하다.

기타김치

치자꽃김치 구선신은서 1400년대초 산림경제 1715 증보산림경제 1767 고사신서 1771 고사십이집 1787 해동농서 1799

사월에 치자꽃[104]을 따서 김치를 담그면 향이 매우 좋다.(원문 177)

식해형 치자꽃김치 임원십육지 1827

구선신은서(1400년대초) : 4월에 어린 치자꽃을 따서 식해형김치(鮓)를 만들면 매우 향기롭다.

증보도주공서 : 반쯤 핀 치자꽃을 따서 백반[46] 물에 데쳐서 대회향[123], 소회향[61], 화초[100], 홍국[119], 황미밥, 파채를 잘 갈아 소금과 잘 섞어서 반나절 절였다가 먹는다.(원문 178)

미나리 짠지 증보산림경제 1767

반드시 연한 배추나 봄 무와 같이 담가야 좋다(실파를 넣어도 좋다).(원문 179)

오향김치 다능집 임원십육지 1827

채소의 뿌리를 잘라 누런 잎은 따 버리고 깨끗이 씻어서 말린다. 채소 10근(6kg), 소금 10냥(375g), 감초 몇 개를 항아리에 넣고 소금을 뿌리고 시라[61], 회향[123]을 넣고 감초 몇 개 넣기를 번갈아 하여 항아리를 채워 큰 돌로 눌러 둔다. 사흘 후 채소를 건져 소금물을 짜 내서 항아리에 넣고 7일 후 건져서 소금물을 짜서 물에 헹구어 항아리에 넣고 큰 돌로 눌러 놓으면 채소 맛이 아삭아삭하고 향기가 좋다.

봄까지 남으면 끓는 물에 데쳐 말려서 저장한다. 여름까지 남으면 따뜻한 물에 채소를 불려서 참기름을 치고 부쳐서 사발에 담아 밥 위에 쪄서 먹으면 좋다. 삶은 고기와 지진 두부, 국수와 함께 먹어도 좋다. 화초가루를 넣으면 더 맛있다.(원문 180)

고수김치 제민요술 530~550 임원십육지 1827

고수[11]풀을 끓는 물에 데쳐서 큰 독에 넣고 따뜻한 물을 부어 하루 저녁 두었다가 다음날 깨끗하게 씻어서 소금과 식초를 넣으면 쓰지 않고 맛이 향기롭다.(원문 181)

금봉화줄기 술지게미절임 거가필용 1200년대말 오주연문장전산고 1850년경

큰 금봉화[19] 줄기를 골라 껍질을 벗기고 잘 말려서 깨끗이 씻는다. 아침 일찍 술지게미에 넣어 두면 점심에 먹을 수 있다.(원문 182)

당귀줄기 증보산림경제 1767

당귀[97] 줄기는 토굴(움) 속에서 싹이 나는데 구워 먹기도 하고 배추 싱건지(무나박김치)에 넣기도 하는데 어느 것이나 좋다. 여름에 산에서 난 당귀 줄기를 꺾어 기름과 장수를 발라 조리할 때 참깨가루와 즙을 넣기도 하며 구워도 좋다.(원문 183)

곰취(무르게 하는 법) 산림경제 1715 고사신서 1771 해동농서 1799 임원십육지 1827 군학회등 1800년대 중반

4월 20~30일 누에가 섶에 올라갈 때 곰취[16] 잎을 딴다. 상하고 찢어진 것은 버리고 깨끗하고 가는 것을 골라 차곡차곡 담고 물을 조금 부어 나무바가지 안에서 갈아 즙을 모두 짠 뒤에 항아리에 넣고 물을 부어 돌로 눌러 놓는다. 물이 항상 잎에 잠기게 해 주고 겨울이 되면 꺼낸다. 색이 누럴 때 가장 연한데 쌀밥을 싸서 먹으면 맛이 매우 좋다(속방).(원문 184)

원추리 산림경제 1715

인가에서도 심는데 부드러운 싹은 뜯어서 삶아 먹는 경우가 많다. 또 꽃받침을 뜯어서 김치를 담가 먹으면 흉격(胸膈, 횡격막)을 통리(通利)시키는 데 매우 좋다.(증류본초)(원문 185)

원추리꽃김치 월사집 1636 산림경제 1715 고사신서 1771 해동농서 1799 임원십육지 1827 군학회등 1800년대중반

원추리꽃[78]을 세속에서는 광채(廣菜, 또는 녹총)라고 한다. 6~7월에 원추리 꽃이 가장 많이 피는데 꽃술을 떼어 버리고 깨끗한 물에 살짝 데쳤다가 식초를 넣어 먹으면 신선의 맛같이 부드럽고 미끈거리고 담백하여

송이보다 낫고 채소 중에 제일이다[중조(中朝)의 통판(通判)을 지낸 왕군영(王君榮)이 많이 심어서 찬을 만들어 먹었다]. [ ]는 해동농서(원문 186)

원추리 김치 산가청공 1241~1252 월사집 1636 임원십육지 1827

혜강(嵇康)은 즐겁게 하고 화나지 않게 하는 원추리[78]를 망우라고 했다. 최표(崔豹)의 고금주(古今注)에는 원추리를 단극(丹棘)이나 녹총(鹿蔥)이라고도 하며, 봄에 싹을 뜯어 끓는 물에 데쳤다가 초와 장을 넣어 김치를 담거나 고기를 넣어 조리하기도 한다고 하였다.(원문 187)

경지김치 산가청공 1241~1252 임원십육지 1827

쌀뜨물에 경지[10]를 담가 햇볕을 쬐면서 자주 섞어준다. 뒤에 색이 희게 되면 깨끗이 찧어 문드러지게 삶아서 꺼내어 매화 십여개를 넣고 얼렸다가 생강과 귤을 넣는다.(원문 188)

토란줄기김치 산가요록 1450년경

서리 내리기 전에 토란줄기를 잘라 깨끗하게 씻고 쪼개서 1말(18ℓ)당 소금 1국자를 넣고 통에 담아 바람기운이 들어가지 않게 자리로 덮는다. 한나절 지나 물을 버리고 바로 항아리에 담아 두 손을 모아 쥐고 단단하게 다져서 주둥이를 봉한 다음 물기와 바람기운이 들어가지 않게 한다.(원문 189)

토란줄기(고은대) 김치 수운잡방 1500년대

가늘게 자른 토란줄기 1말(18ℓ)에 소금을 한주먹씩 섞어 항아리 안에 넣고 매일 손으로 누르면 부피가 줄어드는데 다른 그릇에 옮긴다. 익을 때까지 이렇게 한다.(원문 190)

파김치 산가요록 1450년경

5~6월 사이에 파의 수염뿌리와 겉껍질을 없애지 말고 깨끗하게 씻어서 물기를 없애고 잠시 말린다. 항아리에 파 한켜 소금 한켜 넣기를 번갈아 하여 아침에 담아 맑을 물을 가득 붓고 저녁에 뒤집어 준다. 물이 맑아질 때까지 뒤집어준다. 5~6월에 담가 겨울이 나도록 먹는다.

또 다른 방법 : 파를 깨끗이 씻어서 소금을 적당히 쳐서 나무통에 담고 이틀 후 소금기가 다 배면 항아리를 햇볕에 내 놓고 파를 단으로 묶어서 항아리에 담고 지저분한 것이 들어가지 않도록 하여 무거운 것으로 눌러 둔다.(원문 191)

파김치 수운잡방 1500년대

파를 깨끗이 씻어서 다듬되, 거친 겉껍질은 벗겨 버리고 잔뿌리는 그대로 두고 독에 담가 손으로 고르게 누른 후 물을 가득 채우고 2일에 1번씩 물을 갈아 준다. 여름에는 사흘, 겨울에는 4~5일 후 매운맛이 가시면 꺼내어 씻고 소금을 싸락눈같이 뿌려서 독에 한층 깔고 다시 소금 뿌리기를 번갈아 하고, 소금물을 조금 짜게 하여 독에 가득 붓는다. 박초[43]로 입을 막고 돌로 눌러 놓았다가 익으면 쓴다. 쓸 때 껍질과 잔뿌리를 떼어 버리면 색이 하얗고 좋다.(원문 192)

상추김치 다능집 임원십육지 1827

상추 100포기에 소금 1근 4냥(750g)을 넣고 하룻밤 절여서 건져 볕에 말리고 소금물을 달여 식힌다. 상추를 다시 항아리에 담고 식힌 소금물을 두 번 반복하여 붓는다. 매괴(해당화)를 위에 얹으면 맛과 향기가 더 좋다.(원문 193)

고사리 담기 음식디미방 1670

쉰 고사리대는 잘라 버리고 연한 고사리만 항아리 안에 깔고 번갈아 소금 뿌리기를 하여 가득 차면 돌로 눌러놓는다. 다음 날 물이 나면 다른 독으로 옮겨서 다시 돌로 눌러서 다른 물이 들어가지 않게 한다. 고사리 한 동이에 큰 되로 소금 7되(12.6ℓ)가 들어간다.

고사리담기(沈蕨法) 주방문 1600년대말

좋은 고사리를 다듬어 데쳐서 식으면 그 물에다가 소금을 많이 넣고 물은 가하지 말고 항아리에 넣고 단단히 봉하여서 서늘한 곳에 두었다가 쓸 때 소금기를 빼고 쓴다.

고사리담기 요록 1689

산고사리를 반쯤 말려서 항아리에 넣고 소금을 쌓인 눈처럼 많이 넣고 상수리나무 잎으로 두껍게 덮고 돌로 눌러 서늘한 곳에 두었다가 조금씩 꺼내어 소금을 우려내어 쓴다.(원문 194)

여뀌김치 색경 1676

여뀌[72]로 김치를 만들려면 두치(6㎝)크기가 되었을 때 잘라서 명주 자루에 담아 장독에 담근다. 여뀌가 자라면 다시 자르는데 항상 부드러운 것을 골라낸다.(원문 195)

식해형 줄풀김치 중궤록 송청대 임원십육지 1827

싱싱한 줄풀[92]을 편으로 썰어서 끓는 물에 데쳐 말리고 채친 파와 시라[61], 회향[123], 화초[100], 홍국[119]을 갈아 소금을 섞어 잠시 절였다가 먹는다.(원문 196)

적로[83] 산림경제 1715

일명 감로(甘露)라고도 한다. 3월에 종자를 뿌려서 9월에 뿌리를 캐어 무와 함께 겨울 김치를 담근다.(원문 197)

참외 장김치 옹희잡지 1800년대초 임원십육지 1827

칠팔월 참외 넝쿨을 걷을 때 이파리 밑에 달린 끝물 참외나 새로 열린 밤톨만한 참외를 골라 소금에 이틀간 절여서 엽전구멍 굵기로 가로로 갈라서 참기름에 약간 볶아서 좋은 장에 넣어 담근다.(원문 198)

수박담기 산가요록 1450년경

수박을 통째로 깨끗하게 씻어서 김치 담그는 방법으로 담가서 봄에 소금을 빼고 쓴다.(원문 199)

청태콩 담기 산가요록 1450년경

청태콩을 따서 항아리에 담고 더운 물과 찬물을 섞어 소금을 타서 붓고 10월 초에 묵은 물을 버리고 깨끗한 새 물을 붓는다. 먹을 때 뜨거운 물에 잠깐 데쳐서 쓴다.(원문 200)

복숭아담기 산가요록 1450년경

반 익은 복숭아 껍질을 벗기고 씨를 빼서 항아리에 담근다. 1말(18ℓ)에 꿀 4말(72ℓ)을 달여서 식기 전에 부어 담갔다가 먹는다.

다른 방법 : 복숭아를 볕에 말려서 항아리에 담고 더운물과 찬물을 섞어서 약간 짜게 소금으로 잠깐 절였다가 항아리에 붓는다. 10월 초에 묵은 물을 따라 버리고 정화수를 항아리에 다시 붓는다. 먹을 때 잠깐 데쳐서 먹는다.(원문 201)

살구담기 산가요록 1450년경

가지가 붙은 반 익은 살구에 소금을 발라 하룻밤 두었다가 반만 익은 것을 항아리에 담고 꿀을 적당한 양 끓여서 항아리에 붓는다. 껍질을 벗겨서 굵게 썬 생강과 살구, 살구씨, 자소[81]잎을 적당한 양과 함께 담갔다가 쓴다.(원문 202)

급히 담그는 김치 산가요록 1450년경

일반 김치와 같이 해가 질 때 항아리에 담는다. 솥에 물을 붓고 항아리를 넣고 끓여서 숨을 죽이고 속물이 약간 뜨거워지면 항아리를 꺼내 식혔다가 이튿날 먹는다. 매우 시다.(원문 203)

양하 산림경제 1715

잎은 감초(甘焦)와 비슷하고 뿌리는 생강 같은데 뿌리와 줄기로 김치를 담아 먹는다. 적색과 백색의 두 가지가 있는데, 적색은 먹을 수 있고 백색은 약에 쓴다.(증류본초)(원문 204)

근대의 김치(1900~1950년대)

김 장

지금은 시설재배로 겨울에도 채소를 값싸게 구할 수 있고, 냉장고가 발명되어 김장 필요성이 줄고, 핵가족화로 김치가 많이 필요 없게 되었다. 게다가 양식이나 외식, 인스턴트식품에 길들여져서 기호가 변하고, 맞벌이 하느라 시간도 없고 귀찮아서 김치를 사다먹는 일이 많아졌다. 그래서 동네사람들이 함께 김장하는 일도 사라졌다. 김장이라면 요리책이나 요리강좌에서 더 잘 가르치므로 며느리는 시어머니에게 배울 일이 없어졌다. 그래서 시어머니는 권위를 세울 일이 없어져서 며느리는 시어머니를 존경하지 않게 되었다.

김치에 쓰이는 배추나 무, 파, 고추 등은 대부분 일본에서 개량한 품종이거나 유전자를 조합한 것, 또는 중국산이다. 국산이라 하더라도 농약과 비료를 많이 사용한다. 그래서 아무리 먹음직스럽게 보여도 지금의 김치는 옛 맛이 아니고, 어설퍼 보인다.

그러나 1950년대까지는 다음과 같이 김장이 일년 중 가장 중요한 일의 하나였다.

가정의 큰일 김장 때를 당하여-공동 제조소를 세워 여자의 시간을 절약
동아일보 1925. 11. 12

요사이 길에 나서면 무 바리, 김장 바리가 빈번하게 왔다갔다하면서 여편네들이 만나면 인사가 '집에 김장 다 했소?' 한다. 김장 해 넣는 일은 참으로 큰일이다. 소금을 들여도 한 바리고, 고추를 사도 몇 말, 젓국이나 새우젓도 몇 독, 이 모양으로 크게 벌이고, 장독대에 놓였던 빈 독이란 독은 모두 마당으로 나오고, 무, 배추 씻을 물 길어 오는 사람도 하나 따로 얻어야 하고, 실고추 써는 사람, 무, 배추 다듬는 사람, 씻는 사람, 절이는

사람 등 집안에 사람이 있으면 있는 대로 다 필요하며 아무리 사람이 많아도 다 바빠서 쩔쩔 매며 돌아가는 것이 요즈음 가정의 김장하는 모습이다.

김장을 다 잘 해 넣었다고 해도 그 집 주인 마누라는 다리를 뻗고 잘 수 없다. 날씨가 갑자기 더워지면 김치가 시어져서 버리게 될까 보아 걱정, 갑자기 추워지면 김치가 잘 안 익을까 걱정, 김치 묻은 곳에 볕이 드니 어떻게 하나 걱정, 너무 짜게 해 넣지나 않았나, 너무 싱겁게 해 넣지 않았나 등 이 걱정 저 걱정에 김치가 익을 때까지 다리 뻗고 자지 못한다.

그도 그럴 것이 만일 그 해 김치를 맛있게 익혀 놓지 못하면 사랑하는 남편이 밥 먹을 때마다 얼굴을 찌푸릴 것이오, 온 집안 식구들이 '누구집 김치는 매우 맛있는데 솜씨가 참 좋아' 하는 소리를 들을 터이니 어찌 근심이 되지 않겠는가.

김치 담그는 솜씨가 아무리 좋아도 날씨를 맞추지 못하면 맛있게 익지 않는다. 평안도나 황해도 김치가 가장 맛있다고 하는 데, 평안도나 황해도 여자의 김치 담그는 솜씨가 좋아서 그런 것이 아니라 그곳 날씨가 매우 추워서 무와 배추에 소금만 쳐서 물을 부어 놓아도 맛있게 익기 때문이다.

그러나 경성(서울)과 같이 비교적 덥고 날씨가 많이 변하는 곳에서는 아무리 양념을 많이 하고 솜씨 좋게 담가도 맛있게 익지 않는 경우가 많다.

그러나 김치를 날씨에 맞추어 담기는 어려우므로 김장을 해 넣고 날씨가 추워지는 것이 좋은데(너무 추워지면 익지 않을 걱정도 있지만) 하늘의 일을 누가 짐작하겠는가? 김장을 해 넣고 추워질지 더워질지는 알 수 없는 일이다. 이같이 김장은 큰일이고 어려운 일이라 주부의 애간장을 태운다.

가을에 김치를 담기 위하여 젓국과 새우젓은 항상 준비해 놓고 있어야 한다. 그러나 가시(구더기)나지 않게 묵히는 것은 매우 어려우므로 주부가 항상 돌보아야 한다.

이같이 김장일로 주부가 집집마다 머리를 썩이고 시간을 허비하는 데다 김장일로 더러워지고, 김칫독이니, 새우젓독이니, 조기젓독이니 하는 것까지 하여 마당 좁은 집은 사람 다닐 틈도 없게 된다. 그리고 항상 많은 그릇과 독까지 준비해 두어야 하므로 우리 가정은 늘 어수선하고 지저분하다.

부인네들 일 가운데 김치 담그는 일만 덜어 주어도 시간 여유가 있고, 편하게 쉴 수 있을 것이고 가정이 깨끗해지고 간단해진다. 그러므로 김치 담기와 김장을 전문으로 하는 회사가 필요하다.

그런 회사가 생기면 첫째, 우리 가정 살림을 간단하게 해 주고 부인들에게 여유를 주고, 둘째, 집마다 따로 담그는 것보다 노력이 적게 들고, 셋째, 김치 담그는 데만 전문적으로 전력하여 집에서 담그는 것보다 맛있는 김치를 만드는 이익을 줄 것이다.

김치 담그는 회사는 가장 빨리 생겨야 할 것 중의 하나이다.

김장 때를 맞는 가난한 사람의 고통 동아일보 1926. 11. 12. 3면 신의주 일여성

추수도 마치고 따뜻한 방에 오붓하게 모여서 지난 일 년 동안 고생하던 몸을 쉴 때가 왔다. 가정의 단란함을 즐기고 정다운 친구와 무릎을 맞대고 한가로운 얘기를 나눌 때이다. 사람끼리 친하게 지내는 것은 겨울처럼 조용할 때가 가장 좋다.

가을이면 겨울 먹을거리를 준비하면서 김장을 함께 준비하는 것도 큰일이다. 김장은 조선 사람의 준비성을 알 수 있는 일인데, 겨울 동안 먹을 반

찬을 준비하는 일이다. 추운 겨울을 재미있고 평화롭게 지내기 위해 없어서는 안 되는 것이 맛있는 김치이다. 조선 사람은 다른 반찬은 없더라도 김치만 있으면 된다.

그러나 쌀이 없어서 밥을 짓지 못하는 형편으로 어찌 김치생각까지 하겠는가? 먹을 줄 모르는 것은 아니나 배추 값은 날마다 올라서 끝을 모른다. 좋지 못한 배추 1통도 4전이고, 무 1포대에 2원 가량인데도 원래 형편이 넉넉하지 못하니 어쩌겠는가? 돈푼이나 있는 사람들은 김장 바리를 져 들이느라고 분주한데 아무 것도 할 수 없는 사람은 큰 걱정이고 탄식일 뿐이다.

그래서 가난한 부인네들이 배추밭으로 다니며 구박 받으며 다 떨어진 포대 조각에 떨어진 배추 줄거리나, 쥐새끼만한 무를 주워다가 김장이라고 하는 이도 있고, 그러지도 못하는 사람은 옆집 김장하는 것을 부럽게 쳐다보고만 있는 사람도 있어서 겨울이 되면 밥도 중요하지만 반찬이 없어서 곤란 받는 사람이 여럿이다.

한편에서는 겨울 준비에 바쁘고 한편에서는 불평과 불화가 꼬리를 인다. 가난한 사람일수록 좋은 절기가 오면 고통이 더욱 커지며 의미있는 일이 무의미하게 되어 적지 않은 눈물과 한숨으로 겨울을 나게 된다.

평안을 누려야 하는 겨울이 차라리 없었으면 이런 비애가 없지 않을까 한다. 조물주에 대한 원망이 생긴다.

(김장 후) 나머지일 동아일보 1928. 11. 3. 3면

김장김치가 잘 익을 때까지 먹을 지럼김치[95] 호박김치라도 (늙은 호박을 썰어 넣고 담그는 곳도 있다) 담가야 한다. 그러나 배추를 더 사야 하는 폐단이 없도록 처음부터 예상하여 나누어 두어야 한다.

지럼김치뿐 아니라 무와 배추, 장아찌감도 남겨 놓았다가 단칼에 썰어 말린다. 또 우거지는 겨울 찌개감으로 절여 두면 좋은데 다 절여지면 돌로 잘 눌러서 전부 소금물에 잠기게 해야 곯거나 상하지 않는다.

무를 묻어놓고 오래 쓰려면 무청 달렸던 쪽을 흠뻑 자른 후 재를 칠해 묻는다. 그러면 싹이 나지 않아서 속이 덜 비게 된다. 여기까지 차근차근 해 놓고 김장 치른 놀이로 무시루떡을 해 놓고 즐기면 온 집안이 기쁠 것이다.

한창 김장할 때 주부의 명심할 일 (가) 잘못하면 돈들이고 애쓰고 한겨울 찬수에 고생한다 동아일보 1935. 11. 10. 4면

조선사람에게 김치는 밥 다음으로 없으면 못 견딘다. 만 가지 진수성찬이 있더라도 김치가 없으면 코 없는 얼굴 같고 음식 모양이 되지 않고 입버릇이 김치 먹지 않고는 못 견딘다. 그러니 어찌 소중하다 아니 할 수 있겠는가?

봄, 여름, 가을까지는 조금씩 담가 먹어도 무방하지만 겨울은 부득불 한꺼번에 만들어야 오륙 개월 두고 먹을 수 있다. 그런고로 진장(珍藏, 김장)이라는 말은 보배로이 감춘다는 말로 긴요할 때 먹기 좋다는 뜻이다.

또 김장 때 무슨 사고가 있던 때를 놓치면 겨울 오륙 개월 동안 반찬이 없어서 고생할 뿐 아니라 다른 좋은 반찬을 해 먹어도 돈은 들고, 번번이 맛있게 먹기도 어렵다. 밥상 보아 놓은 꼴도 보기 싫다.

'오죽 형편이 없어서 김장을 하지 못할까'하는 말에도 큰 의미가 들어 있다. 구걸하는 것 중에 김치나 장을 달라는 것이 가장 창피한 일이다. 또 구걸에 잘 준다 하더라도 퍼서 보내면 첫 번 향취가 다 나가서 맛도 없고, 주는 사람이 크게 생각하여 한두 동이를 퍼 보내면 독이 허룩하여 헤펴져서 그 독은 그럭저럭 없어지게 된다. 받아먹은 사람도 갈급(부족하여 조급하

게 바람)이 날뿐 신세는 신세대로 지게 된다. 이런 이유로 아무리 어려워도 김장은 해야 한다.

김장 김치는 독이나 중두리[93]나 바탱이[41]에 담지만 조그마한 항아리에 몇십 개 담가서 묻었다가 한 항아리씩 꺼내어 먹는 것이 신선하고 냄새가 오래 나가지 않고 맛이 매우 좋다.

봄까지 먹으려고 땅에 묻는 것은 땅이나 헛간보다 움 속에 들여놓는 것이 여러 가지로 좋다. 그러면 그릇이 새더라도 바로 변통하기 쉽고 맹렬한 추위에도 위가 얼어붙을 염려가 없다. 먹은 그릇을 밖에 내 놓기도 쉽다. 움 속에는 화초도 넣고 무나 배추 푸성귀 과일 같은 것을 넣어두고 먹기 좋다.

그리고 김치 그릇 묻는 곳에는 석비레[59] 흙이나 깨끗한 땅에 묻어야 김치맛이 싱싱하고 좋다. 흉한 흙이나 수채 근처에 묻으면 더러운 기운이 그릇으로 통하여 맛이 좋지 못하다.

또한 젓국 김치나 깍두기에 무슨 굴이든지 말려 가루 낸 것을 넣으면 맛이 희한하다.

김치그릇에 양철 뚜껑을 덮으면 녹이 나고 김이 서려 떨어지기 쉽다. 먼저 종이나 헝겊을 덮고 나무 뚜껑이나 질그릇 뚜껑이나 시루방석[66]을 덮고 익혀야 김이 나가지 않고 잘 익는다.

김치에 햇고추를 넣으면 김치 맛이 매우 좋다. 배추를 절일 때는 가는 소금을 뿌리지 말고 설탕을 뿌리고 겉에만 소금을 뿌려야 김치 맛이 좋다.

섞박지나 깍두기에 무를 여러 개 삶아서 썰어 넣으면 먹을 때 매우 씩씩하고 좋다.

김장을 일찍 하면 날이 더워서 신다는 것은 움을 못 짓고 부엌 속에 묻어두기 때문이다. 북향의 헛간에 독을 깊이 묻고 위를 두껍게 덮어 두면 실

염려가 적다. 배추값이 비싸 떨어지기를 기다리다가 날이 몹시 추워지면 도리어 큰 곤란을 겪게 된다.

끝물에 하면 좋은 재료는 없어지고 속이 비거나 대가리가 얼기 쉽다. 제일 좋지 않은 것은 늦게 절이는 것으로, 잘 절여지지도 않고 겨울이 지나도 잘 익지 않고 맛이 없어서 그 상태로 괴롭게 없애버리게 된다.

한창 김장할 때 주부의 명심할일 (나) 잘못하면 돈들이고 애쓰고 한겨울 찬수에 고생한다 동아일보 1931. 11. 11. 4면

김치 담그는데 쓰는 소금은 간이 빠진 티 없는 조선소금이나 호염[118]을 찧어서 쓴다. 요즈음의 색이 흰 재염이라는 소금으로 무배추를 절이면 김치 맛이 쓰다.

김치나 깍두기는 무를 절여서 통으로 넣거나 세로로 갈라서 넣었다가 나중에 썰어 먹어야 맛이 신선하고 좋다. 깍둑깍둑 썰어 담그면 도리어 맛이 없다.

김장김치는 다 만들어 넣고 사흘 후 국물을 붓는 것이 좋고 국물은 줄어들므로 넉넉하게 부어야 한다. 춥다고 김치항아리를 방에 들여 놓고 덥다고 밖에 내 놓으면 맛이 변한다.

봄에 먹을 김장은 젓국이나 생선이나 고기 등은 넣지 말고 간간하게 소금물에 담갔다가 이듬해 삼사월에 먹으면 맛이 싱싱하고 속도 변하지 않는다.

김장에 쓰려고 오이지를 담글 때 밑동 오이는 물러지므로 첫물오이나 가뭄오이가 좋다. 추석 때의 무는 김장무로 쓸 수 없다. 그리고 무를 채쳐 넣는 것은 고명에 보탬은 되지만 많이 넣는 것은 좋지 않다.

또 풋고추를 찬바람 날 때 맹물에 절였다가 섞박지나 동치미에 넣으면 맛이 좋다.

예로부터 김치 담그는 날은 매월 초하루, 초이틀, 초아흐레, 열하루, 열닷새가 좋다고 하였고 열나흘, 스무사흗날은 피해야 한다고 하였지만 근거없는 말로 현대인이 믿을 말이 아니다.

김장과 김치 동아일보 1937. 11. 9. 홍선표 조선요리학 1940

김치는 너무 흔하여 우습게 보이기도 하는 반찬이지만 매우 중요하며, 가정 살림과 음식 면에서 비중이 매우 커서 경제적이나 시간적 문제로 김치를 담그지 못하면 고통을 당한다.

지금은 사라졌지만 전에는 나라에서도 김장철에는 한달 동안 다른 일을 제쳐놓았고, 방아다리 배추밭에는 국가용, 곧 궁궐용 배추이므로 민간에서 쓰지 못한다는 목패를 세웠다. 이렇듯 궁중에서는 김장철에 김치 담그는 일로 한달 동안 다른 일을 제쳐놓고 분주했던 것이다.

시장에서도 김장철이 되면 김장과 관련이 없는 다른 상점은 홍정이 끊겨서 곤란할 지경에 이르렀다. 이로 볼 때도 사람들이 김장에 얼마나 힘을 쓰고 관심을 갖고 있는지 알 수 있다.

또한 사람들도 가을에 무슨 일을 하고자 할 때 으레 '김장이나 지내고 하겠다'는 말을 하고, 김장때에는 '아홉 방 부녀가 다 나온다'는 말이 있는데 좀처럼 나오지 않는 규중처녀도 김장때에는 나온다는 말이다. 김장의 중요성을 짐작할 수 있는 말들이다.

그러면 이같이 우리 생활에 없어서는 안 되는 김장 김치가 어느 때부터 시작되었을까? 기록은 없으나 문헌을 살펴보면 주나라 문왕 때 처음으로 창포(菖蒲)[98] 김치를 만들어 먹기 시작하였는데 지금도 사천(四川)지방에서는 특별한 잔치에 창포로 김치를 만들어 먹는다고 한다.

이로 미루어 볼 때 우리의 일반 문화는 대개 중국으로부터 수입된 까닭에 김치도 중국으로부터 들어왔다고 할 수밖에 없다. 하여간 김치의 원시적 시초는, 처음에 야채를 그대로 먹다가 오래두면 썩어서 먹을 수 없기 때문에 썩는 것을 막으려고 소금에 절여 두는 데서 시작되었다. 이것이 점점 발전되어 이것저것 섞어 조미하기 시작하였다.

그중 배추는 다른 야채보다 기르기 쉽고 연하고 독이 없어서 김치를 만들기 시작하였다. 김치는 배추, 무, 열무, 오이, 박[42], 가지, 콩나물, 상갓[56], 돌나물[28] 등의 김치가 있으나 배추김치가 가장 맛있어서 어느 가정이나 배추김치를 많이 만들어 먹게 되었다.

김치는 밥반찬 중에서 첫째가는 음식이고, 그중 가장 많이 먹는 음식이라 속담에 김장을 '반양식' 이라고 하기도 한다. 또, 어떤 음식이던 김치가 끼지 않은 상은 없고, 빈부귀천은 물론 어떤 사람이라도 밥 먹는 사람에게 김치 없는 상은 없다.

그중 겨울에 썰어 놓은 통김치의 오색영롱한 색, 향기로운 냄새, 특별한 맛은 아무리 입맛이 없던 사람에게도 식욕을 증진시킨다. 그 정도로 김치는 반찬 중에 왕이다.

김장 동아일보 1937. 11. 10. 3면. 홍선표 조선요리학 1940

김치는 반찬에 불과하지만 쌀이나 나무와 달리 한꺼번에 많은 양을 담가야 하므로 한꺼번에 수십만 원이 필요하여 영세민의 금융을 좌우한다. 원인은 다음과 같다.

전에는 교통이 불편하여 겨울에 물이 얼어붙으면 교통이 두절되어, 쇠고기나 콩나물 외에는 다른 것을 먹어보지 못하게 되었다. 그래서 겨울에 먹을 반찬으로 다른 것이 없어서 김치 깍두기 아니고는 습관상 밥을 먹지 못할 지경에 이르렀다.

그래서 김장때가 되면 집집마다 모든 일을 제치고 김치 담그기에 바빴다. 지금은 교통이 좋아져서 아무리 추운 겨울이라도 반찬이 남아도는 관계로 김치시장도 점점 줄어드는 것 같다.

과학적으로도 야채가 육류보다 사람에게 더 좋다고 하며, 그래서 다른 나라 사람들도 우리 김치를 칭찬하고 있다. 여기에 뜻을 둔 사람이 나서서 김치를 연구하고 개량하여 세계적으로 이름이 나게 하기 바란다.

방어다리 배추 동아일보 1937. 11. 9. 3면 홍선표 조선요리학 1940

통김치는 서울에서부터 남부지방이 주로 먹는데 뛰어난 솜씨로 만든다. 개성은 배추가 잘 되므로 개성에서부터 서울 이남이 많이 먹는다고 해야 할 것이다. 개성배추는 대표적인 배추로 겉보기에 매우 좋다. 그러나 맛과, 오래 두어도 맛이 변하지 않는 배추로는 서울 방아다리 배추가 훨씬 좋다.

그러나 개성보(開城褓) 김치는 유명하다. 서울 방아다리 배추가 유명한 것은 토질도 배추에 좋지만 종자가 좋고 기르는 방법도 다른 곳과 다르기 때문이다. 방아다리 배추는 다른 배추보다 속이 들고 색깔이 희고 힘줄이 적어서 맛이 있다. 방아다리 배추 장사는 배추를 심을 때부터 김장용으로 쓰려고 한 포기를 기준으로 기른다.

그래서 옆의 다른 배추를 솎아 내어 사이를 성기게 하여 기른다. 다른 곳 배추밭에서는 아무 것이나 솎아내며 그중 큰 것을 기르다가 초가을 배추값이 비싸지면 김장할 사이도 없이 우선 뽑아 팔아 치운다.

그러나 수백 년 간의 관습이기도 하겠으나 방아다리 배추밭에서는 김장 전에는 아무리 비싸도 절대 뽑아 팔지 않는다. 나라 궁중에서 쓰려고 정한 배추이므로 함부로 뽑아 팔지 못하는 것이 주이유이다.

김장 시기 동아일보 1937. 11. 10. 3면. 홍선표 조선요리학 1940

김치는 입동을 표준하여 담근다. 입동은 해마다 달라 9월에 드는 입동과 시월에 드는 입동이 있는데 9월 입동에는 입동이 지난 다음에 김치를 담가야 하고 10월 입동에는 입동 전에 담가야 기후를 맞춘 김치가 된다.

김치를 잘 담그려면 좋은 배추를 택하는 것은 물론 맛에 가장 중요한 것은 소금간 맞추기다.

김치 깍두기 만드는 것은 가정입문의 ABC! 동아일보 1938. 11. 27. 2면

옛날부터 조선의 연중행사 중 가장 큰 일 두 가지는 농사와 김장이다.

농사는 일년 동안 논과 밭에 매달려 가꾸어야 한다. 그러나 이것은 남자의 일이고, 가정의 아내가 맡은 일은 김장이다. 조선사람이 김치, 깍두기를 먹지 않고는 위장의 편함을 바랄 수 없으므로 김장이 가진 의의는 크다.

옛날부터 김장 배추는 눈을 맞아야 비로소 맛이 난다는 것이 상식처럼 알려져 왔으나 올해는 장안에 눈이 내리지 않았는데도 집집마다 김장으로 야단법석을 치다가 그것도 지나간 것 같다.

정말로 김장 맛을 아는 사람은 김장을 시작하지 않고 눈 오기를 기다리는 것이 이 땅의 독특한 풍취인지도 모른다. 눈보라치는 추운 날 손등을 후후 불어가면서 무와 배추를 고이고이 다루는 정경에서 김치, 깍두기의 맛이 돋우어지는 것을 생각하면 눈은 일찍 내릴 만도 하다.

김장이란 우리 생활에 이렇게 중요하므로 가정주부가 될 사람이 김장의 ABC를 아는 것은 가정입문인 것이다. 그러므로 각 여학교, 그중 기숙사가 있는 여학교에서는 학생들을 모두 동원하여 김장실습을 한다.

학교를 졸업하고 주부가 되어서 시아버지, 시어머니, 남편 앞에 맛있는 김치, 깍두기를 내놓겠다는 생각으로 학교 김장을 배우는 아가씨의 솜씨

는 별다른 맛을 풍긴다.

김장 준비 우리음식 1948

가을철이 되면 김장은 가정 행사의 큰일이다. 초가을 가정에 미리 조기젓, 새우젓 준비는 물론이고 고추 준비가 없어서는 안 되는 일이다.

고추를 말려서 실고추와, 고춧가루와, 막 빻은 굵은 고추, 씨를 준비해 두어야 하고 소금도 미리 준비해야 김장 시작이 손쉽다.

김장을 마련할 때는 배추와 무와 미나리, 파, 갓[4], 생강, 마늘을 한 번에 같이 준비하여 첫날은 다듬어 절이고, 다음날은 씻고 썰고, 사흘째는 속 넣고 버무려서 독에 담고 나흘째는 우거지 쳐서 덮고, 그릇 살림간수하고, 닷새째는 국물 붓기 하는 순서로, 아무리 큰 김장이라도 순서를 정하여 5일에는 끝내도록 할 것이다.

준비와 일의 순서와 양을 나누어 정하지 않으면 시간도 낭비되고 재료의 맛이 떨어지게도 한다. 매우 많이 하는 경우는 깔끔하게 씻지 못하는 경우도 있는듯하니 유념해야 할 것이다.

다음에 김치 담그는 법은 조금씩 때마다 하며 김장을 많이 할 때는 양념이 좀 덜 묻게 하는 것이 보통이다. 담그는 그릇은 오지독이나 항아리를 쓰는 것이 보통이며 겨울 김장하는 시기는 10월 하순 경 입동 전후이다.

김장 동아일보 1957. 11. 1. 4면

김장집이고 보통집이고 간에 젓갈과 양념, 그 밖의 모든 재료가 김치의 맛을 결정적으로 좌우하는 것은 아니고 담글 때의 날씨와 간이 서로 적절해야 한다. 다시 말하면 김장을 담가 김장이 익고 난 다음 춥기 시작하면 성공이고 김치가 익기 전에 날씨가 추워지면 김장은 좋은 맛을 내지 못한다.

그래서 입동 전에 김장을 담가야 좋다는 이유가 여기 있다. 김치 담글 때의 온도가 섭씨 0℃나 영하 2~3℃에 담가서 15일 이후부터 추워지면 성공이라고 볼 수 있다.

입동과 김장(沈菜) 준비 - 금년은 김장거리의 큰 풍년, 배추시세는 삼원이상 오원가량일 듯, 아직 김장이 내리지는 않아 동아일보 1922. 11. 6. 3면

가끔 쌀쌀한 바람이 불면 누런 낙엽이 우수수 떨어지는 가을도 거의 다 지나가고, 빨갛게 언 손으로 두 귀를 가리고 종종걸음 칠 겨울도 얼마 안 남았다. 따뜻한 온돌 안에서 조각 유리 붙은 미닫이에 얼굴을 대고 소리 없이 내리는 흰 눈을 구경 할 때가 말이다.

요즈음 길가나 공동 우물에 모여 살림이야기를 하는 여인네 사이에는 으스스한 듯 팔짱을 끼며 "우리 집은 지금까지 솜 하나 펴지 못하였는데 이를 어째...."하며 오나가나 겨울 준비에 바쁘다.

우리 살림도 간단하도록 고치겠다는 생각은 누구나 가지고 있는 이상이다. 속담에 '김장은 입동전'이라 하였는데 어느덧 입동도 이틀 밖에 남지 않았다.

금년은 작년보다 날씨가 따뜻한 것 같지만 남대문장을 비롯한 배오개장과 과천동장에도 고추, 마늘, 미나리 등의 양념거리와 어제부터 단으로 묶은 김장무와 배추도 풋덕풋덕 보인다. 김장 상인들도 단번에 돈을 벌려고 두 눈을 부릅뜨고, 두 팔 펴고 김장 바리들을 기다리는 모양이다.

과연 금년의 김장시세는 어떠할지. 하여간 작년보다는 김장이 잘 되어야 시세가 쌀 것이다. 어떤 김장상인의 말을 들어도 해마다 경성(서울)에서 먹는 배추는 동대문밭(東大門外)에서 많이 들어오는데 금년에는 왕십리(往十里) 들과 [구리안들], 뚝섬과 [방아다리]도 배추가 가장 잘 되었다고 한다.

그뿐 아니라 금년에는 늦은 장마가 없어서 한강 연안에 재배하는 김장들이 아무 탈 없이 잘 되었고 광주소내(廣州牛川) 벌판의 무도 다 잘 되었다고 한다. 경성(서울)이 소비하는 김장산지는 모두 잘 되어야 김장이 헐해진다.

지금까지 경성(서울)에서 훈련원 배추를 일등품으로 쳤는데, 금년에는 배추밭도 집터로 많이 없어지고 시내 공장에서 날리는 석탄연기와 불티가 배추 사이에 진드기같이 끼어서 도리어 값이 떨어졌다.

그래서 요즘은 [방아다리] 안질뱅이 배추가 일등이고 그 다음 동대문밭 [구리안들]의 배추라고 한다. 예상가격은 최상품이 백통에 5원 20전부터 3원 50전 가량이라고 한다.

오히려 양념감이 비쌀 것 같다고 한다. 그중 청각[101]이 좀 비싸겠다고 하며 구럭[17]에 넣은 무의 시세는 아직 나오지 않았으나 작년보다는 쌀 것이라고 하는데 어제 오전 전동장에서 조사한 십일월오일 시세는 다음과 같다.

지럼 김치[95]무 5~6개씩 묶은 것 백 개에 3원50전부터 1원 40전까지
배추 큰 것 작은 것 2 포기씩 묶은 것. 한 통 8전부터 3전까지
마늘 한 접(100개) 1원60전 부터 60전까지
고추 한 말(마른 것 상등품, 18ℓ) 80전
생강 한 근(600g) 80전부터 17전
청각 한 말(18ℓ) 1원
미나리 한 묶음 8전부터 6전
김장파 한 묶음 8전부터 7전

(이상의 시세는 김장시장 시세가 아니고 보통 때인 어제의 전동장 시세)

김장시세 - 배추는 방아다리 것이 가장 나은데 백통에 9원, 무는 황해도에서 온다. 시세는 한 가마니에 2원씩, 그 외에는 배추도 볼 것이 없고 무도 광주 무가 좀 나을 뿐이라고 동아일보1923. 11. 9. 3면

어느덧 입동을 맞으면서 집집마다 김장 걱정이다. 해마다 한 번씩 돌아

오는 첫 겨울의 큰일인데 시세와 품질을 고르기에 의견이 분분하다.

시내에서 중요하게 치는 배추밭은 방아다리 배추밭(忠信洞), 훈련원배추밭(東大文內), 구리안뜰 배추밭(東大文外南쪽), 섬말배추밭(鐘路通五丁目)이다.

지방에서 오는 것은 개성(開城) 배추를 가장 중요하게 치는데 개성배추는 지난번 수해로 거의 전멸하여 배추 시세는 작년보다 일할내지 이할 가량 비싸질 것이라 한다.

훈련원배추는 보잘 것 없고, 구리안뜰 배추는 잘 되기는 하였는데 속이 차지 않아 싸고, 그중 가장 쓸만한 것은 방아다리 배추로 이왕직(李王稷)을 위시하여 대가댁들이 이곳에서 사들이기 시작한다.

작년부터 이름을 얻은 섬말배추도 방아다리 다음은 가는데 요즘 시세로 섬말배추는 100통에 7원 50전, 방아다리 배추는 8원내지 9원 가량에 살 수 있다고 한다. 배추는 전부 개성배추씨를 심어서 키가 크고 탐스럽기는 하나 속이 차고 고갱이 여문 배추는 졸연히 볼 수 없다고 한다.

다음, 동치미 깍두기용 무는 서울시내 소요량의 반 이상을 담당하는 마장안뜰 무밭이 두 번 수재를 당하고 진딧물이 씌워져서 거의 전멸하여 시세가 엄청나게 오르겠다고 걱정이 분분하였으나 뜻밖에 황해도에 무 풍년이 들고 서울 무흉년이라는 소문을 듣고 매일 실어 올리는 통에 시세는 눅어지겠다고 한다.

시내에서 매년 단골로 구하여 쓰는 무밭은 [장위]라는 동대문밭, 영도사 뒤 무밭, [석미]라는 고양군 연희면 일대에 있는 무밭이다. 그 외에는 모두 광주(廣州, 경기도)에서 올라오는 무를 쓰는데 [석미] 무도 제대로 되지 못한 모양이다.

아직까지는 배로 실어다가 뚝섬에서 풀어 내리는 광주무가 가장 좋은 모양인데 그것도 굵고 씩씩한 황해도 진흑무와 비교하기 어려워서 필경 금년 김장무는 황해도 무로 판을 내릴 것이다.

광주무는 100관(375㎏)에 12전이면 살 수 있고 황해도 무는 20관(75㎏) 1가마니에 2원으로 팔리고 있는데 작년 시세보다 관당(3.75㎏) 약 2원씩 비싼 데, 황해도 무가 올라오면 값이 떨어질 희망도 있다.

그 외의 고명 시세는 작년과 비슷한데 생각 1근(600g) 22전, 미나리 1다발 23전, 갓 1다발 12전, 청각[101] 1근(600g) 23전, 고추는 시골 고추는 한 되당(1.8ℓ) 5전이면 사지만 매운맛이 적다고 하며 고양군 연희면에서 나는 고추는 90전에서 1원이면 살수 있다고 한다. 시골서 오는 시세는 이렇다.

그 외에 연천에서 배추가 조금 오는데 품질은 그리 좋지 못하지만 바닥 시세가 3원가량이라고 하므로 경성(서울)에 갖다 놓으면 6원 정도가 될 것이고 개성에서는 10원까지 올랐으나 재작 7일에 6원까지 내렸으므로 경성(서울)에서는 역시 10원 가까이 받아야 될 것이다.

봉산배추도 많이 올라왔는데 품질은 좋으나 경성에서는 9원가량 될 것이라 하고 기타 무 시세로는 장단산 150근(90㎏) 1가마니에 2원가량이라고 하며 재령산은 120~130근(72~78㎏) 짜리가 1원 60전 정도라고 한다.

김장으로 없어진 돈 약 20만 원, 무가 3만 섬이 팔리고 배추가 300만 통

동아일보 1927. 11. 25. 2면

김장은 조선사람에게 연중행사일 뿐만 아니라 식품으로도 가장 중요하여 없으면 안 된다. 입동 때부터 약 3주간, 즉 11월 10경부터 말일까지는 어떤 집이나 김장하기 바쁘다.

그런데 금년에는 무와 배추 시세가 작년보다 약 일할 정도 싸서 반은 김장을 벌써 한 모양인데 경성(서울)에 필요한 무는 경의선 사리원과 경부선 조치원에서, 배추는 왕십리, 청량리, 개성에서 공급하는 데 수량은 지금까지 무가 약 3만 표(俵 = 가마니), 배추가 약 300만 통이라 한다.

금년 시세는 무 한 섬(180ℓ)에 1원 50전 내지 1원 80전이고, 배추는 100통에 3원내지 5원인데 김장에 소비되는 금액을 양념값까지 합하면 20여만 원이라는 거액이다.

금년의 김장시세 중외일보 1928. 11. 12. 3면

금년 기후는 비교적 일러서 벌써부터 대부분의 가정에서는 김장준비로 바쁘다. 그런데 김장시세는 작년보다 비싼 형편인데 각각의 시세는 다음과 같다.

배추 백통 4원50전에서 6원50전까지, 단추무 100단 2원30전에서 3원 중간, 소금 1섬(180ℓ)에 대 4원40전, 중 2원50전, 소 2원, 호염[118] 대 2원70전, 고추 1말(18ℓ) 50전에서 60전, 마늘 1접(100통) 상 1원 30전, 중 1원, 하, 70전, 생강 1근(600g) 상18전, 중 15전.

입동철이 되었는데 김장시세는 어떤가 중외일보 1929. 11. 9. 2면

배추 한 짐(100통)에 육원-삼원
무 한 짐(100통)에 사원-이원
마늘 한 접(100통)에 이원-일원

지난 8일(음력 14일)은 입동이라 많은 장안에서는 김장준비로 매우 분망한 모양인데 금년의 김장시세는 어떤가. 이제 종로 중앙시장 김장시세를 보니 방아다리배추 상품 한 짐(백통)에 6원이고 중품은 4원, 하품은 3원이고 무는 광주산(廣州産) 상품 4원이고 중품이 3원이며 하품이 2원 가량인데 아직은 배추와 무가 장에 많이 나오지 않으나 앞으로 삼사일 후에는 많이 나올 것이라고 하며 그 외의 김장 양념 시세는 다음과 같다.

파 한단에 상품 5전, 청각 1말(18ℓ)에 80전, 미나리 한 단에 5전, 마늘

한 접(100개)에 상품 이원, 중품 1원 50전, 하품 1원, 갓 1단에 4전, 고추 1말(18ℓ)에 상품이 80전, 중품이 70전, 생강 1근(600g)에 15전, 소금 1말(18ℓ)에 35전

서울시 김장철 상황 서울신문 1949. 11. 9

가고 오고하는 계절은 이렇게도 빠른 것인가? 윤달해가 되어서도 그렇겠지만 벌써 입동을 보낸 지도 이틀이나 지났다. 백사지 같은 서울살림, 뻔한 월급만 가지고 살아내는 시민들의 마음은 어제 오늘로 더 한층 바짝 조인다.

"어서어서 나무준비, 김장마련도 해야지!" 짜증내는 마누라를 달래놓고 일찌감치 직장으로 뛰어나온 젊은 남편은 이제 가벼운 주머니를 저울질하며 각처 김장시장의 시세를 살피기에 온 신경을 날카롭게 한다. 그러면 올해 김장시세는 어떠한가? 시장으로 달려가 시세를 알아보자.

○ 다섯 식구에 1만 5,000원, 무·배추는 풍년이나 값은 고등(高騰)

김장철에 들기 전 시당국에서는 올해는 비바람이 순조로워 무·배추가 대풍작이므로 서울 근교에서 나는 것만 가지고도 150만 시민이 먹고 쓰고도 남을 것이라 장담하였는데 자세히 알아보니 그렇게 남을 만큼 풍작은 아닌 성 싶다.

그러기에 시 상무과에서는 시민용 무·배추 약 300만관(11,250톤)을 전남북지방에서 반입할 계획을 수립 중으로 올해 김장시세란 당국자가 말하는 것처럼 결코 작년에 비하여 싸질 것 같지는 않다.

시 근교의 무·배추 생산지로 가장 이름난 곳은 뚝섬·청량리·용두동·마포·미아리 고개 넘어 그리고 녹번리가 가장 대표적인 곳인데, 지역에 따라 200~300원 정도의 차는 있으나 대체로 가격은 배추가 100통에

2,500원 내지 5,000원이 보통이요, 무가 한 가마에 1,200원 내지 1,800원 정도이다.

그러니 다섯 식구 평균잡고 이상 가격을 평균 잡아 따져보면 배추 100통 3,500원에 무 세 가마 4,500원을 잡고 보면 무 · 배추 값만 약 8,000원이다. 여기에 다시 다섯 식구 김장에 소용될 각종 고명 시세를 따져보면 마늘 한 접 960원, 고추 열 근(6㎏) 2,800원, 새우젓 반 독 1,320원, 생강 500전(1.88㎏) 720원, 갓 10단 150원, 파 1단 360원, 미나리 1관(3.75㎏) 350원, 청각 1관(3.75㎏) 600원으로 대체로 15,260원이란 계산을 얻게 된다.

그러니 이외에 이것저것 잡비가 든다 치고 대체로 18,000원이면 올해 김장은 해낼 수 있을 것이다.

그리고 또 한 가지 올해는 비록 이른 입동이 들어 급작스레 추위가 몰려올 것이라고는 하나 너무 성급히 서둘다가 자칫 작년처럼 신 김치를 먹게 될 것이니 느긋이 김장시세가 내리거든 그 때에 재빨리 하도록 해야 할 것이라고 재치있고 눈치 빠른 친구들은 말하고 있다.

김장용 채소확보 - 구입자금 40억 융자 동아일보 1950. 11. 18. 2면

김장은 겨울철 반양식이다. 경제난과 함께 추위는 닥쳐오는 데 서울 근교의 채소가 워낙 부족하여 가정에서는 김장을 엄두도 내지 못하고 있는데 서울시 당국에서는 김장을 확보하기 위하여 대책을 수립하였다고 한다.

즉, 서울시의 겨울용 야채 소요량은 배추 1,691만관(63,413톤), 무 282만관(10,575톤), 조미료(소금) 200여만관(7,500톤), 합계 2천만관(75,000톤)이라고 하는데 서울 근교인 뚝섬과 은평면(恩平面) 등의 예상 채소 생산량은 1천만관(37,500톤)에 불과하다고 한다.

결국 전체 소요량의 반인 나머지 1천만 관은 다른 도에서 반입해야 140만 서울시민의 김장을 확보할 수 있다. 그러므로 서울시 농림당국에서

는 부족한 양을 청과시장회사나 서울시 원예협회 등 각 공공단체를 통하여 남한 각도에서 반입하기 위한 야채구입 자금 약 40억 원을 확보하기 위하여 관계당국과 절충하고 있다고 한다.

그래서 조만간 전남, 기타 야채 생산지역에서 무와 배추가 다량 반입되어 철은 늦지만 김장은 고루 담그게 될 것이라고 한다.

제6염세법 조선의 연구(일본어) 야마구치도요마사(山口豊正)저 東京 巖松堂 1911

1. 소금의 제조를 하려는 자는 신청서를 관할 재무서(財務署)를 경유하여 지부대신(支部大臣 = 總督府)에 제출하여 면허를 받아야 한다. 만약 면허를 받지 않고 소금을 제조하는 자는 3개월 이상, 3백원 이하의 벌금에 처한다.

2. 세율 납기 및 납세의무자

세 율	납 기	납세의무자
제조염 백근(60㎏)당 6전	4, 7, 10월 다음해 1월 (4기 분납)	소금 제조자

김장용 소금 배급 동아일보 1946. 10. 24

전매국에서는 방금 김장용으로 식량배급 통장에 의하여 한사람당 5되(9ℓ)씩 소금을 배급하고 있는데 자가용 미반출자로서 식량배급통장이 없는 사람은 정회장(町會長 = 동장) 증명서에 의하여 배급하게 된다.

김장소금 걱정없다 - 한 사람에 7근 배급 동아일보 1949. 9. 17

윤(尹) 전매국장은 금년도 먹을 김장용 소금은 걱정이 없다고 말하였다. 금년은 예년에 비해 드문 가뭄으로 주안(朱安), 소래(蘇來), 군자(君子) 등 각 염전에서 소금생산이 크게 증가하여 8월말 현재 예년양 12만 톤을 훨씬 넘은 15만 톤 가까이 생산하였는데, 생산 폐쇄기인 10월 말까지 1개월

동안 1만여톤 더 생산될 것으로 예상된다. 그러므로 올 해 김장용 소금 배급량은 1인당 7근(4.2kg)씩 할당할 방침이다.

맛 좋은 김치 국민보 1942. 4. 15

본인이 신식 기구를 설비하고 위생상 적합하도록 김치 담는 사람이 러버(고무)장갑을 꼈습니다. 김치를 도매와 산매하오니 일반 첨존은 애고하여 보시오. 맛이 시원 씩씩하며 구미가 딱 맞아서 밥반찬이 아주 훌륭합니다. 킬론, 파인병에 정가롭게 넣어서 팝니다. 본인의 김치 상호는 더블유, 비를 삼각형에 쓴 것이니 특별 주의 하시오.

더블유 비 김치 회사 사장 김명식

김치 회사는 북국구이 163 전 해동 여관 하층 사무소 전화 68515 사저 전화 88041

광고 국민보 1942. 10. 28

김치 고춧가루 고추장 고춧가루 참기름 가주백미 텍사스 일등백미

동양웅담 = 보제보명 수가 많이 왔습니다. 주무원 염득순

BUY WAR BONDS and STAMPS LILIHA SUPPY and LIQUOR STORE

1211 Lililha St. Phone. 87692

성탄과 설김치 [광고] 국민보 1942. 12. 9

조기젓으로 김치를 담아 12월 24일에 팔겠습니다. 감이 넉넉하지 못하여 많이 못하니 기별하오. 김치를 도매와 산매하오니 일반 첨존은 애고하여 보시오. 맛이 시원 씩씩하며 구미가 딱 맞아서 밥반찬이 아주 훌륭합니다. 킬론, 파인병에 정갈하게 넣어서 팝니다. 본인의 김치 상호는 더블유, 비를 삼각형에 쓴 것이니 특별 주의하시오.

더블유비 김치 회사 사장 김명식
김치 회사는 북국구이 163「전 해동 여관 하층」
사무소 전화 68510 사저 전화 88041

따이몬 김치회사 국민보 1948. 3. 10

본인이 수년동안 김치회사의 사업으로 경험이 많은 중에 내외국인들의 전방에 도매로 넘기오니 동포 첨존께서는 본회사에 전화로 통기하시면 청구하시는 대로 보내겠습니다.

따이몬 김치회사 주인 김진화, 김조

김치상점광고 국민보 1948. 9. 1

본인이 1035 키카울리키 거리에 김치 상점을 개업하였사오니 잔치 때에 쓰실 김치를 준비가 되었사오니 미리 기별하여 주시면 얼마든지 요구되시는 대로 하여 드리겠습니다. 김치 한 갤런에 2원50전 1035 키카울리키 거리 전화 89805 점주 박덕봉

김치 일반

김치(沈菜) 조선무쌍신식요리제법 1924

김치 저(菹)자가 막을 저(沮)자와 같은 것은 날 것을 빚어서 차고 더운 사이를 막아 물러지지 않게 하기 때문이다. 대개 나물을 절이는 것(엄채, 醃菜)과 나물을 김치 담는 것(저채, 菹菜), 나물을 양념하는 것(虀)이 같은 것인데도 이름이 두 가지인 것은 김치는 한 번 익으면 먹는 것이고, 절이는 것은 다시 끓이기도 하고 데치기도 하여 먹는 것이기 때문이다.

양념은 잘게 썰고, 김치는 원래의 통뿌리나 잎사귀로 만드는 것이 달라

서 침채(沈菜)라고 하기도 한다.

우리나라 사람은 밥 다음으로 김치가 없으면 못 견딘다. 진수성찬이라도 김치가 없으면 음식 모양이 되지 않을 뿐 아니라 입버릇도 김치를 먹지 못하면 견딜 수 없으니 어찌 소중하지 않겠는가.

그러므로 봄과 여름, 가을은 날씨가 춥지 않아서 조금씩 담가 먹어도 무방하지만 겨울은 한꺼번에 많이 해야 봄까지 5~6달 먹으므로 진장(珍藏)이라고 한다. 이것은 필요할 때 먹기 위해서 보배롭게 감춘다는 말이다.

또 김장철에 김장을 하지 못하면 겨울 5~6달 동안 반찬 만들기에 힘들고, 다른 반찬을 해 먹으면 손해가 크다. 오죽하면 김장을 못하겠으랴만 뒷일을 헤아리지 못하고 김장을 하지 못하여 그런 일이 생기기도 한다. 그래서 남에게 무엇을 얻는 것 중에서 장이나 김치를 달라고 하는 것은 가장 창피한 일이다.

김치는 독(甕)이나 중두리(罌)[93], 바탱이(甀)[41]에 담그는데 작은 항아리에 나누어 담가 묻었다가 한 항아리씩 꺼내면 신선한 것을 계속 먹을 수 있어서 좋다. 겨울을 나려고 묻는 김치는 광이나 헛간(向陽廠房)보다 움(土室)에 들이는 것이 좋다.

이유는 그릇이 새더라도 얼른 조처하기 쉽고 매서운 추위에도 얼지 않기 때문이다. 물론 무슨 김치든지 묻을 때 석비레(白土)[59]나 깨끗한 땅에 묻어야 김치 맛이 싱싱하고 좋다.

흉한 흙이나 하수구 근처에 묻으면 더러운 기운이 그릇으로 스며들어 맛이 나빠진다. 젓국김치나 깍두기에다 말린 굴 가루를 넣으면 맛이 이상하게 좋다.

김치류(沈菜類) 조선요리(일본어) 1940 우리음식 1948

조선 요리를 말할 때는 무엇보다 김치를 가장 먼저 꼽는다. 조선 요리는 종류가 적고 평범하다 할 수 있으나 김치에 관한 요리법은 매우 발달되었다고 하여도 과언이 아니다.

조선은 겨울이 추워서 채소를 저장할 수 없으므로 겨울 들어 채소류를 맛있게 먹을 궁리로 김치 깍두기가 발달된 것이 아닐까 한다.

담그는 장조미료는 보통 소금에 담고, 다음은 젓국과 장에 담고, 된장과 고추장에는 담지 않는데, 기후 관계로 볼 수 있으며 마늘장아찌는 유일한 진미이다.

맛을 구별하는 종류의 이름은 짠지, 싱건지, 젓국지, 소금 김치, 엇지, 초염김치, 소백이, 섞박지 등이 있다.

재료는 주로 배추와 무이며, 고명으로는 미나리, 파, 갓[4], 마늘, 고추가 중요하고 다음으로 청각[101], 밤, 석의(石衣) 버섯, 배추, 배, 잣, 어류로는 조기, 새우, 멸치, 굴, 문어, 낙지 등을 넣는다.

김치 국물은 맛을 좋게 하기 위하여 서울 지방에서는 조기젓, 삼남지방(三南地方 : 영남, 호남, 충청)에서는 멸치젓, 관북지방에서는 명태, 청어(鯖魚) 등을 절인 것을 쓰고, 관서지방(평안도, 황해도 북부)에서는 조기 외에 쇠고기를 쓰는 일도 있다.

깍두기는 국물을 넣지 않고 만들며 된장 고추장에 담그는 장아찌도 국물을 넣지 않는다.

김칫독 동아일보 1937. 11. 10. 3면 홍선표 조선요리학 1940

통김치를 담그는 데 가장 중요한 것은 좋은 배추를 택해야 하는 점이다. 그리고 다른 재료도 택해야 하며 가장 중요한 것은 김칫독 고르는 일인데 어렵다. 한 사람 솜씨로, 똑같이 여러 독을 담더라도 독마다 김치 맛이 달라지기 때문이다. 서울에서는 독을 영등포에서 만든다.

겨울이 가고 우수 경칩이 지나 땅이 풀리면 바로 흙을 파서 독을 굽는데 겨울에 땅이 얼기 전까지 칠팔 개월 만든다. 그중 봄에 처음 만드는 독이 김칫독으로 가장 좋다.

봄독은 바탕도 단단하고 무슨 물을 담던지 흡수하거나 내어 뿜는 일도 없고 공기의 유통도 없어서 김치 맛이 변하지 않는다. 그러나 여름이나 가을에 구운 독은 흙이나 물이 썩기 쉽고 흙의 응고력이 부족하다.

보기에는 똑같지만 응고력이 부족한 것은 국물을 뿜어내기도 쉽고 썩은 흙과 물이 섞여서 군내가 나거나 김치 국물이 다른 맛을 흡수하여 제 맛을 잃어버리게 한다.

그러므로 김칫독은 봄에 만든 독이라야 제 맛을 낼 수 있다. 그러나 보통 사람이 봄에 만든 독을 알아내어 고르기는 어렵다.

김치 담그는 그릇은 공기 유통이 적도록 작아야 김치 맛이 변하지 않으므로 작은 그릇에 조금씩 담가 며칠만큼씩 먹어 없애고 그 다음 다른 그릇의 김치를 꺼내 먹어야 맛이 신선하고 쉽게 변하지 않는다.

어쩔 수 없이 큰 독에 담가 꺼내 먹을 때는 손으로 꺼내지 말고 국자 등으로 꺼내야 김치가 쉽게 변하지 않는다. 손으로 자주 꺼내면 손의 더운 기운 때문에 김치가 쉽게 변한다.

김치 독을 덮는 뚜껑도 중요하다. 독은 겨울에 광속에 묻어야 하지만, 뚜껑은 시루 짚방석[66]으로 덮어야 한다.

짚은 밖에 있는 찬 기운을 막고, 안의 김치에서 나는 냄새를 내보내지 않고 공기를 유통시키지 않아서 김치 맛이 변하지 않게 한다. 그리고 김치를 얼지 않게 해 주는 작용도 하므로 김치를 담근 뒤 신문지나 유지로 봉하고 위에는 반드시 시루 짚방석[66]을 덮어야 한다.

소금의 작용 동아일보 1937. 11. 11. 3면 홍선표 조선요리학 1940

김장에는 김치 맛을 좌우하는 소금이 골자이다. 소금의 주성분은 염소와 나트륨인데 우리가 먹는 것은 나트륨이 많은 것이 좋다고 한다. 나트륨은 우리 몸의 혈액에 포함된 성분으로 조직 안에 있는 염류 작용을 조절한다.

소금 섭취량이 적을 때는 나트륨 양이 적어지므로 그에 상당한 수분을 배출하고 소금을 많이 먹어서 나트륨의 양이 많아지면 그에 상당한 수분을 흡수하기 때문에 짠 음식을 먹으면 목이 말라 물을 마시게 되는 것이다.

동물이 칼슘 함량이 많은 식물성 음식을 많이 섭취하면 나트륨을 많이 배설하므로 야채를 먹는 동물은 나트륨이 부족하여 생리적으로 소금물을 요구한다.

소금을 한 번에 너무 많이 먹으면 조직 중의 단백질을 분해하여 없애 버리고 소화기를 자극하여 병을 일으키는 일이 많다.

그러나 신체 조직상 한 끼라도 염분을 섭취하지 않을 수 없는데 음식을 찾는 것 자체가 염분을 얻기 위해서라고 할 수 있다.

이런 중요한 작용 때문에 음식을 먹을 때 짜다 싱겁다 하지 않고 맛있다는 것은 미각이 소금 양이 적당하다고 알리는 것이다. 그러므로 모든 음식에 들어 있는 소금의 양은 매우 중요하다.

소금은 예로부터 남양(南陽) 소금이 좋다고 한다. 김장때 배추는 방아다리 배추가 최고로 대접받듯이 소금은 남양소금을 최고로 치며, 햇볕에 만드는데 햇볕에 말려야 나트륨이 많기 때문이다.

근래에는 불을 때서 만드는 소금이 더 좋다고 하고, 재염(再鹽)[118]이라는 것은 더 좋다고 한다. 그래서 나라에서도 이런 것을 더 장려하여 만들더니 소화 5년(1931년)부터는 소금관제(管制)까지 만들어서 관리를 하고 있다.

종류는 굵은 소금으로는 조선일등염, 조선이등염, 수입일등염, 수입이등염, 대만염이 있고, 수입일이등염은 속칭 호염(胡鹽)[118]이라고 하며 고운 소금으로는 민간제 재염, 관제 진공식(眞空式) 재염, 민간재래 전오염(煎熬鹽) 등의 구별이 있다.

이상 여덟 가지 중에서 김장 때 좋은 소금은 민간재래염이다.

김치 비법 동아일보 1937. 11. 13. 3면 홍선표 조선요리학 1940

동치미에 귤껍질을 넣으면 맛이 맑고 신선하고 향기가 좋고 국물이 맑다. 박김치에 맨드라미[35] 잎사귀를 넣으면 박색깔이 나고 맛이 맑고 신선하다.

오이김치 만들 때 가물어서 먹지 못할 정도로 쓴 여름 오이는 쑥 줄기를 1치 정도로 잘라 넣으면 쓴맛이 없어진다.

필자가 수년간 실험해보니 겨울김치에는 통김치와 무김치를 담글 때 새우젓용 새우보다 조금 큰 중백하[94](中白蝦), 생선(김장때 어느 때든지 있는 것)을 몇 사발 절구로 찧어서 김치 1독에 3겹 정도 중간에 뿌려두면 생새우도 젓국이 되어 훌륭한 맛이 나는데 익은 뒤 먹어보면 청신하고 단 맛이 나서 아무리 잘 된 김치도 따라 갈 수 없는 진귀한 맛이 난다.

이 김치는 오래 될수록 맛이 더 좋아지는 데 자랑할 만하다. 이유는 젓국을 김치 국물로 만들어서 새우가 성하여 젓으로 변하므로 어느 모로든지 맛이 좋아지기 때문이다.

김치 국물 마련 조선요리(일본어) 1940 우리음식 1948

겨울 김장 국물은 젓국에 소금을 타는 것이 보통이다. 젓국은 조기젓국을 가라 앉혀 체로 거른 후 찌꺼기에 조기의 머리 뼈, 지느러미, 비늘 등과 함께 물을 부어 한 소큼 끓여낸 것을 가라앉혀 따라 쓰면 좋다.

멸치젓은 끓는 물을 부어 저어서 체나 소쿠리에 베보자기를 깔고 받쳐 가라 앉혔다가 윗물만 따르기를 두어 번하고 싱거울 때는 소금을 가하여 쓰면 좋다.

가장 맛있게 하려면 육수 국을 쓰는데 양지머리나 된 살을 삶아서 기름기와 고기를 제거하고 젓국에 섞는다. 새우젓에 물을 부어 끓여 따른 것을 조기젓 국물에 타서 쓰면 좋다.

조기젓이나 새우젓은 한두 해 묵혀서 쓰면 단맛이 난다. 닭과 꿩 삶은 국물을 기름기 없애고 많지 않은 김치에 쓰기도 한다.

김장준비, 무 배추 씻는법 간편조선요리제법 1934

젓국지 담그는 법을 설명하기 전에 먼저 김장 준비와 무, 배추 씻는 법을 말한다.

김장을 하려면 먼저 기구와 고명을 갖추어야 한다. 기구는 김치의 종류와 무, 배추의 양에 따라 준비하는데, 대개 배추 통김치, 무짠지, 동치미, 섞박지, 깍두기 등을 담글 독과 중두리[93]나 항아리 등이 필요하다.

그런데 물이 새지 않아야 하고 추운 겨울에도 얼지 않는 땅을 파고 가지런히 묻는다. 또, 무와 배추를 절일 큰 독 그릇을 여러 개(예로서 배추 한 접(100포기)에 여덟 동이 들이 독 하나), 또, 무와 배추 씻을 그릇으로 큰 동이나 독을 3~4개 따로 준비하고 광주리와 고명 자를 칼을 잘 갈아 놓아야 한다.

고명거리는 김장할 때 사도 되지만, 마늘과 고추는 1달 전에 사놓는 것이 좋다. 미리 사 놓으면 싸기도 하고 고추는 말려야 하므로 일찍 사서(예로써 배추 100포기에 고추 1말(18ℓ)) 굵은 것으로 골라 실고추용을 따로 두고 나머지는 허리를 뚝뚝 잘라 씨를 빼고 말려 고춧가루를 만든다.

배추는 편의와 습관대로 씻어도 좋지만 대개 두 가지 법으로 씻는다. 한 가지는 생으로 씻고 또 한 가지는 소금물에 절였다가 씻는다.

생으로 씻으면 소금이 절약되고 정결하게 되기는 하지만 배추가 부서져서 상하기 쉬우므로 뽑아서 4일 두었다가 약간 시들게 하여 씻는다.

소금에 절여 씻는 방법은 소금은 더 들어가지만 배추가 부서지지 않고 씻는데 힘이 덜 들기 때문에 절여서 씻는 것이 좋다.

절여서 씻는 법은 물 한 동이에 소금 1되(1.8ℓ)보다 많게 풀어 배추 양에 따라 큰 동이나 독에 몇 동이든 부어 넣고 (대개 3동이쯤 준비하여) 배추를 담가 배추 속에 물이 들어가도록 기다렸다가 건져서 주둥이가 트인 독에 담아 뚜껑을 덮고 하루 절여서 깨끗한 물 2독에 깨끗이 씻어서 다시 절인다.

다시 절일 때는 물 1동이에 소금 0.75되(1.35ℓ)의 비로 소금물을 3~4동이 만들어 놓고 씻은 배추를 잠깐씩 담가내어(배추 속에 소금물이 넉넉히 들어가 먹도록) 따로 준비한 큰 독에 담아 2일정도 두었다가 소를 넣어 땅에 묻은 독에 담는다.

부산멸치젓 김치 중외일보 1929. 11. 5. 3면 尹德璟

서울에서 새우젓 쓰듯 남쪽의 일반 가정에서는 멸치젓을 담가 쓴다. 멸치젓이 없는 서울 및 다른 지방 사람들을 위하여 멸치젓국 만드는 법을 설명한다.

가장 맛이 좋은 멸치젓은 전라도 젓인데 한 동이 값이 일원오십 전에서 삼원까지 하는 데 동이의 크기에 따른 차이일 뿐 맛이 다른 것은 아니다.

이것을 그대로 쓸 수도 있으나 김치에 쓰려면 맑은 젓국으로 만들어야 한다. 멸치젓을 솥에 붓고 잘 삭아서 국물이 많은 것은 그대로, 건더기가 많은 것은 물을 조금 붓고 소금을 넣고 솥뚜껑을 닫지 말고 끓인다.

한번 끓으면 불기운을 줄여서 간장 달이듯 달인다. 솥에서 한 치나 반 치 높이까지 달여지면 불을 뺀다. 깨끗한 동이에 소쿠리를 얹고 한지를 깔고 달인 젓국을 붓는 데, 잿물받는 것과 비슷하다. 안의 젓국이 다 빠지면 남은 것을 붓는다.

찌꺼기 맛을 보아 젓맛이 남아 있으면 넓은 그릇에 옮겨 방망이 같은 것으로 잘 짓찧은 후 솥에 붓고 소금을 알맞게 붓고 물을 붓고 다시 끓인다.

이것은 처음에 거른 젓국과 섞으면 안 되고 다른 그릇에 담아서 보통으로 쓴다. 진한 맑은 젓국은 맑은 간장과 비슷한데 김치를 담글 때 양념을 버무린다.

멸치젓국으로 김치를 담글 때도 새우젓으로 담글 때와 같이 갖은 고명이 다 드는 데 향기를 내기 위하여 청각을 짓이겨 넣으면 더 좋다.

멸치젓국으로 담는다고 조기젓국이 필요없는 것은 아니다. 조기를 알맞은 크기로 잘라서 배추잎사귀를 들고 갈피마다 넣으면 더 좋다. 단 북어나 대추 같은 것은 쓰지 않는 것이 좋다.

평안도 김장법 동아일보 1935. 11. 14. 4면 姜世永

평안도 김장은 다른 지방과 별다르지 않다. 경성(서울) 김장과도 다를 바 없는데 다른 점은 경성김치는 양념을 여러 가지로 많이 넣고, 배추에 박는 소의 양이 많아서 평안도 사람에게는 텁텁한 것 같다는 점이다.

평안도 김치는 겨울에 먹으면 시원한데, 경성보다 양념을 적게 넣어서 국물이 깨끗하고 심심하여 씩씩하기 한이 없다.

그러나 평안도 지방은 날이 추우므로 싱거워도 맛이 변하지 않지만 경성 이남은 평안도김치처럼 싱겁게 하면 속이 변하여 먹지 못할 것이다.

그러므로 어떤 지방이든 기후에 맞추어 음식을 하게 되는 것이므로 어떤 지방의 음식이 좋다고 하여 다른 곳에서도 좋은 것은 아니다.

전라도 지방은 더워서 전라도 「지」는 짭잘하게 하여 여름까지 먹는다. 역시 기후로 인해 짜고 맵게 하는 것이다.

그러므로 평안도김치라고 이렇다 하는 법은 없다. 양념이라고는 파, 마늘, 생강, 생굴, 고추인데 경성에서는 반드시 미나리가 들어가며 미나리 아니면 김치를 못하는 줄 알지만 평안도는 날이 추우므로 미나리가 흔하지 않고 경성 것은 몹시 비싸고 귀하므로 넣지 않는데, 넣지 않는 대로 맛있다.

평안도에서는 배추에 조기젓을 쓰는데 조기를 넣는 것이 아니고 국물만 쓴다. 젓국도 많이 쓰지 않고 젓국 약간에 소금을 쓰므로 국물이 맑고 깨끗하다.

또 형편이 좋은 사람은 고기를 사다 삶아서 기름을 없애고 조기 젓국과 소금을 넣기도 하는데 실은 배추김치라면서 동치미 같이 국물을 주로 해 먹는다.

외국에 나가서 생각나던 것 - 조선김치예찬 별건곤 제12·13호 1928. 5. 1. 柳春燮

나는 김치를 자랑하며 다른 나라 음식 맛과 김치 맛을 비교한다. 나는 김치를 담글 줄도 모르고, 김치가 몇 가지 있는지도 모르고, 간을 맞추는 방법도 모르고, 어떻게 해야 맛있는지도 모른다. 혀를 통하여 김치의 맛이 어떻다는 것만 안다.

김치도 지방에 따라 달라서 전라도 김치맛, 충청도 김치맛, 경상도 김치맛이 다르고, 서울 김치맛도 다르다. 여러 지방의 김치 이야기를 하는 것보다는 가장 많이 먹어 본 전라도 김치 이야기나 하겠다.

그렇지 않아도 전라도 김치에 굶주려서 먹고 싶던 차에 전라도 김치를 자랑하려고 하니 입맛부터 다셔진다.

김치는 말로는 어찌 할 수 없이 맛이 좋다.

음식은 맛이 좋아야 많이 이용하고, 찬양받고, 만들어 먹고, 값도 싸진다. 예로서, 고기는 맛은 있지만 김치처럼 매일 먹으면 바로 물린다. 그러나 김치는 밥과 같이 꾸준히 먹을 수 있고 먹을 수록 입에 정이 들어서 오래 먹어도 변하지 않고, 다른 음식보다 맛있다는 것을 알게 된다.

그러나, 맛은 먹는 사람이나 알지 남이 먹는 것을 보거나 들어서 알 수 있는 것이 아니다. 그래서 김치 맛을 볼 때마다 좋다는 생각은 들지만 붓을 통하여 독자들에게 맛을 전하기는 어려운 일이다. 어째서 이렇게 곤란한 일이 닥쳤는가 생각하니 김치타령에 앞서 탄식부터 난다.

김치!

초봄의 산뜻한 햇김치에서 미나리 씹히는 향내는 고춧가루 매운 맛을 잊어버리게 하고, 시원한 김치국물은 침을 저절로 삼키게 한다. 보들보들한 갓김치의 좋은 맛도 괄시할 수 없지만, 여름에 열무김치를 우물에 재웠다가 먹으면 배 속에서 새 바람이 일고, 가을 풋김치는 고소한 품이 혀가 이 사이를 저절로 더듬으며 돌아다닐 만큼 맛있다.

겨울이 되어 상말로 평양여자 허벅지 같이 뽀얀 배추김치를 갖은 양념에 버무려 담가 두었다가 익는 대로 차례로 먹으면 양념에 들은 밤쪽은 나무껍질 같지만 배추줄기가 풋밤맛 같이 달고, 김치 속에 든 잣 자신은 맛이 없지만 배춧잎을 씹을 때 잣 냄새가 나며, 젓국 국물이 따로 도는 좋은 맛은 배추 속에서 솟아나는 듯 하여 먹어도 먹는 줄 모르고, 맛이 좋아도 좋은 줄 모르면서 겨울 한 철을 지내는 데 모두 김치의 덕이다.

전라도에서는 겨울 김장한 묵은 김치를 6, 7월까지 먹는데 색이 까맣게 된다. 그러나 산뜻한 풋김치와 함께 묵은 김치의 감칠맛이 나는 것을 먹으면 김치 맛이 한꺼번에 어우러져서 묵은 김치 맛도 아니고 풋김치 맛도 아닌 말할 수 없이 좋은 맛이 입에서 돌아 난다. 정말 맛있다는 말 밖에는 더 못 하겠다.

일본의 다꾸앙(단무지), 나라쓰께(오이절임)[32], 하쿠사이쓰께(배추절임)는 말할 것도 없이 우리 김치보다 훨씬 못하다. 일본인들이 우리 나라 김치 맛을 본 후에는 귀국할 생각조차 없어진다니 더 말할 것도 없고, 서양 사람들도 김치 맛만 보면 미친다고 한다. 그런데 서양 음식을 먹고 내가 그렇게 미쳐보지 못한 것을 보면 우리 나라 김치는 세계 어느나라 음식에 비하여 조금도 손색이 없고, 세계 제일이라 하겠다.

외국에 가서 생각나던 조선 것 - 온돌과 김치 별건곤 제12·13호 1928년 5월 1일 劉英俊(女)

이런 말은 평범한 것 같지만 나는 무엇보다 김치와 온돌 생각이 간절하였다. 중국에서 약 6년 동안 있었고 일본에서 팔구년 있는 동안 안 해본 고생이 없으니 고국의 어느 것인들 생각나지 않았겠는가. 달 밝고 꽃필 때 친척과 친구 생각도 간절하고 속이 허하고 입맛이 없을 때는 평양 냉면과 닭찜 같은 것도 생각이 났다. 그러나 더욱 생각나는 것은 온돌과 김치였다. 중국과 일본에도 김치나 장아찌 같은 것이 없는 것은 아니지만 우리 조선의 김치처럼 맛이 좋고 영양이 있는 것은 없다.

외국에 가서 생각나던 조선 것 - 조선의 달과 꽃, 음식으로는 김치, 갈비, 냉면도 별건곤 12·13호 1928년 5월 1일 李晶燮

내가 프랑스에 유학하면서 가장 그리웠던 것은 조선의 달과 진달래꽃이었다.

---중략---

봄날 산 구경이나 들 구경을 가면 가는 곳마다 조선의 진달래꽃이 매우 보고 싶고 또 화전(花煎)놀이(여자들의 봄날 꽃놀이) 생각이 간절하였다. 그뿐 아니다. 동지섣달 백설이 펄펄 날리는 추운 날 온돌에 불을 따뜻이

때고 친구 서넛이 앉아 갈비 구워 먹던 것이라든지 냉면 추렴(돈을 나누어 부담)을 하는 것도 매우 그리웠다. 그리고 양식을 먹은 뒤에는 언제나 김치 생각이 간절하였다. 김치야말로 외국의 어느 음식보다도 진품이고 명물일 것이다. 내가 그리웠던 것은 이 몇 가지이다.

외국에 가서 생각나던 조선 것-잊혀지지 않던 기후와 김치 별건곤 제12·13호 1928년 5월 1일 金俊淵

누구나 남의 것을 본 다음에야 자기 것의 좋고 그름을 알게 된다. 내가 우리나라에 있을 때는 조선의 기후가 좋고 김치의 가치가 어떻다는 것을 잘 알지 못하였으나 일본, 독일, 영국, 러시아 등 몇몇 나라에 가서 지내보니 조선의 기후가 매우 좋고 조선 김치가 어떤 것인지 깨달았다.

---중략---

그리고 구라파에서는 항상 육식을 많이 하는 까닭에 무엇보다 김치가 먹고 싶었다. 그 사람들은 육식을 조절하기 위하여 가끔 감자도 먹고 식후에 과일도 먹지만 그보다 육식을 한 다음에 조선의 김치를 먹으면 맛으로나 섭양상(攝養上)으로 얼마나 더 가치가 있겠는가. 그래서 자연 김치도 생각이 났었다.

김치와 장조림 손군(孫君)을 위하여 백림까지 응원 - 친구 어머니의 사랑의 선물 조선중앙일보 1936. 7. 23

올림픽을 앞둔 7월의 햇살이 대지에 가득 찬 이 때, 백림(伯林, 베를린)으로 옮겨지는 성화의 불길이 전세계를 비추어서 일곱 용사를 보낸 스포츠 조선에도 비치는 것 같다. 그 중에도 전세계의 이목을 받고, 전조선의 기대를 모으고 있는 마라톤 대표 손기정, 남승룡군의 존재는 큰 것이다. 그래서 우리 동포는 마음을 기울여 응원하고 있지 아니한가!

이렇듯 우리의 기대를 모으고 있는 손기정군의 비우(= 脾胃를 뜻하는

듯)를 돕고자 김치를 온도 변화가 적은 진공 통에 넣어 맛이 변하지 않게 하고, 장조림 5근(3㎏)과 함께 베를린까지 보내 마라톤이 열릴 8월 9일의 3~4일 전에 도착하도록 7월 21일에 고이고이 싸서 보낸 분이 있다.

그는 경성 광화문로 125에 사는 손군의 친구 김○○군의 어머니인 ○양○씨로 손군이 5년간 고생하는 동안 물질적, 정신적으로 후원하여 준 은인이다.(○= 판독 불가)

조선요리와 김치 조선이란 어떤 곳(일본어) 다카마쓰겐타로(高松健太郎) 京城 大阪屋號書店 1941

"조선요리의 첫 번째로 김치라는 것을 설명하겠네. 김치를 알지 못하고 귀국하면 도카이도(東海道, 일본)를 여행하면서 후지산(富士山)을 보지 않는 것과 같으니까."

"그럼, 김치라는 것이 산의 이름인가?"

"조선의 김치(漬物, 절임)이네."

"에, 절임(일본의 절임도 김치와 같은 한자 사용)이라면 도카이도 여행시 시즈오카(靜岡)의 산갓절임(山葵漬)이라든가 다른 것을 언제든 구할 수 있네."

"자신하지 말게. 조선에서는 김치가 매우 주요한 부식이네. 주재료는 배추나 무이고, 당근, 생강, 마늘, 미나리, 다시마, 잣, 은행, 배 등을 섞고, 거기에 명태, 굴, 낙지 등의 어패류를 넣는다네. 물론 고춧가루가 빠지면 안 되고."

"야, 복잡하구만. 그래 맛있는가?"

"매우 맛있네. 산과 바다에서 나는 여러 재료의 맛이 홀연히 하나로 합쳐지면서 무어라 할 수 없는 맛이 나네. 처음에는 풍기는 냄새가 싫어서 아무도 먹지 않지만 조선에 오래 살면 살수록 매우 좋아하게 되네. 김치를 좋아하느냐 마느냐에 따라 내선일체(內鮮一體, 일본과 조선의 일체화)의 강화(强化) 정도를 판단할 수 있을 정도이네. 하하하---."

"매우 그럴듯한 말이네. 그럼 선물용으로 꼭 사 가지고 가야겠네."

"담그는 시기는 11월이네. 아무리 가난하여도 월급을 가불하거나 옷을 옷감으로 팔아서라도 모두 김치를 담그네."

"김치만 담그면 다른 것은 희생해도 좋다는 생활은 한편의 시라고 할 수도 있겠군."

"김치를 담그느라 가산을 탕진하는 것이 노름이나 계집질로 탕진하는 것보다는 나은 일이네."

"자네는 술에나 파묻혀 탕진하는 것이 더 낫겠네."

배추 통김치

김치(一時漬) 조선요리(일본어) 1940 우리음식 1948

재료: 배추 3포기, 파 5뿌리, 고추 30g, 마늘 2쪽, 생강 반개, 소금 1수저(小).

배추를 썰어서 씻고 소금은 반만 뿌려 둔다. 파를 썰고 마늘과 생강을 다져 놓는다.

소금이 배추에 잘 밴 뒤에 물에 슬쩍 헹구어 파, 생강, 마늘, 고추 등과 소금을 함께 섞어서 항아리에 붓고 한참 있다가 국물을 부어서 여름에는 다음 날, 봄가을에는 이틀 후에 먹는다.

통김치 동아일보 1928. 11. 2. 3면

무슨 김치를 담그든 먼저 배추가 좋아야 하고 고명하여 애를 쓴 공이 나타나지만 통김치는 쌈김치나 장김치와 달라 좀 덜 좋은 것이라도 고명만 잘하면 훌륭한 맛을 낼 수 있다.

배추를 씻어 절이는 것까지는 쌈김치 때와 같다. 채반에 통째 건져서 소금물을 뺀 후 한 포기씩 벌려 가며 갈피마다 고명을 속속들이 넣는다.

즉, 김치 소를 탐스럽게 넣는 데 속대쪽에서 겉대 쪽을 향해 고명을 넣고 오므려 놓은 후 잎사귀 쪽을 모두 고갱이 쪽으로 휘어 붙여서 가장 실한 겉잎대로 함께 맨다.

통김치 고명도 쌈김치 고명과 별로 다를 바가 없다. 갖추어서 하는 집이면 쌈김치 고명 외에 통김치에도 세기, 전복, 대추 같은 것까지 잘게 채로 쳐서 함께 버무리기도 하지만 식성 나름이다.

대개는 경제 문제로 주고명만 쓰기 쉬운데 간만 잘 하고 얼리지만 않으면 맛을 상당히 낼 수 있다. 또 무는 통째(물론 절인 것)로 한다. 여기에는 못난 무를 골라 쓴다. 무를 갈라 쪼개 넣는 집도 있으나 통으로 써야 맛이 좋다.

또 비늘김치로 하면, 즉 비슷비슷 칼로 칼집을 내고 거기에 소를 넣으면 더욱 맛있다. 이것을 큰 독이나 항아리에 넣으면서 소를 넣은 통무와 서로 반대로(무를 좋아하지 않는다고 무를 너무 조금 넣으면 김치맛이 좋지 않다) 격지[8]로 놓아 담는데 미나리 잎이나 갓잎, 무청, 조기젓 대가리 같은 것을 틈틈이 넣어두면 더욱 좋다.

그리고 맨 위에는 굵은 막고명과 겉대, 깨끗한 파뿌리 같은 것을 올리고 뚜껑을 덮는다. 국물은 쌈김치와 마찬가지로 붓는다.

배추(배채)김치 조선요리제법 1917 간편조선요리제법 1934

배추의 밑쪽만 1치(3㎝)씩 썰어 깨끗하게 씻고 소금에 절여서 건져 항아리에 담고 물을 알맞게 부은 후 배추 절였던 소금물을 가라 앉혀 윗물만 붓고 간을 맞추고 미나리와 갓을 1치(3㎝)씩 썰어 넣고 고추, 파, 마늘은 채를 쳐서 넣고 뚜껑을 덮어 익힌다.

메루치젓으로 담그는 맛좋은 전라도 김치 동아일보 1934. 11. 12. 4면

가을이 오면 조선가정의 연중행사 「김장」은 가장 큰 일이다. 한겨울 먹을 김치를 잘 담그지 못하면 겨울동안 식사를 재미있게 하지 못한다.

하루 세 끼 다른 반찬이 아무리 많아도 김치가 맛있어야 식사를 잘 하게 된다.

다만 같은 솜씨인데도 해마다 맛있게 될 때도 있고, 맛없게 될 때도 있는데, 잘못 맛없게 되면 지루한 겨울 동안 맛없는 김치를 먹게 된다.

지금까지는 조기젓과 새우젓으로 김치의 간을 맞추어왔으나 근년에는 전라도의 유명한 멸치젓이 올라와서 조기젓에 비할 것이 아님을 사람들이 알게 되어 해마다 멸치젓 사용량이 늘고 있다.

그러나 담그는 방법을 보지 못하여 모르는 사람이 많기 때문에 멸치젓 김치 담그는 법을 본격적으로 소개한다.

전라도 음식과 김치는 전국적으로 맛있다고 정평이 난 만큼 전라도 김치법을 소개한다.

배추 절이기 : 가능한 한 겉절여서 씻지 말고, 뽑아서 이삼일 놓아두었다가 시들해지면 절인 것이 질기지도 않고 맛있는데, 불편하면 재래 방법대로 해도 좋다. 배추를 적당히 절여놓고 집에서 할 수 있는 정도로 속양념을 만들어 놓는다.

멸치젓국 : 멸치젓 한통을 가마솥에 넣고 물을 한동이 부어서 장달이듯 달여 한통 반이 되게 한다. 더 짜게 하려면 처음에 한동이 반쯤 부어서 졸이면 짜진다. 졸인 것을 체로 받쳐 걸러서 쓴다.

찹쌀풀 : 찹쌀을 가루 같이 찧어서 도배용 풀과 같은 정도로 풀을 쑤어

놓는다.

배추속 넣는 방법 : 만들어 놓은 갖은 양념을 소금으로 절여 숨이 죽으면 멸치젓국을 쳐서 아주 빽빽하게 한다. 거기에 찹쌀풀을 2사발쯤(요즈음 쓰는 큰 양철통 하나인 배추 속을 넣을 분량) 넣고 섞어서 제법 짤 정도로 간을 한다.

젓국을 쳤으므로 자연히 국물이 흘러나오는데 배추에 속을 넣어 한 옆에 밀어 놓고 동시에 양념국물을 발라가며 놓아두었다가 독으로 옮기고 나머지국물은 그때그때 갖다가 부어 주어야 한다. 그리고 다시 양념 만들어 넣기를 반복한다.

나중에 넣기는 전라도 같으면 대잎사귀를 죽 깔고 대쪽을 쪼개서 十자로 눌러 놓고 간국 한 사발을 타서 부으면 대잎 아래로 스며들어가지 않아서 다시 국물을 해 부을 일이 없다.

먹을 때 잎 위에 고인 간국을 퍼내고 대잎만 걷어내면 배추 잎 하나도 상하지 않고 새로 담근 김치와 같아진다. 그러나 경성에는 대잎이 없어서 할 수 없고 댓잎이 있는 곳에서는 해 본다. 경성에서는 우거지를 덮고 독을 묻는 것이 좋다.

흔히 5일 후에 다시 김칫국물을 해 붓는 일이 있는데 절대로 그렇게 하지 말고 제게서 나온 것과 양념친 멸치젓국 양 만으로 족하고 더 부을 필요 없다.

깍두기 새우젓국같이 멸치를 그대로 쓰면 좋다. 멸치젓이 없으면 새우젓을 섞어서 쓴다.

주의 : 멸치젓은 너무 큰 것으로 담근 것도 좋지 않고 너무 작은 것으로 담근 것도 좋지 않다. 어지간하고 잔 것으로 담근 것이 맛있다.

전라도지 동아일보 1935. 11. 12 14면 金玉0

전라도 「지」는 경기도의 짠지와 같다. 아무리 입맛이 없는 이라도 이 「지」를 먹으면 입맛을 찾고, 찌개로 하면 다음 해 여름까지 먹을 수 있다.

재료 : 멸치젓, 배추, 채친 무, 배, 밤, 낙지, 조개젓, 쇠고기, 생전복, 깨소금, 찹쌀가루, 고춧가루, 파, 마늘, 생강, 갓[4], 청각[101] 등

만드는 법 : 멸치젓은 지금은 어디서나 팔고 경성(서울)에서도 장에서 한 통에(사발) 4원씩 판다. 좋은 멸치젓은 첫봄에 잡은 잔 것이라야 제 맛이 난다. 검어서 흉한 듯하지만 그것이 멸치젓의 특색이다.

멸치젓국은 쓰기 하루 전에 끓이는 데 물분량은 멸치젓 양의 한배 반을 가한다. 그래서 젓국이 한 사발이면 물은 한 사발 반 붓고 오랫동안 졸여서 건지가 재와 같이 되면 걸러서 쓴다.

장에서 파는 멸치젓 한 통으로 배추 2백 통을 담글 수 있다. 다른 양념은 모두 경성(서울) 및 다른 지방과 같다. 약간 다른 점은 무채 대신 배와 밤을 많이 넣고 깨소금과 찹쌀풀을 넣고 쇠고기와 낙지가 들어간다는 점이다. 쇠고기와 깨소금은 안 넣어도 좋다.

찹쌀풀을 넣는 까닭은 양념이 서로 떨어지지 말고 서로 들러붙게 하고, 삭으면 단맛이 나기 때문이다.

배추를 겉만 절여 씻어서 속 넓게 소금을 뿌려 절이면서 속을 넣어야 연하고 맛있는데 절인지 삼사일이면 우거지 냄새가 나고 질겨서 맛이 없다.

고기를 넣으려면 고기를 전골용같이 얌전하게 썰어서 간장으로 약간 간을 맞추어 잠깐 볶다가 낙지를 썰어 넣고 살짝 볶는다. 너무 볶으면 못 쓴다.

찹쌀은 배추 3백 통에 한 되(1.8ℓ)정도를 가루 내 물과 같이 걸쭉하게 삭혀 놓고 전복은 납작납작하게 썰고 젓고기는 뼈를 발라 갸름하게 썰어서

고춧가루 깨소금으로 빨갛게 물들여 놓는다.

양념이 모두 준비되면 큰 그릇에 배추를 몇 포기씩 놓고 헤치면서 소금을 뿌리고 속을 넣기 전에 깍두기 버무리듯 고춧가루와 실고추를 서로 대고 문질러 빨갛게 만든다.

멸치젓으로 간을 맞추면서 절구에 찧은 파, 마늘, 생강과 깨소금, 찹쌀죽을 넣고 골고루 문지른다. 그러면 배추가 속 넣은 것처럼 벌써 간이 맞고 양념 맛이 나게 된다.

그 다음에 속을 넣는데 채친 배추와 기타 갖은 양념을 함께 넣고 실고추와 고춧가루로 물을 들인 다음 멸치젓국으로 간을 맞춘다. 간을 보아 싱거우면 소금을 좀 넣는다.

또 경성(서울)에서와 같이 항아리에 넣을 때 무를 켜[105]로 넣지 말고 배추만 넣는데 넣을 때 먹을 것은 켜켜 소금을 뿌려두고 우거지를 덮은 다음에 돌로 누른다. 국물은 더 붓지 않는다.

서울김장 동아일보 1935. 11. 13. 4면 李連0

배추가 좋아야 맛이 있으므로 반드시 좋은 배추를 택해야 한다. 아무리 좋은 양념을 많이 써도 배추가 억세고 질기면 아무 소용없으므로 돈을 더 주더라도 연하고 좋은 배추를 써야 한다.

밭에서 고를 때 떡 벌어지고 잎에 검은 빛이 도는 배추는 못 쓴다. 길이가 짧으면서도 꼿꼿이 선 배추가 좋다.

양념의 분량 : 양념 분량은 정확하지 않지만 얼마나 사야 할지 모르는 사람을 위하여 개략적인 양을 설명한다. 배추 백통에 대한 표준이다.

조기 2뭇(20마리), 무채 2양동이, 미나리 30단, 갓 30단, 생굴 3사발, 청각, 5홉 1되(0.9ℓ), 생강 1근(600g), 마늘, 5홉 1되(0.9ℓ), 파 15단

그 외에, 좋은 양념을 넣으려면 생젓국 3사발, 낙지나 문어 썰어서 5홉

3되(2.7ℓ), 배와 밤은 형편대로 약간.

겉절이는 법 : 김치 맛은 배추를 잘 절이는가 아닌가에 있으므로 겉절이 할 때 주의한다. 배추 100통에 호염[118]이나 본염을 모말[37] 한 말로 물에 타서 절인다.

호염을 물에 넣으면 잘 녹지 않지만 그릇에 막대기를 걸치고 호염을 체에 넣고 물을 부으면 잘 녹아내린다. 물의 양은 호염 한 말(18ℓ)을 다 녹일 정도면 된다.

이 소금물에 다듬은 배추를 넣어 소금물을 묻히고 광주리에 꺼내 소금물을 뺀다. 앞서 건진 것은 항아리에 차곡차곡 담는데 잎사귀 쪽은 그대로 두고 대가리 쪽에 소금을 훌훌 뿌려 놓는다.

여러 번 절이면 소금물이 싱거워지므로 다시 소금을 쳐서 절이고 다 절이면 하룻밤 지낸 후 다시 뒤집어 놓아야 한다. 맨 밑의 짠 것은 위로 올리고 위의 것은 아래로 뒤집어서 다시 절여서 하룻밤 두었다가 다음날 씻는다.

씻는 날은 반드시 속을 넣어야 한다. 소금물에 담근 지 삼일 만에 반드시 속을 넣어야 질기지 않다.

속 준비 : 절인 날 이튿날부터 양념준비를 하는데 배추를 씻으면서 양념을 준비하면 씻는 날 속 넣기 어려우므로 내일 속을 넣으려면 오늘 속 준비를 끝내야 한다.

그런데 무채는 미리 썰지 말고 내일 쓰려면 오늘밤에 씻어서 아가리 좁은 항아리에 담고 꼭꼭 눌러 뚜껑을 덮어 두어야 한다. 양념은 썰 것은 썰고 채칠 것은 채쳐 놓는데 배만 골패짝 크기로 썬다.

양념 버무리는 법 : 큰 그릇에 무채를 쏟고 고춧가루와 실고추를 넣고 물이 들게 비빈다. 고추의 양은 각기 좋은 대로 한다. 또 고춧가루보다 실고

추를 많이 넣어야 걸직하지 않다.

색을 낸 다음 파와 마늘을 섞어 넣고 갖은 양념을 넣는데 미나리 넣는 것과 간하는 것은 속 넣을 때 한다. 양념을 버무려서 배추 속을 넣으려고 할 때 속을 다른 그릇에 나누어 간도 맞추고 미나리도 넣는다.

간을 미리 넣으면 너무 절여져서 숨이 죽어 속 넣기도 거북하고 뭉치가 져서 골고루 뿌려지지 않는다.

미나리도 너무 절여져서 형태가 없어지므로 나중에 넣는 것이다. 간은 조기 젓국을 먹어 보아 짭짤하게 친다.

속을 넣을 준비는 다 되었다. 배추 100통당 무를 3양동이 정도 사방 5푼(1.5㎝) 두께로 썰어서 실고추와 굵은 고춧가루, 파, 마늘, 청각[101]을 넣어 버무려서 젓국을 끼얹어 절여서 배추 2켜에 1켜씩 깐다.

국물 붓는 법 : 항아리 밑에 잘은 절인 무를 1켜 놓고 배추와 무를 넣는 데 무가 절여지면 줄어들므로 항아리가 가득 차도록 넣는다. 배추를 넣는 법은 대가리가 가장자리 쪽이 되도록 넣고, 잎사귀가 중앙으로 가게 하면 꺼내기도, 먹기도 좋다.

배추를 펴고 속을 넣을 때 보면 겉만 절여져서 속은 빳빳하므로 소금을 뿌려가면서 속을 넣고, 조기젓은 배추에서 빼 버리고 저며 놓았다가 한 통에 두 점씩 넣는 것이 좋다. 무를 깔 때는 반드시 소금 뿌리는 것을 잊지 말아야 한다.

맨 위에 파를 죽죽 찢어서 깔고 그 위에 갓잎 같은 것으로 덮고, 짠 조기 젓국이면 2사발, 싱거운 것은 4사발을 가장자리에 부어 놓은 다음 마지막으로 소금을 짭짤하게 뿌린다. 사흘 후 국물을 붓는데 국물은 형편대로 해도 되지만 가장 맛있는 것은 양지머리 삶은 물이다.

양지머리 국물 : 양지머리를 사다가 삶아서 퍼내고 식은 다음 뜨는 기름

은 건져 내고 젓국과 소금으로 간을 맞추어 붓는다. 양지머리 국이 너무 진하면 좋지 않으므로 묽게 끓인다.

조기젓과 설렁탕국물 : 설렁탕으로도 간맞추어 부을 수 있다. 조기젓은 가라앉혀서 배추 100통에 대하여 젓국 한 동이 이상에 물을 부어 끓여 식히는 데 짭짤하게 타서 부어야 한다. 일주일이나 열흘 만에 맛을 보아서 짭짤한 맛이 있으면 좋은데 싱거워서 벌써 익으면 바로 시므로 조기젓국을 더 부어야 한다.

전라도김치 동아일보 1937. 11. 13. 3면 홍선표 조선요리학 1940

전라도지란 서울의 동치미나 짠지를 말한다. 양념재료는 고춧가루, 파, 마늘, 생강, 갓[4], 청각[101], 깨소금, 찹쌀가루, 쇠고기, 생전복, 조기 젓, 낙지, 배, 밤, 멸치젓, 배추 등이고 배추 백 통에 멸치젓은 4홉(0.72ℓ)정도면 된다.

다른 양념은 다 서울이나 다른 지방과 같은데, 다른 지방은 무채 대신 배와 밤을 많이 넣고, 깨소금, 찹쌀 풀, 쇠고기와 낙지를 넣는 점이 다르다.

쇠고기와 깨소금은 넣지 않아도 상관없다.

찹쌀 풀은 양념이 떨어지지 말고 서로 달라붙게 하고, 삭아서 단맛을 내기 위하여 넣는다.

배추는 겉만 절여서 씻고 속 넣을 때 소금을 뿌리면서 넣어야 연하고 맛있는데, 4~5일 절여두면 우거지 냄새가 나고 질겨서 맛이 없게 된다.

고기를 넣으려면 전골 만들 때처럼 얌전하게 썰어서 간장으로 약간 간을 맞추어 잠깐 볶다가 낙지를 썰어 넣고 볶는다.

찹쌀 풀은 배추 100통에 찹쌀가루 반되(0.9ℓ)를 내어 풀같이 걸쭉하게 삭혀 놓는다.

전복은 납작납작하게 썰고 조기젓은 뼈를 발라 넙적넙적하게 썰어서 고춧가루, 깨소금으로 빨갛게 물 들여놓아 양념을 모두 준비한다.

다음에는 큰 그릇에 배추를 여러 포기씩 놓고 헤치면서 소금을 뿌리고 고춧가루와 실고추로 빨갛게 깍두기 버무리듯 넣은 뒤에 멸치젓으로 간을 맞추면서 다진 파, 마늘, 생강과 깨소금, 찹쌀 죽을 붓고 골고루 문지른다. 그렇게 하면 배추 째 속을 넣은 것같이 벌써 김치같이 간이 맞고 양념 맛이 난다.

다음, 속을 넣는데 무채와 다른 고명을 함께 섞고 실고추와 고춧가루로 물을 들인 다음 멸치젓국으로 간을 맞추고, 항아리나 독에 넣어 익히는데 돌로 눌러 놓는다. 서울김치와 다른 것은 뒤에 물을 따로 붓지 않고 그대로 익히는 점이다.

배채김치(5인분) 김장교과서, 여성, 7, 50~54, 방신영 1939. 11

재료 : 배추 150통(물 3동이에 소금 4되(7.2ℓ)를 타서 절일 것), 무 50개(무통을 돌려 가며 칼집을 비늘처럼 내어 소를 넣을 것), 실고추 1.5근(0.9kg), 무채 2동이(무를 곱게 채쳐서 2동이), 마늘 30톨(실같이 곱게 채칠 것), 생강 반근(0.3kg 실같이 가늘게 채칠 것), 파 15다발(1치(3cm)로 썰어서 곱게 채칠 것), 미나리 20다발(잎은 따로 1치(3cm)로 썰어 놓을 것), 갓 10다발(잎은 따로 1치(3cm)로 썰어 놓을 것. 굵은 줄거리는 채칠 것), 밤 1되(1.8ℓ, 채 썰어 놓을 것), 배 10개(채 썰어 놓을 것), 청각[101] 1사발(깨끗이 씻어서 작게 뜯어 놓을 것), 호염[118] 4되(7.2ℓ, 배추 절이는 데 쓸 것), 재염 1되(1.8ℓ).

조리법 : 가장 먼저 물 3동이에 소금 4되(7.2ℓ)를 잘 풀어 놓고 소금물이 속까지 들어가도록 배추 한 통씩 담갔다가 꺼내 독에 차곡차곡 담고 남은 소금물을 그 위에 붓고 맨 위에는 소금을 뿌려 잘 덮어서 하룻밤 두었다가

씻는다. 배추 절일 동안 배추 속에 넣을 양념을 준비한다.

먼저 채친 무에 실고추를 넣고 잘 섞어서 무채에 고추 물이 곱게 든 다음 준비해 놓은 다른 고명을 넣고 다시 잘 섞어 (양념 섞을 때 소금 1보시기를 함께 섞을 것) 놓는다(함께 섞을 재료들은 무채, 실고추, 마늘, 생강, 파, 미나리, 밤, 배).

다음, 절여놓은 배추를 속속들이 깨끗하게 씻어서 채반[99]에 건져서 물을 모두 뺀 후 잎 사이사이에 버무려 놓은 양념을 얇게 펴서 넣고 잘 버무린 후 중간 줄거리로 배추 허리를 돌려 매어 속 넣은 것이 빠지지 않도록 잎을 돌돌 말아서 놓는다.

무는 통으로 절였다가 이리저리 비늘처럼 비슷비슷 칼집을 내고 그 사이에 소를 넣어서 절인 배춧잎으로 싸서 놓는다.

독에 담는데, 깨끗한 독에 배추 한 켜 넣고 갓과 청각 썬 것을 약간 뿌리고 무 썬 것을 한 켜 넣고 곁들여서 번갈아 담은 후 잘 절은 무청이나 배춧잎을 꼭 짜서 두껍게 덮고 무거운 돌로 눌러서 3일정도 지난 후 김치 물을 만들어 붓는다.

김치 물은 소금으로 간을 맞추는데 이상의 양은 3독이므로 독마다 간을 다르게 하여 먼저 먹을 것은 좀 싱겁게, 나중에 먹을 것은 좀 짜게 하여 붓는다. 물 1 동이당 소금(재염[118]) 큰 1되(1.8ℓ) 정도를 타서 가라 앉혔다가 곱고 깨끗한 헝겊으로 걸러 붓고 가장 위에 소금을 약간 뿌리고 꼭 봉하여 잘 덮었다가 익으면 먹기 시작한다.

전라도 배추김치 여성, 9, 30~35, 金惠媛 1940. 11

깨끗이 다듬은 배추를 물에 맑게 씻어서 흰 소금을 고갱이 속속들이 골고루 뿌려 항아리에 넣어 하룻밤쯤 재워 숨이 잘 죽은 후에 바구니에 건져 내서 간국물을 빼 둔다.

다음은 젓인데 큰 배추 100통에 멸치젓 1동이를 쓴다. 멸치젓 우거지를 걷어 내고 양철통으로 하나 정도 물을 붓고 삼분의 일 정도가 될 때까지 끓인다. 그래서 깨끗한 소쿠리로 젓국물만 걸러서 받아두고 찹쌀을 목관 한 되(1.8ℓ)쯤 담가 빻아서 도배용 풀 같이 되게 쑤어서 식혀둔다.

양념은 마늘, 파, 생강, 실고추, 깨, 청각[101], 무채 등인데 이외에 밤채, 배채, 전복, 낙지, 쇠고기, 조기젓 등을 넣는다. 적당히 준비한 양념 중에서 마늘 큰 것은 채치고 작은 것은 다져 놓고 파는 1치반(4.5㎝)쯤 잘라서 채치고 깨는 너무 빻지 말고 생강도 채치고 청각은 깨끗하게 빨아서 달리지 않도록 잘 씻어서 파 길이만큼 자른다. 무채는 가늘수록 좋다. 조기젓도 채를 쳐 둔다. 밤채와 배채는 좀 굵어도 좋다.

그리고 전복은 날로 깨끗이 씻어서 얇게 썰고 낙지는 살 실한 것으로 청각 길이만큼 썰고 쇠고기는 얇게 떠서 1치(3㎝)로 가늘게 썰어서 간장과 기름에 볶아 둔다.

준비한 양념 중 밤채, 배채 마늘 다진 것만 빼고 함지박에 모두 부어서 버무리는데 고춧가루를 빨갛게 치고 멸치젓국을 네 그릇 정도 치고 흰 소금을 뿌려 가며 간을 적당히 맞추어 버무린 후 밤채나 배채를 섞는다.

그리고 간국물을 빼 둔 배추를 함지박에 적당히 담고 속고갱이를 펼쳐 가며 고춧가루를 뿌리고 멸치젓국과 찹쌀죽을 쳐 가며 마늘 다진 것을 넣고 흰 소금을 쳐 골고루 잘 버무린 다음 소를 넣는다. 항아리에 넣을 때 조기젓 대가리와 갓을 썰어서 켜켜 넣으면 더 좋다. 김치국물은 자기에게서 나오는 것만으로 충분하므로 딴 국물은 붓지 않는다.

짠지는 1년 되도록 먹어도 짜짜하니 좋은데 이것은 멸치젓국과 고춧가루, 파, 마늘만 넣고 항아리에 넣을 때 시루떡에 고물 뿌리듯 켜켜 소금을 뿌리면 된다.

평안도에서는 여성 9, 30~35, 李順福 1940. 11

13도 김치담그는 법이 다 각각 다른데 그 중에서도 무 배추 섞어하는 김치는 더 다르다. 맨 처음 배추를 절일 때 짜게 절이지 말고 속은 좀 산뜻하게 절이며 무는 단단하고 매운 것을 골라 다듬어 배추 절인 물에 씻으면 때가 잘 지고 깨끗하다. 배추는 씻어서 물을 빼고 무는 씻어서 절반을 가르는데 반만 그렇게 한다.

양념은 고춧가루는 굵게 빻고, 깨끗하게 씻은 마늘과 생강을 절구에 넣고 찧는데 굵은 알이 없어지고 물이 나면 고춧가루를 넣고 소금이나 간장을 너무 많지 않게 넣고 다시 잘 씻어서 아주 맑은 즙이 나도록 찧어야 색이 곱다.

독 하나에 배추 50통을 넣을 경우 무는 큰 것으로 10개를 채치고 파도 채치고 고추양념 찧은 것과 함께 섞는다.

배추 속을 넣을 때 석굴을 1사발쯤 사서 배추 1포기에 두서너 송이씩 양념과 같이 넣는다. 양념은 골고루 갈피갈피 잘 넣어야 모양 있다. 국물에 양념이 떨어지지 않게 넣어야 국물이 깨끗하다.

무는 절반 갈라 놓은 사이에 양념을 넣어 독에 담글 때는 갓과 속 넣지 않은 무와 도치[27]를 먼저 동이에 넣고 배추를 넣는 갈피갈피에 그를 넣어서 독이 차면 배추 줄거리 떨어진 것을 절였다가 깨끗하게 씻어서 우거지로 덮고 납작한 돌을 눌러 당일에 국물을 붓는데 조기젓국을 가는 체로 걸러서 간맞추어 물을 붓는다.

익은 후에는 우거지를 모두 뺀 후 꺼내 먹으면 맛이 싱싱하고 동치미보다 더 시원하다. 여러 가지 김장법이 많지만 싱거운 김치만 대략 기록하였다.

서울 솜씨로는(배추통김치) 여성 9, 30~35, 趙慈鎬 1940. 11

우리 경기도에서 배추통김치(갖게 하는 법) 담는 법은 이렇다.

재료 : 배추, 무, 미나리, 갓[4], 청각[101], 파, 마늘, 생강, 실고추, 소금(육념), 조기젓, 생밤, 배, 낙지, 굴, 생전복, 조기젓국, 잣

만드는 법 : 속 잘 들고 연한 배추를 겉대만 떼어내는 데 아주 떼어내지 말고 절여서 씻으면 또 떼어내게 되므로 대강 떼어내고 대가리를 자른 후 소금물을 알맞게 타서 소금물에 한 포기씩 넣고 휘휘 둘러 속에 간국이 들게 하여 독 등 알맞은 그릇에 절여 놓고 한편으로는 무를 깨끗하게 씻어 놓고 양념준비를 한다.

미나리는 뿌리와 잎은 따고, 줄거리만 깨끗하게 씻어서 7~8푼(2.1~2.4㎝) 길이로 썰어 놓고 갓도 연한 대만 다듬어서 같은 치수로 썰어서 깨끗하게 씻고, 청각은 자잘한 발을 알알이 따서 깨끗하게 씻어서 채반 같은 데 건져서 물을 뺀다.

파도 김장에 쓰는 파는 굵고 훤칠한 것을 쓰는데 겉껍질 한 겹은 벗겨내고 잎사귀 끝 뾰족한 것도 끊어버리고 깨끗하게 씻어서 대가리와 잎을 각각 채치는데 잎은 대충하여 썰어도 좋으나 흰줄거리는 7~8푼(2.1~2.4㎝)으로 잘라서 곱게 채를 쳐야 쓰기 편리하고 치수가 같아져서 한데 어울린다.

마늘도 까서 대가리는 칼로 베어 버리고 곱게 채를 친다. 생강도 물에 담가 불려서 껍질을 벗기는데 얇은 수저가 좋다. 맑은 물에 헹구어 채반이나 소쿠리에 건져서 물을 뺀 후 역시 곱게 채를 친다. 실고추는 파는 것 중에 기계로 썬 것과 작두로 썬 것(손으로 썬 것)이 있는데 작두로 썬 것이 좋다. 기계로 썬 것은 음식에 넣으면 몹시 칼칼하다.

조기젓은 비늘을 다 긁고, 대가리와 지느러미를 자른 후 배를 싹 오려내고 된살만 반으로 저며 가운데 뼈를 빼 내고 갈라 나붓나붓하게 저며서 김

안나가게 꼭 덮어 놓는다. 조기젓을 물에 씻어서 깨끗하게 한다고 하는 사람도 있는데 물에 씻으면 비린내가 나므로 좋지 않다.

생밤도 채를 치고 낙지는 물에 미리 담그지 말고 소금을 넣고 힘 있게 주무르면 침 같은 것이 다 빠진다. 이때 물에 두어번 헹구어 껍질을 벗기는데 발끝에서부터 벗겨야 잘 벗겨진다. 이것을 다른 칫수와 같이 써는데 발이 매우 굵은 것은 반으로 가르면 좋다.

굴도 씻을 때 소금을 훌훌 뿌려 손으로 가볍게 휘휘 저어 가지고 물을 조금 붓고 쌀 일 듯 하면 더러운 것이 다 나간다. 그것을 다시 맑은 물에 담가 놓고 한 알씩 적[82]을 잡아야 안전하다. 이것도 소쿠리 같은데 건져서 물을 빼고 생전복도 까서 소금을 넣고 주물러 깨끗이 씻어서 가장자리를 도려내고 된살만 가로 얇게 썬다. 잣도 껍질을 다 벗겨 준비를 마치고 김 안나게 모든 것을 꼭꼭 덮어 놓고 배추 절인지 한나절 되면 위의 것을 밑으로 다시 다시 손을 처 놓았다가 알맞게 절여지면 씻는 데 속을 잘 보아 씻는다.

한편으로 무채를 곱게 채치는데 다 썰어서 양념과 섞을 때 먼저 실고추를 짤막하게 썰어 넣고 고추물을 빨갛게 들여서 소금과 조기젓국으로 간을 맞추고 양념들을 넣고 버무린다. 배추, 굴, 낙지, 전복 등은 빼 놓았다가 간을 맞춘 뒤에 넣고 고루 섞이게 버무려 놓는다.

배추의 물이 거의 빠지면 속을 넣는데 속이 절여지지 않은 곳은 소금을 조금씩 뿌려가면서 속을 고루 넣는다. 식성에 따라 속을 적게 넣기도 하고 많이 넣기도 하지만 서울 풍속은 많이 넣는 편이다.

알맞은 항아리에 담는데 무를 도톰 너붓하게 저며 양념을 버무려 밑에 한 켜 담고 배추 한 켜 담고 늦게 먹을 것은 소금을 더 뿌린다. 이런 김치는 큰 독에 담지 말고 작은 항아리에 여러 그릇으로 나누어 담는 것이 좋다. 배추 겉잎 뜯어낸 것을 소금에 버무려 위를 꼭꼭 눌러 처서 뚜껑을 덮어 놓았다가 사흘 후 국물을 해 붓는데 조기젓국과 국물을 간맞추어 타서 끓여서 식혀붓는다.

이 김치는 서울서도 가장 모양내는 김치이므로 원 식대로 하려면 국물도 양지머리 또는 살코기를 삶아서 기름을 다 걷고 그 국물에 간을 하여 붓는 데 맛은 훌륭하지만 오래 두지는 못한다.

세안(올 해 안)에 먹을 것만 이렇게 하고 늦게 먹을 것은 배, 굴, 전복, 낙지 등만 빼고 나머지 재료로 하는데 국물은 먼저와 같이 조기젓국과 소금으로 간을 한다. 주의할 점은 배추를 너무 절이지 말아야 김치 맛이 신선하다. 배추를 너무 절이면 아무리 간을 잘 맞추고 양념이 좋다 하여도 질기고 단맛이 없다. 그리고 서울은 지방과 달리 김치 색이 너무 붉지 않다.

배추김치 가정요리 1940

김장을 담는 날의 날씨는 영하 2~3도가 적당하고 김장을 담고 2주일 후(김장이 익기 시작할 때)에 날씨가 추워지면 성공이다.

양념은 재료의 ( )%(원본에 수치 누락) 정도로 양념을 많이 넣어야 맛있는 것으로 생각하기 쉽지만 마늘을 많이 넣으면 노린내가 나고 생강이 많이 들어가면 쓰고 파가 많이 들어가면 군내가 난다.

젓을 넣을 때는 생강은 넣지 않는 것이 좋다.

배추를 절일 때는 싱거운 물에 오래 절이는 것보다 짠물에 짧은 시간 절이는 것이 소금기가 적게 절여진다. 속을 넣을 때 소금을 뿌리면서 넣는다.

무 껍질은 긁어 다듬어도 좋지만 고갱이는 다음에 다듬어야 양분이 손실되지 않는다.

김치 국물은 김치 양념의 간보다 진해야 진한 맛이 난다. 배추가 짜고 국물이 싱거우면 군내가 난다. 국물은 한 번에 붓지 말고 3~4번 나누어 부으면 우거지가 적어진다. 국물은 고기국물보다는 멸치국물을 다린 것이 우수하다.

김장김치 담그는 법 조선음식 만드는 법 1946

김장배추 씻어 절이는 법

(1) 배추의 누런 겉잎은 떼어 버리고 뿌리를 바싹 잘라 깨끗하게 다듬고

(2) 배추 100통당 물 2동이에 소금 두 되(3.6ℓ)를 풀어서 큰 그릇에 부어 놓고

(3) 잘 고른 배추를 한 통씩 한 통씩 소금물에 담가서 배추 속 깊이까지 소금물이 들어가게 하고 다른 독이나 큰 그릇에 담아 놓고 남은 소금물이 있으면 배추 위에 붓고 덮개로 덮어서 24시간 정도 두었다가 속의 것과 겉의 것을 뒤집어 담가 다시 하루 절였다가

(4) 큰 그릇에 물을 떠 놓고 부서지지 않도록 조심하여 잎사귀 틈에 모래가 끼지 않도록 절인 배추를 한 통씩 세밀하게 씻는다. 깨끗한 물이 나올 정도로 잘 씻어서 채반이나 광주리에 건져서 물이 빠지면 소를 넣는다.

배추를 겉만 절이고 씻어서 소금을 뿌리면서 소를 넣으면 연하고 달고 맛있다.

배추소 버무리는 법

재료(배추 100통에 대한 소의 양) : 무 채친 것 반 동이(가늘게 채쳐서 즉시 다른 양념과 버무릴 것), 실고추 3사발 (1근반(0.9ℓ)), 마늘 10통(굵은 것으로 채칠 것), 파 2사발(채칠 것), 생강 1홉(180㎖ 채쳐서), 배 10개(채쳐서), 미나리 썬 것 3사발 (뿌리와 잎사귀를 떼어내고, 머리 굵은 부분은 3㎝로 잘라서 겉 고명으로 쓰고, 가는 부분은 3㎝로 썰어서 속 고명으로 쓴다), 갓 3사발(가는 줄기와 연한 잎으로만 3㎝로 썰 것), 청각[101] 5줄기(줄기를 잘게 뜯어서 쓸 것), 소금 1홉(180㎖) 가득(소 버무릴 때 무에 뿌

리고 버무릴 것).

이상의 재료를 모두 함께 버무려 소로 넣는다. 먼저 채친 무에 소금을 뿌려서 잘 섞은 후 실고추를 넣고 잘 섞어서 무에 빨갛게 고추물이 들면 남은 재료를 함께 넣고 잘 섞어서 쓴다.

양념 버무리는 데 찹쌀가루 5홉(0.9ℓ) 정도로 풀을 쑤어 소에 섞으면 잘 삭으므로 단맛이 난다.

통김치 속 넣는 법

(1) 절였다가 씻어서 광주리에 올려 물이 잘 빠지게 하고 한 통씩 배추 잎을 잡아 헤쳐서 속속들이 벌리고

(2) 소를 배추 잎사귀 틈마다 속부터 골고루 넣고 오므려서 바로 잡아 긴 잎사귀 한 자락을 잡아 돌려서 배추 허리를 잡아 맨다(소 넣은 것이 빠지지 않도록).

(3) 또 절인 무를 비늘처럼 칼로 이리저리 비슷비슷 칼집을 내고 그 사이 사이에 소를 넣어서 소금에 절인 배추 잎으로 싸서 놓고(이것을 비늘김치라고 한다)

(4) 독에 배추 한 켜 넣고 무 한 켜 넣기로 번갈아 넣어 담은 후(시래기를 위에 덮고 물을 부을 예상을 하여 꽉 채우지 말 것)

(5) 소금물에 절인 무청으로 위를 많이 덮고 무거운 돌을 얹어서 누른 후

(6) 2~3일 후 깨끗한 물에 소금물을 간맞추어 풀어서 고운체로 걸러서 김칫독에 붓고

(7) 종이로 꽉 봉하고 잘 덮어서 두었다가 겨울에 먹기 시작한다.

배추김치(봄가을용) 조선음식 만드는 법 1946

재료 : 햇배추(다듬어서 750g), 생강 약간, 미나리 200g, 소금 큰 3수저,

파 3뿌리, 물 3홉반(630mℓ) 마늘 3쪽, 실고추 반 홉(90mℓ)

(1) 배추를 다듬어서 깨끗하게 씻어 놓고(살살 씻어서 풋 냄새가 나지 않도록 주의할 것)

(2) 물 1홉(180mℓ)에 소금 1홉(180mℓ)을 풀어서

(3) 씻은 배추에 골고루 묻혀서 1시간 동안 놓아두었다가 살짝 뒤집어서 다시 1시간 쯤 둘 것

(4) 배추 절이는 동안 항아리도 준비하고 양념도 준비해야 하니

(5) 파, 마늘, 생강을 곱게 채쳐 놓고

(6) 미나리는 다듬어서 깨끗하게 씻어서 7푼(2.1㎝)으로 썰어 놓고

(7) 실고추를 짧게 약간만 썰어 놓고

(8) 절여 놓은 배추에 물을 많이 붓고 배추를 한 통씩 물에 흔들어서 채반에 건져 놓고

(9) 항아리에 배추를 한 켜 넣고 양념을 뿌리고 다시 배추를 한 켜 넣고 양념 뿌리기를 번갈아 하여 다 담은 후에

(10) 미나리를 양념그릇에 넣고 무쳐서 김치 위에 덮고 다시 양념을 뿌리고

(11) 물 3홉 반(630mℓ)에 소금 큰 3수저를 타서 김치에 붓고 잘 덮어서 익힌다.

[비고] 날이 서늘할 때는 사오일 만에 익고 더울 때는 하루나 반나절만에도 익는다.

통김치 조선요리제법 1917

배추의 누런 겉잎은 다 떼어버리고 통으로 깨끗하게 씻어서 독에서 절이는데, 물 1동이에 소금을 반되(0.9ℓ)가량 타서 넉넉히 부어 절인 다음 광주리에 얹어 물이 다 빠지게 하고 무와 마늘, 파, 고추, 배, 생강을 채 치고, 갓[4]과 미나리와 청각[101]을 3㎝로 썰어 함께 섞어서 배추 속을 헤치고

잎사귀 틈마다 소를 깊이 조금씩 박고 겉의 잎사귀 하나를 잡아 돌려서 배추 허리를 맨다.

무를 깨끗하게 씻어서 칼로 이리저리 어슷비슷하게 비늘 박힌 것처럼 칼집을 넣어 소금에 절여서 칼집마다 고명을 다 넣는다.

그리고 독에 무 1켜, 배추 1켜씩 번갈아 모두 넣은 후(넣을 때도 켜마다 고명을 조금씩 뿌린다) 배추 절였던 물을 체로 걸러 부어 배추 위까지 물이 올라오면 간을 짭짤하게 하여 무거운 돌로 눌러 놓고 뚜껑을 꼭 덮어 둔다.

어슷썰기 · 어슥썰기 · 엇썰기
방향을 좌우로 약간씩 바꾸면서 써는 것은 어슷비슷 썰기라 한다.

통김치(筒菹) 조선무쌍신식요리제법 1924

옛날식 : 배추의 누런 겉잎은 다 떼어버리고 통으로 속까지 깨끗하게 씻어서 아무 그릇에나 절인다. 물 1동이에 소금 반되(0.9ℓ)가량을 타서 배추에 넉넉히 부어 절여서 광주리에 올려놓아 물을 다 뺀다.

마늘, 파, 고추, 생강 등은 채 썰고 갓[4]과 미나리와 청각[101]은 1치(3㎝)로 썰어서 서로 섞은 뒤 배추 잎사귀 틈마다 소를 조금씩 깊이 박고 겉잎사귀 1줄기를 돌려 배추허리를 감아 맨다.

또 무를 깨끗하게 씻어서 칼로 이리저리 어슷비슷 비늘 박힌 모양처럼 칼집을 넣은 뒤 소금에 절여서 칼집자리에 고명을 속마다 넣어 김칫독에 넣는다.

무 1켜, 배추 1켜를 번갈아 넣고 켜마다 고명을 조금씩 뿌리고 무를 절였던 물을 체로 걸러 부어 물이 배추 위까지 올라오면 간을 짭짤하게 해서 무거운 돌을 올려놓고 뚜껑을 꼭 덮는다. 이것은 옛날 방식이라서 어쩔 수 없이 그대로 해야 한다.

지금식 : 그러나 요즘은 통김치 담는 법이 제법 모양 있게 달라졌다.

우선 가장 좋은 배추를 구해야 하는데 서울에서는 방아다리 느리골이나 훈련원 것이 가장 이름나고 가장 좋은데 다른 곳의 배추는 이 두 곳 것을 당하지 못한다.

이 두 곳의 배추를 소금물에 잠깐 넣었다가 건져서 깨끗이 씻고 간 빠진 좋은 소금을 배추 겉에만 살짝 뿌려 하룻밤 절인다.

고명은 고추, 파, 마늘, 생강을 잘게 썰고, 고추는 실같이 썰고 부스러기는 쓰지 않는다. 석이버섯은 생으로 채 썰고, 밤과 배는 넓게 썰고, 양지머리와 차돌박이와 삶은 돼지고기를 잘게 썰고, 미나리와 갓[4]을 많이 잘라 넣고, 청각을 뜯어 넣는다.

조기젓과 준치젓[91]과 도미젓과 방어젓과 어떤 생선젓이든 널찍하게 저며 넣고, 생전복과 생소라와 생낙지도 저며 넣고, 생굴도 넣고 생대합을 둘로 잘라 넣고, 실백(잣)을 넣어 모두 함께 섞어 놓는다.

배추는 겉만 절여져서 속이 단단하므로 손으로 벌리면서 젓가락으로 잎사귀 사이마다 속 깊숙이 밀어 넣은 다음 배추 윗부분을 적신 지푸라기로 묶는다.

속빈 굵은 무를 절여서 둘로 갈라 항아리 바닥에 깔고, 고명을 대강 뿌리고, 소는 온 통에 넣는다.

작은 무를 절였다가 어슷비슷 저미고 칼집자리에 갖은 고명을 틈틈이 넣어 절인 배추 잎으로 싸서 담그는데 이것을 비늘김치라고도 한다.

꽃맺은 오이를 짜게 절여 두었다가 김장할 때 물에 여러 날 우려내고 굵은 것은 갈라서 토막 치고 작은 것은 위의 소박이김치처럼 소를 넣어 켜켜마다 비늘무(비늘김치)와 오이를 넣는다. 조기젓은 통째로 내장을 빼고 간간이 넣었다가 먹으면 맛이 매우 좋고, 북어나 마른 대구를 굵게 썰어 바닥에 깐다.

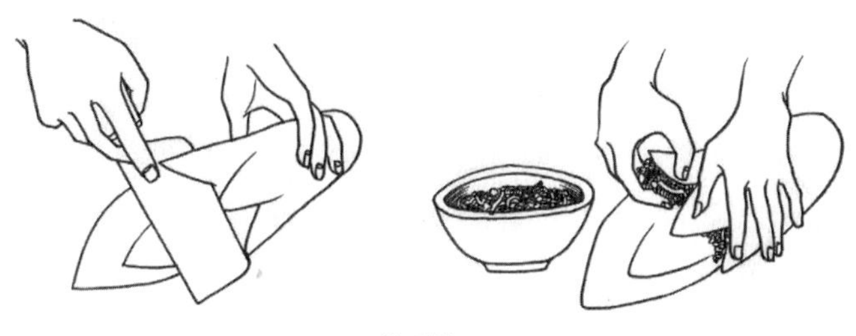

비늘김치

이것들을 모두 넣은 후에 덮고 갓 다듬은 찌꺼기를 넣으면 싱싱한 맛이 우러나와서 좋으므로 미나리 잎과 같이 덮은 다음에 우거지를 덮는다.

설렁탕 국물을 식혀 기름을 걷어내고 맛이 바른 조기젓국물을 끓여 식혀서 혼합하여 간을 맞추고 항아리에 부어 채우고 아가리를 단단히 봉해서 움에 넣거나 땅에 묻었다가 1달 뒤에 꺼내 먹는다. 늦게 캔 송이도 넣는다.

배추는 뽑아서 바로 묽은 소금물에 담갔다가 부스러지지 않을 정도가 되면 건져서 단물에 맑게 씻어 담는다. 뽑은 지 여러 날 된 배추를 쓰면 겉의 물이 말라서 김치가 질기기 쉽다.

김치 고명은 실고추와 파, 마늘, 생강 등을 썰어서 버무려 절구에 찧어 청각[101]과 조기 등을 함께 섞어 통에 담그면 배추와 국물 빛이 붉어져서 좋다.

독에 담가 먹으면서 여러 날 열고 닫아 김이 나가면 맛이 없으므로 작은 항아리에 나누어 담아야 맛이 변하지 않게 한다. 어떤 김치든 김이 나가면 못쓴다.

고명으로 낙지는 보기 좋고, 전복과 소라는 질기기만 하고 맛이 없고, 조기가 가장 좋고, 북어나 대구는 많이 넣으면 텁텁하고, 조개는 싱싱한 맛이 난다. 이렇게 여러 가지를 넣어도 맛은 고추, 파, 마늘 세가지에서 난다.

그릇을 깨끗이 씻어서 군내가 없게 하는데 그릇이 조금이라도 새면 못 쓰므로 조심해야 한다. 채친 무나 순무를 넣으면 상등품이 되지 못한다.

식성에 따라 씨 뺀 천초[10]와 고수[11]를 넣으면 한층 맛이 좋다. 고명 넣은 통을 썰어 배추 잎에 각각 싸서 담가야 맛이 좋고 전복 등도 고명하여 싸고 먹을 때 싼 것을 펼쳐 먹는다.

진주의 배추는 크고 너무 연하여 땅에 떨어지면 금방 부스러져 물이 될 정도로 천하에 으뜸가는 좋은 것이다. 이것으로 만들면 어떤 것이든 오죽 좋으랴.

그러나 아무리 재료가 좋다 하더라도 배추 씻을 때 쪽비비듯 거친 소금을 많이 쳐서 절이고, 변변치 못한 고명을 넣고, 그릇과 덮는 것을 제대로 하지 못하면 짜고 맛이 없다. 그 좋은 배추를 그렇게 하여 버리면 애달프고 아깝다.

그러면서도 잘 담그는 솜씨를 배우려 하지 않는 사람이 있는데 그런 사람을 책망하여 무엇하겠는가.

통김치에 넣었던 조기의 대가리를 따고 꼭 짜서 정한 그릇에 하나씩 놓고 설탕 쳐 가며 켜켜 넣고 돌로 눌러 봉하여 두었다가 며칠 뒤에 꺼내어 죽죽 찢어 술안주로 먹으면 알맞다.

통김치 조선무쌍신식요리제법 1924, 동아일보 1931. 11. 12

김치 담글 때 설렁탕이나 육수를 얻어 넣고 크기에 관계없이 살코기와 생선 말린 것을 함께 달여 식힌다. 고추, 파, 생강, 청각, 미나리[101] 등을 켜켜 넣고 마늘을 갈아 부은 뒤 어육 달인 국물에 무 절인 물을 타서 체로 쳐서 가득 붓는다. 뚜껑을 잘 덮고 흙에 묻었다가 연말이나 새 봄에 먹으면 맛이 매우 좋다.

이 김치는 무와 배추를 썰지 않고 통째로 담는데 죽여(竹茹)[89]를 넣으면 맛이 씩씩해진다. 죽순을 짜게 절였다가 10월쯤에 꺼내어 물에 담가 소금기를 빼고 넣는다.

통김치 (1) 동아일보 1931. 11. 11. 4면

먼저 배추 겉잎을 떼어버리고 통 채로 속까지 깨끗이 씻어서 군내나지 않는 그릇에 절인다.

물 한 통에 소금 화인(火印)[122] 2되(3.6ℓ) 정도를 타서 배추에 넉넉히 부어 절여서 광주리에 꺼내 물을 뺀다. 고명은 고추, 흰파, 마늘, 생강은 채치고, 쑥갓, 파, 미나리는 1치(3㎝)씩 자르고 청각을 뜯어 넣고, 함께 섞어 절인 배추를 일으켜 세우고 잎사귀 사이마다 함께 버무린 고명을 갖추갖추 조금씩 깊이 소로 넣고 잎사귀 한 줄기를 잡아 돌려 배추 허리를 매어 놓는다.

또 절인 작은 통무를 깨끗하게 씻어서 돌리며 이리저리 어슷비슷 비늘 박힌 모양으로 칼집을 내어 고명을 칼집 속마다 넣고 함께 그릇에 넣는데 무 한 켜 넣고 고명 뿌리고, 배추 한 켜 넣고 고명을 뿌린다.

이렇게 번갈아 넣은 후 절였던 물을 짭짤하게 간하여 체로 바쳐 부어 물이 배추 위까지 올라오면 우거지를 치고 무거운 돌로 눌러서 꼭 닫는다. 이상의 방법은 옛날 방법으로 젓국도 넣지 않고 별다른 고명도 하지 않은 것이다.

요즈음 통김치 담그는 법은 조금 다르며 모양도 썩 낫다.

가장 중요한 것은 좋은 배추를 얻는 일인 데 가장 좋은 배추는 방아다리 느리골 배추나 훈련원에서 심는 난쟁이씨(안질뱅이) 배추인데, 길이가 짧고 몸이 통통하고 속이 배고 단단하며 줄거리가 두껍고 가장 연하다.

지금은 훈련원 배추는 없어지고 방아다리 배추만 좋은데 아는 사람은 돈을 더 주어도 이것을 사 먹는다.

일본사람들은 개성배추가 길고 굵다고 하여 조선 제일 명산(名産)으로 치지만 사실은 서울 방아다리 배추만 못하다.

통김치 (2) 동아일보 1931. 11. 12. 4면

고명은 가늘수록 좋으므로 고추, 파뿌리, 마늘, 생강을 모두 실같이 가늘게 썬다. 그중 고추를 가장 가늘게 썬다. 많이 썰어서 부스러기 고추는 허드레김치에 넣고, 석이와 표고버섯은 생으로 채친다.

밤과 배는 넓게 썰고 양지머리 삶은 것에 미나리와 갓을 잘라 많이 넣고 청각을 뜯어 넣고 맛 다른 조기젓과 준치젓이나 도미젓이나 방어젓이나 연어젓이나 어떤 생선젓이든 넙죽하게 저며 넣는다.

그중에도 조기젓을 가장 많이 넣고 생복과 생소라와 생낙지도 저며 놓고, 성한 굴을 적을 골라 놓고 중조개를 말끔하게 씻어 까서 잘라 넣는다. 생것이 없으면 젓으로 담근 것이라도 좋다.

이외에 호두와 잣을 넣고, 위의 여러 가지를 훌훌 함께 섞어 놓고 소를 넣는다. 배추의 겉은 소금에 절여지고 속은 설탕에 절여져야 한다.

이런 배추통을 세우고 갖은 고명을 잎사귀마다 젓가락으로 갖추 샅샅이 넣은 후에 주둥이를 오므려 짚으로 동여매고 굵은 속빈 무를 절였다가 둘로 갈라 그릇 바닥에 깔고 적은 무를 절였다가 통으로 좌우로 엇저며서 저민 자리에 갖은 고명을 넣어서 절인 배춧잎으로 싸서 넣는다.

통김치 (3) 동아일보 1931. 11. 13. 4면

김치 고명으로 실고추, 파, 마늘, 생강 등을 썰어 함께 버무려 절구에 느른하게 찧어 펴 놓고, 청각[101], 미나리, 갓[4], 조기 등을 함께 섞어서 배추통에 소를 넣어 담그면 국물 빛이 붉어서 먹음직스럽다.

생조개, 생복, 생굴 같은 것은 김치에 많이 넣을수록 좋지만 북어와 대구는 많이 넣으면 국물이 텁텁하여 깍두기에 많이 넣은 것만 못하다. 그리고 방어, 제육, 양지머리, 차돌박이, 준치젓도 조금씩 넣는다.

통김치에 이렇게 여러 가지를 넣으나 맛은 고추, 파, 마늘에서 나며 생강은 싱싱한 맛을 돕는다.

통김치에 무나 숙주를 넣으면 고명 보탬은 되나 아무 맛도 우러나지 않으므로 조금 넣거나 빼야 한다.

여름에 생채 쌈으로 먹는 상갓씨를 받아서 가을에 심었다가 김장때나 그 전에라도 베어서 김치에 넣으면 향기롭고, 좋은 다시마를 잘게 채 쳐서 넣어도 좋다.

김치를 담글 때 겉만 절인 통무를 바닥에 깔았다가 먹으면 고명 맛이 은근하고, 썰어 놓으면 담백하고 맛있다. 통 배추를 바닥에 깔았다가 먹어도 역시 맛이 유별나다.

동김치 신영양요리법 1935 **통김치** 조선요리제법 1942

통이 크고 좋은 배추를 골라서 누런 겉잎을 버리고 잘 다듬어서 물에 깨끗하게 씻는다. 씻을 때 부서지지 않도록 조심해서 잎사귀 사이사이에 모래가 남지 않도록 세세히 씻어서 소금에 다시 절인다.

물 두 동이에 소금 3되(5.4ℓ)를 풀어 큰 그릇에 붓고, 씻은 배추를 소금물에 하나씩 담가서 소금물이 배추 속 깊이 스며들도록 해서 다른 그릇에 담고 소금물을 부은 다음 덮개로 덮어 하루 둔다.

다 절여지면 큰 광주리에 내어놓고 배추를 1포기씩 잡아 헤쳐서 속속들이 다 벌리고 소를 골고루 뿌려 잎사귀 사이에 넣고 잎사귀 한 자락을 잡아 돌려서(소넣은 것이 빠지지 않도록) 배추허리를 매어 놓는다.

또 절인 무를 칼로 이리저리 잘게 썰어서 그 사이 사이에 소를 넣어 절인 배추 잎으로 싸서 독에 담을 때 배추 1켜 넣은 다음 무 1켜를 번갈아 넣어 담고(위에 독 올릴 것을 예상하여 꽉 채우지 말 것), 소금물에 절인 무청으로 위를 많이 덮고 무거운 돌을 얹어서 누른 후 2~3일 후 깨끗한 물에 소금물을 풀어서 고운체로 쳐서 김칫독에 붓고 꼭 봉하여 잘 덮어두었다가 겨울에 먹는다.

배추 소 버무리는 법(배추 100포기에 대하여)

재료 : 무 채친 것 1동이(가는 젓가락 굵기로 가늘게 채쳐서 그릇에 담고 꼭 덮어두었다가 쓴다. 덮어두지 않으면 맛이 쓰다.), 실고추 3대접(실같이 가늘게 썰 것), 마늘 채친 것(굵은 마늘 6톨 가량), 파 채친 것(1대접 가량), 생강 채친 것(큰 것 3뿌리 가량), 큰 배 10개 채친 것(젓가락 굵기로 납작납작하게), 굵은 밤 채친 것 1되(1.8ℓ, 배 채친 것과 같은 모양으로), 미나리 썬 것 5대접(뿌리와 잎사귀를 떼어내고 써는 데, 머리 굵은 부분은 1치(3㎝)로 잘라서 겉 고명으로 쓰고, 가는 부분은 1치(3㎝)로 썰어서 속고명으로 쓴다.), 갓[4] 썬 것 3대접(가는 줄기와 연한 잎으로만 1치(3㎝)로 썰 것), 청각 5줄기(반치(1.5㎝)씩 잘게 뜯어서), 소금 1보시기[48](소 버무릴 때 무에 뿌리고 버무릴 것).

이것을 버무려 소로 넣는다. 먼저 채친 무에 소금을 뿌리고 실고추를 넣고 오래 동안 섞어서 고춧물이 무에 빨갛게 들면 미나리와 갓과 파와 마늘과 배와 밤과 생강과 청각 등을 넣고 잘 섞어서 쓴다.

통김치(冬漬) 할팽연구(일본어) 1937

재료 : 배추 8포기, 무 작은 것 8개, 파 8개, 마늘 2개, 생강 2개, 부추 30가닥, 갓잎 100장, 청각[101] 100줄기, 소금 0.2ℓ, 석수어(조기)젓 1마리, 새우젓 0.5ℓ, 석수어 젓국 1ℓ, 고추15개, 고춧가루 0.1ℓ.

배추를 다듬어 소금에 절이고 무는 반으로 잘라 한 쪽만 길이로 가른다. 파, 마늘, 생강도 길이로 가른다. 부추는 깨끗이 씻어서 4㎝로 자른다. 갓잎은 질긴 부분은 껍질을 벗기고 파와 적당한 크기로 썰어 놓고 석수어는 통째로 가늘게 잘라 놓는다. 새우는 다져 놓는다.

길이로 자른 무에 고춧가루와 길이로 자른 고추를 섞어서 고추물이 들게 한다. 여기에 부추, 갓잎, 파, 석수어, 새우젓을 섞는다. 배추를 물에 헹구어 물기를 빼고 배추 잎을 하나하나 들추어 양념을 고루 넣는다.

남은 무는 둘로 갈라서 칼로 곳곳에 비스듬히 칼집을 넣고 칼집자리에 양념을 넣는다, 배추 한 층 넣고 무 한 층 넣기를 반복하여 바람이 들어가지 않도록 막고 2~3일 후 즙이 나오면 맛을 보아 석수어즙을 끓여 식혀서 넣는데 3주일이면 익는다. 너무 따뜻한 곳에 두면 신다.

통김치 속 동아일보 1937. 11. 10. 3면 홍선표 조선요리학 1940

통김치 속으로 고추, 파, 마늘, 생강, 갓[4], 미나리 외에 쇠고기, 굴, 낙지 등을 넣는 집이 많은데, 조개류를 넣으면 잠깐 동안은 맛이 좋을지 모르지만 청신(淸新)하고 맑은 맛이 오래 가지 않는다. 그래서 예로부터 유명한 육상궁(毓祥宮) 배추김치도 다른 잡것은 절대 넣지 않는다.

우리의 음식 만드는 방법은 다른 나라 음식같이 일정한 됫수(升數)와 푼수(分數)가 없고 손대중만으로 만들기 때문에 집집마다 사람마다 김치 맛이 다르다. 배추 100통을 기준으로 다음과 같은 양을 사용하면 틀림없다.

소금 1말 3되(23.4ℓ), 마늘 5홉(0.9ℓ), 실고추 200전(750g), 생강 200전

(750g), 조기 20마리, 청각 5홉(0.9ℓ), 파 1관(3.75kg), 갓 1관(3.75kg), 미나리 1관(3.75kg), 무채 2관(7.5kg).

통김치(筒沈菜) 조선요리(일본어) 1940 우리음식 1948

재료 : 배추 20통(1통 1.5kg 표준), 무 20개(1개 1kg 가량), 미나리 3단(1단 600g), 파 3단(1단 600g), 마늘 3개(1개 150g), 갓 3단(1단 450g), 생강 2개(1개 200g), 고추 실고추 120g, 소금 호염 1ℓ, 고춧가루 80g, 식염 0.4ℓ, 청각 200g, 미정(味精=MSG, 비원) 1수저, 저민 조기 3마리(1kg), 새우젓 1.8kg.

(1) 배추는 좋은 것일수록 속이 꽉 차 있으므로 겉의 나쁜 잎은 떼어 다듬고 배추 꽁지 쪽을 잡고 먼지를 잘 턴 후 소금물에 하루 푹 담가 절인 뒤 따로 맑은 물을 준비하여 3~4번 헹구어 물기를 빼어 둔다. 무, 미나리, 파 같은 것도 모두 다듬어서 씻어 둔다.

(2) 배추속 쪽은 소금이 잘 배기 어려우므로 소금을 골고루 뿌려서 쌓아 놓는다. 무는 10개만 채쳐서 고춧가루에 버무려 둔다. 이렇게 하면 무에 고추물이 빨갛게 잘 밴다.

(3) 소금은 뿌리지 않는다. 나머지 무는 3~4점 크게 길쭉하게 저며 둔다. 미나리와 갓은 4cm 정도로 자른다. 파는 흰 뿌리 쪽은 4cm 정도 길이로 잘라서 가늘게 썰어 둔다. 파란 잎은 잘 씻어 두었다가 항아리에 담을 때 섞어 넣는다.

마늘은 껍질을 얇게 벗기고 1개씩 채를 치는 것이 보통이지만 귀찮으면 다져도 좋다. 생강도 껍질을 벗기고 마늘과 같이 하여 둔다.

낙지는 물에 씻어 적당히 썰고 굴은 물에 헹궈서 물기를 빼어 놓는다.

조기는 비늘을 떨고 머리를 떼어 내고 내장을 다듬고 살은 적당히 저며 둔다. 조기 대가리와 소금기가 있는 부분은 모두 모아 두었다가 국물 만들 때 쓴다.

(4) 무 채 썬 것과 나머지 고명을 모두 함께 버무리고 소금 5~6수저를 넣어서 얼버무려 배춧잎 사이에 고루 나누어 넣고 아물린 후 독에 1통씩 차곡차곡 쌓고 그 사이에 간간이 크게 저민 무, 파와 청각, 실고추, 소금 등을 뿌려 가며 모두 쌓은 후에 우거지로 덮고 뚜껑을 덮어서 2~3일 놓아둔다.

(5) 이상과 같이 해서 배추를 넣은 다음날쯤 물 10ℓ에 새우젓과 조기 대가리, 뼈, 비늘 등을 넣어서 푹 끓인 후 하루 쯤 두어 건더기가 가라앉으면 윗국물만 따라서 물과 소금을 가감하여 국물 간을 맞추고 배추가 잠길 양의 국물을 독에 가만히 붓고 돌로 눌러서 뚜껑을 덮는다.

기후와 소금 양에 따라 다르지만 11월경에 김치를 담그면 50일이나 1달 뒤쯤 먹을 수 있다. 젓국은 재료가 무엇이든 잠깐 물에 끓여 국물을 따른 후 찌끼에 다시 한 번 뜨거운 물을 부어 섞어서 가라앉혔다가 국물을 따르는 것도 경제적이다.

(6) 상에 놓을 때에는 배추 1통을 꺼내 도마에다 놓고 4~5㎝ 길이로 가로 자른다. 굵은 통이면 세로로 2~4 쪽으로 쪼개 썰어서 그릇에 담아 국물을 끼얹어 놓는다.

배추통김치 조선요리법 1939

재료 : 배추 100포기(굵고 좋은 것으로), 무채 7홉(1.26ℓ)가량, 미나리 3~4 대접, 갓 2대접, 청각 1대접 수북이, 파 채 반대접, 마늘채 반공기, 생강 7홉(1.26ℓ), 실고추 2/3근(400g)가량, 소금 쓰는 대로, 젓국 쓰는 대로, 밤 조금, 생전복 3~4개, 배 2개, 낙지 1코(20마리), 물 조금, 조기젓(大) 1뭇 반(15마리), 실백(잣) 1홉(0.18ℓ).

속이 차고 좋은 배추 겉잎을 떼어버리고 간간이 탄 소금물에 절였다가 이튿날 깨끗이 씻어 놓는다. 양념은 미리 준비해 놓는다.

무는 곱게 채치고, 미나리 잎은 다시 줄기만 알맞게 썰고, 갓도 같은 크기로 썰고, 청각은 발대로 따서 깨끗이 씻어 놓고, 파 마늘 생강은 채치고, 무에 실고추를 짧게 잘라 넣고 비벼서 양념을 섞고 소금과 젓국을 쳐서 간 맞추어 버무려서 소를 골고루 겹겹 넣는다.

조기는 머리를 자르고 배는 가르고 살만 반으로 쪼개 나붓나붓하게 저며서 사이사이 넣는다. 굴, 배, 밤, 낙지, 전복 등은 금방 먹을 10포기 정도에만 소로 넣어 익힌다. 바로 먹지 않고 오래 두면 맛이 없어진다.

소를 다 넣으면 독에 담는 데 지럼[95]으로 쓸 것과 늦게 쓸 것을 생각하여 물 소금을 켜켜로 뿌려 국물을 감안하여 담는다. 위를 잘 덮고 4일 만에 국물을 만들어 붓는데 조기젓국과 소금으로 간을 맞추어 붓는다.

양을 대강 얘기하였는데 소를 많이 넣기도 하고 적게 넣기도 하고, 배추도 크고 작은 것이 있으므로 일정한 분량을 말하기는 어려우므로 이 점을 착안해야 한다.

통김치 조선식물개론 1945

주재료 : 배추 50포기, 호염[118] 거친 것 300전(1.125㎏).

부재료 : 무 3관(11.25㎏), 고추(辣蕃椒) 100전(375g), 고춧가루(蕃椒粉) 375g, 파 1관(3.75㎏), 마늘 50전(187.5g), 미나리(芹) 150전(562.5g), 갓 100전(375g), 생강 3전(11.25g), 진두발(つのまた)[96] 3전(11.25g), 석수어젓 2관(7.5㎏), 마른 명태 5마리, 소금 150전(562.5g) 5홉.

젓국 : 석수어젓 1되(1.8ℓ), 새우젓 150전(562.5g), 냉수 5되(9ℓ).

주재료 준비 : 배추를 거친 소금물에 하룻밤 담근다. 배추를 꺼내어 소금을 뿌려 놓는다. 배추가 잘 절여졌으면 물로 씻어서 물기를 없앤다.

부재료의 준비 : 미나리, 갓은 잘 씻어서 1치(3㎝)로 썰어 놓는다. 파 잎은

벗겨 놓는다. 무는 반관(1.9㎏)은 채를 썰고, 나머지의 반은 반쪽으로 갈라놓는다. 파와 생강은 잘게 썰어서 다져 놓는다. 석수어젓은 뼈를 발라내고 고기를 1치(3㎝)로 자른다. 마른 명태는 물에 불려서 잘게 찢어낸다. 진두발은 씻어서 찢어놓는다.

이상의 준비가 끝나면 석수어, 명태, 진두발, 파잎, 고추를 제외한 다른 것을 한꺼번에 그릇에 넣고 고춧가루와 소금을 넣어 섞는다.

담그기 : 왼손으로 배추를 잡고, 잎을 하나하나 들추어서 준비한 재료 중 석수어와 명태 찢은 것을 3개 속에 끼운다. 부재료를 조금씩 잎 사이에 채우고 소가 밖으로 빠져 나오지 않도록 배추겉잎으로 배추통을 싸서 감는다.

준비한 독에 무를 넣고 소금을 약간 뿌리고 그 위에 배추를 차례로 올려 넣는다. 배추를 한두 줄 깔면 그 위에 무, 파잎, 진두발, 고추, 소금 섞은 것을 1켜 깐다.

다음에 다시 같은 순서로 배추와 고명 깔기를 반복하여 독의 90% 정도 담갔으면 뚜껑을 덮고 2~3일 놓아둔다.

담금액 만들기 : 배추를 담근 다음 날 새우젓 1되(1.8ℓ)와 석수어젓 머리와 뼈를 물 반말(9ℓ)에 넣어 하루 두어 즙을 낸다. 다음날 소금으로 간을 맞추어 독의 배추가 모두 잠기도록 붓는다.

그 위에 무잎 등을 넣고 소금을 뿌리고 뚜껑을 덮는다. 온도의 차이가 적은 곳에 놓아둔다. 일반적으로는 땅에 묻는다. 11월초 경 담그면 12월 초순부터 먹을 수 있는데 다음 해 3~4월까지 먹을 수 있다.

참고 : 조선 김치는 종류를 불문하고 국물을 함께 먹게 되어 있다. 이것이 피클이나 일본의 나라쓰케[22] 등의 절임과 다르며 여기에 조선김치의 가치가 있다. 이유는 담그는 동안 당분, 염류, 수용성 비타민 엑기스분이 국

물에 우러나오기 때문이다.

조선김치는 채소 외에 어류를 사용하는데 단백질 급원으로 중요하다. 자세한 것은 별도로 논하기로 하고 김치는 단순한 절임이 아니라 일종의 부식물로서도 중요한 위치를 차지한다는 것을 지적하는 정도로 그친다.

배추통김치(김장김치) 조선음식 만드는 법 1946

재료 : 배추100통(큰 통으로), 무 중간 것으로 10개, 멸치젓 소두 1말(9ℓ), 물 소두 1말(9ℓ), 찹쌀가루 큰되로 2되(3.6ℓ), 마늘 반접(50개), 파 30뿌리(굵은 호파), 생강 큰 것 5톨, 깨 5홉(0.9ℓ), 청각[101] 1되(1.8ℓ), 밤 2되(3.6ℓ), 배 15개, 전복 10개, 낙지 1코(20마리), 쇠고기 2근(1.8kg), 조기젓 10마리, 고춧가루 1되(1.8ℓ), 소금 5되(9ℓ).

(1) 배추 대가리를 자르고 떡잎을 떼어내고 잘 다듬어서 깨끗이 씻고 (배추가 상하지 않게 조심하여 씻을 것)

(2) 깨끗한 흰소금을 1되(1.8ℓ)쯤 물 1말(18ℓ)에 타서 놓고 배추 한 통씩 소금물에 담가서 배추 속고갱이까지 소금물이 들어가게 하여 항아리에 넣고 하룻밤 두면 녹신하게 절여진다. 이것을 채반에 건져서 소금물을 다 빼고

(3) 멸치젓 한 말(18ℓ)에 물 1말(18ℓ)을 붓고 펄펄 끓여서 큰 그릇에 소쿠리 같은 것을 올려 놓고 베보자기를 펴고 끓인 것을 퍼부어 젓국을 거르고

(4) 찹쌀 가루를 빽빽한 죽으로 쑤어 놓고

(5) 마늘, 생강, 파를 채쳐 놓고 청각은 잘게 잘라서 함께 섞어 놓고

(6) 깨를 다듬어서 살짝 볶아 놓고

(7) 무는 가늘게 채쳐 놓고

(8) 전복은 잘 불려서 종잇장처럼 얇게 썰어 놓고

(9) 낙지는 따뜻한 물에 살짝 담갔다가 꺼내 껍질을 벗기고 잘게 썰어 놓고

(10) 고기는 실같이 가늘게 채쳐서 갖은 양념을 다 하여 전복과 낙지를 함께 섞어서 볶아 놓고

(11) 조기젓을 가늘게 채쳐놓고

(12) 마늘, 파, 생강, 채친 것과 마늘 이긴 것, 무채와 전복, 낙지, 고기 볶은 것, 볶은 깨를 함께 넣고 채친 조기젓도 함께 섞고

(13) 여기에 고춧가루, 소금, 멸치젓국을 알맞게 쳐서 간을 맞추고

(14) 밤과 배를 채쳐서 위의 것과 함께 섞어 놓고

(15) 큰 그릇에 배추를 한통씩 올리고 속을 벌리고 소금을 약간씩 뿌리고 사이사이에 양념을 골고루 넣고 배추를 오므려서 배춧잎으로 꼭 싸서

(16) 독에 차곡차곡 넣는데 배추 한 켜 넣은 다음 조기젓 대가리와 미나리와 갓을 펴서 넣고 소금을 약간씩 뿌리고 다시 배추를 한 켜 놓기를 번갈아 하여 다 담은 후 꼭꼭 누르고 돌로 누르고 남은 젓국을 위에 붓고 봉하여 잘 덮었다가 익으면 먹는다.

[비고]

(1) 더 간단하게 하려면 배추를 씻어서 약간만 절였다가 건져서 물을 빼고

(2) 마늘과 파를 이겨서 고춧가루와 섞고 멸치젓에 물을 조금 넣고 끓여 걸러 식혀서 양념에 섞어 넣고

(3) 배추 속을 벌리고 소금을 약간 뿌리고 양념을 사이사이 골고루 펴서 넣고 다시 오므리고 배춧잎으로 잡아 매어서

(4) 독에 넣을 때 커다란 소금을 약간씩 뿌리고 배추를 다 넣은 후 꼭꼭 누르고 위를 쳐서 무거운 돌로 눌렀다가 먹는다.

(5) 국물은 배추에게서 나오는 것으로 충분하므로 김치국을 붓지 않는다.

배추 통김치 이조궁정요리통고 1957

재료 : 배추 중간크기 10통, 무 5개, 갓 2단, 미나리 2단, 고춧가루, 실고추 40전(150g), 청각 80전(300g), 밤 1홉(0.18ℓ), 배 2개, 새우젓 1보시기[48], 소금 5홉(0.9ℓ).

방법 : 배추는 소금물에 절여서 하룻밤 두어 속까지 완전히 절여져서 줄어들면 깨끗이 씻어서 물기가 없게 한다. 무, 미나리, 갓[4]등은 채로 썰어서 여러 양념을 넣고 버무려서 소를 만든다.

밤과 배는 껍질을 벗기고 반은 납작하게 썰고 반은 채로 썰어서 소와 함께 섞어서 절인 배추 속으로 넣고 독에 담근 후 우거지로 위를 덮고 돌로 눌러 소금물을 붓는다.

김통지 조선요리제법 1917

배추의 누런 잎은 모두 떼어버리고 통으로 깨끗하게 씻어서 독에서 절인다. 물 1동이에 소금 화인(火印)[122] 반되(0.9ℓ) 정도 타서 넉넉하게 부어 절여서 광주리에 놓아 물이 빠지게 한다.

무와 마늘, 파, 고추, 배, 생강을 채치고 갓과 미나리와 청각[101]은 1치(3㎝)로 썰어서 함께 섞어서 배추 가운데의 속을 헤치고 잎사귀 틈마다 소금씩 소를 박고 잎사귀 한 줄기를 잡아 배추허리를 돌려 묶는다.

무를 깨끗하게 씻어서 칼로 여기저기 어슷비슷하게 칼집을 내서 생선 비늘과 같은 모양을 만들고, 소금에 절였다가 비늘 밑에 고명을 넣어서 독에 담는다. 무 1켜 넣고 배추 1켜 넣기를 번갈아 하며 고명도 함께 조금씩 넣는다.

다 넣은 후 배추 절였던 물을 체로 받쳐 부어 물이 배추 위까지 올라오면 간을 짭짤하게 하여 무거운 돌로 눌러 놓고 뚜껑을 꼭 덮어둔다.

김치(침채)제품 부인필지 1915

김치 담글 때 다림방(푸줏간 또는 설렁탕집)에서 육수 두어 동이를 사서 말린 생선과 쇠고기를 넣고 달여 식힌다. 파, 생강, 고추, 청각, 미나리, 톳 등을 켜켜 넣고 마늘을 갈아 넣고 생선과 고기 달인 물에 무 달인 물을 타서 체로 걸러 가득 부은 뒤 뚜껑을 잘 덮고 땅에 묻었다가 섣달이나 초봄에 먹으면 매우 맛있다.

이 김치는 무와 배추를 썰지 않고 통째로 만들어 먹는다.

배추김치 동아일보 1957. 11. 1. 4면 金濟玉

배추는 세통을 골라서

가장 좋은 배추 : 생선을 다져서 소금을 뿌리고 생강, 파, 마늘, 청각, 실고추, 갓, 생굴 등을 넣고 국물 있게 담그되 배추가 가진 간과 거의 같은 간의 국물을 넉넉히 부어 시원한 맛을 내도록 한다. 김치 담글 때 온도가 영하 3~4℃이고, 기온이 정상적으로 내려갈 때 오래 익히는 것이 맛있다.

중간 품질 배추 : 젓을 달여서 사용하는데 양념은 먼저 김치와 같으나 분량이 많아야 하고 김치 국물은 먼저보다 적게 하고 간은 조금 더 세게 한다.

가장 아래 품질 배추 : 생젓국을 다져서 사용하되, 마늘 양념이 주가 되고 파와 생강은 거의 쓰지 않는다. 분량을 적게 하고 고춧가루를 넉넉히 넣고 국물 없게 하고 간은 젓으로만 맞출 정도로 소금을 사용하지 않아야 단맛이 난다.

보쌈김치

쌈김치 동아일보 1928. 11. 1. 3면

쌈김치는 보통 집에서는 잘 만들지 않고 궁(宮)이나 특별한(돈 있는) 가정에서 만들어 먹는 사치한 음식이다. 그 만큼 입맛 나는 음식으로 통김치보다 재료도 더 들고 인력, 즉 힘과 시간이 많이 든다.

배추(속고갱이가 많은 것)를 씻기 전에 겉절인다. 조선소금, 호소금(胡鹽)[118] 다 좋으므로 배춧잎 갈피마다 뿌리고 이튿날 씻는다(두 번 일이 되므로 그대로 쓸 수도 있지만 잠깐 절였다가 씻는 편이 부서지지 않고 씻기 편하며 진딧물도 잘 떨어지고 깨끗해진다).

씻은 것을 다시 절이는 데, 배추 한 짐에 소금 한 말을 쓰면 남는다. 약간 싱거운 편이 나중에 간맞추기도 좋고 고명 맛이 잘 들어 좋다.

사흘째는 채반에 건져서 막김치처럼 여러 토막으로 썰어서 고갱이와 잎을 따로 놓는다. 잎사귀는 한편에서 골 끝을 펴서 뜯는다.

고명은 밤, 무채, 실고추, 미나리, 파, 마늘, 생강을 가늘게 채로 쳐서 (미나리만 키를 맞추어 자른다) 버무리는데 고운 고춧가루를 섞어서 색을 내고 소금을 섞어 간을 맞춘다. 짠김치를 좋아하지 않으면 설탕으로 고명만 좀 든든하게 한다.

그리고 작은 깍두기 크기로 배를 따로 얇게 썰어서 다른 그릇에 담고 방어, 낙지, 조기젓(이것들도 작게 썰 것), 잣, 굴도 그와 같이 따로 씻어 놓는다. 또 기름 없는 쇠고기를 배만하게 썰어 놓고 갖은 고명을 하여 무쳐서 볶는다.

그 외에 파란 오이지와 갓 같은 것도 다른 고명과 격이 맞게 도톰하게 썰어서 한쪽에 놓는다. 무(절인 것)는 보통 나박김치보다 좀 크고 두껍게 썬 후에 싸기 시작한다.

잎사귀는 푸른 것보다는 구멍 없는 속잎이 보기에도, 싸기에도 좋은데, 처음부터 잎사귀를 매우 아껴야 한다.

잎사귀를 펴 놓고 하얀 배추 고갱이 썰어 놓은 것을 모양 좋게 세워가며 버무려 만든 고명과 잣을 사이사이 틈틈이 놓아가며 싼다. 따로따로 놓았던 굴, 고기, 배 같은 것을 가운데에 한 점씩 놓고 무도 한두 점씩 중간에 넣은 후 잎사귀를 오므려 오지게 싼다.

따로 절인 무를 한치(3㎝) 길이로 잘라 어슷비슷 칼집을 넣어 두었다가 거기에도 사이사이 새로 버무린 고명을 끼운다.

다음, 항아리에 넣는데 쌈을 곱게 움켜서 고명 넣은 무를 격지 삼아 차근차근 담는다. 이때 청각과 갓 같은 것을 격지로 좀 섞어도 좋다. 청각을 쌈 속에 넣으면 볼썽사납다.

이렇게 한 후 바로 국물을 붓는 것도 좋지만 좀 두었다가 국물을 해 부으면 배추에 고명 맛이 들어서 좋다.

국물은 식성 나름대로 하지만 겨울에 먹는 것은 새우젓이나 조기젓국을 쓰면 맛이 풍부하다(그러나 봄에는 소금간 하는 것이 맛이 깨끗하다.). 새우젓은 미리 따뜻한 물에 담갔다가 쓴다. 이것도 물을 타서 간맞추는 일에서 공들인 것이 나타난다.

처음 건지가 잘 절여진 것은 항아리 한 동이에 새우젓 한 탕기 우린 것이면 족하다. 그러나 건지 양에 따라 달라지므로 참작해야 한다.

쌈김치는 한 개씩 꺼내어 썰지 말고 바로 그릇에 내 먹고, 풀어지기도 쉬워서 작은 항아리 여러 개에 나누어 담는 편이 끝까지 싱싱하고 새로운 맛을 잃지 않는다.

개성보쌈김치 중외일보 1929. 11. 4. 3면 羅貞玉

좋은 배추와 연한 무를 골라 깨끗이 씻어서 바구니에 담아서 물을 뺀다.

한 그릇에는 전젓국[84](조기젓국)을 담고 다른 그릇에는 갖은 양념을 준비한다.

잣, 밤, 석이, 표고, 생굴, 북어, 전복, 낙지, 대추, 배, 미나리, 생강, 파, 마늘은 각각 채친다.

무를 5푼(1.5㎝)으로 납작납작하게 썬다. 골패짝[15]만하게 써는 사람도 있다. 그리고 배추 겉잎은 뜯어 버리고 속도리를 골라서 줄거리만 5푼(1.5㎝)으로 썬다. 전젓국에 실고추, 고운 고춧가루, 무, 배추 절인 것을 함께 버무려 두면 숨이 죽으면서 무와 배추에 붉은 물이 곱게 든다.

다음, 준비한 갖은 양념에 설탕을 쳐 가며 함께 섞어 버무린다. 버무릴 때 채친 고명이 부서지지 않게 주의한다.

전젓국으로 간맞추어 섞은 후에는 배추 잎사귀를 따로 소금에 절여 두었다가 씻어서 물을 뺀 뒤에 잎사귀를 펴서 무, 배추, 갖은 양념을 함께 버무려서 한 보시기를 만들어서 잎사귀 하나로 싼 후 풀어질 것 같으면 다른 잎사귀로 한 번 더 싼다.

싼 것을 항아리에 넣고 서울 같으면 설렁탕 국물을 간맞추어 붓고, 시골 같으면 고기국물 같은 것을 붓는다. 그런데 주의할 점은 겨울이 가기 전에 다 먹어 버려야지 봄까지 두면 먹지 못한다. 남쪽 도서 지방은 멸치 젓국으로 하는 것이 좋다.

김장철이 왔다 - 보쌈김치 담그는 법 조선중앙일보 1934. 11. 9(상), 10(하) 4면 成義敬

재료 : 배추, 소금 3홉(0.54ℓ), 낙지 코, 전복 5, 젓조기 마리(판독불능), 조기젓국 5홉(0.9ℓ), 고춧가루 1홉(0.18ℓ), 실고추, 청각[101] 1홉(0.18ℓ), 마늘 대통, 파 2단, 생강 1/4근(150g), 갓[4] 3단, 미나리 3단, 꿀 약간

방법 : 좋은 배추를 뽑아서 겉잎을 따 버리고 노란 고갱이만 골라서 쓴다. 그러므로 속이 많이 든 배추를 골라야 한다. 배추 잎을 갈피마다 젖혀서 소금을 속속들이 넣어 절인다.

또는 배추를 다듬어서 소금물에 담가 숨을 죽인 뒤 꺼내 덜 절여진 곳은 소금을 넣어 절인다. 그리고 한 잎씩 따서 머리를 잘 맞추어 한 치(3㎝) 정도로 자른다. 아주 노란 속대는 그대로 두어도 좋다.

겉잎은 큼직한 것으로 쌈에 쓸 것이므로 잘 절여 놓는다. 그리고 무는 물이 많고 단 것을 골라서 껍질을 벗기고 3푼(0.9㎝) 길이로 동강을 내고 그것을 다시 5푼(1.5㎝) 넓이, 2푼(0.6㎝) 두께로 골패짝같이 고르게 썰어 놓는다.

배 : 배는 오랫동안 겨울을 나면 연해지므로 단단한 늦배를 택하는 것이 좋다. 껍질을 벗겨서 얇게 저며 무와 같이 쓰는데 무보다 적은 크기로 써는 것이 좋으며 눈짐작으로 크고 작은 것이 없도록 고르게 썰면 된다.

밤 : 물에 담가두었다가 껍질을 잘 벗기고 생긴 대로 납작하게 썰어 놓는다.

낙지 : 껍질을 벗겨서 1치(3㎝)로 잘라 놓는다.

소라 : 알을 빼서 지저분한 것들은 떼어 버리고 깨끗하게 씻어서 반으로 갈라 납작하게 썰어 놓는다. 물론 무처럼 반듯하게 되지는 않는다. 소라가 없으면 소라젓을 써도 된다.

전복 : 살을 껍질에서 떼어내고 소금물에 씻어서 해캄을 없애고 가장 단단한 부분은 도려내고 가운데 연한 부분만 얇게 저며서 납작하게 썰어 놓는다.

굴 : 껍데기를 잘 골라내고 소쿠리나 체에 얹어 물을 뺀다.

조기젓 : 집마다 봄에 담가둔 것이 있을 터인데, 없으면 김장 때 시장에 가면 언제든지 구할 수 있다. 비늘을 긁고 살을 잘라 내어 무쪽보다 약간

작게 썰어 놓는다.

고추 : 고춧가루든 실고추든 마음대로 살 수 있다.

청각[101] : 골라 씻어서 낙지 썰은 크기로 잘라 놓는다.

마늘, 생강, 파 : 꿩김치 때와 같이 곱게 채로 썰어 놓는다.

갓[4] : 연하고 참하고 싱싱한 것으로 다듬어서 줄기가 굵은 것은 갈라서 1치(3㎝)로 잘라 놓는다.

미나리 : 뿌리가 적은 것을 사서 뿌리와 잎은 따 버리고 줄기만 남겨 머리를 맞추어 흐트러지지 않게 하고 살살 비벼가며 씻어서 1치(3㎝)로 잘라서 다시 물에 넣어 깨끗하게 씻어서 줄기 속에 거머리 같은 것이 끼어 있지 않도록 한다.

이상의 여러 고명을 모두 장만하여 큰 그릇의 한군데에 놓아두었다가 여러 가지를 함께 버무리는데 꿀을 두어 수저 섞어서 뭉치지 않도록 잘 버무린 후 먼저 썰어 놓은 배추와 무를 잘 섞어 놓는다. 그리고 먼저 절여 놓은 큰 배춧잎을 두서너 잎 펴 놓고 그 위에 버무린 김치 속을 한 보시기 집어서 얹고 잎을 차례차례 싼다. 한 뭉치씩 단단하게 싸서 항아리에 꼭꼭 눌러 담는다. 굴은 함께 버무리면 문드러져서 흉하므로 따로 놓았다가 쌀 때 조금씩 넣는 것이 좋다. 아무리 잘 섞어 버무려도 십여 가지 넘는 양념을 많거나 적지 않도록 하여 쌈 하나에 다 들어갈 수 있게 다독거리며 싸야 하므로 시간이 걸린다.

위의 재료로 30개 정도 쌀 수 있다. 항아리에 넣을 때 쌈을 옆으로 놓아 나가면 풀리는 수가 있으므로 위로 쌓아 나가고 쌈이 잠기도록 국물을 붓고 위를 덮는다. 젓국 얘기는 잘 알 것이므로 생략한다. 그러나 많은 시간을 들여서 담근 김치가 국물 때문에 맛이 없으면 안 되므로 맛있는 젓국을 부어야 한다.

그늘에서 익힌 뒤 한 쌈씩 그릇에 담아 밥상에 올려서 젓가락을 들고 기대를 하며 잎을 하나씩 열고 헤쳐 보라. 달고 독특한 향기에 입맛이 저절로 날 것이다. 요리가 꾸미만 좋아서는 안 되고 보기에도 좋고 냄새도 좋아야 비로소 맛이 나며, 보기에도 고운 것은 자연히 손이 가게 마련이다.

개성 쌈김치 동아일보 1935. 11. 15. 4면 趙惠貞

김치는 어떤 곳이든 형편과 처지대로 하는 것인데 쌈김치도 같다. 형세가 좋은 집은 재료를 많이 들여 해 먹으므로 맛있네 없네 할 수 없는 일이다.

개성 쌈김치가 맛있고 유명한 것은 그만큼 시간과 공과 노력이 많이 들기 때문에 소문이 날만큼 유명한 것이다.

개성 쌈김치라고 하여 김장 전체를 쌈김치로 하는 것은 아니다. 경성(서울)에서 특별한 경우나 손님을 대접할 때 장김치를 담그는 것과 같이 개성에서는 손님이 올 때나 쌈김치를 조금 담아서 얌전하게 썰어 놓는 것이다.

공과 노력과 시간이 많이 드는 쌈김치를 부득이 담그는 이유는 많다. 꼭꼭 싸서 만들어 차곡차곡 넣었다가 꺼내서 그릇에 담아 먹으므로 속의 김치 양념이 그대로 있어서 김이 나지 않고 맛을 그대로 보존하게 된다.

같은 재료로 하여도 맛있고, 꺼내서 써는 폐단도 없다. 해 넣을 때는 불편하지만 먹을 때는 다시 없이 편하고 맛있는 것이다.

방법은 별 것이 없고 재료를 평소대로 준비해 놓는다.

쌈김치용 배추를 토막쳐야 하는데 경성배추는 짧아서 두 토막 내기 어렵다. 김치 그릇에 놓일 만큼 토막이 되는 대로 쳐서 큰 그릇에 흐트러지지 않게 가지런히 세워 둔다.

다음, 조기젓국을 위로 솔솔 뿌려 놓고 한편으로 큰 잎을 펴고 또 속잎을 한겹 편 후 배추를 한 토막씩 올려놓고, 흐트러지지 않도록 왼손으로 쥐고 준비한 양념을 켜켜 넣는다. 그 위에 굴도 올려놓고, 낙지도 넣고 싶으면 넣고, 채썬 배와 밤을 놓고, 다시 속잎으로 덮고 위를 싼다.

될 수 있으면 빈틈없이 잘 싸서 항아리에 담는데 한 켜 놓고 무토막이 서로 떨어지지 않도록 우물정자(井)로 넣고 그 속에 양념을 한 켜 놓는다.

이와 같이 담아 팍팍 눌러 놓았다가 하루나 이틀 지난 뒤 국물을 붓는다. 조기 젓국을 타서 넣는 곳도 있는데 개성에서는 새우젓을 많이 넣는다.

새우젓도 끓이면 국물이 텁텁하고 맵다고 하여 시루[65]에 시루밑을 깔고 새우젓을 넣어 물을 내려서 쓰는데 새우젓국을 내린 것에 무절인 국을 타서 간맞추어 붓는다. 어떻게 하던 간이 맞아야 맛있다.

쌈김치(보쌈김치) 김장교과서 여성 7, 50~54, 방신영, 1939. 11

재료 : 배추 50통, 무 40개(10개만 채쳐서 실고추에 버무려 놓고), 실고추 1근(600g), 미나리 1 다발(1치(3㎝)로 썰고), 갓[4] 5다발(1치(3㎝)로 썰고), 청각[101] 반 사발(잘게 뜯어 놓고), 파 10다발(채치고), 마늘 10톨(채치고), 생강 5톨(채치고), 굴 1사발, 배 5개(골패짝[15]처럼 썰고), 밤 5홉(0.9ℓ, 얇게 썰어놓고), 은행 50개(더운 물에 넣어 속껍질을 벗겨 놓고), 호도 50개(속껍질을 벗겨 놓고), 실백(잣) 3홉(0.54ℓ, 속껍질을 벗기고), 우린 감 10개(골패짝처럼 썰고), 오이지 20개(골패짝처럼 썰고), 대추 1보시기 (씨를 빼고 4 조각으로 썰고), 북어 5마리 (골패짝처럼 썰고), 소금 1종자, 설탕 1종자

조리법 : 재료 중 굴, 은행, 호도, 잣만 빼고 모두 섞어놓는다.

절여서 깨끗하게 씻은 배추를 1치(3㎝)로 잘라서 통이 흐트러지지 않게 넓은 그릇에 벌려 담아 놓고 새우젓국이나 멸치국물을 벌려 놓은 배추 통 위에 끼얹은 다음 잘 절인 배추 잎을 넓게 피고 배추 토막을 조심하여 올

려 놓고 통김치속 넣는 것처럼 소를 잎사귀 사이사이에 먹음직스럽게 넣고 굴 두세개와 은행 1개, 호도 1쪽, 잣 5~6개를 얹은 후 배추 잎으로 잘 싸서 놓는다.

절인 무를 1치(3㎝)로 잘라서 윗부분 반만 4갈래로 쪼개서 섞은 양념을 사이에 넣고 배추 잎으로 잘 싸 놓는다.

항아리에 담글 때 무 한 켜를 격지격지 번갈아 넣어 담아서 하루 후 젓국을 간맞추어 붓고 꼭 봉해 두었다가 15일 후 먹기 시작한다.

배추김치용 배추를 오래 절이면 단맛이 다 빠지고 질겨서 맛이 없다. 그러므로 다섯 시간에서 여덟 시간 안에 절여야 한다.

배추 속에 양념을 넣을 때 속이 절여지지 않았으면 소금을 조금씩 뿌리면서 소를 넣는 것이 좋다.

담그는 법과 재료와 분량은 일정한 것은 아니고 각 가정과 형편에 따라서 다소 다를 것이다. 대체로 이 정도라는 것을 참고하기 바란다.

보김치(褓沈菜) 조선요리(일본어) 1940 우리음식 1948

재료는 통김치와 같으나 배추는 잘 익은 것으로 좋은 것만 골라 쓴다. 속 고명에 낙지, 굴, 전복, 밤, 배 등도 넣는다.

배추와 무를 4㎝ 길이로 갈라 소금에 절인 것을 다른 여러 고명과 섞고 소금물을 흠뻑 먹은 배추 잎에 적당하게(담는 그릇에 1개가 가득 차도록) 싸서 독에 넣고 국물로 통김치와 같이 붓는다. 먹기 좋게 익으려면 1달가량 걸린다.

쌈김치 신영양요리법 1935 조선요리제법 1942

재료 : 배추 큰 것 10통, 표고 10개, 무 큰 것 5개, 배 2개, 낙지 썬 것 1사발, 밤 10톨, 고추 10개, 파 5뿌리, 소금 1사발.

적당히 굵고 좋은 배추를 통째로 잘 절여서 1치(3㎝)로 썰고 무를 잘 절여서 6푼(1.8㎝) 넓이, 5푼(1.5㎝) 두께로 썰고 낙지는 껍질을 벗기고 깨끗이 씻어서 5푼(1.5㎝) 길이로 썰고 고추는 가늘게 채친다. 배와 밤과 파도 모두 채로 치고 표고는 물에 깨끗이 씻어서 잘 불린 후 물을 꼭 짜서 채친다. 북어도 넣으면 매우 좋은데, 마른 북어를 물에 불려서 껍질과 뼈를 다 없애고 5푼(1.5㎝) 길이, 3푼(0.9㎝) 넓이로 잘라 놓는다.

생강은 채치고 자른 배추 잎 중에서 넓고 깨끗한 색의 잎을 많이 골라 놓는다.

고른 배추 잎을 도마 위에 몇 장 펴고 토막 낸 배추를 올리고 그 위에 여러 고명을 곁들이고 맨 위에 북어와 낙지를 얹고 실백(잣)을 사이사이 몇 개 넣고 무를 두어 쪽 얹은 후 잎으로 잘 싸서 독에 차례로 잘 담은 후 국물을 간맞추어 붓고 꼭 봉해 둔다.

간은 소금이나 젓국으로 한다.

개성보김치 동아일보 1937. 11. 13. 3면 홍선표 조선요리학 1940

개성보김치가 유명한 데 개성배추는 위에서 말한 것 같이 조선의 대표적 배추로 통이 크고 잎사귀도 유난히 넓어서 보김치라는 것이 생겼다. 다른 곳 배추 잎사귀는 면적이 좁아서 보(보쌈)로 쓸 수 없다. 그래서 보김치는 개성에서만 만들 수 있다.

또, 보김치가 맛있는 것은 맛있는 고명을 보에 같이 싸서 익히기 때문에 냄새나 맛을 잃어버리지 않고 보 속에서 혼합하여 익히므로 다른 배추김치보다 맛있다.

배추 잎을 두 서너 겹 펴고 보통 김장용 고명 외에도 전복, 낙지, 굴, 고기 등 여러 가지를 썰어 올려 보같이 꼭 봉하였다가 먹을 때 그대로 꺼내어 먹으므로 고명 맛을 조금도 잃어버리지 않아서 맛있는 것이다.

보쌈김치 조선요리법 1939

재료 : 배추 10통, 무 썬 것 4대접, 생전복 (큰 것) 3개, 낙지 1코(20마리), 배 2개, 밤 조금, 굴 조금, 미나리 1대접, 파 채친 것 조금, 마늘 4쪽, 생강 1개, 실고추 조금, 갓 조금, 청각 조금, 소금 쓰는 대로, 조기젓국 쓰는 대로, 표고(큰 것) 10개, 실백(잣) 조금

배추를 줄기와 속대만 6~7푼(1.8~2.1㎝), 넓이 5푼(1.5㎝)정도로 썰어 젓국과 소금을 섞어 절이고 무도 같은 길이로 썰어서 절인다.

생전복은 얄팍하게 저미고 배는 얇게 썰고 밤은 가로로 착착 썬다.

낙지는 소금으로 힘 있게 주물러서 껍질을 벗기고 깨끗이 씻어서 5푼(1.5㎝)길이로 자르고, 표고는 물에 씻어 담갔다가 골패(1×4㎠)[15]처럼 썰고, 미나리는 줄기만 7~8푼(2.1~2.4㎝) 길이로 썬다.

갓도 같은 치수로 썰고 청각은 대발로 따서 깨끗이 씻는다.

굴도 붙어 있는 껍질을 없애고 깨끗이 씻어 건져서 물을 빼고, 파 마늘 생강은 곱게 채친다.

재료를 함께 섞어 양념을 버무리고 소금과 젓국으로 간을 한다.

실고추를 넣고 버무리는 것을 마지막으로 넓은 배춧잎을 펴고 고명을 고루 놓고 흐트러지지 않게 싸서 실로 동이고 항아리에 담아 위를 꼭 쳐 놓았다가 이튿날 국물을 만들어 붓는데 조기젓국과 소금으로 간을 맞춘다.

보쌈김치 가정요리 1940

재료 : 배추 10통, 낙지 3마리, 대추 10개, 밤 10개, 실고추 1컵, 무 3개, 표고 5조각, 파 10뿌리, 생강 1개, 배 3개, 소금 약간.

크고 좋은 배추를 깨끗이 씻어서 1치(3㎝) 길이로 썰어 놓고, 잘 절은 무를 납작납작하게 썰어놓고, 낙지는 껍질을 벗겨서 1치(3㎝)로 썰어놓고, 고추는 곱게 채치고, 배, 밤과 마늘, 생강은 다 채쳐놓고, 표고는 물에 깨끗

하게 씻어서 물을 꼭 짜서 채치고, 대추는 물에 불려서 씨를 빼고서 3조각으로 썰어놓고, 북어도 두들겨서 물에 불려 껍질을 벗기고 뼈는 빼고 잘게 썰어놓고, 썰어 놓았던 배추 잎에서 넓고 색이 좋은 것으로 많이 골라 놓고, 골라 놓은 배춧잎 토막친 것을 한 토막 올려놓고 배추 사이에 이상 준비하여 놓은 여러 고명을 올려놓고 맨 위에 북어와 낙지를 얹고 잣을 몇 개 틈틈이 넣고, 무를 2쪽 올려놓고 무잎으로 잘 싸서 독에 가득 담는다.

간이 맞도록 국물을 만들어 붓는데 국물은 소금만으로 만들어도 좋고 젓국으로 만들어도 좋다.

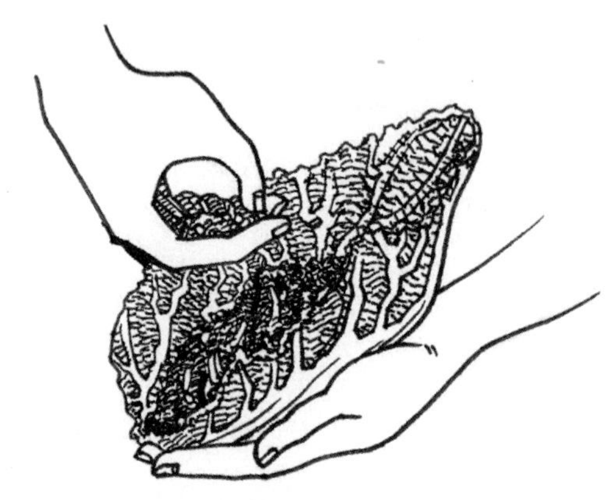

보쌈김치 만들기

쌈김치(김장김치) 조선음식 만드는 법 1946

재료 : 배추 10통, 무 3개, 소금 적당히, 실고추 1홉(180㎖), 파 10뿌리, 마늘 2톨, 생강 1톨, 배 3개, 낙지 3마리, 표고 5조각, 밤 10톨, 대추 10개

(1) 굵고 좋은 배추통을 잘 씻고 잘 절여서 1치(3㎝)로 썰고(배추가 상처나지 않게 조심)

(2) 무를 잘 절여서 6푼(1.8㎝) 넓이, 1푼(3㎜) 두께로 썰어 놓고

(3) 낙지는 껍질을 벗기고 깨끗이 씻어서 5푼(1.5㎝) 길이로 썰고

(4) 고추는 가늘게 채친다.

(5) 배, 밤, 파, 마늘, 생강을 모두 채치고

(6) 표고는 물에 깨끗이 씻어서 물을 꼭 짜서 채친다.

(7) 대추는 잘 씻어서 물에 불려서 씨를 빼고 3조각으로 썰어 놓고

(8) 북어도 넣으면 맛이 좋은데, 마른 북어를 물에 불려서 껍질과 뼈를 없애고 5푼(1.5㎝) 길이, 3푼(0.9㎝) 넓이로 잘라 놓는다.

(9) 자른 배추 잎 중에서 넓고 깨끗한 잎을 많이 골라 놓는다.

(10) 이와 같은 준비를 끝내고 골라 놓은 배추 잎을 도마 위에 몇 장 펴서 넓히고 토막 낸 배추 한 토막을 올리고 배추 틈틈이 위의 여러 고명을 곁들여 놓고 맨 위에 북어와 낙지를 얹고 실백(잣)을 사이사이 몇 개 넣고 무를 두어 쪽 얹은 후 잎으로 잘 싸서 독에 차례로 잘 담은 후 국물을 간맞추어 붓고 꼭 봉해 두었다가 잘 익으면 먹는다.

(11) 간은 소금으로만 해도 좋고 젓국으로 해도 좋다.

보쌈김치 이조궁정요리통고 1957

재료 : 배추 2통, 무 2개, 미나리 1단, 갓[4] 1단, 배 1개, 생복 1개, 낙지 1마리, 밤 10톨, 청각, 잣 약간, 젓국, 설탕, 소금, 파, 마늘, 생강, 고춧가루, 실고추

방법 : 연하고 좋은 배추를 골라서 잎은 잘라 소금물에 절여 놓고 줄기는 2~3㎝ 길이로 썰어서 소금에 절인다.

무는 씻어서 네모로 납작납작하게 썰어서 소금을 뿌려 놓는다.

배는 껍질을 벗겨서 무와 같은 크기로 썰고 미나리, 갓[4], 청각[101] 등은 3~4㎝ 길이로 자르고 밤은 납작납작 썰어 놓는다.

생강, 파, 마늘은 채로 썰어 놓는다. 낙지는 껍질을 벗기고 칼로 자근자근 두들겨서 3~4㎝ 길이로 썰고 생복은 얄팍하게 썬다.

배추와 무 절인 것을 그릇에 담고 위의 여러 고명을 넣고 고춧가루와 젓

국을 부어가면서 고루 버무린 다음 설탕과 실고추를 넣는다.

절여 놓았던 배추잎을 도마 위에 몇 잎 펴서 넓히고 여러 고명을 넣어 버무린 김치를 한 보시기 정도 올려놓고 잎으로 잘 싸서 독에 차근차근 담고 김치국물에 간을 맞추어 붓고 꼭 봉하여 익힌다. 김치국물은 소금물, 또는 젓국을 물에 타서 붓는다.

보쌈김치 동아일보 1959. 11. 21. 4면

재료 : 배추 10포기, 무 3개, 낙지 3마리, 표고 5개, 대추 10개, 밤 10톨, 실고추 1홉(180㎖), 파 10뿌리, 마늘 2톨, 잣 1홉(180㎖), 생강 1톨, 배 3개, 소금 또는 젓국, 편육(또는 제육)과 육수, 북어 2마리.

방법 : (1) 크고 좋은 배추를 잘 절여서 씻고 통째로 1치(3㎝) 길이로 반듯하고 흐트러지지 않게 썰어 놓는다.

(2) 무는 잘 절여서 길이 5푼(1.5㎝), 두께 1푼(0.3㎝)으로 썰어 놓는다.

(3) 낙지는 껍질을 벗기고 깨끗하게 씻어서 두꺼운 것은 반을 갈라서 5푼(1.5㎝) 길이로 자른다.

(4) 배와 밤은 무 크기와 같이 납작하게 썰어 놓는다.

(5) 표고는 물에 불려서 모래 없이 씻어서 물을 꼭 짜고 큰 것은 4조각, 작은 것은 2조각으로 썰어놓는다.

(6) 대추는 씻어서 씨를 빼고 3쪽으로 썰어 놓는다.

(7) 양지머리 편육을 삶아서 무의 2배 정도 썰어 놓는다(국물은 국물 부을 때 쓴다).

(8) 북어도 두들겨서 물에 불려서 껍질을 벗기고 뼈를 발라낸 뒤 길이 1.5㎝ 넓이 1㎝로 썰어 놓는다.

(9) 잘라 놓았던 좋은 잎을 깨끗이 씻고 물기를 뺀다.

(10) 배춧잎을 도마나 상 위에 두 세 잎 펴놓고 그 위에 배추 윗부분 썬

것을 곱게 올려 놓는다

(11) 재료들을 배추 사이사이에 젓가락으로 한두 가지씩 끼워 넣어서 모양 좋게 얌전하게 하고, 배와 무와 북어는 맨 위에 얹고 실고추와 마늘, 파, 생강 채 친 것은 합해서 배추 틈틈이 넣어서 고명을 한다.

(12) 흰 소금을 적당히 뿌린 다음, 배춧잎으로 보따리 싸듯이 얌전히 싸서 놓는다.

(13) 무썬 것과 함께 항아리에 꼭꼭 담아서 조기 젓국이나 육수에 소금을 타서 붓고, 간이 맞으면 종이로 항아리를 봉해 두었다가 먹는다.

나박김치

나박김치 조선요리제법 1917 **나백김치** 간편조선요리제법 1934

무를 씻어 골패[15] 크기(1×4㎝)로 얇게 썰어서 소금에 절인 후에 건져서 항아리에 담고 물을 넉넉히 부은 후 찌꺼기가 들어가지 않게 절였던 소금물을 가라앉혀서 윗물만 붓고 간을 맞춘다.

미나리, 고추, 파, 마늘, 잣들을 잘게 썰어 넣고 뚜껑을 덮어두었다가 익으면 먹는다.

나박김치(나백김치, 蘿葍淡菹) 조선무쌍신식요리제법 1924

지금식 : 무를 반듯반듯하게 또는 얇게 썰어서 소금에 절인 후에 실고추와 파 싹과 미나리를 길게 잘라 넣고 마늘을 채 썰어 약간 넣고, 무 절인 물에 맹물을 섞어 간을 맞추어 많이 붓고 익힌다.

무순이 있으면 넣어도 좋고 나중에 실백(잣)을 띄운다.

옛날식 : 옛 방법은 늦가을에서 겨울 초의 처음 추운 날을 기다려 연한

무가 굵은 손가락만큼 된 것을 골라 껍질을 긁어내고 깨끗이 씻어 항아리에 넣고 단물을 여러 번 끓여 식으면 소금을 넣어 휘저어서 가라앉으면 체로 쳐서 붓는다.

항아리는 짚으로 싸서 땅에 묻고, 소금물은 짭짤하게 해야 무에 간이 든다. 다시 작은 오이와 연한 가지, 적로근[83], 송이, 껍질 벗겨 썬 생강, 흰파, 청각[101], 씨 뺀 천초[100], 고추 든 물을 넣어 담그면 매우 좋다.

이 김치는 무나 오이를 먼저 절이지 않고 만드는 것 같은데 기록이 유실되어 알 수 없는데, 한번 시험하여 볼 일이다. 그러나 적로근이 무엇인지는 알 수 없다.

나박김치 조선요리법 1939

재료 : 썰은 무 2대접, 파 중간크기 2개, 마늘 큰 것 1쪽, 생강 약간, 실고추 약간, 소금 적당히, 미나리 1공기, 설탕 3수저, 물 4대접.

무를 나붓나붓하고 얄팍하게 썰어서 양념할 동안 소금을 약간 훌훌 뿌려 놓고 마늘, 생강, 파를 가늘게 채치는데 움(싹)과, 잎이 가는 것은 채치지 말고 1치(3㎝)로 자른다.

미나리는 줄거리만 다듬어서 1치(3㎝)로 자른다. 무를 썬 것에 양념을 모두 넣고 버무려서 간을 보아 항아리에 담는데, 실고추도 많이 넣으면 좋지 않으므로 고명으로 조금만 넣는다.

물을 4~5대접 붓는데 설탕을 치고 소금을 알맞게 넣어서 간을 맞춘다. 물을 더 부으려면 부어도 좋은데, 김치 국이 너무 많으면 탁 어우러지지 않는다.

나백김치 신영양요리법 1935 **나박김치** 조선요리제법 1942

재료 : 양념은 식성에 따라 더 넣어도 좋다. 무 큰 것 2개, 파싹(채친 것)

1종지, 생강 조금, 고추 (말린 것) 2개, 미나리(썬 것) 1보시기, 마늘 반쪽.

무를 깨끗하게 씻어서 5푼(1.5㎝)넓이, 1푼(0.3㎝)두께로 썰어서 소금에 절이고 미나리는 뿌리와 잎을 자르고 깨끗하게 씻어서 1치(3㎝)길이로 자르고, 파는 1치(3㎝)길이로 잘라 채치고, 고추와 실고추를 썰고, 마늘과 생강도 가늘게 채쳐 놓은 후 무를 건져서 여러 가지 양념을 넣고 조심스레 섞어서 항아리에 담고 무 절인 소금물로 간맞추어 붓고 잘 덮어둔다.

나박김치(片沈菜, 蘿葡沈菜) 조선요리(일본어) 1940 우리음식 1948

재료 : 무 4개 (2kg 미만), 미나리 2단, 배추 1개, 파 반단, 생강 1개, 마늘 4쪽, 실고추 80g, 소금 120g

무는 얇게 3~4cm씩 네모지게 썰어서 소금과 고추를 뿌려 둔다. 배추는 무와 같은 크기로 저며서 씻고 소금을 뿌려 둔다. 미나리와 파도 4cm 정도로 잘라서 통김치 때와 같이 썰어 둔다. 마늘과 생강은 채를 썰거나 다져서 쓴다. 이들 여러 가지를 함께 섞어서 항아리에 다 넣고 반나절 두었다가 물을 흥건할 정도로 부어서 뚜껑을 덮어둔다.

나박김치(봄철) 조선음식 만드는 법 1946

재료 : 무 큰 것 2개, 파 2뿌리, 생강 조금, 실고추 1종지, 미나리 썰어서 반보시기, 마늘 1쪽, 물 3홉(540㎖), 소금 5큰수저.

(1) 무를 5푼(1.5㎝)넓이, 1푼(0.3㎝)두께로 썰어서 소금 3수저로 절여 놓고

(2) 파와 마늘과 생강은 곱게 채치고

(3) 미나리는 뿌리와 잎을 따고 깨끗하게 씻어 놓고

(4) 무를 건져서 큰 그릇에 담고 실고추와 미나리, 파, 마늘, 생강 채친 것들을 함께 섞어서

(5) 항아리에 담고

(6) 무 절였던 소금물에 물 3홉(540㎖)이나 4홉(720㎖)쯤 붓고 소금으로 간을 맞추어 심심하게 하여 항아리에 부어서 익힌다.

나박김치 이조궁정요리통고 1957

재료 : 무 큰 것 2개, 미나리 1단, 파, 생강, 실고추, 소금, 설탕 약간

방법 : 무는 네모지게 얇게 썰어서 소금에 절여 건져서 다른 그릇에 담고, 실고추, 파, 생강 등을 넣고 버무려서 항아리에 넣고, 따뜻한 물에 소금과 설탕을 풀어서 간을 맞추어 붓는다.

다 익으면 미나리를 깨끗하게 씻어서 소금물에 잠깐 담가 숨만 죽여서 물에 흔들어 김치 항아리에 넣는다.

나박김치와 냉잇국 동아일보 1959. 3. 19. 4면 최엄순

봄이 오면 가장 먼저 나박김치와 냉잇국을 끓인다. 파란 미나리와 빨간 실고추가 희고 싹싹한 무와 함께 동동 뜨는 나박김치는 무엇인지 모르게 갈증이 도는 봄 날씨에 산뜻하고 시원한 맛을 준다.

그리고 눈 속에서 자라난 냉이는 독특한 향기를 풍겨 주어 저녁식탁에 봄소식을 전해 주는 것이다.

나박김치는 무를 5푼 넓이(1.5㎝)와 1푼 두께(0.3㎝)로 썰어 소금에 절이고, 파, 마늘, 생강, 미나리, 실고추를 섞어서 습습하게 담근다. 봄무는 바람이 들기 쉽고 싹이 나서 씁쓸해 진 것이 있을 수 있는데 될 수 있으면 묵직하고 말쑥한 것을 골라 산다. …이하 생략

장김치

장김치 조선요리제법 1917

배추와 무를 깨끗하게 씻어서 배추는 살만 길이로 7푼(2.1㎝)씩 썰고 무는 6푼(1.8㎝)씩 썰어서 넓이 4푼(1.2㎝), 두께 1푼(0.3㎝)으로 썰어 항아리에 담고 무는 배추의 반쯤 넣고 간장으로 절여서 다른 항아리에 건져 넣는다.

물을 알맞게 붓고 간장은 간맞추어 넣고 참배, 밤을 무와 같이 조금씩 썰어 넣고 잘게 채친 파, 마늘, 고추, 버섯을 넣고, 미나리와 갓을 7푼(2.1㎝) 길이로 잘라 넣고 실백(잣)을 조금 뿌리고 봉해 두었다가 잘 익으면 먹는다.

장김치(醬菹) 조선무쌍신식요리제법 1924

배추 겉잎을 떼어 내고 속대와 잎사귀까지 8푼(2.4㎝) 길이로 다 씻어서 진장(묵은 간장)에 절여 놓고 섞박지 크기로 무를 썰어서 진장에 절인다. 배추는 그보다 느리게 절여지므로 따로 오래 절인다.

절인 후 실고추와 파와 마늘, 생강, 석이버섯, 표고를 채 썰어 넣고 배와 밤을 조금 크게 썰고 미나리와 갓을 잘라 넣고 실백(잣)도 넣고 설탕도 뿌려 모두 섞은 후에 무와 배추 절인 장물에 장을 더 넣고 물을 부어 간을 맞추어 붓고 봉하여 익으면 뚜껑을 연다.

배추를 설탕과 장에 통으로 절였다가 소를 넣고 담그면 더 좋다. 배추와 무를 절이기 전에 설탕을 뿌려 섞어 하루 두었다가 장으로 절여 담그면 맛이 씩씩하고 좋다.

장김치 매일신보 1924. 5. 25. 3면

배추와 무를 깨끗하게 씻어서 배추는 고갱이가 많은 것을 골라 7푼(2.1㎝)으로 썰고, 무는 껍질을 벗겨버리고 6푼(1.8㎝) 길이, 4푼(1.2㎝) 넓이, 1푼(0.3㎝) 두께로 썰어서 무와 배추를 서로 다른 그릇에 담고 무는 배추의 절반 정도를 진한 간장에 절이고 무는 소금에 절여 두었다가 절여지면 배추와 무를 건져서 고명을 섞어서 담고 배추절인 간장과 무 절인 물도 조금 붓는다.

고명은 배와 밤은 썰고, 고추, 생강, 석이, 표고, 해삼(김치거리 한 통에 한 개)은 채치고 미나리와 갓은 7푼(2.1㎝)으로 잘라 함께 섞은 후 설탕을 쳐서 두었다가 잘 익으면 먹는다.

장김치 동아일보 1928. 11. 2. 3면

이것은 매우 좋은 백김치로 가장 좋은 고갱이를 한치(3㎝)로 자르고 무도 거기에 맞추어 도톰하게 잘라서 소금에 살짝 절여 간이 들게 한다.

거기에 갖은 고명(파, 마늘, 생강, 실고추, 미나리 외에 배, 밤, 잣, 세기 같은 것을 썰어 넣어도 좋다)으로 국물을 해 붓는다. 이때 설탕을 약간 치면 맛이 잘 난다.

서울 장김치 중외일보 1929. 11. 4. 3면 羅貞玉

연한 무와 좋은 배추를 골라서 무는 골패짝 만큼(또는 5푼(1.5㎝) 길이) 자르고, 배추도 속도리로 같은 크기로 잘라서 진간장(혹은 일본간장)에 절이는 데 숨이 한참 죽으면 간장을 따라 버리고 새 간장을 붓는다. 간장을 서너 번 갈아 부으면 무와 배추는 숨이 죽으면서 검게 물이 든다.

여기에 갖은 양념을 넣는데 잣, 밤, 석이, 표고, 생굴, 북어, 전복, 낙지, 대추, 배, 미나리, 생강, 파, 마늘을 씻어서 실고추와 함께 버무리면서 설탕을 친다.

그런데 다 알겠지만 겨울에 먹을 것은 젓국에 담그고, 봄에 먹을 것은 소금으로 담가야 맛이 변하지 않는다.

장김치 간편조선요리제법 1934

배추와 무를 깨끗하게 씻어서 배추는 살만 7푼(2.1㎝)길이로 썰고 무는 6푼(1.8㎝)길이로 썬 다음 4푼(1.2㎝)길이와 1푼(0.3㎝)두께로 썰어 각각 다른 항아리에 담되 무는 배추의 반쯤 한다.

배추와 무를 항아리에 건져 함께 담고 무절인 물을 알맞게 붓고 무, 참배, 밤을 함께 얇게 조금씩 썰어 넣고 생강과 마늘, 고추, 석이와 표고를 불려 씻어 넣는다.

김치 거리 1동이에 표고와 석이 10개씩 채쳐 넣고 미나리와 갓을 7푼(2.1㎝)길이로 썰어 넣은 후 실백(잣)을 약간 뿌리고 설탕을 뿌려 저은 후 봉해 두었다가 익으면 먹는다(고추는 실고추로 썰고 해삼도 넣는다.).

김치담그는법 3 - 장김치 조선중앙일보 1934. 11. 11. 4면 成義敬(숙명여자고보 교수)

재료 : 배추 5통, 무 3개, 배 큰 것 1개, 생밤 10개, 잣 반 홉(90㎖), 표고 5개, 석이버섯 댓잎, 미나리 1단, 갓 1단, 파 1단, 마늘 2통, 실고추 1홉(180㎖), 생강 약간, 진간장 3홉(540㎖), 설탕 반보시기.

배추를 다듬는데 겉대는 떼어 버리고 통통한 속 부분만 잘라 깨끗하게 씻어서 물기를 빼고 진간장에 절인다. 다른 김치는 소금물로 절이지만 이 김치는 소금 대신 장으로 절이고 간도 간장으로 맞추어 붓기 때문에 장김치라고 한다. 전에는 모두 집에서 진간장을 담았지만 지금은 맛도 좋고 색도 검은 왜간장이라는 훌륭한 것이 조선간장을 충분히 대신하므로 가정부인들에게 여간 도움이 되지 않는다. 그러므로 가능한 그것을 써야지, 일부러 시간과 노력을 들여서 진간장을 담가야 할 필요가 없다.

말하는 김에 늘 하던 말을 한마디 더 하려고 한다. 구식 부인 중에는 대체할 재료를 갖고 있으면서도 쓰지 않고 꼭 시키는 대로 해야 하는 것으로 생각하여 쉬운 방법을 찾지 못하는 사람도 있는데 응용할 줄 알아야 한다.

다시 만드는 법으로 돌아가서,

무 : 껍질을 벗겨서 8푼(2.4㎝) 길이, 6푼(1.8㎝) 두께, 2푼(6㎜) 폭으로 반듯하고 고르게 썰어서 장에 심심하게 절여 놓는다.

배 : 껍질을 벗기고 살을 저며서 넙적넙적하게 썰어 넣고,

밤 : 껍질을 벗겨서 생긴 모양으로 납작하게 썰어 놓고

표고버섯 : 물에 불려 씻어서 꼭지를 따고 가늘게 채같이 썰어 놓는다. 잡채에 쓸 것같이 썰면 좋다.

석이버섯 : 잘 불려서 꼭지와 단단한 곳은 떼어 버리고 가늘게 채쳐 놓는다.

미나리와 갓 같은 것은 다른 김치의 경우와 마찬가지로 썰어 놓고 파, 마늘, 생강은 채쳐 놓고, 실고추, 잣 등 모든 것을 준비하고 배추와 무 썰은 것을 함께 섞어 버무려서 항아리에 담고 간장을 타고 설탕을 넣어 단맛이 적당히 나게 하여 간을 맞추어 국물을 붓는다.

장김치 뿐 아니라 어느 김치든 미나리를 고명에 넣을 때, 처음 버무릴 때부터 넣지 말고 마지막에 넣는 것이 좋다. 심심함을 잃지 않기 위해서.

장김치 조선요리법 1939

재료 : 배추 썰은 것 2대접, 무 썰은 것 1대접, 표고 큰 것 4개, 석이 큰 것 4개, 실고추 약간, 파 중간크기 2개, 마늘 큰 것 1쪽, 생강 반쪽, 잣 반공기, 진간장 7홉(1.26ℓ), 설탕 적당히, 썰은 밤 1공기, 미나리 한 줌, 배 1개.

배추속대를 나붓나붓하게 썰고 무도 적당히 토막 내어 배추와 같은 크기

로 썰어서 진장(묵은 간장)을 부어서 간장 물을 거무스럽게 들여놓고 밤을 까서 가로놓고 얇게 착착 썰고, 배도 같은 크기로 썬다.

표고는 불려서 줄기를 떼어버리고 나붓나붓하게 썰어 놓고 석이는 끓는 물에 데쳐서 채친다.

미나리는 줄거리만 다듬어 3㎝로 자르고 생강, 마늘 파는 채로 친다. 이 같이 준비가 다 되고 배추와 무에 간장물이 배었으면 간장 물을 따라내고 양념을 넣고 고루 버무려서 항아리에 넣고 따라 놓은 간장 물에 설탕을 간 맞추어 타서 붓고 항아리를 봉하여 두었다가 익으면 먹는다.

장김치 가정요리 1940

재료 : 배추속대, 무, 마늘, 파, 실고추, 생강, 미나리, 갓, 석이, 표고, 밤, 배.

배추속대와 약간의 무를 나박김치 모양으로 납작납작하게 썰어서 진간장에 절인다. 절으면 간장은 따라버리고 간마늘, 실고추, 생강, 미나리, 갓, 석이버섯, 표고, 채친 밤, 무쪽 같이 썰은 배를 다 넣고 버무려 놓는다.

김치 국물은 간장에 설탕을 조금 넣고 물을 부어 간을 맞춰서 붓고 익으면 먹는다.

장김치 신영양요리법 1935 조선요리제법 1942

재료 : 배추 큰 것으로 5포기, 미나리(썬 것) 1보시기, 무 큰 것으로 2개, 간장 반사발, 배 1개, 소금 반보시기, 밤 5개, 생강 약간, 파 5개, 마늘 1톨, 갓 썬 것 1보시기, 고추(큰 것) 5개, 표고 10개, 석이(큰 것) 5개, 실백 반종지, 설탕 1종지.

(1) 배추와 무를 깨끗하게 씻어서 배추의 겉잎은 버리고 7푼(2.1㎝) 길이로 썰고 무는 길이 6푼(1.8㎝), 넓이 4푼(1.2㎝), 두께 1푼(0.3㎝)으로 썰어서 무와 배추를 따로 간장에 절여(배추는 무보다 느리게 절여지므로 더

오래 절인다)서 건져 함께 그릇에 담는다.

미나리는 1치(3㎝) 길이로 썰고 배와 밤은 4푼(1.2㎝) 넓이, 4푼(1.2㎝)길이, 1푼(0.3㎝)두께로 썰고, 생강, 파, 마늘, 석이 및 표고버섯은 가늘게 채치고 갓은 1치(3㎝)로 썰어 모두 합하여 섞은 후 항아리에 담고 무절인 간장 물에 물과 간장을 더 넣고 간을 맞추어 항아리에 붓는다.

항아리에 설탕을 넣고 주걱으로 골고루 저어주고 간을 보며 너무 달지 않게 하고 실백(잣)을 넣어서 꼭 묶고 잘 덮어두면 가을에는 너댓새 후에 익는다.

간장은 진하고 짜지 않고 맛좋은 것으로 해야 김치가 맛있다.

(2) 통김치로 만들면 더 좋다. 큰 통 배추에 설탕을 뿌려 두어서 먼저 절인 후 간장을 부어 다시 절인다.

그리고 통김치 만드는 방법대로 양념을 배추 잎 사이에 고루 펴 넣고 양념이 빠지지 않도록 잎사귀로 잘 매어서 간장으로 간을 맞추어 담는다.

먹을 때는 1치(3㎝)로 썰어서 그릇에 보기 좋게 담는다.

장김치(醬沈菜) 조선요리(일본어) 1940 우리음식 1948

재료 : 배추 3개(한개 2㎏), 무 2개(한개 800g), 미나리 1단(한단 600g), 파 1단(600g), 갓[4] 1단(400g), 마늘 2통(180g), 생강 1개(180g), 실고추(80g), 배 2개, 대추 6개, 잣 2 수저, 밤 6톨, 석이버섯 6개, 표고버섯 6개, 장 2ℓ, 설탕 4수저.

배추는 잘 씻어서 겉의 질기고 파란 잎을 떼어 다듬고 속의 좋은 잎만 4㎝ 가량 잘라서 장에 절여 둔다.

무는 두께 3㎜, 길이 4㎝ 넓이 2.5㎝로 썰어서 장에다 담가 둔다. 미나리, 파, 갓[4], 마늘, 생강 등은 통김치 때와 같이 배는 껍질을 벗기고 무 채 썬 것과 비슷하게 저민다.

밤은 까서 채를 치거나 납작납작하게 얇게 저민다. 대추는 씨를 발라 세로로 길게 썬다.

잣도 까놓는다.

석이버섯은 끓는 물에 튀겨서 손으로 비벼 이끼를 깨끗이 씻어 버리고 마른 행주로 물기를 닦고 채를 썰어둔다.

표고버섯은 물에 불려서 채로 썰어 둔다.

이상의 재료를 고명과 모두 함께 버무려서 항아리에 넣어 하루 후에 장이 배추에 잘 배면 국물을 만들어 붓는다.

국물은 물에다 먼저 절여 두었던 장을 따라서 진장(묵은 간장)을 넣어 맛을 보며 섞은 후 배추가 국물에 충분히 잠기도록 부어 둔다.

10일 가량 지나면 먹게 되며 여름이면 2~3일에도 먹게 되는 데 재료가 많이 들고 손이 가는 데 비하여 오래 가지 못하여 여름에는 잘 만들지 않는다.

장김치(사철용) 조선음식 만드는 법 1946

장김치 1 재료 : 호배추 큰 것으로 1통, 무 1개, 미나리 썰어서 반보시기. 파 2뿌리, 마늘 2쪽, 생강 조금, 고추 5개, 소금 2큰수저, 표고 큰 2조각, 석이 3조각, 대추 4개, 밤 5개, 배 1개, 잣 2큰수저, 설탕 2큰수저, 간장 1홉반(270㎖), 물 3홉반(630㎖).

장김치 2 재료 : 배추 큰 것으로 6통, 무 2개, 소금 1홉(180㎖), 간장 3홉(540㎖) 파 3뿌리, 마늘 3쪽, 고추 4개, 생강조금, 표고 6조각, 석이 4조각, 미나리 썰어서 반보시기, 갓 썰어서 반보시기, 밤 10개, 배 2개, 설탕 맛보아서

(1) 배추는 깨끗하게 씻어서 겉대와 잎을 떼어 버리고 5푼(1.5㎝)으로 썰어서 간장으로 부어 잘 절여질 때까지 놓아두고(먼저 소금으로 초벌 절여

서 건져서 간장으로 부어 놓을 것)

(2) 무는 잘 씻어서 5푼(1.5㎝) 길이 4푼(1.2㎝) 넓이로 얇게 썰어서 간장을 부어 절여질 때까지 놓아두고

(3) 고추는 곱게 채치고

(4) 파, 마늘, 생강을 곱게 채치고

(5) 배와 밤을 납작납작하게 썰어 놓고

(6) 갓과 미나리도 깨끗하게 씻어서 5푼(1.5㎝)으로 썰어 놓고

(7) 표고와 석이(석이 씻는 법을 참고할 것)는 잘 씻어서 골패짝[15]같이 썰어 놓고

(8) 무와 배추를 건져서 그릇에 담고 여러 가지 양념을 함께 넣고 식은 후에 항아리에 담고

(9) 무 절였던 간장물에 김치국이 될 정도로 냉수를 더 붓고 간장으로 간 맞추어 김치에 부어서

(10) 가장 위에 양념들을 뿌려서 잘 덮어 두었다가 익어서 상에 놓을 때 설탕을 적당히 타서 김치 보시기에 담고 잣을 뿌려 놓는다.

[비고]

(1) 가을에는 4~5일쯤 후 먹게 된다.

(2) 설탕은 너무 달게 하지 말고 단맛이 은근할 정도로 넣는다.

(3) 간장은 검고 짜지 않은 맛있는 것으로 해야 김치 맛이 좋고 색도 곱다.

(4) 통김치로도 할 수 있는데 큰 통배추를 먼저 소금물에 담가서 대강 절여서 씻어 놓고

(5) 소는 통김치 만드는 법대로 배춧잎 틈에 소금을 약간씩 뿌리고 소를 골고루 넣어서 항아리에 담고

(6) 잎사귀로 잘 덮고 무거운 돌로 누른 후에 김치국을 간장으로 간맞

추어 부어 익힌다.

장김치 이조궁정요리통고 1957

재료 : 배추 670전(2.5㎏), 무 170전(0.64㎏), 미나리 1단, 갓[4] 1단, 표고 5조각, 석이 5조각, 배 1개, 잣 티스푼 2, 밤 10톨, 설탕 1/4컵, 간장 3컵, 청각, 생강, 파, 마늘, 실고추

방법 : 배추는 깨끗하게 씻어서 줄거리를 한 잎씩 뜯어서 2~3㎝로 자르고, 무는 납작하게 썰어서 간장을 부어 절여 놓는다.

무는 배추보다 빠르게 절여지므로 배추가 완전히 절여진 다음 넣는 것이 좋다.

청각[101], 석이, 미나리, 갓 같은 것은 4~5㎝로 자르고 파와 표고는 채로 썰어 놓는다.

마늘과 생강은 얄팍하게 저미고, 밤은 절반은 채로 썰고 절반은 납작하게 썬다.

배는 껍질을 베끼고 무와 같이 넙적하게 썰어 놓는다.

간장에 절인 배추와 무를 건져서 다른 그릇에 담고 위의 여러 고명을 넣고 섞어서 항아리에 담고 돌로 눌러 놓는다.

배추와 무를 절인 간장물에 김치국이 될 정도로 물을 더 붓고 간장으로 간을 맞추고 설탕을 타서 김치 항아리에 붓는다.

위에는 배춧잎이나 배껍질 같은 것으로 잘 덮어서 꼭 봉하여 익힌다.

익힌 후에 상에 놓을 때는 잣을 뿌린다.

섞박지

섞박지 조선요리제법 1917

섞박지는 젓국지와 같은 법으로 하는데 맛만 조금 삼삼하게 담근다.

섞박지 조선무쌍신식요리제법 1924

섞박지는 젓국지와 같은 법으로 만드는데 젓국지보다 조금 삼삼하게 하고 고명은 통김치와 같이 만들어 넣고, 무와 배추는 가르지 말고 통으로 해야 맛이 더 좋다. 무를 잘게 썰어 김치에 쓰면 좋지 않다.

껍질이 얇고 투명하고 크고 연한 무를 짜지 않게 잠깐 절이고 좋은 배추와 갓[4]도 따로 절여 놓는다. 4~5일 후 맛있는 조기젓, 준치젓[91], 밴댕이젓을 좋은 물에 담가 놓는다.

무는 좋은 대로 썰고, 배추는 적당히 썰어 물에 씻고, 오이는 여름에는 소금물을 끓여 더울 때 부어 절이고, 녹슨 동전이나 놋쇠 그릇 닦은 수세미를 많이 넣으면 푸르고 싱싱한데 김치 담기 삼사일 전에 꺼내 물에 담가 소금기를 우려낸다.

가지는 잿물 내린 재를 말려서 속에 묻고 봉하여 땅에 묻어두면 방금 딴 것과 같다.

가지는 섞박지 담는 날 꺼내 물에 넣고 동아는 껍질을 벗기지 말고 속만 빼서 없앤다.

여러 젓갈은 비늘을 떼고, 전복과 소라와 낙지는 손질하여 깨끗이 씻고, 무와 배추는 광주리에 건져 올려 물을 뺀다.

항아리를 땅에 묻고 무와 배추를 1켜 넣고 청각과 파와 마늘과 고추와 생강은 위에만 뿌리고, 미나리와 갓과 무채는 켜켜 넣은 후 국물을 넉넉하게 하고 절인 배추 잎과 벗긴 무 껍질로 두껍게 덮는다.

그 위에 나뭇가지를 대각선으로 질러 놓고 국물이 적으면 맛있는 조기젓국과 굴 젓국을 섞어 가득 붓고 두껍게 싸서 덮어 익으면 동아[30] 껍질을 벗겨 썰면 빛이 옥 같다.

더울 때 만들면 국물이 시어 좋지 않고 무와 배추를 절인지 1~2일 만에 방법대로 하면 맛이 좋다.

섞박지 간편조선요리제법 1934

섞박지는 젓국지와 같은 방법으로 하는데, 통배추가 적고 고명을 많이 썰어 넣어 맛만 조금 삼삼하게 담근다.

섞박지 신영양요리법 1935 조선요리제법 1942

섞박지 버무리는 분량 : 무 썬 것 1동이(무 1동이에 소금 7홉(1.26ℓ)으로 절여서 1치(3㎝)길이, 8푼(2.4㎝)넓이, 5푼(1.5㎝)두께로 썬다), 배추 썬 것 반동이(소금에 절인 배추로 5푼(1.5㎝)길이로 썬다.), 실고추 1사발, 미나리 3대접 (1치(3㎝)길이씩 썰은 것), 파 채 썬 것 1사발, 마늘 으깬 것 1종지, 생강 으깬 것 1종지, 갓[4] 썬 것 1사발, 배 채친 것 반사발, 밤 채친 것 반사발, 조기젓 3마리(조기젓을 반으로 갈라서 뼈를 발라 살만 5푼(1.5㎝)길이로 썰 것), 낙지 20마리(머리를 잘라내고 껍질을 벗긴 다음 잠시 데쳐서 1치(3㎝)길이로 자를 것), 전복 1개(충분히 불려서 얇게 저민 후 골패[15] 크기(1×4㎠)로 썰 것).

이들 재료를 모두 함께 섞어서 독에 담는다. 통김치처럼 소 넣은 배추통을 1켜 넣고, 버무린 섞박지 1켜 넣기를 번갈아 하여 잘 절은 시래기를 많이 덮고 무거운 돌로 눌러서 2~3일 두었다가 국물을 붓는다.

국물은 물 1동이에 진한 조기젓국 5사발을 넣고 끓여 식혀서 체로 쳐서 붓고 오래 둘 김치는 소금을 조금 넣어서 끓여 독에 나누어 붓는다. 배추

100포기에 대한 고명 양은 아래와 같다.

무(큰 것으로) 60개(반은 채쳐서 소 재료로 하고, 반은 절여서 섞박지 감으로 한다.), 고추(굵고 잘 마른 것) 1말(18ℓ), 마늘(굵은 것으로) 25 개, 파(굵은 것으로) 세 단, 생강(큰 것으로) 6뿌리, 배 10개, 밤 1되(1.8ℓ), 조기젓 13개, 미나리 10단, 갓[4] 5단, 청각[101] 5줄기, 소금 1말 3되(23.4ℓ)(배추 절이는데 쓴다), 낙지 20마리, 전복 1개, 조기젓국 5사발(김칫국에 붓는다).

고명을 준비하는데 참고로 각 고명의 중량은 아래와 같다.

배추 1통의 중량은 최고 큰 것 800전(3kg), 큰 것 520전(1.95kg), 중간 것 420전(1.58kg), 평균 556전(2.09kg) 무 1개의 중량은 큰 것 250전(938g), 중간 것 190전(713g), 평균 약 229전(859g) 가량, 소금 1되(1.8ℓ)는 검은 소금(元鹽) 300전(1.13kg), 흰 소금(再鹽) 256전(938g), 마늘 마른 것으로 1통은 약 10전(37.5g), 깐 것 1통은 약 9전(33.8g), 생강 1톨 마른 것 약 10전(37.5g), 고추 1말(18ℓ)(마른 것으로 5되(9ℓ)) 마른 것으로 250전(750g), 실고추로 70전(263g).

섞박지 김장교과서, 여성, 7, 방신영, 50~54, 1939. 11

재료 : 배추 30통(절여서 깨끗하게 씻어서 7푼(2.1㎝)으로 썬다), 무 1동이(소금 1사발로 절여서 길이 1치(3㎝), 넓이 5푼(1.5㎝), 두께 3푼(0.9㎝)으로 썬다), 실고추 반근(0.3kg), 굵은 고춧가루 1사발, 미나리 5단(1치(3㎝)로 썰 것), 파 10단(채로 썰고), 마늘 10톨(채로 썰고), 생강 5뿌리(채로 썰고), 갓[4] 5단(1치(3㎝)로 썰고), 조기젓 5개(뼈 바르고 반듯반듯 썰 것), 북어 5마리(살만 4푼(1.2㎝) 넓이로 썰 것), 조기젓국 보아서 적당히.

조리법 : 배추 썬 것과 무 썬 것, 다른 양념을 함께 섞어 독에 넣어 꼭꼭 누르고 무청을 깨끗하게 씻어 꼭 짜서 위를 잘 덮고 돌로 무겁게 잘 누른 후 3일 후 국물을 붓는다. 물 반 동이에 소금 1 보시기를 녹이고, 젓국이나 멸

치젓국을 간 맞추어 넣고 펄펄 끓여 식혀서 고운 체로 걸러 붓고 꼭 봉해 두었다가 익으면 먹는다.

석박지(雜沈菜) 조선요리(일본어) 1940 우리음식 1948

재료 : 배추 2통, 무 15개, 미나리 3단, 파 3단, 마늘 3통, 갓[4] 3단, 생강 2개, 소금 호염(胡鹽)[118](0.5ℓ), 고춧가루(120g), 실고추(4g), 식염(0.4ℓ).

국물은 조기 새우젓을 넣어서 끓인 것을 4.5ℓ가량 준비하고 통김치 담글 때와 같은 고명을 준비하여 배추는 통째가 아니라 물에 씻어서 4.5㎝ 길이로 썰고 무도 배추 크기로 저며서 다른 고명과 버무려서 항아리에 넣고 눌러 담는다.

배추가 좋지 않을 때 담는 것이므로 실고추보다 굵게 빻은 고추에 생강 마늘을 다져 섞는 것이 맛은 좋으나 모양이 좀 거칠어 보인다.

석박지 (1) 김장김치 조선음식 만드는 법 1946

재료 : 무 썬 것 1동이(무 1동이를 소금 7홉(1.26ℓ)으로 절여서 1치(3㎝) 길이, 8푼(2.4㎝) 넓이, 5푼(1.5㎝) 두께로 썬다), 배추 썬 것 반동이(소금에 절인 배추로 5푼(1.5㎝) 길이로 썬다.), 실고추 1사발, 미나리 2사발(3㎝로 썰은 것), 파 채 썬 것 2사발, 마늘 으깬 것 반 사발, 생강 으깬 것 1종지, 갓 1치(3㎝)로 썬 것 1사발, 배 채친 것 반사발, 밤 채친 것 반사발, 조기젓 3마리(조기젓을 반으로 갈라서 뼈를 발라 살만 5푼(1.5㎝)으로 썬 것), 낙지 20마리(머리를 잘라내고 껍질을 벗긴 다음 잠시 데쳐서 1치(3㎝) 길이로 자를 것), 전복 5개(마른 전복은 충분히 불려서 얇게 저민 후 골패[15] 크기(1×4㎠)로 썰 것).

(1) 이들 재료를 함께 섞어서 독에 꼭꼭 담고 잘 절은 시래기로 덮고 무거운 돌로 눌러서 2~3일 두었다가 국물을 붓는다.

(2) 국물은 물 1동이에 진한 조기젓국 5사발을 넣고 펄펄 끓여 식혀서 체로 걸러서 붓고

(3) 소 넣은 통배추와 격지격지 번갈아 한 켜씩 넣는다.

(4) 오래 둘 김치는 소금을 조금 넣어서 끓여 식혀서 체로 걸러서 각 독에 나누어 붓는다.

(5) 배추 100포기에 대한 고명 양은 다음과 같다.

무(큰 것으로) 60개(반은 소 재료로 하고, 반은 섞박지감으로 한다.), 고추 1말(18ℓ), 마늘(굵은 것으로) 30톨, 파(굵은 것으로) 30뿌리, 생강(큰 것으로) 6쪽(6돈중(22g)), 배 10개, 밤 1되(1.8ℓ), 조기젓 굵은 것 13개, 미나리 썬 것 6사발, 갓[4] 썰은 것 4사발, 청각 10줄기, 소금 3되(5.4ℓ)(배추 절이는데 쓴다), 낙지 10마리, 전복 5개

석박지 (2) 김장김치 조선음식 만드는 법 1946

재료 : 배추 50통, 갓(썰어서 반동이), 조기젓국 1되(1.8ℓ), 무 30개, 오이 50개, 동아 큰 것 3개, 가지 30개, 고추 5홉(0.9ℓ), 소금 1되(1.8ℓ), 낙지 5마리, 전복 10개, 소라 10개, 청각[101] 1되(1.8ℓ), 파 썬 것 2대접, 마늘 채친 것 1홉(180mℓ), 생강 이긴 것 1큰 수저.

(1) 무와 배추를 깨끗이 씻어서 각각 절여 놓고

(2) 갓도 잘 다듬어 씻어서 절여 놓고

(3) 오이를 씻어서 소금물을 적당히 만들어 펄펄 끓여서 잠깐 놓았다가 따뜻할 때 오이에 부어 두고

(4) 가지는 소나물 재를 묻혀서 항아리에 담아 꼭 봉해서 차게 두었다가 김치 담그는 날 꺼내 물에 담가 놓고

(5) 동아[30]를 적당히 쪼개 넣고

(6) 낙지, 생복, 소라를 잘 씻어서 그대로 썰어 놓고

(7) 배추와 무를 건져서 씻어 물을 빠지게 해 놓고
(8) 김칫독을 땅에 묻고 깨끗하게 씻어 놓고
(9) 고추를 채치고 청각을 작게 뜯어 놓고
(10) 파, 마늘, 생강을 채치고
(11) 무와 배추를 독에 한 켜씩 넣고 소금을 약간씩 뿌리고, 양념을 뿌리고,
(12) 가지와 오이와 동아를 넣고 조기젓국을 친 후 파, 마늘, 고추를 뿌리고 청각도 뿌리기를 번갈아 하여 몇 켜가 되었던 다 채워 넣고
(13) 절인 배춧잎과 절인 무 잎으로 덮고, 무거운 돌을 눌러 놓고
(14) 꼭 봉하여 이삼일 두었다가
(15) 젓국물을 만들어서 간을 맞추어 붓고 잘 덮어 두었다가 겨울이 지나면 먹기 시작한다.
(16) 먹을 때마다 꺼내서 적당히 썰어 상에 놓는다.

동과 석박지(김장김치) 조선음식 만드는 법 1946
(1) 서리 맞은 동아를 깨끗이 씻고 꼭지 쪽으로 손목이 들어갈 정도로 따내서 속을 모두 긁어내고
(2) 맛있는 조기젓 국물을 동아 속에 알맞게 부어 놓고
(3) 생강, 파, 고추를 곱게 찧어서 동아 속에 넣고 청각을 잘게 뜯어 넣고
(4) 따 냈던 꼭지를 덮어서 막고 한지로 단단히 바르고 잘 맞는 그릇으로 덮어서 햇빛을 받지 않고 얼지도 않는 곳에 세워 두었다가
(5) 겨울에 꼭지를 열어보면 국물이 말갛게 고이므로 다른 항아리에 쏟아 붓고 동아를 썰어서 국물에 넣고 잣을 띄워 놓는다. 맛이 신기하고 향취가 있다.

섞박지 이조궁정요리통고 1957

재료 : 무 20개, 배추 20통, 갓[4], 미나리, 배, 밤, 파, 마늘, 생강, 청각[101], 굴, 고추, 젓국.

방법 : 배추와 무를 썰어 심심하게 절여서 여러 양념을 넣고 버무려서 비늘김치(무나 오이비늘김치)를 사이사이 넣으며 독에 담고 돌로 눌러 젓국을 붓고 꼭 봉한다.

동치미

동침이 부인필지 1915

잘고 반듯한 무를 꼬리 채 잘라 소금에 하루 절여서 독에 넣고 좋은 오이지를 절여 넣고 배와 유자[80]를 껍질 벗겨 통째로 넣고 실파를 1치(3㎝)로 썰어서 쪽이 고운 생강과 파, 씨 뺀 고추를 썰어 많이 넣는다.

소금물을 간맞추어 가득 부어 단단히 봉하여 익은 후에 먹는다.

이때 배와 유자는 썰고 김치 국물에 백청(꿀)을 타고 석류와 실백(잣)을 띄워 먹는다.

또 생치(꿩)[21]를 백숙으로 고아 기름을 없앤 국물을 동치미국에 합하고 꿩고기 살을 찢어 넣으면 명월생치채(명월꿩김치)라고 한다.

동치미 국에 국수를 말고 무와 배와 유자를 얇게 저며 넣고 제육을 썰고 계란 부쳐 채쳐 넣고 후추[124]와 잣을 넣은 것을 명월관냉면이라 한다.

김장 후 동지 때에 굵은 무의 아래를 잘라 깨끗이 다듬어 소금에 굴려 소금을 켜켜 뿌려 며칠 뒤 반쯤 절여지면 위아래를 뒤집어 놓는다.

4~5일 뒤에 다 절여지면 소금기를 우려내어 독에 넣고 파, 고추, 청각을

넣고 소금 타지 않은 좋은 냉수를 가득 부어 단단히 봉하여 뚜껑을 덮어두었다가 이듬해 먹으면 맛이 청랭담소하다.

동침이 조선요리제법 1917

무를(잘고 연한 것으로 할 것) 깨끗하게 씻어서 소금에 절이고 항아리에 담는데 무 1켜 넣고 마늘, 파, 고추를 대강 숭숭 썰어 넣은 후 다시 무 1켜 넣고 고명 뿌리기를 반복하여 파, 마늘, 고추를 여러 층으로 썰어서 다 넣은 후, 무 절였던 소금물 찌꺼기는 가라앉히고 윗물만 붓고 다시 무가 잠기도록 냉수를 부은 뒤 간맞추어 소금물을 삼삼하게 해서 무거운 돌로 누르고 뚜껑을 덮어서 익힌다(생강을 조금 넣는다).

동침이 별법 조선요리제법 1917

잘고 반듯한 무를 꼬리 채 깎아 소금에 하루 절여서 독에 넣는다. 좋은 오이지를 절여 넣고 배와 유자[80]를 껍질 벗겨 통 채로 넣고 파 머리를 1치(3㎝)씩 썰어 쪼개고 좋은 생강과 씨 뺀 고추를 많이 썰어 넣고 소금물을 알맞게 하여 가득 붓고 단단히 봉한다.

익어서 먹을 때 배와 유자는 썰고, 국물에 꿀 타고 석류와 실백(잣)을 띄우며 꿩을 백숙으로 고은 국물에서 기름을 제거하고 동치미국과 섞어서 꿩고기를 찢어 넣으면 이것을 꿩김치(생치채)라고 한다.

동침이(冬葅, 冬沈) 조선무쌍신식요리제법 1924

(1) 잘고 연한 무를 골라 깨끗하게 씻어서 소금에 절여 항아리에 담는다. 무 1켜 넣고 고명 뿌리기를 하여 켜마다 고명을 넣고 무를 절였던 소금물 찌꺼기를 가라앉히고 윗물만 체에 쳐서 붓고 무가 잠기도록 냉수를 부은 뒤 간을 조금 삼삼하게 맞추어 무거운 돌을 올려놓고 뚜껑을 꼭 덮어 익힌다.

생강은 저며 넣는다. 처음에는 삼삼하여 먹기가 좋으나 1그릇 반만 먹으면 맛이 점점 짜진다.

동치미 물에 연어알을 넣었다가 먹으면 맛이 좋다.

이 김치에서 가장 중요한 것은 국물이 맑아야 하는 것인데 맨드라미꽃[35]을 넣었다가 꺼내면 국물이 맑아져서 좋다.

이 김치는 얼리면 안 된다.

이 김치의 기이하고 이상한 맛은 어디서 나는지 희한하게 좋다.

(2) **평양식** 평양에서는 파나 마늘을 넣지 않고 고추와 생강 저민 것과 청각만 넣어야 국물이 맑다고 한다.

또는 잘고 반듯한 무를 꼬리 채 소금에 하루 절여 국물에 흔들어 항아리에 넣는다.

좋은 오이지를 씻어서 물기를 말려 넣고 배와 유자[80]는 껍질을 벗기고 통째로 넣고 파의 대가리를 1치(3㎝)씩 썰어서 쪼개고 생강과 씨 뺀 고추를 썰어 많이 넣고 소금물을 알맞게 해서 가득 부어 단단히 봉한다.

익어서 먹을 때 배와 유자는 썰어 놓고 김치물에 꿀을 타고 석류와 실백(잣)을 띄워 먹으면 매우 좋다.

(3) 또는 김장 후 동지 때 굵은 무의 아래 위를 잘라 깨끗이 다듬어 소금에 굴려 항아리에 넣으면서 소금을 켜켜 뿌리고 며칠 뒤 반쯤 절여진 것을 아래위로 뒤섞는다.

4~5일 후 다 절이면 소금기를 걷어내어 다시 넣고 고추, 파, 마늘, 청각[101]을 넣고 소금 타지 않은 좋은 냉수를 가득 부어 단단히 봉하여 덮어 묻었다가 다음 해에 먹으면 맛이 맑고 시원하며 깨끗하다.

동침이 동아일보 1928. 11. 2. 3면

담그는 법은 싱건무김치와 거의 같다. 다른 점은 무를 극히 적고 예쁜 것으로 쓰고 국물을 심심하면서 너무 그렁그렁하지 않게 소금물로 해 붓는다.

그리고 주의할 일은 얼리지 말아야 하고, 먹을 때 설탕을 조금 넣어야 참 맛이 난다.

동침이 동아일보 1931. 11. 17. 4면

가장 잘고 속이 배고 단단한 무를 깨끗하게 씻어서 좋은 소금에 절여서 무 한 켜 넣고 고명 뿌리기를 하며 중두리[93]에 담근다.

고명은 너무 많아도 좋지 않고 너무 맵거나 마늘이 많아도 좋지 않다.

다 넣었으면 무 절였던 물의 찌꺼기를 가라앉히고 윗물만 체로 받쳐 붓고, 무가 잠기고 그릇이 차도록 냉수를 붓고 간을 맞춘다. 간은 심심하게 해서 넓은 돌로 누르고 뚜껑을 꼭 덮어 익힌다.

고명에 청각을 찢어 넣고 배도 썰어 넣고 죽순을 삶아 저며 넣는데 가장 중요한 것은 국물이 맑아야 하므로 고명이 많이 들어가 국물이 텁텁해지면 못 쓴다. 달고 씩씩하기만 하면 그만이다.

처음에 무를 소금에 절이지 말고 씻어서 흰설탕을 뿌려 일주일 두었다가 뒤섞어 설탕 맛이 무 속에 들어가게 한 후 소금을 치고 다시 수일 더 절였다가 담그면 맛이 달고 씩씩하다.

김칫국을 맑게 하려면 맨드라미꽃(鷄冠花)[35]을 넣었다가 꺼낸다. 또 연어 알을 넣고 담그면 붉은 알이 동동 뜨는 것도 좋고 맛있다.

김치가 다 그렇지만 이 김치는 얼리지 말아야 하고, 물론 미지근해도 안 된다. 얼음만 없게 차게 한다.

평양에서는 국수를 말기 좋도록 맑은 국물로 만드는데 동치미에 파, 마늘을 넣지 않고 고추, 생강 저민 것과 청각만 넣어야 한다고 한다.

또는 무를 굵고 반듯한 것으로 꼬리까지 하루 절인 후 국물에 흔들어 그릇에 넣고 좋은 오이지를 씻어서 물기를 없애 넣고 배, 유자[80]를 껍질 벗겨 통으로 넣고 파대가리를 한치(3㎝)씩 잘라 쪼개고 생강, 파 고추씨를 빼고 썰어서 많이 넣고 소금물을 알맞게 타서 가득 부어 단단히 봉해서 익으면 배와 유자는 썰어 놓고 김치 국에 물을 타고 석류씨와 잣을 띄워 먹으면 좋다.

또는 김장 후 동지 때 굵은 무꽁지와 대가리를 잘라 깨끗하게 다듬어서 소금에 굴려 그릇에 넣으며 켜켜 소금을 뿌려 반쯤 절여지면 위와 아래를 뒤섞어 4~5일 후 고루 절여진 후 소금기를 우려 놓고 고추, 파, 마늘, 생강, 청각 등을 넣고 소금타지 말고 냉수를 가득 부어 단단히 봉해 소라기[60]를 덮어놓았다가 이듬해에 먹으면 청량담소하다.

또는 김치 담글 때 설렁탕 국물이나 육수를 얻어 넣고, 말린 생선 무엇이든지 대소를 불문하고 모두 함께 달여서 식힌 후 파, 생강, 청각, 미나리를 켜켜 넣고 마늘을 강판에 갈아 넣고 어육 달인 물에 무절인 물을 타서 체로 걸러 가득 부어 위를 잘 덮고 흙으로 아주 묻는다.

이 김치는 배추를 썰지 않고 통으로 한다. 여기에 죽순을 짜게 절였다가 10월쯤 꺼내어 물에 담가 간을 빼서 얇게 썰어 넣어도 맛이 좋다.

동치미 무는 칼로 썰면 쇠 냄새가 나므로 얇은 일본 숟가락 끝으로 저며 썰어먹는다. 그리고 무도 자질구레한 것을 담갔다가 그대로 꺼내어 통으로 버무려 먹는 것이 좋다. 동치미 무는 꽁지와 수염도 베어버리지 말고 그냥 맑게 씻어서 담갔다가 먹는다.

동침이 간편조선요리제법 1934

굵지 않고 보기에 좋은 무로 담는다(갸름하고 연한 것). 대가리와 꼬리를 떼어내고 잔털을 씻고 깨끗이 씻어서 무 1동이에 소금 7홉5작(1.35ℓ)을 넣어 절이고(무 1켜 넣고 소금뿌리고, 무 1켜 넣고 소금 뿌리기를 반복한

다) 뚜껑을 덮고 2~3일간 둔다. 절여지면 땅에 묻어 독에 옮겨 담는다.

무 1켜 넣고 고명 뿌리고 다시 무 1켜 넣고 고명 뿌리기를 반복하여 담은 후 위에 청각과 생강과 고명을 뿌린다. 무 절여서 생긴 소금물을 체로 쳐서 붓고 물이 모자라면 냉수를 붓고 저어서 국물 맛이 삼삼하면(동치미는 무보다도 국물을 많이 먹으므로 물을 넉넉히 붓고 깨끗하게 담는다) 돌로 누르고 꼭 봉하여 두었다가 겨울에 먹는다(오래 두고 먹으려면 짭짤하게 담근다).

동침이 별법 간편조선요리제법 1934

잘고 반듯한 무를 꼬리 채 다듬어 소금에(무가 1동이면 소금은 7홉5작(1.35ℓ)의 비율) 하루 절여 독에 넣고 좋은 오이지를(여름에 담가 두었다가) 넣고 배와 유자[80]를 껍질 벗겨서 통째로 10개씩 넣고 파 머리를 1치(3㎝)씩 썰어 쪼개고, 생강과 씨 뺀 고추를 썰어 적당히 넣는다.

소금물을 위에서 말한 분량으로 가득 부어 단단히 봉하여 두었다가 익혀서 먹을 때 배와 유자는 썰고 침채국(동치미국)에 꿀을 타고 석이를 채쳐 넣고 실백(잣)을 넣어 먹는다.

또 산 꿩을 백숙으로 고아 국물의 기름기를 없애 동치미국에 국물을 넣고 꿩의 살을 찢어 넣은 것을 생치채(꿩김치)라 한다.

배채 동침이 동아일보 1935. 11. 12. 4면 金玉0

배추동치미라는 것은 경성(서울)에서 말하는 백김치이다. 전라도에서는 이것을 배추동치미라 하여 잘 해 먹는 데 다른 점이 여러 가지 있으므로 참고한다.

멸치젓은 동치미 담기 일주일 전에 젓국으로 만든다.

전라도 「지」 담글 때와 같이 끓여서 체에 백지(한지)를 깔고 거르는데 나오는데 오래 걸리므로 일주일 전부터 한다.

이같이 준비를 한 다음 배추는 될 수 있으면 절이지 말고 씻어서 절여놓고 좋은 무를 사방 1치(3㎝)로 썰어서 절여 놓는다.

만드는법 : 무를 채치고 파, 마늘, 생강, 실고추, 밤(가로 썰기), 배(골패짝[15] 크기)를 썰고 쇠고기를 전라도「지」같이 익혀 놓고 굴, 청각을 함께 섞어서 소금으로 간을 맞추고 배추에 켜켜로 넣고 짚을 배추를 맬 만한 크기로 잘라 씻어 놓는다.

그릇에 담을 때 절인 무와 배를 한 개씩 켜로 넣고 통고추 씨를 빼고 씻어서 열 개씩 따로 실로 매고, 생강, 마늘을 다져서 베 세 겹으로 싸고, 유자 두어 개를 여러 쪽 낸다. 이상 몇 가지를 켜켜 넣은 다음 짚으로 덥고 돌을 누른다.

그 후 국물을 붓는데 멸치젓국 낸 것과 무 한 바구니를 수저로 긁어 물을 반동이쯤 섞어 끓여 식혀서 소금으로 간을 맞춘다.

배추동침이 동아일보 1931. 11. 13

배추 겉껍질을 모두 떼어내고 통으로 절이지 말고 무동치미 하듯이 가른다. 고명을 속에 넣거나 젓국을 치면 못 쓴다. 단지 고추, 파, 마늘, 생강, 청각들만 통 사이에 뿌려 넣어 익힌다.

전라도 배추동침 여성, 9, 30~35, 金惠媛 1940. 11

고갱이가 꽉 찬 좋은 배추를 깨끗이 씻어서 흰 소금물에 이삼십분 담갔다 꺼내어 속고갱이를 펼쳐서 흰 소금을 좀 뿌려 둔다. 다음 묵직하고 단무를 골라 껍질을 벗기고 1치반(4.5㎝)쯤 잘라서 가운데를 뽀개 두툼하게 썰어서 흰 소금을 살살 뿌려 둔다.

깨끗한 짚을 잘 다듬어 배추 숫자 대로, 배추를 맬 길이로 잘라서 깨끗이 씻어 두고 맛있는 무를 한 바구니쯤 수저로 긁어 푹푹 끓여서 체로 쳐 둔다. 그리고 사오일 전에 물 1동이에 뼈만 남도록 멸치젓 두어사발을 달여서 체에 한지를 깔고 퍼 넣으면 졸졸 흘러 가라 앉아 국물이 말갛게 된다.

다음으로 양념인데 마늘, 파, 생강을 곱게 채치고 단 무를 조금만 껍질을 벗겨서 채치고 기름기 없는 살코기를 얇게 1치(3㎝)로 알맞게 떠서 가늘게 썰어 참기름과 소금만 넣어서 익혀둔다. 그리고 마른 청각을 잘 빻아서 무채 길이로 자르고 밤과 배를 채치고 전복도 채친다.

썰어 두었던 무채를 넓은 함지박에 붓고 실고추를 좀 많이 넣어 자꾸 문질러 빨갛게 만든 후 실고추는 좀 골라내고 넣을 만큼 넣고 썰어두었던 양념을 한꺼번에 쏟아 넣고 버무린다.

숨이 잘 죽은 배추 잎사귀를 하나씩 제켜가며 소를 넣고 나중에 짚으로 몸을 묶어서 항아리에 넣는데 배추와 무를 켜켜 넣고 달여 둔 무 국물과 맑은 젓국물을 섞어서 간이 싱거우면 소금을 넣어 간을 마친 후 위에 붓는다. 깨끗한 대나무로 十자로 질러 눌러 속의 것이 국물 위로 떠오르지 않게 한다.

전라도 무동침 여성, 9, 30~35, 金惠媛, 1940, 11

굵고 묵직하고 모양 좋은 무를 골라서 깨끗이 씻어서 바로 소금에 대굴대굴 골고루 굴려서 넓은 그릇에 담았다 숨이 죽은 후 무는 다른 항아리에 옮기고 절였던 그릇에는 깨끗한 물을 부어 둔다. 양념은 마늘씨와 생강을 다져서 깨끗한 베 헝겊에 싸서 실로 동여매고 마른 다홍고추 씨를 털어 깨끗하게 씻어서 여나무개씩 실로 매고, 유자 큰 것은 팔각쯤 내서 무 넣는 사이사이 적당한 곳에 양념을 넣는다. 댓가지로 위를 치면 곰팡이 낄 염려도 없고 좋다. 무 절인데 부었던 물을 간맞추어 국물로 붓는다. 섣달쯤 먹으면 좋다.

평안동침이 동아일보 1935. 11. 14. 4면

겨울에 평양냉면이라면 동치미를 생각하게 된다. 아랫목에 이불을 쓰고 앉아 덜덜 떨면서 동치미 국물에 말아 먹는 냉면 맛은 다른 데서는 볼 수 없다.

담그는 법이 별도로 특별한 것이 아니다. 평양은 물이 좋고, 다른 지방 무보다 무맛이 다르고, 날이 추워서 익은 맛이 변하지 않아 씩씩한 맛을 잃지 않는 것뿐이다. 담그는 법은 경성지방이나 다름없다.

대강 말하자면 연하고 가는 무를 골라 머리만 자르고 꼬리는 자르지 말고 씻어서 독에 30여개씩 넣고 소금을 두 대접 가량 뿌리면서 차면 덮은 다음 이틀 후 물을 부어 저어가면서 간을 심심하게 맞춘다.

양념은 붉은 고추의 씨를 빼서 잘라 넣고 마늘, 생강을 큼직하게 썰어 그대로 넣거나 잘게 썰어 삼베에 싸서 넣는다.

파도 뿌리 채로 넣었다가 익으려 하면 건져버린다. 동치미는 무가 많아야 더 맛있고 무가 항상 많이 남으므로 채를 쳐서 무쳐 먹어도 좋고 찌개에 넣어 먹어도 좋다.

동침이 조선요리법 1939

동치미 재료량을 정확하게 말하기 힘든데, 이유는 지럼[95]으로 즉시 먹을 것이 있는가 하면 늦게 먹는 것도 있고, 무도 굵은 것을 쓸 수도 있고 잔 것을 쓸 수도 있고 소금도 얼마 넣으라고 할 수 없기 때문이다.

줄기가 잘 선 무를 골라 흠집 나지 않게 깨끗이 씻어서 작은 독에 담는다.

무 1켜 넣고 소금 뿌리고 청각과 통고추를 두어 토막 내어 몇 개 넣고 마늘과 파 머리는 반으로 쪼개고 생강은 저며서 몇 쪽씩 넣고 다시 무를 1켜 담는다.

이같이 번갈아 하여 다 담고 파뿌리를 버리지 말고 두었다가 깨끗이 씻어서 위에 얹고 갓[4] 줄기 같은 것을 넣고, 깨끗한 무청을 소금에 절였다가 덮는다.

푸른 대나무 잎으로 덮으면 더 싱싱하다. 4일 만에 국물을 붓는다.

동침이(冬沉) 김장교과서, 여성, 7, 50~54, 방신영, 1939. 11

재료 : 무 100개(깨끗하게 씻을 것), 소금 1대접(깨끗한 재염[118]으로), 마늘 3톨(대강 썰 것), 생강 3뿌리(대강 썰 것), 고추 10개 (통으로), 미나리 잎 1사발, 파뿌리 1사발(깨끗하게 씻을 것).

조리법 : 동치미는 국물을 주로 먹는 것이므로 무를 깨끗하게 씻는다. 잘고 가늘고 연하고 몸이 곱고 얌전한 것으로 고르면 더 좋다.

새우젓 독 하나에 아주 잘은 무는 150개 들어가고 조금 굵은 무(중 이하)는 100개 들어간다. 소금은 1대접 정도 밖에 들지 않는다.

깨끗하게 씻은 무를 독에 차곡차곡 한 켜 넣고 흰 소금을 약간 뿌리고 다시 무를 한 켜 넣고 소금 뿌리기를 번갈아 하여 더 이상 독 위로 놓을 수 없을 때까지 높게 담아 소금을 뿌리고 먼지 안 들어가게 잘 덮어서 하루 밤 둔다.

무에서 생긴 소금물에 무를 흔들어서 무에 묻은 소금을 떨어지게 하여 깨끗한 다른 독에 한 켜 넣고 준비한 양념을 한 켜 골고루 뿌리고 다시 무 한 켜 넣고 양념뿌리기를 번갈아하여 다 넣는다. 미나리잎, 갓잎, 생강, 고추(통으로), 파뿌리를 얹고 돌로 눌러 놓고 반날 후 무에서 나온 무 절인 물을 고운 헝겊으로 걸러 붓고 맹물을 가득 붓고 약간 짤 정도로 간하여 꼭 봉해 두었다가 20일 후 쯤 먹기 시작한다.

동침이 특별법 동아일보 1937. 11. 12. 3면 홍선표 조선요리학 1940

김치는 조선 고유의 음식이지만 그 중에서도 겨울에 온돌방에 추위를 잊고 앉아서 여름에 시원한 청량음료를 마시는 것 같이 마시는 동치미 맛이란 조선의 풍미를 대표하는 자랑거리다.

그러나 여기서 알리는 동치미 만드는 법은 가정에서 담가 먹는 것과 매우 다른데 유복하고 여유로운 가정부인 하나가 십여 년 간 고심하여 연구한 특별한 동치미법이다.

재료는 마늘, 생강, 파, 배, 밤, 준치젓[91], 청각, 유자[80], 실고추 등이다. 고명으로 파는 3㎝로 토막치고 배는 네모지게 골패[15]짝(1×4㎠) 같이 썰고 마늘은 조각으로 두껍게 썰고 밤 생강도 마늘 같이 썰고 준치젓은 살로 포를 떠서 두껍게 어슷어슷 썰고 유자는 4쪽을 낸다.

배추는 절이지 말고 씻고 겉잎을 떼어 내고 남은 잎사귀는 깊숙이 가른 후 속 고명을 배추에 넣는데 1통에 여러 고명을 2개씩만 섞어 넣고 실고추는 약간 뿌린 뒤에 다른 배추 잎사귀로 고명이 빠지지 않게 꼭 동인다.

그리고 2말(38ℓ) 짜리 오지 그릇에 소금 3홉(0.54ℓ)을 쓰고, 배추는 몇 통이든 그릇에 반쯤 절여 놓는다.

다음 2말(36ℓ)짜리 오지 그릇에 무 1켜 넣고 배추 1켜 놓고, 위에 여러 고명을 고루 섞어 1켜 뿌리는 식으로 번갈아 무, 배추, 고명을 넣는다.

오지그릇이 차면 파뿌리를 깨끗하게 씻어 덮고 갓[4]을 씻어서 물기 없이 말려서 같이 넣었다가 위를 덮고 꼭 덮어둔다.

그 이튿날 독에 물을 붓는데, 소금은 3홉(0.54ℓ)을 물 한 말에 풀어서 하룻밤 둔 후 조기 젓 국물 2홉(0.36ℓ)을 합하여 독에 붓고 꼭 봉하여 서늘한 광에 묻어 둔다.

7일 후 먹는데 이 김치는 국물을 먹는 것이므로 무나 배추는 꺼내지 않는다. 그러나 잘못하면 배추가 무르고 맛이 떨떨하기 쉬우므로 소금 양을 잘 맞추어 주의하지 않으면 실패하기 쉽다.

동김치(동치미) 신영양요리법 1935 조선요리제법 1942

재료 : 무 1동이, 소금 1되(1.8ℓ), 고추 반홉(90㎖), 생강 4쪽, 청각 반홉(90㎖), 물 1동이.

동치미 무는 잘고 연하고 곱고 가늘고 얌전한 것으로 골라서 머리와 뿌리를 떼어내고 잔털을 다 뜯고 깨끗하게 씻어서 소금에 절인다(절였던 소금물로 국물을 해야 하므로 깨끗하게 할 것).

무 1동이에 소금 7홉 5작(1.35ℓ)의 비로 절여 놓고(절이는 법은 무 1켜 놓고 소금 뿌리고 또 무 1켜 놓고 소금 뿌리기를 번갈아 할 것) 잘 덮어서 2~3일간 두었다가 무가 다 절으면 땅에 묻은 독에 옮겨 담는다.

옮겨 담을 때 무 1켜 넣고 양념을 뿌리고 무 1켜 넣고 양념 뿌리기를 번갈아 하여 담은 후 남은 양념을 위에 넣고 무거운 돌을 깨끗하게 씻어서 눌러 놓은 후 무 절인 소금물을 가는 체로 쳐서 독에 붓고 간이 맞으면(동치미는 국물을 많이 먹으므로 물을 넉넉히 붓고 깨끗이 담는다.) 꼭 봉하였다가 겨울에 국물에 국수를 말아먹거나 밥을 말아먹으면 맛있다.

동치미 조선요리 (일본어) 1940 (冬沈菜) 우리음식 1948

재료 : 무 작은 것 10개, 소금 120g, 생강 1개, 파 3~4개, 고추(통째) 붉은 것, 파란 것 각 5개

큰 무는 2~3쪽으로 쪼갠다. 될 수 있으면 작고 여린 것을 골라 잘 씻어 소금을 뿌려 놓고 고추와 파도 잘 씻어서 썰지 말고 통 채로 넣어 하루 후에 물을 충분히 부어 둔다.

7일 후에 흰 설탕을 큰 수저로 3순가락쯤 넣어서 국물을 맛있게 한다.

먹을 때에 무는 가로로 납작하게 저미거나 좀 두껍게 썰면 좋다. 맛도 산뜻하고 담그는 것도 간단하여 겨울이 아니어도 담글 수 있다.

그날 동침이(一夜冬沈菜) 조선요리(일본어) 1940

무를 길이로 갈라서 소금을 뿌려 놓고 고춧가루와 잘게 썬 파를 약간씩 넣고 저녁 먹고 난 후 만들어 놓고 이튿날 아침밥 먹을 때 비로소 물을 충분히 붓고 먹는다. 무 뿐 아니라 시골의 신선한 여러 야채를 이 방법으로 하룻밤에 담그면 매우 좋다.

동치미 (1) 김장김치 조선음식 만드는 법 1946

재료 : 무 1동이, 소금(재염[118]) 1되(1.8ℓ), 파뿌리 약간, 고추 1홉(180mℓ), 생강 4쪽, 청각[101] 1홉(180mℓ), 물 1동이.

(1) 동치미 무는 잘고 연하고 곱고 가늘고 얌전한 것으로 골라서 머리와 꼬리뿌리를 떼어내고 잔털을 다 뜯고 깨끗하게 씻어서 소금 7홉(1.26ℓ)으로 절인다. 적당한 독에 무 한 켜 넣고 소금 뿌리고 무 한 켜 넣고 소금 뿌리기를 반복하여 절여서(절였던 소금물로 국물을 해야 하므로 깨끗하게 할 것) 이삼일 잘 덮어두고

(2) 2~3일 후 땅에 묻은 독에 무를 옮겨 담는 데 무 한 켜 넣고 양념을 뿌리고(양념은 생강, 고추, 청각인데 생강은 얇게 썰고, 고추는 비슷비슷하게 세 조각으로 썰고 청각은 셋으로 뜯고) 다시 무 한 켜 넣고 양념 뿌리기를 번갈아 하여 다 담은 후 남은 양념을 위에 넣고 무거운 돌을 깨끗하게 씻어서 눌러 놓은 후

(3) 무 절인 소금물을 고운 체나 보자기로 여러 번 걸러서 독에 붓고 삼삼하게 간을 맞추어 꼭 봉해두었다가 겨울에 먹는다.

[비고]

(1) 동치미는 국물을 많이 먹으므로 물을 넉넉히 붓고 깨끗이 담는다.

(2) 겨울에는 국물에 국수를 말아먹거나 밥을 말아먹으면 맛있다.

동치미 (2) 김장김치 조선음식 만드는 법 1946

재료 : 무 새우젓독 하나, 소금(재염) 1되 반(2.7ℓ), 물 1동이, 갓[8] 약간, 고추 10개, 생강 4톨, 마늘 3톨, 파뿌리 약간

(1) 넓은 그릇에 소금을 담아 놓고 깨끗하게 씻은 무를 1개씩 소금에 굴려서 묻혀서 그릇에 담아 하룻밤 재워서

(2) 독을 깨끗하게 씻고 먼저 갓[4], 통고추, 생강, 마늘 등을 넣고 그 위에 무를 넣는다. 무에 소금을 차근차근 모두 넣어서 하루 두었다가 다음 날 냉수를 무 위로 올라 오도록 붓고 무 절였던 소금물을 가라 앉혀서 깨끗한 보자기에 걸러서 붓고 가장 위에 파뿌리를 깨끗하게 씻어 얹고 꼭 봉해 두었다가 겨울에 먹는다.

[비고]

(1) 김장하고 남은 파뿌리로 쓸 것

(2) 가장 위에는 파뿌리만 얹을 것

동치미 (3) 김장김치 조선음식 만드는 법 1946

재료 : 무 1동이, 가지 10개, 소금(재염)[118] 1되(1.8ℓ), 오이 20개, 물 1동이, 배 5개, 잣 1홉(180㎖), 유자 1개, 석류 1개, 생강 2톨, 고추 10개.

(1) 손가락같이 어리고 예쁜 무를 소금으로 절여서 하루 밤 지난 후 물에 한번 씻어 놓고

(2) 끝물 오이, 잔 오이와 가지를 깨끗한 재에 파 묻었다가(시루[65]에 재를 넣고 물을 부어서 잿물을 다 뺀 재를 사용한다) 꺼내서 잘 씻어서 슴슴

하게 절였다가 깨끗하게 씻어서 무와 함께 섞어 놓고

(3) 깨끗한 항아리에 무, 오이, 가지를 섞어서 넣고 배를 껍질 벗겨서 쭉쭉 쪼개 속을 도려내서 넣고 유자도 껍질을 얇게 벗겨서 썰지 말고 그대로 넣고

(4) 파대가리를 흰부분만 잘라서 그대로 넣고 생강, 마늘도 대강 큼직하게 저며서 넣고, 고추는 씨를 빼고 넷으로 갈라 넣고 무거운 돌을 깨끗이 씻어서 질러 놓을 것(무가 위로 떠 오르지 못하도록)

(5) 물을 독에 부을 분량만큼 소금을 슴슴하게 타서 고운체로 걸러 붓고 잘 봉하여 두었다가

(6) 익은 후에 국물을 떠 내어 꿀이나 설탕을 타고 석류와 잣을 넣어 상에 놓는다.

동치미 (4) 김장김치 조선음식 만드는 법 1946

재료 : 무 1동이, 가지 10개, 소금(재염[118]) 1되(1.8ℓ), 오이 20개, 물 1동이, 배 5개, 잣 1홉(180mℓ), 유자[80] 1개, 석류 1개, 생강 2톨, 고추 10개.

(1) 잘고 모양 좋은 무를 깨끗하게 다듬어 씻어서 슴슴하게 절여 놓고 (하룻동안 절일 것)

(2) 어리고 얌전한 오이와 가지를 깨끗한 소나무 재에 묻어 두었다가

(3) 꺼내어 하루 쯤 소금에 절여 놓고 (짜지 않게 절일 것)

(4) 맛좋은 배와 유자를 껍질을 벗겨서 통으로 넣고

(5) 파를 흰 대가리로만 잘라서 넷으로 쪼개 놓고

(6) 생강과 마늘을 크고 얇게 착착 썰어 놓고

(7) 고추는 씨를 빼고 골패[15]짝처럼 반듯반듯하게 썰어 놓고

(8) 천소금을 물에 타서 간을 알맞게 맞추어 체로 걸러 놓고

(9) 독을 깨끗하게 씻어서 땅에 묻어 놓고 무를 건져 씻어서 한 켜 넣고

다음 가지와 오이를 한 켜씩 넣고

(10) 벗겨놓은 배와 유자를 통으로 넣고 준비해 놓은 양념들을 위에 모두 얹은 후에

(11) 떠오르지 않도록 돌로 누르고 소금물을 붓고, 꼭 봉하여 두었다가 겨울에 먹는다. 먹을 때 유자와 배를 썰어 넣고

(12) 국물에는 설탕이나 꿀을 가하고 석류 알맹이와 잣을 몇개씩 띄워 상에 놓는다.

동치미 별법(김장김치) 조선음식 만드는 법 1946

무 30개, 생강 2톨, 배추 30통, 밤, 20톨, 파 굵은 것 6뿌리, 준치젓[91] 2홉(360㎖), 마늘 3톨, 청각 5홉(0.9ℓ), 갓[4] 썬 것 3대접, 유자[80] 3개, 실고추 1홉(180㎖).

(1) 배추를 깨끗하게 씻어서 채반[99]에 놓아 물을 빼고

(2) 파, 마늘, 생강, 밤을 모두 곱게 채쳐서 실고추와 함께 섞고

(3) 씻은 생배추의 잎 사이사이에 속고명을 약간씩 펴서 넣고 큰 잎으로 싸서 동여매고

(4) 독을 땅에 묻고 깨끗하게 씻어서 무 한 켜 넣고 배추 한 켜 넣고 청각과 갓[4]과 고명을 뿌리고

(5) 이렇게 여러 켜를 다 담고 맨 위에는 파뿌리로 덮고 돌을 누르고 봉하여 하루 두고

(6) 물 10 큰되(18ℓ)에 소금 6홉(1.08ℓ)을 풀어 체로 걸러서 가라 앉힌 후에

(7) 여기에 젓국 4홉(720㎖)을 섞어서 독에 붓고 꼭 봉하여 햇빛이 닿지 않는 곳에 두었다가 일 주일이나 보름 후에 먹는다.

[비고]

대개 동치미는 국물이 주이지만 이 동치미는 다른 동치미보다 더 국물이 주이다.

햇무우 동치미(가을철) 조선음식 만드는 법 1946

재료 : 무 1개, 고추 1개, 파 반뿌리, 소금 1 큰수저, 마늘 1쪽, 물 3홉.

(1) 연하고 단 무를 1치(3㎝)로 잘라서 가느스름하게 썰어서 항아리에 담고 소금 1찻수저를 뿌려 두었다가

(2) 파를 채치고 마늘은 착착 얇게 썰고 붉은 고추의 씨를 빼서 세 조각으로 썰어서

(3) 이 양념들을 모두 항아리에 넣고 살짝 섞어서 두어시간 두었다가

(4) 냉수를 적당히 붓고 소금으로 간을 맞추어 두었다가 익은 후 상에 놓을 때 설탕을 조금 쳐서 놓는다.

동치미 이조궁정요리통고 1957

재료 : 무 240전(0.9㎏), 오이 5개, 배 2개, 통고추 4개, 소금 2컵, 설탕, 파, 마늘, 생강.

방법 : 무는 연하고 몸매가 고운 것으로 골라서 3~4㎝ 길이와 1㎝ 두께로 도톰도톰하게 썰어서 소금에 절여 놓는다.

오이는 씨가 생기지 않은 어린 것으로 무와 같은 크기로 썰어서 소금을 뿌려 놓는다. 배는 껍질을 벗기고 반으로 쪼개어 씨를 도려낸다. 통고추는 씨를 빼고 네 쪽으로 쪼개고 파는 길죽하게 썰고 생강과 마늘은 납작하게 썬다.

무와 오이 절인 것을 항아리에 담고 배, 파, 생강, 마늘 등을 함께 넣고 떠올라오지 않도록 돌로 눌러 무를 절인 소금물에 김칫국이 될 정도의 물을

타서 소금과 설탕으로 간을 맞추어 김치 항아리에 붓고 꼭 봉해 둔다.

동치미 동아일보 1957.11. 1. 4면

무는 매끈한 중간 크기로 한결같이 고른 것을 고른다. 항아리에 무를 담고 소금을 뿌려 무 겉이 살짝 절여지게 하고 절인 국물은 가라 앉혔다가 맑은 웃물은 버리지 말고 사용한다.

우선 무를 차곡차곡 담으며 사이사이에 약간 절인 호배추를 통째로 넣고 양념 주머니와 청각, 파, 갓은 다발로 만들고 배를 4조각으로 썰어서 격지로 넣고 갓으로 우거지를 지르고 소금물이나 면 삶은 국물을 가라 앉혀서 붓는다.

깍두기

공주깍두기 동아일보 1937. 11. 10. 3면. 홍선표 조선요리학 1940

육상궁(毓祥宮) 통김치, 공주(公州) 깍두기, 경우궁(景祐宮) 된장찌개, 진위(振威) 영계닭찜, 청주(淸州) 갈비찜은 수백 년 동안 맛있고 솜씨 좋기로 유명한 것이다. 그 중에서도 깍두기는 200여 년 전 정조(正祖) 때 정조의 사위인 영명위(永明慰) 홍현주(洪顯周)의 부인(淑善翁主)이 임금님에게 여러 음식을 새로 만들어 올릴 때 무를 썰어 깍두기라는 것을 처음 만들어 올렸더니 매우 칭찬하고 드셨다.

이 일로 여염집까지 전파되었는데 처음에는 이름을 각독기(刻毒氣)라 하였다. 기록에 이름은 없으나 그때의 대신 하나가 공주에 낙향하여 깍두기를 만들어 먹었다.

깍두기가 이렇게 공주에서 민간으로 전파되었기 때문에 공주 깍두기가 지금까지 유명한 것이다.

紅沈菜 조선요리(일본어) 1940 **깍두기(紅爼菜)** 우리음식 1948

재료는 김치와 같으나 무가 주가 되고 배추는 넣지 않기도 한다. 여름에는 오이로 만들기도 하고 양배추를 쓰기도 한다.

깍두기는 지방에 따라 똑똑이, 젓무, 멧젓이라고도 하며 궁중에서는 송송이라고 한다.

만드는 법은 잘고 도톰하게 저미고 고춧가루를 많이 넣고 보통, 국물을 전혀 넣지 않으며 간도 짜고 빛이 빨갛다.

깍두기 조선요리제법 1917

무나 오이를 골패[15](1×4㎠) 크기로 썰어 그릇에 담은 후 고추, 마늘, 파를 잘게 다져 넣고 새우젓국으로 간을 맞추어 오래 주물러 섞어서 항아리에 넣고 물을 약간만 붓고 뚜껑을 덮어둔다.

깍뚝이(무젓, 젓무, 紅葅) 조선무쌍신식요리제법 1924

무와 배추를 통으로 씻어서 맛이 좋은 젓국으로 절이고 갖은 고명을 다 넣는데 고춧가루를 가장 많이 넣는다. 조기는 통으로 넣고, 방어, 생선, 자반 등은 굵은 덩이로 썰어 넣고 양지머리, 차돌박이나 삶은 제육 덩어리도 간간이 넣으면서 모두 버무려 넣는다.

위를 잘 덮었다가 익으면 무나 배추나 큰 어육 덩이 모두 먹을 때 썰어야 맛이 한 층 낫다. 잘게 썰어서 하는 것은 김장 전에 하는 데 배추속대는 썰지 말고 썬 무에 소금 뿌리듯 설탕을 뿌려 까불어 한나절 절인 후 젓국에 고춧가루와 갖은 고명을 넣고 주물러 넣는다.

이때 조기를 토막 쳐 넣는데 머리도 찢어 넣는다. 무를 조금 넣어도 무에서 국물이 나오는데 이렇게 해야 맛이 좋다. 그러나 많이 할 때는 설탕을 다 넣을 수 없으므로 조금 만들 때나 쓴다.

젓국은 여러 해 묵은 새우젓이 좋은데 그중에서도 여러 가지가 섞여서 삭은 것이 더욱 맛이 좋다.

고명은 오이소박이용과 같이 고추, 파뿌리, 마늘을 잘게 난도질하여 많이 넣어야 깍두기 맛이 좋다. 여름에 무나 오이나 새우젓에 하면 가시(구더기)가 나기 쉬우므로 설탕에 절인 후 소금 넣고 위의 소나 고명 만드는 법으로 만들어 많이 넣으면 새우젓에 한 것보다 못하지는 않으나 감칠맛은 잘 안 난다.

대체로 묵은 새우젓이 없으면 깍뚜기나 호박나믈을하지 말고, 진장(여러 해 묵어 전해진 간장)이 없으면 생선조림이나 족장아찌(醬足片)[88]를 하지 마라. 깍두기에는 새우젓 뿐 아니라 온갖 젓갈을 다 넣어도 좋고 아무리 고춧가루를 많이 넣어도 실고추를 넣는 것이 좋다. 깍두기에는 부추를 자르지 말고 넣는 것이 좋다.

깍뚝이 간편조선요리제법 1934

깍두기는 세 가지가 있는데 아무 때나 담그는 깍두기, 김장때 담그는 깍두기, 김장 때 담가서 해를 묵히는 깍두기가 있다.

아무 때나 담그는 깍두기는 무나 오이를 골패[15]짝 크기(1×4㎠)로 썰어서(길이 5푼(1.5㎝), 넓이 4푼(1.2㎝)) 그릇에 담고 붉은 고추(고춧가루를 넣으면 더 좋다), 파, 마늘을 잘게 으깨 넣는다.

무 썬 것이 1동이면 다진 고추 1그릇, 마늘 둘을 으깨고 생강 큰 것으로 1뿌리를 으깨서 함께 넣고 새우젓 1사발을 잘게 으깨서 넣고(진국으로 하면 정결하고 보기 좋다) 오래 동안 숨을 넣어 식혀서 항아리에 담고 젓국이나 물(고명 버무린 그릇에 부어 물로 고명을 씻어서 붓는다)을 1사발쯤 붓고 뚜껑을 덮어 익힌다.

겨울에 먹는 깍두기는 위의 방법과 그다지 다를 것이 없으나 위의 방법보다 무를 조금 굵게 썰고 무거리 고춧가루(얼개미에 친 고춧가루)와 마늘 으깬 것과 생강 으깬 것, 새우젓 으깬 것들은 위의 분량대로 넣고, 청각 1줄기(잘게 이겨서 넣는다), 소금 1종지, 미나리 1사발(줄기만 1치(3㎝)로 자른 것, 1사발 넉넉히), 갓[4] 반사발(가늘게 1치(3㎝)씩 썰은 것), 조기젓 1개(살만 골패 크기(1×4㎠)로 썰고), 북어 3개(속의 가시와 뼈는 버리고 5푼(1.5㎝)길이씩 토막 쳐서), 배추 소금에 절인 것 2통(4쪽으로 쪼개서 5푼(1.5㎝) 길이로 썰고 바깥 잎사귀는 제하고)을 다 함께 버무려 항아리나 독에 담고 도려낸 배추 꼭지와 남은 잎사귀로 위를 덮은 후 물을 붓는데 무 1동이에 새우젓국 1사발 가량씩 붓고 뚜껑을 덮어두었다가 겨울에 먹는다(북어와 조기젓이 들어가는 까닭에 늦은 봄까지는 두지 않는다.).

묵히는 깍두기는 무를 소금에 절여서(무 1동이에 소금 새 단위로 7홉(1.26ℓ)의 비로 절인다) 위의 깍두기 방법보다 훨씬 굵게 썰어서 담근다.

고명은 마늘 으깬 것과 생강 으깬 것만 넣는데 푼량은 위의 방법과 같고, 새우젓을 으깨 넣고 버무려 독에 담고 무청을 위에 덮고 물에 새우젓국을 타서 무가 잠기게 하고 뚜껑을 덮어두었다가 이듬해 여름까지 두고 먹는다.

김치 깍두기 잘 담는 비결 동아일보 1934. 8. 29. 6면

우리 조선 사람은 아무리 성찬을 늘어놓았다 하더라도 김치 깍두기 없이는 한 술도 먹지 못한다.

김치 깍두기는 모두 담글 줄 알지만 맛있게 담그는 것이 중요하다. 같은 솜씨 같은 재료로 담가도 맛있을 때가 있고 없을 때가 있으니 딱한 노릇이다. 손님이 와서 더 정성을 들여 맛있게 담그려고 하면 더 맛없게 될 때도 있다. 양념이 많다고 맛있는 것도 아니고 특별한 비결이 있는 것도

아니다.

요사이 김치는 양념을 많이 넣지 말고 재래식 방법에 더하여 설탕을 국물에 조금 넣고, 깍두기는 고춧가루를 먼저 넣고 비벼서 색을 낸 후 양념과 새우젓을 넣어 버무린다.

설탕도 다 버무린 후 조금 넣어서 다시 버무리되 설탕이 들어간 것을 알 정도로 넣으면 안 된다. 깍두기에도 설탕을 많이 넣으면 익은 뒤에 진(점액상 물질)이 생기므로 알맞게 조금 넣어야 한다.

이렇게 담가 하루쯤 두어 익으면 얼음에 재워 더 이상 익지 않게 하는 것이 김치 깍두기의 맛있는 비결이다.

동치미라고 하면 겨울에만 먹는 것으로 알지만 그런 것은 아니다. 요사이도 납작납작하게 썰어서 양념을 뿌리고 고추는 매우 적은 양을 넣어야 한다. 이같이 담가서 얼음에 재우면 끝까지 맛있게 먹을 수 있다.

깍둑이 동아일보 1935. 11. 15. 4면. 李連

김치 다음으로 중요한 것은 깍두기다.

겨울 깍두기는 자칫하면 군내나 묵은내가 나서 먹을 수 없는데 깍두기를 잘 담아야 반찬을 돕게 된다. 다른 김치도 그렇지만 깍두기만큼은 무가 좋아야 하며 깍두기감은 좀 크게 썰어야 한다. 잘게 썰면 깍두기의 참맛이 없으므로 굵직굵직하게 썬다.

양념은 김치와 같이 넣고 굴을 좀 많이 넣는데, 봄에 먹을 것은 소금과 새우젓만으로 간을 맞춘다. 버무릴 때는 먼저 고춧가루를 고추장처럼 물에 개어서 날무에 넣고 비비는 데 붉은 색을 내기 위해서이다.

비벼 놓고 배추는 좀 덜 절여서 썰어 넣고 마늘, 생강을 넣을 때 무 한 양동이에 소금 두 공기와 새우젓을 잘 달여서 큰 사발로 한 사발, 젓국 한 사발을 넣고 다시 비빈다.

될 수 있으면 파는 넣지 않는 것이 좋고 설탕은 한 양동이에 한 공기 좀 넣으면서 미나리를 넉넉하게 넣는다.

항아리에 넣으면서 배추 겉잎 절인 것을 대강 양념하여 버무려 두껍게 얹었다가 나중에 찌개도 하고 집에서 먹는 빈대떡도 하고 만두 속에도 넣으면 좋다.

정월 후에 먹는 것은 꿀이나 설탕은 넣지 말고, 파도 쉽게 익으므로 넣지 않는다.

여러 회에 걸쳐서 각 지방의 맛있는 김치법을 소개하여 왔는데 마지막으로 하고 싶은 말은 좋은 재료에 돈을 들여 김치를 하지만 맛이 없어지는 이유이다.

겨울에 김치를 들썩거려 꺼내 후 얌전하게 마무리 하지 않으면 김이 나서 아무리 맛있는 김치라도 맛이 없어진다. 식모에게 맡겨 두고 돌아보지 않는 집은 김치 맛이 없을 것이다.

더욱이 깍두기 김이 더 잘 나간다. 먹을 때 얌전하게 먹는가 아닌가에 따라 김치맛이 있거나 없다는 것을 기억해두어야 한다.

깍둑이 김장교과서, 방신영, 여성, 7, 50~54, 1939. 11

재료 : 무 썰어서 1 동이, 막고춧가루 1사발, 새우젓 1사발(잘 이겨서 넣을 것), 미나리 썰어서 2사발, 생강 이겨서 한 종자, 마늘 이겨서 반 보시기, 파 채친 것 1사발, 갓 썰어서 2사발, 소금 1보시기 수북하게, 멸치젓국 반 사발(곤쟁이젓을 넣으면 더 맛있다).

조리법 : 무는 생으로 썰어서 고춧가루와 새우젓 이긴 것을 넣고 잘 섞어서 고추물이 곱게 들게 하여 양념을 모두 넣고 잘 섞어서 금방은 짜서 먹을 수 없을 정도로 짜게 버무려서 항아리에 넣는다. 밑에서부터 매번 꼭꼭 눌러가면서 한 항아리를 채워 담아서 4~5시간 지나면 2~3치 가량 쑥 들어

간다. 그러면 깨끗하게 씻어서 잘 절여 놓은 무 잎이나 배춧잎으로 꼭꼭 눌러서 덮고 소금을 뿌리고 돌로 눌러서 꼭 봉해 두었다가 먹는다.

겨울에 먹을 것은 소금을 한 줌 정도만 넣고 새우젓으로 간 맞추고, 봄에 먹을 것은 소금으로 간맞추고 새우젓을 조금만 넣어서 만들어야 구진한 맛이 나지 않는다.

또 새우젓으로 간을 맞출 때는 생강을 넉넉히 넣고 소금으로 간을 맞출 때는 생강을 적게 넣어야 맛이 좋다.

다섯 식구면 이상의 양을 두 배 하면 될 것이다.

전라도 잔깍두기 여성, 9, 30~35, 金惠媛. 1940. 11

잘잘하고 두툼하게 골패짝[15] 크기로 썰어서 파, 마늘, 생강, 실고추, 통깨, 생멸치젓을 넣고 고춧가루를 빨갛게 쳐서 버무리는데 젓은 깍두기 1동이에 젓 1그릇 정도로 하고 소금을 알맞게 뿌려 김장 후 곧 먹는다.

전라도 두쪽 깍둑이 여성, 9, 30~35, 金惠媛, 1940. 11

중간 크기의 무는 가운데를 쪼개고 큰 무는 十자로 쪼개서 고추 절인 것과 섞어서 파, 마늘, 생강, 통깨, 고춧가루, 생멸치젓을 넣고 멸치가 뭉그러지도록 문질러서 소금을 뿌려 가며 간을 맞추어 알맞은 그릇에 소금을 적당히 뿌려서 담가 봄에 먹는다.

전라도 통깍둑이 여성, 9, 30~35, 金惠媛, 1940. 11

잘고 단단한 무를 골라 깨끗하게 씻어서 흰소금을 뿌려 짜게 절인다. 깍두기 1동이에 생멸치젓 2그릇 쯤 넣고 파, 마늘, 생강, 통깨, 고춧가루를 빨갛게 넣어 멸치젓 건더기가 보이지 않을 정도로 문질러 담는데 소금을 켜켜 많이 뿌려 두고 우거지 쳤을 때도 소금을 많이 쳐서 두었다가 한여름에 먹는다. 때가 늦어서 가시가 생기면 물에 헹구어 먹어도 좋다.

전라도 토아젓 채깍두기 여성, 9, 30~35, 金惠媛 1940. 11

무를 채쳐서 마늘, 파, 생강, 실고추, 통깨를 넣고 고춧가루로 빨갛게 버무리는데 무채 5사발에 토하(土蝦) 젓 1 보시기쯤 하여 풋고추를 짜게 많이 넣고 소금으로 간맞추고 찰 정도로 맹물을 부어 두었다가 익으면 곧 먹는다. 오래 먹으려면 작은 무를 통으로 5푼(1.5㎝)으로 썰어서 소금에 절여 두었다가 토하젓을 넉넉하게 넣어 파, 마늘, 생강, 실고추, 깨소금, 고춧가루를 섞어서 빨갛게 버무리는데 흰소금으로 간을 간간하게 맞추며 고추젓 담글 때 남겨둔 고추를 넣어 두었다가 정월쯤 먹으면 맛이 매우 좋다.

이상이 내고장 김장법이다. 이렇게 담는 것은 우리 입맛을 만족시켜 주기 때문이다. 멸치젓의 깊은 맛은 새우젓 등 다른 젓에서는 도저히 찾아볼 수 없다. 고춧가루를 빨갛게 많이 넣는 것이 특색이고 돌 되도록(1년 되도록) 먹어도 맛이 조금도 변하지 않고 짯짯하니 좋은 것도 내고장 김장법의 자랑이다.

깍두기 가정요리 1940

무를 적당한 크기로 썰어 소금에 절여 고춧가루를 빨갛게 버무린다(절이기 전에 고춧가루를 무치면 빛이 곱지만 무에서 나오는 물 때문에 빨간색이 흐려진다).

다음 따로 쪄 두었던 소금물에 젓갈과 고춧가루 양념을 잘 섞은 다음 무를 버무려서 항아리에 꼭 눌러 담아서 익힌다.

새우젓으로 담는 깍두기는 무 절였던 국물 이외에는 소금을 쓰지 말고 모두 새우젓국으로만 간을 맞추어야 좋다.

깍뚝이 신영양요리법 1935 깍두기 조선요리제법 1942

재료(썬 무 1동이 버무리는데 넣는 양념 양) : 무 1동이(썬 것), 배추 반동이(썬 것), 고추 1되(1.8ℓ, 무거리 고춧가루), 파 1사발(채친 것), 미나리 2사발(썬 것), 마늘 1종지(으깬 것), 청각 반사발, 젓국 1사발, 생강 1종지(으깬 것), 갓[8] 1사발(썬 것), 소금 2홉(0.36ℓ).

절인 무를 7푼(2.1㎝) 넓이, 3푼(0.9㎝) 두께로 썰고 잘 절인 배추는 7푼(2.1㎝) 길이로 썰고 고추는 무거리(얼개미로 친 것)로 가루내고 파는 1치(3㎝)로 썰어서 채치고 미나리는 1치(3㎝)로 자르고 파 생강은 곱게 으깨 놓고 청각은 대강 뜯어놓는다.

큰 그릇에 무와 고춧가루, 새우젓국을 넣은 후 무에 고춧물이 들도록 손으로 오래 섞어 문지른다.

그리고 배추 썬 것과 나머지 양념을 넣고 잘 섞어서 항아리에 담고 깨끗하게 절인 우거지로 위를 덮고 돌을 눌러 넣은 후 꼭 봉하여 잘 덮어두었다가 겨울부터 다음해 여름까지 먹는다.

무 1동이에 소금(새 단위로) 7홉(1.26ℓ)을 가해 절이고 새우젓은 잘 으깨서 물을 조금 붓고 풀어서 고운체로 걸러서 국물을 붓는다.

분량은 각기 달라서 알아서 할 일이므로 버무리는 양만 기록하였다.

이것은 1동이의 무에 넣는 양념 양이다.

깍두기(아무 때나 담는) 조선요리제법 1942

깍두기는 아무 때나 담그는 깍두기, 김장 때 담그는 깍두기, 김장때 담아서 해를 묵히는 깍두기 등 세 가지가 있다.

재료 : 무 1동이(썬 것), 파(채친 것) 1보시기, 고추 1사발(으깬 것), 미나리(썬 것) 반사발, 마늘 2쪽(으깬 것), 갓(썬 것) 반사발, 물 1사발, 새우젓(젓국) 1사발, 생강 1뿌리(큰 것으로).

무를 5푼(1.5㎝) 길이, 4푼(1.2㎝) 넓이, 1푼(0.3㎝) 두께로 썰어 그릇에 담고 고추 으깬 것, 마늘과 생강 으깬 것과 새우젓(젓국이 적을 때는 새우젓을 도마에 놓고 칼로 잘 으깨서 물에 넣어서 체로 받쳐 쓴다)을 넣고 깨끗한 손으로 오래 힘주어 문질러 섞는다.

그리고 미나리, 파, 갓 등을 넣고 섞어서 항아리에 담고 깍두기 버무린 그릇에 물을 붓고 젓국으로 간을 맞춘 후 함께 붓고 위에 잘 절인 무 잎으로 잘 덮어서 꼭 봉하여 둔다(추울 때는 7일, 따뜻할 때는 1~2일 만에 익는다).

大根紅沈菜 조선요리 1940(일본어) **무깍두기(蕪紅俎)** 우리음식 1948

재료 : 무 3개, 소금 60g, 파 5뿌리, 마늘 3쪽, 고춧가루 40g, 새우젓 60g.

무를 썰어서 고춧가루에 버무려서 한참 둔다. 소금을 미리 넣으면 물기가 생겨서 빨간 맛이 빠지므로 미리 넣지 않는다.

파만 빼고 고명을 다져 소금과 새우젓을 합쳐서 버무린다.

새우젓은 그냥 넣거나 도마에서 다져서 넣어도 된다.

항아리에 담아서 뚜껑을 잘 덮어둔다. 2일 후에 먹게 된다.

깍뚜기(김장때 깍두기) 조선음식 만드는 법 1946

재료 : 무 1동이(썰어서), 마늘 1보시기(이긴 것), 고추 1되(1.8ℓ, 무거리 고춧가루), 파 1사발(채 친 것), 미나리 2사발(썰어서), 갓[4] 2사발(썰은 것), 청각[101] 1사발, 배추 반동이(절여서 썰은 것), 생강 1종지(이긴 것), 젓국 1사발(새우젓 젓국), 소금 4홉(720㎖).

(1) 약간 절인 무를 7푼(2.1㎝) 넓이, 3푼(0.9㎝) 두께로 썰고

(2) 배추는 잘 절여서 7푼(2.1㎝)으로 썰어 놓고

(3) 고추는 빻아서 얼개미로 쳐서 굵은 가루로 만들어 놓고

(4) 파는 1치(3㎝)로 썰어서 채쳐 놓고

(5) 미나리는 1치(3㎝)로 썰어 놓고

(6) 생강은 곱게 이겨 놓고

(7) 청각은 대강 뜯어 놓고

(8) 큰 그릇에 무를 담고 고춧가루를 넣고 새우젓, 젓국을 넣은 후 무에 고춧물이 들도록 두 손으로 오래 문질러 섞는다. 그리고 썬은 배추와 나머지 양념을 넣고 잘 섞어서 항아리에 담고 깨끗하게 절인 우거지로 위를 덮고 돌을 눌러 넣은 후 꼭 봉하여 잘 덮어두었다가 겨울부터 다음해 여름까지 먹는다.

[비고]

(1) 절일 때 무 1동이에 소금 7홉(1.26ℓ)을 가해 절이고

(2) 새우젓은 도마에 놓고 칼로 잘 이겨서 물을 조금 붓고 풀어서 고운체로 걸러서 국물을 붓는다.

(3) 이상은 무 한 동이에 대한 양념 양인데 많이 할 때는 무의 분량을 보아서 다른 재료를 배수로 넣는다.

송송이(깍두기) 이조궁정요리통고 1957

재료 : 무200전(0.75㎏), 배추 100전(0.38㎏), 미나리 1단, 갓[4] 1단, 굴 1컵, 젓국 1컵, 설탕 티스푼 3, 소금, 파, 마늘, 생강, 고춧가루.

방법 : 무는 씻어서 도톰도톰 네모나게 썰고 배추는 줄거리를 뜯어서 넓은 것은 반으로 갈라서 잘게 썰어 소금을 약간 뿌리고 잠깐 절인다.

무와 배추가 숨이 죽을 정도로 약간 절여졌을 때 미나리와 갓, 기타 고명과 고춧가루를 넣고 고루 버무려 젓국을 부어 간을 맞춘다. 다음, 설탕을 넣고 싱거우면 소금을 좀 넣는다. 이것을 항아리에 담고 돌로 눌러서

꼭 봉해 놓는다.

깍두기 동아일보 1957. 11. 1. 4면

무는 단단한 것을 골라 적당한 크기로 썰어 놓고 소금에 절여 물이 생기면 따라내고 고춧가루로 빨갛게 버무린다(절이기 전에 고춧가루를 묻히면 당장에는 색이 곱지만 무에서 나오는 물 때문에 색이 벗겨진다.).

다음에 따로 찧어 두었던 소금물에 젓갈과 고춧가루와 양념을 넣어 잘 섞은 다음, 무를 살짝 버무려 항아리에 담아 익힌다.

생낙지 깍두기, 대합 깍두기, 굴 깍두기 등도 같은 방법으로 담지만 무는 각각 다른 모양으로 썬다. 새우젓 깍두기는 소금을 전혀 쓰지 말고 무 절였던 국물만 쓰고 새우젓으로만 간을 맞춘다.

굴깍뚝이 조선무쌍신식요리제법 1924

굴(石花)을 씻어 벌려서 알만 빼고 물을 빼서 무 깍두기에 넣으면 맛이 싱싱하고 좋다. 또 굴젓을 넣어도 좋다.

굴깍둑이 신영양요리법 1935 **굴깍두기** 조선요리제법 1942

재료 : 무 큰 것 3개, 생강 조금, 굴 1보시기, 마늘 반쪽, 파 4개, 배추 큰 것 1통, 미나리(썬 것) 1보시기, 젓국 적당히, 고추 5개.

배추를 깨끗하게 씻어서 1치(3㎝)로 잘라 채를 치고 미나리도 깨끗하게 다듬어서 깨끗하게 씻어 1치(3㎝)로 자르고 무를 채치고 파와 고추를 채쳐 놓고 생강과 마늘은 잘게 으깬다.

굴과 재료를 모두 섞고 젓국으로 간을 맞추어 항아리에 담아 잘 절인 우거지로 위를 덮고 꼭 봉해 익힌다.

굴젓무(굴깍두기) 조선요리법 1939

재료 : 배추 썬 것 1대접, 무 썬 것 1대접, 굴 1대접보다 적게, 실고추 조금, 소금 조금, 파 3개, 마늘 2쪽, 생강 반뿌리, 설탕 조금, 배 1개, 미나리 썬 것 반대접, 새우젓 간 맞게.

배추는 속대와 하얀 줄기만 납작하게 썰고 무도 같은 크기로 썰어서 배추만 소금에 잠깐 절이고 무는 고춧가루를 먼저 넣고 실고추도 조금만 잘게 썰어 넣고 비벼서 고추 물을 흠씬 들인 후 절인 배추를 깨끗한 물에 씻어서 함께 넣어 고추물을 들인다.

파, 마늘, 생강도 채 쳐 넣고 새우젓을 곱게 다져서 젓국과 섞어 넣어 간을 맞춘다.

배도 같은 크기로 썰고 굴도 깨끗하게 씻어서 같이 넣는다.

미나리와 함께 모두 전부 섞어 버무려서 알맞은 항아리에 넣고 다른 국물은 붓지 말고 제 몸에서 난 물에 설탕을 조금 타서 붓고 꼭꼭 눌러 놓았다가 익으면 먹는다.

굴깍두기(겨울철) 조선음식 만드는 법 1946

재료 : 무 2개, 배추 1통, 파 2뿌리, 마늘 2쪽, 생강 조금, 젓국(새우젓 젓국) 간보아서, 굴 1보시기, 고춧가루 조금.

(1) 배추를 씻어서 가늘게 채치고

(2) 무도 가늘게 채쳐서 배추와 함께 담고

(3) 파, 마늘, 생강을 곱게 이겨서 함께 넣고, 고춧가루를 색깔 보아서 잘 섞어 넣고

(4) 굴을 잘 씻어서 함께 넣고 젓국으로 간을 맞추고

(5) 항아리에 담고 꼭꼭 눌러서 잘 덮어 익힌다.

굴깍두기(牡蛎紅俎) 우리음식 1948

재료 : 무 3개, 소금 1수저, 배추 2통, 새우젓 4수저, 미나리 2단, 파 1단, 마늘 1통, 생강 반개, 굴 0.2ℓ.

재료나 양념 모두 무 깍두기와 같이 만든다. 다만 굴에 물을 붓지 말고 굴의 껍질과 티를 골라 낸 후 물에 1번만 씻어서 물기를 빼고 깍두기 버무릴 때 섞어 넣는다. 굴깍두기는 신선하고 맛이 좋으나 오래 두고 먹지는 못한다.

조개전무(조개깍두기) 조선요리법 1939

재료 : 배추 썰은 것 2대접, 무 썰은 것 1대접, 무명조개 1대접, 고춧가루 적당히, 새우젓 조금, 소금 조금, 파 3개, 마늘 2쪽, 생강 1톨, 미나리 반대접, 설탕 조금, 배 1개, 실고추 약간.

배추속대와 하얀 줄거리를 잘고 납작하게 썰어서 소금에 잠깐 절였다가 깨끗한 물에 헹궈놓고 무와 배도 같은 크기로 썬다.

미나리는 8푼(2.4㎝) 길이로 썰어놓고 파, 마늘, 생강 등은 곱게 채쳐 놓은 후 무에 고춧가루를 색이 곱게 비벼 넣고 배추도 섞고 새우젓을 곱게 다져 넣고 간을 맞춘다.

여러 가지 양념을 다 섞는데 조개는 무명조개를 까서 내장을 빼내고 지느러미를 자르고 된 살만 섞는데 두꺼운 것은 둘로 갈라 넣는다.

간맞추어 버무려서 항아리에 담고 국물은 넣지 말고 원래의 국물에 설탕을 조금만 쳐서 붓고 꾹꾹 눌러 놓았다가 익으면 먹는다. 이것은 가을철 술안주로 가장 좋다.

닭깍둑이 신영양요리법 1935 조선요리제법 1942

재료 : 오이 20개, 고추 6개, 닭 1마리 (암탉), 마늘 반쪽, 생강 반쪽, 파 3개

붉은 햇 고추를 잘게 으깨고 오이깍두기를 만들어서 함께 섞어 잘 익으면 닭을 삶아서 내장과 껍질을 벗기고 살만 뜯어서 깍두기와 함께 섞어서 그릇에 담아 얼음에 채웠다가 먹는다.

닭깍두기 조선음식 만드는 법 1946

재료 : 오이 20개, 닭(작은 것 1마리), 젓국 간보아서, 파 2뿌리, 마늘 2쪽, 생강 조금, 고춧가루, 색깔 보아서

(1) 오이를 5푼(1.5㎝)으로 썰어서 넷으로 쪼개 양념에 버무려 깍두기를 담아서 익혀 놓고

(2) 닭을 잘 준비하여 (닭 잡는 법 참고) 흠씬 무르게 삶아서(고기를 살만 곱게 이겨서 고추장과 갖은 양념을 하여 닭속에 넣어 쪄서 흠씬 무르면 고기는 꺼내고 닭만 뜯어서 깍두기에 섞을 것)

(3) 닭고기를 잘게 뜯어서 깍두기에 섞어서 상에 놓는다.

햇깍뚝이 조선무쌍신식요리제법 1924

어느 때 난 무이든 썰어서 설탕을 쳐서 두어 시간 두었다가 젓국과 파, 마늘 익힌 것과 고춧가루와 실고추에 버무려 넣는다.

배추와 미나리도 넣고 버무려 항아리에 함께 담고 덮어 봉하여 서늘한 곳에서 익힌다. 큰 조개를 둘로 쪼개어 넣어도 좋다.

채깍뚝이 조선무쌍신식요리제법 1924

무를 채쳐서 햇깍뚝이하듯 하여 먹으면 맛이 좋다. 이것은 노인이 좋아한다.

채깍둑기(김장김치) 조선음식 만드는 법 1946

이것도 채김치와 같이 여러 재료를 다 채쳐서 깍두기 버무리듯 버무려

서 담가두고 노인에게 드린다.

숙깍뚝이 조선무쌍신식요리제법 1924

무를 삶아서 썰어 깍뚝이를 담그면 무가 물러서 노인에게 매우 좋다.

숙깍두기(익힌 깍두기) 신영양요리법 1935 조선요리제법 1942

무를 삶아서 5푼(1.5㎝) 넓이, 2푼(0.6㎝) 두께로 썰어서 일반 깍두기 만드는 방법으로 양념을 만들어 섞어서 항아리에 담갔다가 익으면 먹는다. 노인에게 좋다.

숙깍둑기(겨울철) 조선음식 만드는 법 1946

재료 : 무 1개, 굴 반보시기, 젓국(새우젓 젓국) 간보아서, 고춧가루 2 큰수저, 파 1뿌리, 마늘 1쪽. 생강 약간

(1) 무를 삶아서 골패[15]짝처럼 썰어 놓고

(2) 파, 마늘, 생강을 이겨서 무에 넣고 고춧가루를 뿌려 놓고

(3) 굴을 잘 씻어서 넣고 젓국으로 간 맞추어 꼭꼭 눌러서 잘 봉하여 익힌다.

배추통깍두기 조선요리법 1939

재료 : 배추 50통, 무채 조금, 미나리 1대접, 갓[4] 1대접, 파채 1공기 가량, 마늘채 반공기보다 적게, 생강 조금, 고춧가루 쓰는 대로, 실고추 조금, 새우젓 쓰는 대로, 소금 알맞게, 조기젓은 큰 것 5마리.

배추를 다듬어서 소금물에 절여 깨끗하게 씻어 놓고, 무채는 약간만 채치고, 미나리는 줄기만 짧게 썰고, 갓은 같은 길이로 썰고, 청각[101]은 발대로 잘라 놓고, 조기젓은 머리를 자르고 배 바닥을 가르고 잘게 저민다.

이들 재료를 무채와 함께 섞어서 실고추는 조금만 넣고 고춧가루를 빨

갛게 넣어 버무려 놓는다.

간은 새우젓을 곱게 다져서 소금하고 섞는다.

씻은 배추에 젓국을 넣은 다음 고춧가루를 붉게 넣고 버무려서 만들어 놓은 소를 조금씩 넣어 항아리에 담는다.

국물은 고명이 남았으면 젓국에 넣고, 고춧가루를 타서 만들어 붓고 위를 덮어두었다가 먹는다.

깍두기도 여러 종류고 젓갈도 여러 가지이므로 마음대로 담그면 된다.

정해진 분량이 없으므로 식성대로 하면 그게 분량이 된다.

외깍둑이 조선무쌍신식요리제법 1924

오이를 깍두기 크기로 썰어서 설탕에 절인 후 젓국에 고춧가루와 파와 마늘을 익혀 넣고 생강을 조금 넣고 버무려 익힌다.

젓국 때문에 삼복중이라 다른 깍두기보다 가시(구더기)가 나기 쉬우므로 조금씩 해서 빨리 먹는다.

속이 없으면 통으로 둥글게 썰어서 한다. 또 오이를 절여 눌렀다가 하기도 한다.

오이깍두기 신영양요리법 1935 조선요리제법 1942

재료 : 오이 10개, 파 2개, 새우젓 반보시기, 생강 조금, 미나리 반보시기(썬 것), 마늘 반쪽(적은 것), 고춧가루 1종지.

오이를 7푼(2.1㎝)길이로 썰고 4쪽으로 쪼개서 소금을 약간 넣고 절여 그릇에 담고 고춧가루, 새우젓국(새우젓을 도마에 으깨고 물을 조금 넣어 체로 친다), 생강 으깬 것, 마늘 으깬 것을 모두 넣어 섞고 미나리를 넣어 다시 잘 섞어서 항아리에 담는다.

배추나 열무를 절여서 함께 섞어서 해도 좋다. 항아리에 담은 후 꼭 묶어서 익힌다.

오이깍두기 조선요리법 1939

재료 : 애오이 20개, 절인 열무 2대접, 고춧가루 적당히, 다진 파 약간, 마늘 3쪽, 파 2줄기, 생강 반쪽, 새우젓 알아서, 소금 약간, 실고추 약간, 설탕 약간.

작은 오이의 머리는 자르고 소금으로 싹싹 비벼서 간이 들면 깨끗한 보자기에 싸서 메(무거운 것)로 눌러 놓았다가 꺼내서 깨끗한 물로 씻어서 넣는다.

열무도 다듬어서 깨끗이 씻어서 소금에 절인다.

파는 소로 쓸 것은 다지고, 조금만 채친다.

마늘과 생강도 약간 다지고 남은 것은 채쳐 놓는다.

다진 고명에 고춧가루를 곱게 치고 소금으로 간을 맞추어서 오이의 가운데를 3갈래로 갈라서 소로 넣는다.

절인 열무는 헹구어서 실고추를 약간 넣고 고춧가루를 곱게 치고 채로 친 고명과 새우젓을 넣고 버무린다.

새우젓은 곱게 다져 넣고 버무려서 알맞은 항아리에 오이와 담고 다른 물은 붓지 말고 제 국에 설탕을 약간 타서 붓는다. 여름이라 조금씩 담아야 시지 않는다.

오이깍둑기(여름, 가을철) 조선음식 만드는 법 1946

재료 : 오이 6개, 파 1뿌리, 새우젓 4큰수저, 생강 조금, 미나리 썰어서 반 보시기, 마늘 2톨, 고춧가루 색깔 보아서

(1) 오이의 쓴 꼭지를 잘라 내고 5푼(1.5㎝)으로 썰어서 4쪽으로 쪼개 놓고

(2) 고춧가루와 새우젓국을 치고 파, 마늘, 생강을 곱게 이겨서 넣고
(3) 미나리를 잘 다듬어 씻어서 5푼(1.5㎝)으로 썰어 넣고
(4) 모두 함께 섞어서 항아리에 담고 꼭꼭 눌러 익힌다.

[비고]

새우젓을 곱게 이겨서 그대로 깍두기에 섞어 버무려 만들면 좋지만 가시(구더기)가 있을 염려가 있으므로 물에 헹구어 꼭 짜서 물만 쓰고 싱거우면 새우젓 분량을 더 넣어서 한다.

오이깍두기(胡瓜紅俎) 우리음식 1948

재료 : 오이 10개, 고춧가루 2수저, 파 1단, 소금 1수저, 마늘 2쪽, 새우젓 2수저.

오이를 씻어서 길이로 둘로 쪼개서 1치(3㎝)가량으로 송송 썰어 소금을 뿌려 놓는다. 파 마늘을 다지고 고춧가루와 새우젓 젓국(새우젓을 짠 것)을 절인 오이에 넣어 버무려서 다음날 먹는다.

오이송이(오이깍두기) 이조궁정요리통고 1957

재료 : 오이 10개, 무 2개, 파, 마늘, 생강, 고추, 소금, 새우젓 약간.

방법 : 무와 오이를 잘게 썰어서 소금에 약간 절여 놓았다가 고춧가루와 새우젓국을 넣고 버무려서 양념을 넣고 잘 섞어서 독에 담고, 우거지로 위를 덮고 돌로 눌러서 꼭 봉해 둔다.

오이통깍두기 이조궁정요리통고 1957

오이소박이 깍두기라고 하는데 오이소박이와 같이 칼로 속을 갈라서 소금에 절여 놓았다가 속을 넣고 새우젓, 마늘, 파, 실고추에 버무려서 독에 담고 우거지로 위를 덮어 돌로 눌러서 꼭 봉해 둔다.

메르치젓 깍두기 우리음식 1948

재료 : 배추 10개, 막고춧가루 0.3ℓ, 무 3개, 멸치젓 0.4ℓ, 파 2단, 갓2단, 마늘 3개, 생강 2개, 소금 0.1ℓ.

배추를 씻어서 소금물에 절여 둔다. 무는 씻어서 큼직큼직하게 저며서 소금을 뿌려 둔다.

갓은 다듬어서 소금물에 넣어 둔다.

파는 썰고 마늘 생강은 절구에 찧는다.

멸치젓에 소금과 막고춧가루, 찧은 고명을 함께 섞어서 버무리고 물기를 뺀 절인 배추, 무, 갓을 통 채 척척 섞어 묻혀서 항아리에 차곡차곡 넣고 꼭 누르고 위를 우거지로 덮어둔다.

먹을 때는 배추를 알맞게 썰어야 한다.

삼남(三南) 지방에서는 통깨를 넣기도 한다.

곤쟁이젓 깍두기 우리음식 1948

재료 : 배추 10개, 막고춧가루 0.3ℓ, 무 3개, 곤쟁이젓[13] 0.4ℓ, 파 2단, 갓 2단, 마늘 3개, 생강 2개, 소금 0.1ℓ.

재료는 멸치젓 깍두기나 젓무 깍두기와 같은데 소금과 곤쟁이젓을 넣으면 맛이 좋다. 단, 곤쟁이젓이 너무 많으면 깍두기 빛이 검고 봄이 되면 오래 두고 먹지 못한다.

알무 깍두기 우리음식 1948

어리고 연한 청 달린 무를 깨끗이 씻어서 소금에 절여 파, 마늘, 생강, 막고춧가루, 소금, 새우젓(또는 멸치젓)에 버무려 먹는 것으로 통무이므로 신선한 별미가 있다.

무청깍두기 우리음식 1948

연한 무청이 많이 남았을 때 여러 양념을 함께 버무려 두었다가 깊은 겨울에 먹는 것이다. 무청 겉대는 남은 소금물에 넣었다가 김치 깍두기의 웃덮개를 하면 쉽게 곯지 않고 좋다.

소금깍두기 우리음식 1948

무만 소금과 고춧가루 찌끼와 고추씨와 마늘, 파, 생강 다듬은 찌꺼기를 함께 짜게 버무려 꼭 담갔다가 늦은 봄에 무를 꺼내어 물에 헹구어 적당히 썰어 먹는 것이다. 조기 다듬고 난 비늘 찌꺼기나 새우젓 찌꺼기 같은 것을 같이 넣어도 좋다.

무시멧젓 중외일보 1929. 11. 5. 3면. 尹德璟

무시는 경상도 사투리로 무를 말한다. 무시멧젓은 부산 것이라야 좋다. 부산 시장에서는 중류가정의 부인들이 솜씨를 내어 만든 것을 가지고 나와 파는 것을 이상하게 여기지 않는다. 그만큼 무시멧젓은 민중의 애착과 호감을 가지게 한다.

무는 규칙적으로 써는 것보다 굵직굵직 썩썩 자른다. 무를 세로로 잘라도 된다. 자른 무를 소금에 절였다가 쓰는 사람도 있지만 그대로 버무리며 소금을 약간 많이 넣으면 간이 맞고 연해진다.

센고춧가루(고추를 씨와 함께 막 찧은 것) 두 사발에 마늘 한 사발을 넣고 절구로 찧는다. 그러면 마늘과 고춧가루가 함께 짓이겨져서 떡같이 된다. 이것을 맑은 젓국보다 달이지 않은 멸치젓국에 버무린다. 버무려보고 색이 붉지 않으면 고운 고춧가루(굵은 고춧가로도 좋다)를 더 넣는다.

버무릴 때는 통이나 큰 시루[65]에 멸치젓과 양념을 넣고 보리쌀 씻듯 잘 무친다. 향취를 내려고 산초잎을 조금 섞는 사람도 있다. 다 버무리면 항아리에 담고 무 잎이나 배추 잎 절인 것으로 덮개처럼 꼭 막는다.

그 위에 대나무 가지 같은 것으로 가로질러 놓거나 무거운 돌로 눌러 놓고 뚜껑을 꼭 닿는다. 맛이 들어서 먹을 때는 먹을 만큼 꺼내고 다시 전과 같이 조심해서 닫아 둔다.

배추멧젓 중외일보 1929. 11. 5. 3면. 尹德璟

배추를 약간 숨죽여서 실고추, 생강, 마늘, 파를 채치고 멸치젓에 버무려 담는다. 양념을 많이 넣어도 좋지만 양념으로 맛을 내기보다는 멸치의 특색으로 맛이 나므로 전젓의 양과 간을 알맞게 해야 한다.

멸치젓을 달이지 않은 것을 '전젓', 달인 것을 '젓국'이라고 한다.

멧젓 신영양요리법 1935 조선요리제법 1942

재료 : 무 10개, 고춧가루 1홉(180ℓ), 무청 썬 것 2사발, 멸치젓 1사발, 물 1사발

경상도에서 담그는 것인데 맛이 유명하다. 무를 넓이 2푼(0.6㎝), 길이 5푼(1.5㎝)으로 썰어서 소금에 약간 절이고 무청도 1치(3㎝)길이로 썰어서 깨끗이 씻어서 소금에 절인다.

멸치 젓국 1홉(180㎖)에 고춧가루(무거리가루)를 넣는다. 무에 젓국과 고춧가루 섞은 것을 넣고 오래 문질러서 무에 고추 물이 빨갛게 들면 항아리에 넣고 무청을 꼭 짜서 그 위에 얹고 그릇을 부셔서 붓고, 젓국을 부어 2~3일 후 먹는다.

젓무 우리음식 1948

재료 : 무(단단하고 큰 것) 10개, 막고춧가루 0.2ℓ, 파 1단, 멸치젓 0.2ℓ, 마늘 3통, 새우젓 0.2ℓ, 생강 2개, 소금 0.1ℓ.

씻은 무를 굵게 쭉쭉 쪼개서 소금을 가해 절이고 마늘과 생강은 절구에

찧고 파는 다져 놓는다. 멸치젓 새우젓을 고명과 함께 무와 버무려 항아리에 꼭 담아 놓고 덮개를 잘 해 둔다. 깊은 겨울과 초봄에 먹게 한다.

짠지 및 싱건지

짠지 조선요리제법 1917

무를 깨끗하게 씻어서 독에 담는데, 층층마다 소금을 많이 뿌리고, 반 붉은 고추는 비슷비슷 굵게, 파 마늘은 굵직굵직하게 썰어 섞어서 여러 켜에 뿌리고, 다 넣은 다음 소금과 고명을 뿌리고 큰 돌로 눌러 놓고 뚜껑을 덮는다.

다 절여지면 뚜껑을 열어 물이 있으면 그만 두고, 물이 적으면 무 절였던 소금물을 더 붓고 우거지를 얹고 봉해 두었다가 봄부터 먹기 시작한다.

짠지(蘿葍醎葅) 조선무쌍신식요리제법 1924

크고 속 빈 무를 골라 씻어 층마다 소금을 많이 뿌려서 항아리에 담는데 붉은 고추는 어슷비슷 굵게 썰고, 파 마늘은 굵직하게 썰어 섞어서 층마다 뿌린다.

가장 윗 층에도 소금과 고명을 뿌리고 큰 돌로 눌러 놓고 뚜껑을 덮는다.

절은 후 열어 보아 물이 있으면 그만 두고 물이 적으면 무 절였던 소금물을 더 붓고 우거지를 건져내고 봉하여 두었다가 봄부터 먹기 시작한다.

무를 씻지 않고 담가도 좋다.

자반을 먹으면서 비늘과 머리든 물을 1년 동안 모았다가 끓여 넣으면 젓국지 같아서 맛이 좋고 고추 머리와 씨를 모았다가 넣어도 좋다.

짠지 동아일보 1928. 11. 3. 3면

짠지는 봄에 먹으므로 더욱 정성을 들여야 한다. 무는 가급적 곱고 무거운 것으로 고른다. 이것은 날무로 담근다. 보통 무 절이는 소금양의 세 배 소금을 뿌리고 씻어서 한참 후 무가 보송보송해지면 소금물을 약간 만들어 부어도 좋다.

여기에 반 토막 낸 고추나 풋고추, 파 잎사귀를 사이사이 넣으면 좋다. 맨 위에는 깨끗하게 씻은 파뿌리와 짚으로 두껍게 덮은 후 무거운 돌로 될수록 격지 질러 둔다.

다른 철에 먹는 것처럼 며칠 후 바로 먹는 깍두기와 다르므로 무와 소금을 좀 두껍고 크게 쓴다. 주고명 외에 조기젓 좋아하는 집은 조기젓을 토막 쳐 넣고, 갓도 썰어 넣고, 속고갱이 무청과 배추를 함께 버무려 잠시 두었다가 새우젓을 다져서(곱게 다질 필요 없다) 다시 골고루 버무려서 항아리에 담고 위에 허드레 잎을 덮는다.

그리고 손으로 눌러서 국물이 손 까지 올라 올 정도로만 붓는데, 늦게 먹는 것일수록 간간해야 한다.

노인 있는 집은 무를 채쳐서 따로 채깍두기를 담그는 것이 좋다.

짠지 간편조선요리제법 1934

굵은 무를 깨끗하게 씻어서 독에 담그며 층마다 소금을 많이 뿌린다(무가 1동이면 소금은 수북하게 1되(1.8ℓ)씩). 고추를 어슷어슷 굵게 썰고 파, 마늘도 굵게 썰어 섞고 층마다 조금씩 뿌리고 무를 다 넣은 후도 소금과 고명을 뿌리고 큰 돌로 눌러 뚜껑을 덮어둔다.

4~5일 지나 소금물을 더 부어 무가 잠기게 하고 짚으로 덮고 봉하여 두었다가 봄부터 먹기 시작한다.

짠김치 매일신보 1924. 5. 25. 3면

굵은 무를 깨끗하게 씻어서 독에 담는데 밑에 짠 소금을 많이 뿌리고(무 한 동이에 1되 5홉(2.7ℓ)) 고추를 비슷비슷 굵게 썰고 파를 굵직굵직하게 썰어 섞어서 조금씩 뿌리고 무를 넣고 소금과 파, 고명을 뿌리고 큰 돌로 눌러 놓은 후 뚜껑을 덮어 두었다가 사오일후 익은 후 물이 있으면 그만 두고, 물이 적으면 소금물을 부어 물이 무 위로 올라오게 하고 짚으로 무를 덮어 봉하여 두었다가 늦은 봄부터 먹기 시작한다.

배추짠지 조선요리법 1939

속 넣고 남은 허드레 배추를 무와 섞어서 다른 고명은 넣지 말고 생강만 다져 넣고 젓국도 넣지 말고 매우 짜게 소금을 넣고 막고춧가루를 색깔 곱게 섞어서 국물이 안 들어가게 항아리에 담고 소금을 같이 얹어서 꼭 봉해 두었다가 이듬해 여름에 먹으면 싱싱하고 좋다.

짠지 조선요리법 1939

무를 굵직한 것으로 골라서 1켜 넣고 소금을 뿌려 담는다. 이렇게 1독을 가득 담아 놓아도 이튿날이면 절여진다. 절은 무를 꺼내고 날무를 밑에 더 담고 소금을 조금만 뿌리고 내놓은 무를 위에 다시 담고, 짚으로 치고 위에 무거운 돌을 눌러 놓는다. 국물은 조금 붓는데 소금물을 짜게 타서 충분히 끓여서 서늘하게 끓여 붓되 홍건하게 부으면 안 된다.

짠지 신영양요리법 1935 조선요리제법 1942

재료 : 무 1섬(180ℓ), 소금 소두 1말(9ℓ), 물 1동이, 마늘 반홉(90mℓ), 파 1단, 고추 반되(0.9ℓ), 생강 반홉(90mℓ), 청각[101] 반홉(90mℓ).

굵고 좋은 무를 깨끗하게 썰어놓고 마늘, 파, 생강들은 얇게 썰고, 반만 붉은 고추로 비슷비슷 굵게 어슷썰고 청각은 큰 것을 2~3가닥으로 뜯어 놓는다.

독에 무를 1켜 넣고 양념 뿌리고 무가 보이지 않을 정도로 소금을 뿌리고 다시 무를 1켜 넣고 다시 양념을 얹고 소금을 뿌린다.

이같이 하여 1독을 다 담고 맨 위에는 더 많이 얹어서 잘 덮어 3~4일 둔다.

절여진 것을 열어보아 물이 있으면 잘 절은 깨끗한 무청이나 배추 우거지로 잘 덮고 무거운 돌로 눌러서 무가 떠오르지 않도록 하고 국물이 적으면 무가 잠기도록 소금물을 더 붓고 우거지로 덮고 돌로 눌러서 잘 덮어 봉하여 두었다가 늦은 봄부터 먹는다.

짠지 김장교과서, 방신영, 여성, 7, 50~54, 1939. 11

재료 : 무 150개(단단하고 작은 것으로), 소금 소두 1말(9ℓ), 파 (뿌리만 깨끗하게 씻을 것), 마늘 3톨(대강 썰어 놓을 것), 생강 3뿌리(대강 썰어 놓을 것), 청각[101](큼직큼직하게 뜯어 놓을 것), 고추 20개(씨만 바르고 썰지 말 것)

조리법 : 짠지는 지금(11월) 담갔다가 반찬거리가 별로 없거나 비싸서 곤란한 여름과 초가을(잘 하면 1 년 뒤까지 먹을 수 있다)을 위한 무짠지이다. 그런데 어떤 지방에서는 이 방법이 없고 짠지라면 배추김치를 말하는 것으로 아는 사람이 있다. 이것은 매우 필요한 김치의 하나이므로 잘 담가보기 바란다.

담그는 법 : 무를 깨끗하게 씻어서 새우젓 독에 한 켜 넣고 무가 보이지 않을 정도로 소금을 뿌리고 다시 소금이 보이지 않을 정도로 무를 한 켜 넣기를 번갈아 하여 바닥으로 떨어지지 않을 정도로 독 주둥이 위로 높이 올려서 소금을 흠뻑 뿌려 하루 두면 무가 수그러들어서 독 안으로 들어간다.

그러면 준비한 여러 양념을 모두 얹고 맨 위에는 깨끗하게 씻은 파뿌리를 얹고 베를 깨끗하게 씻어서 덮고 돌로 무겁게 눌러 놓은 후(무 절일 때 나온 물이 많으므로 짠물은 붓지 않는다) 소금을 더 뿌리고 종이로 꼭 싸고 노끈으로 꽉 잡아 매고 잘 덮어 두었다가 다음해 6월이나 8월부터 먹기 시작한다.

먹을 때 골패짝 만큼 얄팍얄팍하게 썰고 물에 초를 맛있게 치고 무를 넣고 실파 잎을 착착 썰어 넣고 실고추를 띄워서 먹는다. 별미로 맛있다.

짠지(김장김치) 조선음식 만드는 법 1946

재료 : 무 1섬(180ℓ), 소금 반말(9ℓ), 물 1동이, 마늘 1홉(180mℓ), 파 뿌리 적당히, 고추 반되(0.9ℓ), 생강 1홉(180mℓ), 청각[101] 2홉(360mℓ).

(1) 좋은 무로 골라서 깨끗하게 씻어서 채반이나 광주리에 담아 물을 빼고

(2) 마늘과 생강은 엷게 썰고,

(3) 반 붉은 고추는 비슷비슷 굵게 썰어 놓고

(4) 청각은 두세가닥으로 뜯어 놓고

(5) 독에 무를 한 켜 넣고 준비한 양념을 더러 뿌리고 무가 보이지 않을 정도로 소금을 뿌리고 다시 무를 한 켜 넣고 다시 양념을 얹고 소금을 뿌린다. 이같이 하여 한 독을 다 담고

(6) 맨 위에는 파뿌리를 있는 대로 많이 얹고 소금을 넉넉하게 뿌리고 짚으로 덮어둔다

(7) 3~4일 두었다가 다 절여진 후 열어서 국물이 넉넉하면 무거운 돌로 눌러서 무가 떠오르지 않게 하고 국물이 적으면 소금물을 무가 잠기도록 더 붓고 돌로 눌러서 꼭 봉하여 두었다가 늦은 봄부터 먹는다.

짠지 이조궁정요리통고 1957

재료 : 무 20개, 마늘 3~4개, 소금 2홉(360㎖), 짚 약간.

방법 : 무를 씻어서 소금에 절여 놓았다가 무가 절여져서 날씬하게 되면 물을 더 붓고 마늘 머리를 넣고 짚으로 덮어서 돌로 누르고 소금을 친다.

장짠지 부인필지 1915

여름에 어린 오이, 무, 배추를 데쳐서 장에 절이고 파와 생강은 저미고, 생복이나 전복 말린 것과 청각, 고추 등을 켜켜 넣어 꾸미를 좋은 장에 달여 냉수를 타서 부어 익혀 먹는다. 무릇 오이김치는 물을 데워 담가야 골마지[14]가 끼지 않는다.

장짠지 조선요리제법 1917

여름에 어린 오이와 무, 배추를 잠깐 삶아 장에 절이고 파와 생강은 저며 넣고, 생전복이나 마른 전복과 청각, 고추 등의 속을 켜켜 넣고 쇠고기를 좋은 장에 달여 냉수를 타서 부어 익힌다.

장짠지 간편조선요리제법 1934

여름에 어린 오이와 무 배추를 잠깐 장에 절여서 파, 생강을 넣고 생전복이나 마른 전복, 청각, 고추 등을 층층이 넣고 쇠고기를 좋은 장에 끓여 냉수를 타서 넣어 익힌다.

짠무김치 조선요리법 1939

큼직한 무를 골라서 독에 무 1켜 넣고 소금을 뿌려가며 1독 수북이 담아 놓아도 이튿날이면 절여진다. 절은 무를 꺼내고 생무를 밑에 더 담고 소금을 약간만 뿌리고 내 놓은 무를 위에 다시 담는다. 위에 덮는 것은 짚이 좋고, 그 위에 돌로 무겁게 눌러 놓는다.

국물은 조금 붓는데 소금물을 짜게 타서 끓여 부어 서늘하게 봉해 둔다. 흥건하게 부으면 안 된다.

무짠지(大根鹽漬) 조선요리(일본어) 1940 짠무김치(無鹽沈菜) 우리음식 1948

재료 : 무 30개, 소금 2.7ℓ, 물 무와 같음.

무를 항아리 독에 넣으면서 가끔 소금을 뿌려 2~3일 놓아두고 무가 시들면 물을 붓고 돌을 눌러 둔다. 여름철에 소금물에서 건져 꿀에 재어 얇게 저며 그릇에 담고 물을 흥건히 부어 상에 놓으면 맛이 산뜻하다. 짠무 담근 독에 짚이나 새끼를 덮어두어야 빛이 좋다.

무김치 동아일보 1928. 11. 2. 3면

보통 싱건무김치라고 하는 것인데 아이들과 아래 사람들이 많은 집에서 재료와 힘 덜 들이고 씩씩한 김치를 먹으려고 담그게 된다.

절인 통무만으로 하는데 무청, 고추, 파, 마늘, 생강 같은 것을 큼직큼직하게 저민 것으로 격지격지 채워서 젓국 국물을 심심하게 해서 붓는다.

무싱거운지(大根薄鹽漬) 조선요리(일본어) 1940 무싱건지 우리음식 1948

봄에 먹는 것으로 짠지보다 싱겁게 담그므로 소금을 반만 넣는다. 먹을 때 물에 띄워 먹는 것은 짠지와 같다. 썬 무를 물에다 띄울 때 가로 잘게 썬 파와 고춧가루를 좀 넣고 초를 치는 것도 좋다.

풋김치 및 열무김치

풋김치(靑菹) 조선무쌍신식요리제법 1924

풋김치는 봄이나 가을에 심은 것을 솎아서 담는 것이다.

고추와 마늘을 많이 넣어야 맛이 좋고 구진(久陳, 오래 되어 맛없는 것)하지 않다.

너무 어리면 밀가루를 쑤어 넣고 보리 씻은 속뜨물로 담으면 맛이 씩씩하고 좋다.

생강도 조금 넣는다. 김치가 잘 익으면 맛이 매우 좋다.

이 김치에 밥을 비벼도 좋고 젓국에 담가도 상관없다.

또 중가리(늦게 심어 수확하는 채소)도 담근다.

햇김치(菁根沈菜) 조선요리(일본어) 1940 **픗김치(靑根沈菜)** 우리음식 1948

재료 : 배추(픗 것 또는 온실에서 자란 것) 5단, 파 7뿌리, 마늘 3쪽, 생강 1개, 소금 150g, 실고추 40g, 고춧가루 반수저

배추와 무를 다듬어서 으스러지지 않게 조심하여 씻어 정히 소금을 뿌려 둔다. 고명을 넣기 전에 절인 것에 물을 조금 부어서 다시 한 번 헹구면 가장 깨끗하다. 배추 길이가 10㎝ 이상이면 다듬을 때 둘로 갈라 둔다.

파, 마늘, 생강 등을 다져 고추와 함께 배추에 섞고(배추가 상하지 않게 유의하며) 2~3시간 후 간국을 넣고 뚜껑을 덮어 하루를 재웠다가 먹는다.

픗김치 신영양요리법 1935 조선요리제법 1942

가을, 봄, 여름에 채소가 있을 때 담는다. 분량은 다음과 같다.

재료 : 배추(혹은 열무) 중간 10통, 고추 마른 것 3개, 파 중간크기 2개, 생강 약간, 마늘 반쪽, 소금 1보시기

배추나 열무를 잘 다듬어서 1치(3㎝) 길이로 깨끗하게 썰어 채반[99]에 담고 물이 빠지면 소금으로 절여서 2시간 두었다가 채반[99]에 쏟아 소금물을 다 빼고 그릇에 담는다.

고추는 실같이 썰거나 맵고 구수하게 하기 위하여 거칠게 으깨고 파, 마늘, 생강은 채로 쳐서 섞어서 항아리에 담고 맨 위에 깨끗한 절인 배추 잎을 펴서 덮고 소금물을 적당하게 부어 덮어두었다 먹는다.

한 가을에는 4~5일 만에 익고 날씨가 더울 때는 하루나 반나절이면 먹을 수 있다.

이른 봄이나 늦은 가을에는 풋내가 나기 쉬우므로 밀가루를 물에 약간 타서 묽게 끓여 김칫국에 넣으면 매우 좋다.

풋김치(當座漬) 할팽연구(일본어) 1937

재료 : 배추 20포기, 무 10개, 파 중간 크기 8개, 소금 5ℓ, 마늘 1개, 고춧가루 큰 수저 2, 실고추 약간, 생강은 마늘보다 적게, 물 2ℓ.

배추를 다듬어서 깨끗이 씻고 5㎝로 썰어서 소금을 뿌려 놓는다. 무도 다듬어서 씻고, 4㎝길이로 썰고 0.2㎝ 굵기로 썰어서 소금을 뿌려 놓는다. 파, 마늘, 생강은 잘게 썰어 놓는다.

절인배추와 무의 우러난 물을 버리고 고춧가루를 가해 항아리에 넣고 고추물이 배면 물을 붓고 맛을 본다. 묽은 간장물 약간과 소금물을 부어 맛을 낸다.

계절에 따라 다르나 사나흘 후 먹을 수 있다.

봄김치 (1) 온상에서 기른 햇배추와 열무(봄철용) 조선음식 만드는 법 1946

재료 : 배추 650g, 실고추 반홉(90㎖), 열무 900g, 밀가루 2큰수저, 소금(절이는 소금) 5큰수저, 물(김치국물 부을 것) 1되(1.8ℓ), 파채친 것 1종지, 소금(김치국 넣을 것) 6큰수저, 마늘 6쪽, 미나리 썰어서 반보시기, 생강 조금.

(1) 배추와 열무를 깨끗하게 다듬어 씻어서 넓은 그릇에 따로 담아놓고

(너무 길면 둘로 잘라서 쓴다).

(2) 물 4홉반(8.1ℓ)에 소금을 잘 풀어서 5큰수저를 타서 배추와 열무에 반씩 나누어 부어 두 시간 정도 놓아 두고

(3) 파, 마늘, 생강을 곱게 채쳐서 실고추와 함께 섞어 놓고

(4) 밀가루를 깎아서 2큰수저를 물에 개어서 미음처럼 끓여 식혀 놓고

(5) 적당한 항아리를 준비하고 절인 배추와 열무를 곁들여(그릇을 기울여서 절인 소금물을 따라 버릴 것) 담을 것이니

(6) 항아리에 배추 한 켜 넣고 양념 뿌리고 또 열무 한켜 넣고 양념을 뿌리기를 번갈아하여 담고

(7) 미나리를 깨끗이 씻어서 손 두마디 길이로 잘라서 맨 위에 얹고

(8) 밀가루 끓인 것을 물 8홉(1.44ℓ)에 섞어서 소금을 큰 6수저 풀어 항아리에 붓고 꼭 봉해 둔다.

[비고]

(1) 열무와 햇배추는 풋내가 나기 쉬우므로 조심하여 씻어서(물에 한꺼번에 다 넣지 말고 한 개씩 많은 물에 흔들어서 씻어야 한다)

(2) 절일 때도 소금물을 위에서부터 부어 고르게 적셔서 절인다.

(3) 양념도 함께 버무리지 못하므로 매 켜 뿌려서 담는다.

봄김치 (2) 온상에서 기른 배추와 열무 (봄철) 조선음식 만드는 법 1946

재료 : 열무(다듬어서 650g), 배추 다듬어서 500g, 소금(절이는 소금) 1홉(180mℓ) 넉넉히 물 4홉(720mℓ), 파 채쳐서 반보시기, 마늘 6쪽, 밀가루 큰 2수저, 물(김치물 부을 것) 6홉(1.08ℓ), 소금(김칫국에 넣을 것) 깎아서 6큰수저, 실고추 반홉(90mℓ), 생강 조금, 미나리 썰어서 반보시기

(1) 열무와 배추를 깨끗하게 씻어서 그릇에 함께 담고

(2) 물 4홉(720㎖)에 소금 1홉(180㎖)을 풀어서 배추와 열무에 부어서 한참 두었다가 한번 뒤집어 놓아서 절인다(절이는 것은 한시간 반이나 두 시간이 적당).

(3) 파, 마늘, 생강을 채쳐서 실고추와 함께 섞어 놓고

(4) 적당한 항아리에 담는데, 배추와 열무를 소금물에 살살 헹구어(조금씩) 건져서 채반[99]에 놓아 물을 빼고

(5) 항아리에 배추 한 켜 놓고 양념 뿌리고 열무 한 켜 놓고 양념 뿌리기를 번갈아하여 모두 담은 후에

(6) 씻어서 썰어 놓은 미나리를 위에 잘 덮어 놓고

(7) 밀가루를 물 1홉(180㎖)에 풀어 한소큼 끓여서 다시 냉수 5홉(900㎖)을 붓고 소금 5큰수저를 풀어서 김치항아리에 부어 두면 여닐곱 시간 후에 먹는다.

햇김치 이조궁정요리통고 1957

재료 : 배추 10단, 무 2개, 미나리 2단, 실고추, 고춧가루, 소금, 생강, 파, 마늘, 설탕, 밀가루 약간

방법 : 배추를 다듬어 깨끗하게 씻어서 절여 놓고, 무를 반듯반듯 썰어서 함께 섞고, 파, 생강, 미나리, 마늘, 설탕, 고춧가루를 넣고 버무려서 항아리에 담고 돌로 눌러 놓고 밀가루를 끓여서 물을 섞고, 소금으로 간을 맞추어 체로 걸러서 김치 항아리에 붓고 꼭 봉한다.

풋배추 김치(8인분) 동아일보 1959. 3. 26. 4면. 김미희

재료 : 풋배추 5단, 오이 2개, 달래 한줌, 설탕 한 수저, 식초 한 수저, 고춧가루 약간, 간장 약간

방법 : 배추를 반씩 잘라서 소금에 약간 절였다가 깨끗이 씻어 놓는다. 오

이는 소금에 문질러 씻고 껍질은 벗기지 말고 굵직하게 엇썰어 놓는다.

달래는 깨끗하게 다듬어서 씻어 놓는다.

이상의 재료를 그릇에 담고 식초, 간장, 설탕, 고춧가루 등으로 잘 무쳐서 오래 두지 말고 금방 먹는다.

열무김치(細菁菹) 조선무쌍신식요리제법 1924

열무는 봄과 가을에 익으므로 열무와 같은 배추와 미나리를 함께 넣고 절어서 고명을 많이 넣어 익히면 맛이 좋다.

밀가루를 물에 풀어 덩어리를 없애고 묽게 쑤어 붓고 휘저어 담가 익히면 맛도 구수하고 풋내가 없고 구진(오래되어 맛없음)하지 않다.

밀가루가 없으면 식은 밥을 개어 걸러 넣거나 쉬지 않은 풀을 개어 넣어도 된다.

열무김치 조선요리법 1939

재료 : 열무, 배추, 파, 마늘, 생강, 실고추, 소금, 밀가루 약간

열무를 다듬어 깨끗하게 씻고 어린 배추를 다듬어 씻어서 소금을 조금 치고 살짝 절인다. 열무, 배추 길이가 짧은 것은 잎사귀 끝만 잘라 내고 절인다.

절이는 동안에 파를 채치고 마늘과 생강은 조금만 채치고 실고추를 가늘게 썰어 놓은 뒤 절여놓은 열무를 깨끗한 찬물에 살살 빨아 소쿠리에 건져 물을 빼고 준비한 고명을 넣고 살살 헤쳐가며 버무린 후 항아리에 담고 밀가루를 두어 수저만 풀어 팔팔 끓여서 체로 거른 다음 식혀 소금을 조금 쳐서 간맞춘다.

열무김치는 버무릴 때나 절일 때 손질을 너무하면 빛이 파래져서 나쁘다.

열무김치 조선요리제법 1942

재료 : 열무 10사발 가량, 고추 10개, 미나리 4단, 마늘 반쪽, 밀가루 1종지, 파 5개.

솎을 때 배추나 열무를 잘 골라서 뿌리를 잘라 내고 2치(6㎝)로 자르고 미나리도 잘 다듬어 씻어서 1치(3㎝)로 잘라서 함께 소금에 절이고 파는 채치고 고추는 대강 으깨고 마늘은 곱게 으깨서 함께 섞은 후 항아리에 넣고 소금물을 만들고(배추 절였던 물은 쓰지 말고 버린다) 밀가루를 덩어리가 남지 않도록 풀어서 소금물과 함께 끓여 식혀서 김치에 부어 익힌다.

열무김치(솎음열무, 음력 5~8월) 조선음식 만드는 법 1946

재료 : 열무 10대접, 소금 적당히, 고추 10개, 미나리 썰어서 1보시기, 마늘 2쪽, 밀가루 1종지, 파 3뿌리, 물 5홉(900㎖).

(1) 솎음열무나 솎음배추를 잘 골라서 뿌리를 따고 조심하여 살살 씻어놓고

(2) 미나리도 잘 다듬어 씻어서 1치(3㎝)로 잘라서 열무와 함께 소금을 뿌려 절여놓고

(3) 파는 채치고 고추는 대강 으깨고 마늘도 으깨서 함께 섞어놓고

(4) 절여 놓은 열무를 채반[99]에 쏟아 물을 다 뺀 후

(5) 항아리에 열무를 한 켜 넣고 양념 뿌리기를 반복하여 켜켜 다 담은 후

(6) 간맞추어 국물을 만들고 밀가루를 풀어서 한소큼 끓여서 식힌 다음 체로 걸러서 붓고 잘 덮어서 서늘한 곳에 두어 익힌다.

[비고]

어린 열무나 어린 배추는 상하고 풋내가 나기 쉬우므로 씻을 때 조심하여 상처가 나지 않게 하나씩 씻고 절일 때도 조심하여 소금을 살살 뿌려

야 한다.

열무김치 이조궁정요리통고 1957

재료 : 배추 10단, 오이 5개, 미나리 1단, 고춧가루, 파, 마늘, 생강, 밀가루, 소금 조금

방법 : 열무와 미나리는 다듬어서 한 치(3㎝) 정도로 잘라 소금에 절인다. 오이는 연하고 여린 것을 골라 오이소박이와 같은 모양으로 칼로 갈라 속을 넣고, 열무 절인 것을 양념에 버무려서 항아리에 한 켜 넣고 오이 한 켜 넣기를 반복하여 모두 넣으면 돌로 눌러 놓고 소금물을 풀어 밀가루 끓인 것을 섞어 체로 걸러서 항아리에 붓고 꼭 봉한다.

젓국지

젓국지 조선요리제법 1917

배추, 오이, 무, 세 가지를 깨끗하게 씻어서 배추와 무는 1치(3㎝)로 썰고 오이(오이지 담갔던 것)는 잘게 썰어 섞어 소금에 절여 건져서 항아리에 담고 물을 조금 붓고 꼭꼭 눌러 보아 물이 조금 나오면 조기젓국을 간 맞추어 붓고 고추, 파, 마늘, 미나리, 갓[4]들을 채쳐 넣은 후 청각[101]을 조금 넣고 봉하여 익힌다.

젓국지(醢菹) 조선무쌍신식요리제법 1924

지금식 : 배추와 무를 씻어 1치(3㎝)길이씩 썰어 소금에 절여 놓고 짜게 절였던 오이를 불려서 쪼개어 대강 썰어 놓는다.

고추, 파, 마늘, 미나리, 갓을 다 채 썰어 넣고 청각[101]도 조금 넣고 조기

젓국에 물을 섞어 끓인다.

식은 후에 조금 짜게 하여 많이 붓고 뚜껑을 잘 덮어 익힌다. 통무와 통배추를 그냥 넣어야 맛이 더 좋다.

젓국지는 속곱(자잘한) 배추와 열무로도 하고 겨울에 나박김치 만드는 재료로 젓국지를 담기도 한다.

옛날식 : 옛 방법은 서리 내린 뒤에 무의 늙은 잎은 떼어내고 잎사귀를 붙인 채로 깨끗이 씻어서 무 1개당 3~4조각으로 쪼개 깨끗한 동이에 담고 소금을 뿌리고 4일 절인다.

오이는 6~7월 쯤 미리 짜게 절였다가 물에 담가 짠맛을 우리고, 가지는 꼭지를 따고, 동아는 껍질과 속을 버리고, 배추는 뿌리와 줄기와 껍질을 벗기고, 갓은 뿌리와 겉 잎, 줄기, 껍질을 버리고 모두 항아리에 넣는다.

양념으로 조기젓은 비늘과 머리와 꽁지를 잘라내고 어슷하게 썰어 저며 놓고, 생복과 소라는 저미고, 낙지는 자르고, 굴은 껍질 떼고, 청각은 1치(3㎝)씩 썰고, 생강은 껍질 벗겨 썰고, 천초[15]는 씨를 빼고, 고추는 썰어서 모두 함께 버무린다.

채소 1켜, 양념 1켜를 반복하여 넣고 단물에 젓국을 넣어 간을 맞추어 붓고 유지로 봉하고 항아리를 짚으로 싸서 땅에 묻어 얼지 않게 하여 21일 두면 익는다.

젓국지 즉 동김치 매일신보 1924. 6. 15. 3면

배추는 통이 크고 좋은 것을 가려서 누런 잎은 따버리고 잘 다듬어서 씻는다. 씻는 방법은 사는 곳과 습관에 따라 다르나 대개 두 가지이다. 하나는 장물에 씻는 것이고 하나는 소금물에 절였다가 씻는 것이다.

장물에 씻으면 소금은 절약이 되지만 배추가 부서져서 상하기 쉬우므로 밭에서 뽑은 후 이삼일 두어서 약간 시들해진 것이 좋으며, 소금물에 절여

씻는 것은 소금은 더 허비하지만 배추가 부서지지 않는다.

그리고 씻기 힘들지도 않고 속속들이 잘 절일 수 있으므로 이것이 가장 편리하다.

씻는 방법은 물 한 동이에 소금 한 되반 정도를 풀어서 섞박지 분량을 참작하여 그릇에 부어 배추를 그 물에 담가 섞박지 속에 물이 잘 들어 가기 전에 지레 잠깐 하여 건져서 다른 그릇에 담아 뚜껑을 덮고 하루 두었다가 약간 익으면 깨끗한 물에 깨끗하게 씻어서 다시 물 한 동이에 소금 7홉(1.26ℓ)을 풀은 물에 배추 속까지 물이 잘 들어가게 하여 수일 두었다가 더 절으면 소를 넣는다.

소는 배추 반 동이에 채친 무 한 동이, 실고추채 한 사발, 채친 파 한 대접, 채친 생강 두서너량(75g~150g), 채친 배 반개, 채친 밤 한 되(1.8ℓ), 미나리 썬 것 5대접, 썬 갓 3대접, 소금 반보시기, 청각[101] 다섯줄기를 한꺼번에 버무려서 배추잎을 버리고 잎 사이마다 고루 겹겹 넣고 그 외에 조기젓 썰은 것 한 사발을 따로 넣는다.

젓국지 간편조선요리제법 1934

통이 크고 좋은 배추를 골라 누런 잎을 떼어내고 다듬어서 위에서 말한 방법대로 깨끗이 씻어서 소금에 다시 절인다. 물 2동이에 소금 3되(5.4ℓ)를 풀어서 독에 붓고 씻은 배추를 여러 통씩 담가 놓는다. 소금물이 배추 속속들이 들어가도록 기다린 후 건져서 다른 독에 담고 뚜껑을 덮고 이틀 절였다가 큰 광주리에 내어놓는다.

배추를 잎마다 다 벌려서 소를 골고루 넣고 조기젓(살로만 숟가락창 만하게 썬 것)을 2~3개씩 박고 배추 잎을 덮고 배추 줄기 하나로 허리를 매어 땅에 묻은 독에 담는다.

담을 때 배추 1층, 섞박지 버무린 것(섞박지 버무리는 법은 아래와 같이 한다) 1층을 넣고, 조기젓 썬 것(살로만 5푼(1.5㎝)길이씩 썬 것)과 북어 썬 것(머리와 뼈, 가시를 버리고 살로만 5푼(1.5㎝) 길이씩 썬 것)과 낙지 썬 것(낙지는 머리 자르고 껍질 벗겨 잠깐 데쳐서 1치(3㎝) 길이씩 썰은 것), 전복(전복은 물에 불려서 얇게 저며서 골패 크기(1×4㎠)로 썰은 것) 등을 섞어 뿌린다.

그리고 다시 배추 통 1층, 섞박지 버무린 것 1층에 조기젓, 낙지 북어 등을 뿌리기를 번갈아 하여 담고 무청 절인 것을 씻어 위를 덮고 돌로 무겁게 눌러 놓는다.

두어 시간 지나 독 하나에 배추 절인 물을 동이 당 진한 조기젓국 (돌로 누르지 않으면 배추가 떠올라 상하기 쉽다)으로 5사발씩 끓여서 붓고 꼭 봉해 두었다가 겨울에 먹는다.

배추 소와 섞박지 버무리는 법과 그 분량은 다음과 같다.

배추 소 버무리는 법과 그 분량(배추 100통에 대하여)

무 채친 것 1동이(가는 젓가락 굵기로 채쳐서 그릇에 넣고 살짝 데워 두었다가 쓴다. 데워 두지 않으면 예쁘지 않다), 실고추 3사발(머리카락 같이 가늘게 썬 것), 마늘 채친 것 중간 크기(굵은 마늘 6톨), 파 채친 것, 25냥중(937.5g), 생강 채친 것, 2냥(75g), 배 채친 것 큰 배 10개(숟가락 창 크기로 5푼(1.5㎝) 길이로 썰은 것), 밤 채친 것 굵은 밤 1되(1.8ℓ, 젓가락 굵기로 가늘게 썬 것), 조기젓 썬 것 1사발(살만 숟가락 창 굵기로 5푼(1.5㎝) 길이로 썰은 것), 미나리 썬 것 5대접(뿌리와 잎을 따고 머리와 굵은 부분은 1치(3㎝) 길이로 잘라서 겉 고명으로 쓰고 가는 부분은 1치(3㎝) 길이로 썰어서 속고명으로 쓴다), 갓 썬 것 3대접(가는 줄기와 연한 잎으로만 1치(3㎝) 길이씩 썰은 것), 소금 반보시기(무에 뿌린다), 청각 5줄기(5푼(1.5㎝) 길이로 잘게 썰은 것).

이것을 버무려 소로 넣는다. 먼저 채친 무에 소금을 뿌리고(소금이 많으면 물에 짜게 넣는다) 실고추를 넣고 오래 섞어서 무에 고추 물이 빨갛게 들면 미나리, 갓[8], 파, 마늘, 배, 밤, 생강, 청각[101] 등을 넣고 잘 섞어서 쓴다.

섞박지 버무리는 법과 분량(배추 100포기당 분량)

무 썬 것 7홉(1.26ℓ)동이(무는 한 동이에 7홉(1.26ℓ)의 비율로 절인 무를 깍두기처럼 썰되 조금 굵고 갸름하게), 배추 썬 것 반동이(소금에 절어 4쪽으로 쪼개 1치(1.5㎝) 길이로 썬 것), 실고추 1사발 넉넉히, 미나리 3대접 (1치(3㎝) 길이로 썬 것), 파 채썬 것 1보시기, 마늘 으깬 것 1종지, 생강 으깬 것 1종지, 갓 썬 것 1대접, 이것을 함께 버무려 넣으면서 층마다 배 채친 것, 밤 채친 것, 조기젓 썬 것(5푼(1.5㎝) 길이로 썰은 것) 3마리, 낙지 썬 것(길게 가르고 껍질 벗겨서 약간 데쳐서 1치(3㎝) 길이로 썰은 것) 20마리, 전복 썬 것(물에 불려 저며서 골패[15]짝 크기(1×4㎠)로 썬 것) 1개 등을 뿌리고 배추 포기를 넣고 사이에 이것들을 넣는다.

배추 100통에 대한 고명량은 마른 것을 기준으로 아래와 같다.

무(큰 것으로) 60개가량(반은 채쳐서 소의 재료로 하고 반은 절여서 섞박지 버무리는 데 쓸 것), 고추(굵고 살 많은 것) 1말(18ℓ), 마늘(굵은 것으로) 25개, 파(굵은 것으로) 3단, 생강(큰 것으로) 6뿌리, 배 10개, 밤 1되(1.8ℓ), 조기젓 13개(소에도 넣고 켜켜마다 뿌리기도 하는 것인데 10마리만 하여도 된다), 미나리 10손, 갓[4] 5단, 청각[101] 5줄기, 소금 1말 3되((23.4ℓ)배추 절이는데 쓰는 것), 낙지 20마리, 전복 1마리, 조기젓국 4사발(진한 것으로 끓여서, 김치 국물로 넣는다).

고명을 준비하는 데 참고 재료로 각고명의 중량비를 아래 기록한다.

배추 1통의 중량은 최고 큰 것은 800전(3㎏) 정도, 큰 것은 520전(1.95㎏)

정도, 중간 것은 120전(450g) 가량, 이들을 합한 평균은 약 556전(2㎏) 정도.

무 1개의 중량은 큰 것은 250전(938g), 중간 것은 190전(712g), 평균 220전(825g), 소금 1되는 원염(검은 소금) 300전(1.125㎏), 재염(흰 소금)[118] 250전(938g), 까지 않은 마늘 1톨은 약 5전(19g), 깐 마늘은 약 9전(34g), 생강 1뿌리는 중간 것이 약 10전(38g), 고추 1말(18ℓ)은 말린 것으로는 약 200전(750g), 실고추로 썰어서는 약 70전(263g).

젓국지 신영양요리법 1935 조선요리제법 1942

국물을 젓국으로 하는 김치이다. 위의 통김치 하는 법과 같게 하여 독에 담은 후에 국물을 조기젓으로 붓는다. 젓국의 분량과 다른 분량은 석박지와 같게 하면 된다.

젓국지 김장교과서, 여성, 방신영, 7, 50~54, 1939. 11

재료 : 배추 100통(위의 배추김치법 대로 절여서 씻고), 무 20개(위의 배추김치법 대로 하든지 썰어서 약간 절인다), 실고추 1근(0.6㎏), 무채 1동이, 마늘 20톨(곱게 채칠 것), 생강 10뿌리(실같이 채칠 것), 파 10단(1치로 잘라서 채칠 것), 미나리 10단(잎 따고 1치(3㎝)로 썰 것), 갓[4] 5다발(1치(3㎝)로 썰 것), 조기젓 10개(두 쪽 내어 뼈를 꺼내고 4토막씩 썰 것), 북어(마른 명태) 10마리(대강 불려서 껍질 벗기고 골패짝 크기로 썰 것), 청각[101] 1근(0.6㎏, 짧게 뜯어 놓을 것), 호염[118] 3되(5.4ℓ , 물 3동이에 타서 배추 절일 때 쓸 것).

조리법 : 소는 위의 배추김치법과 같이 잘 버무려 섞어서 절였다가 깨끗하게 씻은 배추에 넣을 때 조기젓 썬것이나 굴이나 명태 썬 것 두어 조각씩 넣고 배추김치법과 똑같이 하여 국물 부을 때 젓국과 소금으로 간을 맞

추어 솥에 붓고 펄펄 끓였다가 식혀서 고운 헝겊이나 고운 체로 걸러서 김치에 붓고 익는 대로 먹는다. 만드는 법은 배추김치법과 똑같고 젓갈 넣는 것과 국물 끓여 식혀서 붓는 것만 다르다.

젓국지(김장김치) 조선음식 만드는 법 1946

(1) 젓국지란 조기젓국이나 멸치젓국, 기타 맛있는 젓을 넣어서 담근 김치를 말한다. 이 외에 석박지나 쌈김치나 통김치 국물을 젓국으로 간 맞추어 부어 만든다.

(2) 재료는 다른 김치와 같은 방법으로 준비하여 국물을 젓국으로 붓고 위에도 조기젓이나 마른 명태, 낙지 같은 것을 넣어서 만든다.

젓국지 이조궁정요리통고 1957

재료 : 배추 중간크기 10통, 무 5개, 갓과 미나리 3단, 굴과 낙지 및 조기 100전(375g), 젓국 3홉(0.54ℓ), 밤 1홉(0.18ℓ), 배 2개, 소금 4홉(0.32ℓ), 파, 마늘, 생강, 청각, 고추.

방법 : 배추통김치 만드는 법과 같지만 젓국지에는 굴, 낙지, 조기 등을 저며서 같이 넣고, 양지머리를 삶아서 멸치국물과 섞어서 배추가 잠기도록 부어 꼭 봉해 놓는다.

오이김치

외김치 조선요리제법 1917 간편조선요리제법 1934

오이를 7푼(2.1㎝) 정도씩 썰고, 또 얇게 썰어서 소금에 절였다가 항아리에 건져 담고 물을 간맞추어 붓고, 고추, 파, 마늘을 채쳐 넣은 후 익힌다.

외김치(瓜菹) 조선무쌍신식요리제법 1924

오이를 씻어서 꼭지를 떼어내고, 꼭지 쪽은 4조각으로 가르되 꼭지가 떨어지지 않게 하여 절이고, 꼭지 반대쪽의 오이도 대강 잘라서 함께 절여서 간 맞추어 물을 붓고 고추, 파, 마늘을 다져 넣어 익힌다. 물을 데워 식혀서 담그면 김치에 골마지[14]가 끼지 않는다.

외김치 농민 1~3, 23, 조선농민사 1930. 7. 1

오이를 씻어서 꼭지 따고 네 골로 쪼개서 소금에 절이는데 오이 쪽도 잘라서 함께 절인 뒤 물을 간 맞추어 붓고 고추, 파, 마늘을 이겨서 넣어 익혀 먹는다. 물을 끓여 부으면 김치에 곰팡이(골마지[14])가 나지 않아서 좋다.

외김치 동아일보 1931. 6. 16. 4면

오이를 씻어서 꼭지 따고 네 골로 가르되 꼭지 쪽은 붙어있게 한다. 오이를 더 잘게 쪼갠 것도 대강 썰어 함께 절인 후 물을 간맞추어 붓고 실고추와 파와 마늘을 썰어 넣고 익힌다.

그런데 국물을 끓여 식혀서 담그면 김치에 골마지[14]가 생기지 않는다. 이것이 소박이를 넣지 않고 담가서 마구 먹는 오이김치이다.

외김치 신영양요리법 1935, 조선요리제법 1942

재료 : 오이 중간 크기 10개, 소금 1보시기, 파 4개, 마늘 반쪽, 고추 5개, 물 2사발.

오이를 깨끗하게 씻어서 쓴 꼭지는 잘라 버리고 4조각으로 갈라 7푼(2.1㎝) 길이로 잘라서 소금에 절여서 항아리에 건져 담고 파, 고추, 마늘을 가늘게 채쳐서 섞고, 오이 절였던 소금물을 간 맞춰서 2사발 가량 부어 잘 덮어서 익힌다.

오이김치 조선요리법 1939

재료: 애오이 10개, 열무 절인 것 1사발, 파 머리 8개, 마늘 5쪽, 생강 1개, 고춧가루 적당히, 실고추 약간, 소금 적당히.

애오이 꼭지를 자르고 소금으로 몸통을 싹싹 비벼놓고 파 2개, 마늘 2쪽, 생강 약간을 채친 후 남은 파, 생강, 마늘은 모두 곱게 다져서 고춧가루를 빨갛게 넣고 소금으로 간을 맞춘다. 소금으로 비벼놓은 오이를 물에 씻어서 가운데를 3갈래로 갈라서 양념을 넣고 열무를 다듬어서 잎은 따내고 깨끗하게 씻어서 소금에 절였다가 깨끗한 물에 살살 헹구어 채친 파, 마늘, 생강을 넣고 실고추를 알맞게 섞고 버무려서 알맞은 항아리에 담고 속 넣은 오이를 켜켜로 섞어 담고 소금물을 간맞추어 붓는다.

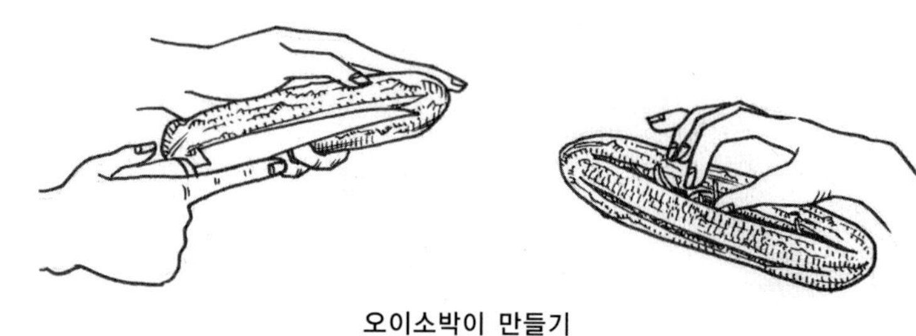

오이소박이 만들기

오이김치(여름철용) 조선음식 만드는 법 1946

재료: 오이 10개, 소금 반홉(90mℓ), 파 2뿌리, 생강 약각, 마늘 2쪽, 고추 2개, 물 2홉(360mℓ).

(1) 오이를 씻어서 꼭지를 자르고 손 두 마디 길이로 잘라서 4쪽으로 썰어 소금을 약간 뿌려서 절이고

(2) 파, 마늘, 생강을 가늘게 채치고 실고추를 썰어 놓고

(3) 절인 오이를 항아리에 넣고 양념들을 함께 넣어서 섞어 놓고

(4) 오이 절였던 절였던 소금물에 물 2홉(360mℓ)을 더 붓고 소금으로 간을 맞추어 항아리에 부어서 익힌다.

외짠지 조선요리제법 1917

오이를 씻지 말고 항아리에 그대로 여러 켜 넣어 소금을 뿌리고 다 담은 후 무거운 돌로 눌러놓고 물을 붓는다.

물 1동이에 소금 한두되(1.8~3.6ℓ) 정도를 녹여 끓여서 약간 식혀서 식지 않았을 때 항아리에 붓고 식으면 뚜껑을 덮는다.

(처음에 김치에 넣는 오이지는 매우 짜게 담그고, 겨울에 익혀 쓸 때는 물에 이틀 정도 담가서 물을 버리고 쓴다.)

외짠지 농민, 1~3, 23, 조선농민사 1930. 7. 1

비올 때 맺은 오이가 아닌 자질구레한 오이를 골라서 소금에 잠깐 절여서 보에 싸서 꼭꼭 눌러서 진장(묵은 간장)에 넣는데 통고추를 쪼개고 생강을 넙적넙적하게 저며서 오이와 같이 진장에 넣고 돌로 눌렀다가 꺼내 굵게 썰어서 먹으면 맛이 좋다.

외지(瓜鹹漬) 조선무쌍신식요리제법 1924

오이를 씻지 말고 항아리에 담는데 층마다 소금을 뿌려서 담은 후 무거운 돌로 눌러 놓고 물을 붓는다.

물 1동이에 소금은 2되쯤 풀어서 끓여 따뜻할 때 그릇에 붓고 식은 후 뚜껑을 덮어두는데, 처서(處暑) 지나면 곧 먹는다.

겨울용 김치에는 꽃맺은 잔 오이를 짜게 절이는데 놋그릇이나 그릇 닦은 수세미나 삼록[54]을 넣고 옥수수 잎이나 강아지풀[6]을 덮어서 돌로 눌러놓는다. 가을이 되면 오이를 10일정도 물에 우려서 쓴다. 오이는 따자마자 담그지 말고 하루 볕을 쪼여서 담가야 무르지 않는다. 가을 오이는 먼저 소금물에 절여서 물을 따라 버리고 다시 소금을 켜마다 뿌려 두어야 쓸 수 있다.

겨울용 김치는 보리 벤 후에 칠월에 달린 것을 8월에 따서 소금에 많이 절였다가 오이 양끝을 잘라 물에 담가 짠 것을 우려내고 쓴다.

외지 농민 1~3, 23, 조선농민사 1930. 7. 1

오이를 물에 한번 씻어서 항아리에 담으면서 매 켜 소금을 뿌리고 다 담은 뒤에 무거운 돌로 눌러 놓고 물 한 동이에 소금을 약 2되(3.6ℓ)정도 풀어 끓여서 따뜻할 때 오이 담은 항아리에 붓고 식으면 뚜껑을 덮어 두었다가 오륙일 뒤에 먹기 시작한다. 먹을 때는 동치미처럼 둥굴둥굴하게 썰어서 찬물에 채워 놓고 먹으면 맛도 좋고 시원해서 더 좋다.

이것을 계속하여 담으려면 먼저 담았던 물에 소금을 좀 더 넣고 오이를 넣은 뒤 또 돌로 눌러 놓았다가 역시 사오일 뒤에 먹는다. 오이지는 처서(處暑節)만 지나면 먹지 못한다.

외지 간편조선요리제법 1934

오이를 깨끗이 씻어서 물기를 말린 후 항아리에 넣는데 층마다 소금을 뿌려 담은 후 무거운 돌로 단단히 누르고 물을 넉넉히 붓는다.

물 1동이에 소금은 2되(3.6ℓ)쯤 풀고 끓여서 뜨거울 때 항아리에 붓고, 파리가 앉지 못하게 체로 덮어서 한참 식힌 후 종이로 봉해 둔다(겨울에 김치로 쓸 오이지는 매우 짜게 담그고, 쓸 때는 물에 우려서 쓴다.).

외지 신영양요리법 1935 조선요리제법 1942

재료 : 오이 4거리(200개, 개 당 80전(300g) 가량), 소금 3되 반(6.3ℓ), 물 1동이.

오이를 냉수에 깨끗하게 씻어 채반[62]에 건져서 물기가 빠지면 항아리에 담는다.

담을 때 오이 1켜 넣고 소금 뿌리기(오이가 보이지 않을 만큼)를 반복하여 켜켜 다 넣고 무거운 돌로 단단히 눌러놓고 소금물을 팔팔 끓여서 (물 1동이에 소금 새 단위로 3되(5.4ℓ)를 넣어서 끓인다) 식기 전에 붓고 즉시 망사로 꼭 묶어 파리가 들어가지 못하게 하여 식은 후 덮개를 덮어서 익힌다. 간에 따라 익는 것이 다르나 대개 10일이면 먹게 된다.

오이지(胡瓜鹽漬) 조선요리(일본어) 1940 **(胡瓜鹽沈菜)** 우리음식 1948

재료 : 오이 50개, 소금 1.3ℓ, 물 3.7ℓ

오이를 씻지 말고 항아리에 넣고 소금물, 또는 끓인 소금물을 식혀서 흥건하게 부어 둔다. 오이 빛이 변할 때쯤 오이를 건져서 물에 씻어 세로로 쪼개서 적당한 길이로 갈라 먹는다.

돌을 항상 눌러두지 않으면 오이가 물에 뜨므로 주의한다. 소금의 분량은 오이를 오래 둘수록 많이 넣어야 한다.

오이지(여름철) 조선음식 만드는 법 1946

재료 : 오이 50개, 물 2되(3.6ℓ), 소금 깎아서 5홉(900mℓ)

(1) 오이를 씻어서 채반에 놓아 물을 다 빼고

(2) 항아리에 오이를 한 켜 넣고 소금 뿌리기를 번갈아 하여 다 넣고

(3) 소금을 뿌리고 돌로 눌러 놓고

(4) 물 2되(3.6ℓ)에 간이 세게 소금을 타서 한번 펄펄 끓여서 식혀 오이 항아리에 붓고 꼭 봉하여 서늘한 곳에 두고

(5) 익은 후 반찬한다.

[비고]

오이를 넷으로 잘라서 다시 넷으로 쪼개 그릇에 담고 물을 붓고 초를 약간 치고 파잎사귀를 채쳐서 약간 넣고 실고추를 뿌려서 상에 놓는다.

외짠지 조선무쌍신식요리제법 1924

비 올 때 맺은 오이를 쓰면 안 된다. 작은 오이를 소금에 잠깐 절였다가 천에 싸서 꼭 누른 후 장에 넣는다.

고추는 가르고 생강은 저며 오이와 같이 장에 넣고 돌로 눌렀다가 꺼내어 먹으면 좋다.

오이장아찌와 비슷하나 굵게 썰어 먹으므로 짠지라 한다.

외소김치 조선요리제법 1917 간편조선요리제법 1934

잘고 연한 오이를 깨끗하게 씻어서 꼭지는 떼어버리고 끝의 모를 깎아 모양을 낸 후 몸통가운데만 3갈래로 갈라서 속이 서로 통하게 하여 소금에 절인다.

파, 마늘, 고추를 잘게 다져서 가른 자리를 벌리고 고명을 넣고 항아리에 담고 물을 적당히 붓고 절였던 물의 윗물만 붓고 파와 고추를 채쳐 넣고 익힌다(소는 익혀서도 넣고 채쳐서도 넣는다.).

외소김치(외소박이) 조선무쌍신식요리제법 1924

어린 오이를 씻어서 꼭지는 떼어버리고 손바닥에 소금을 묻혀 오이를 길이로 비벼 겉 허물을 벗긴 후 몸통 가운데를 세로로 3갈래로 갈라 속이 통하게 하여 소금에 잠깐 절인다.

고추, 파, 마늘을 잘게 으깨서 쪼갠 자리를 벌리고 고명을 넣고 그릇에 담고 간 맞춘 물을 적당히 부은 후 절였던 물도 가라 앉혀 위의 것을 붓고, 고추, 파, 마늘을 채 썰어 넣고 익힌다. 허리를 파로 동여매기도 한다.

오이 소는 고기를 익혀 양념하여 볶아 잘게 으깨어 소를 넣고 익으면 바로 먹는데 그 날을 넘기지 않아야 한다. 장에 담그면 소금에 담그는 김치보다 낫다.

외소김치(외통지이) 농민 1~3, 23, 조선농민사 1930. 7. 1

늙지 않은 어린 오이의 꼭지는 버리고 손바닥에 소금을 놓고 오이를 길이로 비벼서 겉 허물을 벗긴 다음 옆으로 가운데만 쪼개서 속이 서로 통하게 하여 소금에 잠깐 절인다. 고추(당초)와 마늘을 잘게 이겨서 쪼갠 자리를 벌리고 넣어서 그릇에 담고 물을 부어 진간장에 간맞추어 적당하게 부은 뒤 절였던 물도 가라앉혀 붓고, 또 고추, 파, 마늘을 채쳐서 넣고 익힌다. 허리를 파로 동여서 익히기도 하는데 소에 쇠고기를 이겨서 양념하여 볶아 잘게 이겨서 오이소를 넣고 이틀 후 먹으면 맛이 매우 좋다.

외소박이 김치 동아일보 1931. 6. 16. 4면

먼저 무슨 배추든지 씻어 절이고 썰어서 주고명으로 한다.

다음, 어린 오이를 씻어서 꼭지만 따고 바닥에 소금을 놓고 오이를 길이대로 비벼서 겉 허물을 벗긴 후 몸통을 길이대로 세 갈래로 갈라 속이 서로 통하게 한다.

소금에 잠시 절인 후 고추, 파, 마늘을 잘게 이겨서 갈라진 가운데에 이긴 고명을 조금씩 잡아 샅샅이 넣어 항아리에 담고 소금물을 간 맞추어 부은 후 절였던 소금물도 가라 앉혀 붓고 고추와 파와 마늘을 채로 쳐서 넣고 익힌다.

또는 오이소를 넣고 오이 허리를 파로 동여매 담기도 한다.

또, 오이소 고명을 하지 않고 연한 고기를 썰어 양념하여 볶아서 잘게 이겨서 조금씩 집어 소를 넣고 하루 익힌 후 고추, 파, 마늘을 썰어 넣고 하루 이틀 만에 익는 대로 먹어 치워 날을 넘기지 않는 데 덥지 않아서 상하지 않으면 수일이라도 무방하다.

소금보다 장에 담그는 것이 좋다. 오이는 당연히 절여 눌렀다가 소를 넣는 것이 좋으며 장김치로 담가야 맛이 난다.

누른외소 김치 동아일보 1931. 6. 16. 4면

늙은 오이를 깨끗이 씻어서 꼭지 따고 칼로 속을 후벼 내고 고춧가루와 파와 마늘을 이겨서 오이 속에 넣고 백비탕에 소금을 타서 더운 김에 체로 받쳐 넣는데 오이를 항아리에 먼저 넣고 주둥이를 꼭 봉해 두었다가 이튿날 먹는다. 누른 오이 껍질도 먹어도 관계없다.

외소김치 신영양요리법 1935 조선요리제법 1942

재료 : 오이(잘고 어린 것으로) 20개, 고추 6개, 파 10개, 소금 반사발, 마늘(큰 것) 1쪽, 물 적당히.

잘고 연한 오이를 깨끗하게 씻어서 꼭지를 잘라버리고 모진 가장자리를 칼로 도려 각을 없애고 칼로 가운데만 셋으로 갈라 속이 통하게 하여 소금에 절인 후 파, 마늘, 고추를 잘게 다져서 오이 가른 자리를 벌리고 속에 다진 양념을 가득 넣고 절인 배추나 열무를 1치(3㎝)로 잘라서 항아리에 함께 담은 후 채친 파와 고추를 넣고 소금이나 간장으로 간을 맞추어 물을 붓고 잘 덮어서 익힌다. 소 넣는 양념은 실같이 채쳐서 넣기도 한다.

오이소백이(胡瓜沈菜) 조선요리(일본어) 1940 **오이속박이(胡瓜丸漬)** 우리음식 1948

재료 : 오이 15개, 파 1단, 고춧가루 2수저, 마늘 4쪽, 생강(작은 것) 1개, 소금 150g.

오이를 씻어서 양 쪽 끝을 자르고 가운데에 세로로 칼집을 세 곳 내어 소금으로 비벼 둔다. 파 대가리 흰 대는 작게 다지고 마늘과 생강은 곱게 다져서 고춧가루와 섞어 잠시 둔 후 약간의 소금으로 간을 한다.

오이의 칼집 자리에 고명을 넣고 갓 잎으로 매어 항아리에 싸 넣고 2시간 후에 물을 자작하게 부어서 이튿날 먹는다.

오이소김치(여름철) 조선음식 만드는 법 1946

재료 : 오이 10개, 마늘 1쪽, 소금 4큰수저, 고추 1개, 파 1뿌리, 물 2홉(360㎖).

(1) 가늘고 어린 오이를 씻어서 쓴 꼭지는 자르고 양끝이 벌어지지 않도록 가운데만 세 갈래로 갈라서 속은 통하게 하고

(2) 소금을 뿌려 절여 놓고

(3) 파, 마늘, 고추는 곱게 이겨서 소금을 조금만 쳐서 섞어서

(4) 오이 속에 가득 넣어서 적당한 항아리에 넣고

(5) 배추나 열무를 절여서 1치(3㎝)로 썰어서 양념을 섞어 버무려 항아리에 넣고

(6) 오이 절였던 소금물에 다시 물을 더 타서 소금으로 간을 맞추어 붓고 잘 덮어서 서늘한 곳에 부어 익힌다.

오이소박이 이조궁정요리통고 1957

재료 : 오이 15개, 파 5대, 마늘 5쪽, 고춧가루 티스푼 2, 열무 3단, 소금.

방법 : 가늘고 여린 오이를 골라 꼭지를 자르고 양쪽 끝이 남도록 가운데를 칼로 갈라 소금에 절여 놓는다.

파와 마늘은 부드럽게 다져서 소금을 치고 고춧가루를 넣어 버무려서 갈라놓은 오이 속에 넣어 항아리에 담는다.

열무는 다듬어서 4~5㎝ 길이로 잘라 오이 속에 넣고 남은 양념에 버무려서 오이와 함께 항아리에 담아 돌로 눌러 놓고, 오이를 절인 소금물에 물을 타서 소금으로 간을 맞추어 오이김치에 붓고 잘 덮어 놓는다.

용인외지법 부인필지 1915

황과(오이) 꼭지를 없애고 항아리에 넣고 맑은 뜨물과 소금을 냉수에 섞어 항아리에 붓는다. 다음날도 같은 방법으로 붓는다. 이렇게 17번하면 맛

이 좋은데 이 용인 오이지가 전국에 유명하다.

용인외지 조선요리제법 1917

늙은 오이(황과)의 꼭지를 잘라 항아리에 넣고 맑은 뜨물과 깨끗한 물을 섞어 소금을 타서 붓고, 이튿날 다시 같이 하여 붓고, 이튿날 다시 하여 7일 정도 거듭하여 부으면 맛이 좋다. 용인 오이지는 우리나라에 유명한 것이다.

용인외지 간편조선요리제법 1934

늙은 오이(黃瓜) 꼭지를 잘라 항아리에 넣고 맑은 뜨물과 깨끗한 냉수를 합한 물 1동이에 새 단위로 3되(5.4ℓ)의 소금을 타고 이튿날 같은 방법으로 붓고, 이튿날 다시 같이 하여 붓기를 6~7일 정도 반복하면 맛이 좋다. 용인 오이지는 전국에 유명하다.

오이비늘김치 이조궁정요리통고 1957

재료 : 오이 20개, 소금 2홉(360㎖), 배춧잎, 파, 마늘, 고춧가루, 생강.

오이를 씻어서 그릇에 절여 놓았다가 소금을 켜켜 뿌리면서 독에 넣고 돌로 눌러 두었다가 가을에 꺼내어 씻어 칼로 어슷어슷 자르고 속을 넣어서 보쌈김치 모양으로 배춧잎 절인 것으로 싸서 배추 통김치 사이에 넣는다.

갓김치

갓김치(芥葅) 조선무쌍신식요리제법 1924

갓대는 껍질을 벗기고 연한 잎을 다듬어 씻어서 소금에 잠깐 절였다가 고추, 파, 마늘, 미나리를 넣어 물에 붓고 익히면 다른 김치보다 싱싱하고 씩씩하여 맛이 좋다.

갓김치 신영양요리법 1935 조선요리제법 1942

재료 : 갓 2사발(썬 것), 파 4개, 고추 3개, 소금 적당히, 마늘 반쪽, 미나리 반보시기.

갓 줄기는 껍질을 벗겨 1치(3㎝) 길이로 썰고 미나리도 깨끗하게 씻어서 1치(3㎝) 길이로 자르고 연한 속 갓잎을 넣고 고추, 파, 마늘은 곱게 채로 쳐서 넣고 간을 잘 맞추어 익혀 먹는다.

산갓김치(산겨자김치, 山芥葅) 조선무쌍신식요리제법 1924

(1) 먼저 무와 순무를 잘고 얇게 썰어 무순과 파 썬 것과 고추와 마늘을 넣고 더운 데에서 1~2달 익힌다.

연한 산갓[4]을 뿌리째 깨끗하게 씻어서 항아리에 넣고 뜨거운 물을 솥에 붓고 항아리를 솥에 넣어 중탕할 때 물을 3~4 차례 붓는 데, 겨자가 묽어지지 않을 정도로 하였다가 그 물도 항아리에 넣는데 물은 알맞게 붓는다. 입기운을 항아리 안에 넣으라고 하는데 하지 않아도 상관없다.

입구를 여러 번 봉하여 기운이 새지 않게 하여 더운 방에 두고 천이나 이불로 덮어두었다가 한참 후 꺼내어 담갔던 나박김치에 넣고 맛있는 장을 넣어 먹으면 매운 맛이 담백하고 깔끔하여 매우 좋다.

(2) 또 다른 방법은 깨끗하고 좋은 산갓을 항아리에 담고 손을 데지 않을 정도로 더운 물을 붓는다. 뚜껑을 꼭 덮고 따뜻한 방에 이불로 덮었다가 하루만에 꺼내면 빛이 점점 누렇게 된다.

간장을 넣어 먹는데 무를 얇게 썰고 파뿌리 썬 것과 함께 담으면 매운 맛이 적고 먹기 좋다.

산갓은 지리산 것이 가장 좋은데 갓을 물에 띄우면 물의 색이 파래진다.

산갓만 장과 같이 먹으면 너무 매워서 맛이 없다. 먹을 때에 뚜껑을 꼭 덮고 매운 기운이 나가지 않게 해야 한다. 기운이 나가면 맛이 변해 쓴맛이 난다.

겨자김치 (1) 조선요리법 1939

재료 : 배추 속 잘 든 것 5통, 배 중간크기 1개, 밤 반홉, 잣 반공기, 표고 5개, 석이 3개, 미나리 1공기, 파 머리 3개, 마늘 2쪽, 생강 반톨, 소금 쓰는 대로, 전복 중간 크기 2개, 해삼 중간 크기 4개, 무채 반공기, 겨자즙[5] 쓰는 대로.

먼저 배추를 살짝 데쳐놓고, 배, 밤, 무 등을 모두 채쳐 놓고 해삼은 푹 삶아서 속을 깨끗하게 씻어 곱게 채치고 전복도 푹 불려 얇게 저며서 채친다.

표고도 불려서 줄거리는 따버리고 착착 채치고, 석이는 더운물에 데쳐서 깨끗하게 씻어 채쳐놓고, 파, 마늘, 생강 등도 곱게 채친 후, 미나리는 줄거리만 1치(3㎝)로 잘라 깨끗하게 씻어놓고 준비한 고명을 모두 함께 섞고 소금으로 간을 맞추고 버무려서 너무 무른 배추겉대는 따 버리고, 속에 겹겹이 소를 넣고 소 넣은 위로 겨자즙을 조금씩 솔솔 뿌린다.

다 되면 알맞은 항아리에다 1켜 넣고 겨자즙을 위에 고루 뿌리고 배추 1켜를 다시 담는다. 이같이 바꾸어가며 다 담은 후 위에 먼저 따 놓은 배추잎을 덮고 꼭꼭 눌렀다가 익으면 보시기에 배추통김치처럼 썰어놓는다.

이것은 가을 술안주로 매우 좋다.

겨자김치 (2) 조선요리법 1939

재료 : 배추속대 썰은 것 2대접, 배 작은 것 1 개, 표고 조금, 석이 조금, 미나리 조금, 생전복 작은 것 1개, 파 약간, 마늘 1쪽, 생강 약간, 소금 조금,

설탕 조금, 겨자즙[5] 반공기쯤, 실고추 약간.

배추속대 중 하얀 줄거리만 골패[15]짝(1×4㎝) 크기로 썰어서 깨끗하게 씻고 소금에 살짝 절인다. 표고는 씻어 불려서 나붓나붓하게 썰고 석이는 끓는 물에 데쳐서 채친다.

미나리는 1치(3㎝)로 썰어서 씻어서 대강 찢어놓고, 배는 골패 크기로 썬다. 파, 생강, 마늘은 약간씩만 가늘게 채치고 생전복은 가로로 얇게 썰어놓는다.

준비가 다 되었으면 절여 놓은 배추를 깨끗한 물에 살살 흔들어 씻어서 고명을 모두 넣고 겨자즙을 맛있게 타서 치고 버무리며, 소금과 설탕으로만 간을 맞추어서 꼭꼭 눌러놓았다가 먹는다. 국물이 많으면 좋지 않으므로 자작하게 붓는다. 배추가 좋은 가을에 만드는 것인데, 술안주로 가장 좋다.

전라도 갓지 여성, 9, 30~35, 金惠媛, 1940. 11

까맣고 탐스러운 갓[4]을 깨끗이 씻어서 배추와 같이 절였다가 숨이 죽은 후에 간국물을 해 둔다. 무를 큰 것으로 1치반(4.5㎝)쯤 잘라 반은 쪼개 도톰하게 썰어서 흰소금을 살살 뿌려 절여두었다가 갓과 섞는다. 갓 1동이에 생멸치젓 2사발을 넣고 마늘, 파, 생강, 실고추, 깨소금, 고춧가루를 넣고 흰 소금을 쳐 가며 간 맞게 버무려 항아리에 담고 우거지를 잘 쳐서 두었다가 간이 맞으면 먹는다. 늦게 여름에 먹으려면 소금을 켜켜 많이 뿌린다.

갓김치(가을) 조선음식 만드는 법 1946

재료 : 갓[4](썰어서 1사발), 소금 2 큰수저, 파 1뿌리, 마늘 1쪽, 고추 2개, 미나리(썰어서 1보시기), 생강 조금, 물 2홉(360㎖).

(1) 갓 줄기는 실을 벗겨서 5푼(1.5㎝)으로 썰고 연한 잎도 골라서 넣고

(2) 미나리는 다듬어 씻어서 5푼(1.5㎝)으로 썰어서 갓과 함께 소금으로 절여 놓고

(3) 파, 마늘, 생강, 고추를 실같이 가늘게 채쳐 놓고

(4) 절여 놓은 것을 건져서 채반에 놓아 물을 다 뺀 후 양념들을 넣어 버무려서 항아리에 담고

(5) 소금으로 물을 간 맞추어 붓고 익힌다.

동아김치 및 박김치

동아김치(東瓜菹) 조선무쌍신식요리제법 1924

동아[30]를 삶아 얇게 저며서 소금에 약간 절였다가 김치 고명을 넣고 생강을 저며 넣어 담그는데 맨드라미꽃[35]을 넣으면 빛이 붉어서 좋다. 삶지 않고 그냥 절여서 담가도 좋다.

박김치(匏菹) 조선무쌍신식요리제법 1924

칠월에 딴 박[42]으로 담는데, 바가지 만드는 박이 아니라, 먹는 박으로 쓰는 것이 따로 있다. 그리고 박이 딱딱해지기 전에 따서 담그는데 나박김치 같이 담그되 껍질을 벗기고 얇게 저며서 햇고추를 넣고 익히면 맛이 씩씩하고 좋다. 맨드라미꽃[35]을 넣으면 색이 좋다.

박김치(음력 칠월에 담그는 것) 신영양요리법 1935 조선요리제법 1942

재료는 보통 김치와 같은 양념으로 똑같이 담는다. 박[42]이 딱딱해지기 전의 연한 것으로 따서 껍질을 벗기고 5푼(1.5㎝) 넓이, 1푼(0.3㎝) 두께로

썰어서 소금에 약간 절였다가 나박김치와 같은 방법으로 담는다. 붉은 햇고추를 넣으면 더 좋다.

박김치(瓢沈菜) 조선요리(일본어) 1940 우리음식 1948

재료 : 박 2kg, 미나리 1단, 파 1단, 마늘 5쪽, 생강 1개, 실고추 40g, 소금 120g.

박[42]이 연할 때 따서 딱딱한 껍질에서 속을 빼고 나박김치 무를 저미는 것과 같이 박을 저미고, 나박김치와 같이 담근다. 즉, 박속을 얇게 3~4㎝씩 네모지게 썰어서 소금과 고추를 뿌려 둔다. 배추는 박과 같은 크기로 저며서 씻고 소금을 뿌려 둔다.

미나리와 파도 4㎝ 정도로 잘라서 통김치 때와 같이 썰어 둔다.

마늘과 생강은 채를 썰거나 다져서 쓴다.

이들 여러 가지를 함께 섞어서 항아리에 다 넣고 반나절 둔 후 물을 흥건할 정도로 부어서 뚜껑을 덮어둔다.

박김치 조선요리제법 1942

재료 : 어린 박 1개, 배 1개, 실고추 조금, 채로 썬 생강 큰 반수저, 채로 썬 흰 파 큰 수저 1, 채로 썬 마늘 1통, 소금 큰 수저 2, 설탕 큰 수저 1, 잣 조금.

어린 박[42]을 씻어 껍질을 벗기고 반으로 갈라 속을 긁어내고 두께 0.5㎝로 가로로 썰어 소금에 절인다. 배는 껍질을 벗겨 4등분하여 박과 같이 썬다.

절인 박을 헹구어 배와 같이 갖은 양념하여 담고 소금 간을 삼삼하게 맞춘 김칫국을 붓고 잣을 동동 띄워 상에 낸다. 정갈한 김치로, 박의 색은 옥 같다.

어·육류 김치

전복김치 조선요리제법 1917 간편조선요리제법 1934

전복을 물에 불려 얇게 저미고 유자[80] 껍질과 배를 가늘게 썰어 전복 저민 것을 주머니처럼 만들어 그 속에 소금물을 붓고 무, 생강, 파 등으로 소를 넣어 담그면 맛이 기이하다.

전복김치 매일신보 1924. 5. 25. 3면

전복을 물에 불려 얇게 저며서 유자[80], 배를 가늘게 썰어서 저민 전복을 주머니처럼 만들어 속에 넣고 무와 생강, 파 등의 고명을 넣고 소금물을 부어 넣는다.

전복김치 신영양요리법 1935 조선요리제법 1942

재료 : 전복 5개, 유자[80] 2개, 배 1개, 생강 조금, 무 1개, 파 2개.

전복을 물에 무르게 불려 얇게 저며서 주머니처럼 만들고, 유자 껍질과 배는 가늘게 채로 쳐서 전복 속에 넣고, 무는 4푼(1.2㎝) 넓이와 1푼(0.3㎝) 두께로 썰고 생강과 파는 실 같이 채쳐서 함께 항아리에 담고 소금물을 간을 맞추어 끓여 식혀서 적당히 부어 익힌다.

전복김치(사철) 조선음식 만드는 법 1946

재료 : 전복 큰 것 3마리, 파 1뿌리, 유자[80] 1개, 생강 조금, 무 반개, 배 1개

(1) 전복을 물에 불려서 무르고 연하게 하고 얇게 저며 놓고

(2) 유자와 배를 잘게 채쳐 놓고

(3) 무를 골패짝처럼 써는데 아주 얇게 썰어 약간만 절여 놓고

(4) 전복 조각의 가장자리를 오그려서 손으로 꼭꼭 눌러서 골무나 주머니처럼 움푹하게 만들고 유자와 배를 이 속에 넣고 대강 오므려서 항아리

에 담고

(5) 무를 건져 넣고 파와 생강도 위에 뿌리고 소금물을 간맞추어 끓여서 다시 차게 식혀서 항아리에 붓고 익힌다.

굴김치(石花葅) 조선무쌍신식요리제법 1924

굴 껍질을 벗겨서 생기는 물을 뺀 후 소금을 뿌리고 실고추와 파를 채 썰어 넣었다가 수일 후 먹는다. 굴을 깨끗이 씻고 물이 빠지면 소금을 대강 뿌리고 무와 파뿌리를 잘게 썰어 소금 뿌려 주물러 함께 항아리에 넣었다가 소금이 녹으면 국물만 따라내 끓여 식혀서 약간 따뜻할 때 붓는데, 간을 고르게 하여 더운 곳에 두고 이불로 덮어 하루 지나면 먹는다.

굴김치 신영양요리법 1935 조선요리제법 1942

재료 : 굴 1사발, 파 2개, 고추 3개, 물 1사발, 소금 1종지.

굴에 돌이 없도록 깨끗하게 고르고, 배추를 깨끗하게 씻어서 채반[99]에 건져 물이 빠지면 채반에 담아 물을 빼서 항아리에 담는다. 여기에 소금, 거칠게 이긴 고추, 파 채친 것을 넣고 물을 붓는다.

3~4시간 후에 물을 따라 팔팔 끓여 식혀서 미지근할 때 다시 붓고 잘 덮어 더운 곳에 두고 보자기로 덥게 그릇을 덮어 싸서 두면 하루 만에 익는다. 잘 절인 배추와 무를 채로 쳐 넣든지 나박김치처럼 썰어 넣어도 좋다.

굴김치 조선요리법 1939

재료 : 배추 썬 것 2대접, 무 썬 것 1대접, 굴 1대접, 실고추 조금, 소금 조금, 파 3개, 마늘 2톨, 생강 반쪽, 설탕 조금, 배 1개, 미나리 대접

배추는 하얀 줄기와 속대만 나박김치처럼 썰고 무도 같은 크기로 썰어서 소금에 잠깐 절였다가 버무린다. 파 마늘 생강 등은 채치고 배는 나박김치 같이 썰고 굴은 적[82]이 없게 골라 깨끗이 씻어서 물을 뺀다.

준비가 되면 무, 배추, 굴, 다른 고명을 함께 넣되 실고추를 너무 많이 넣으면 좋지 않으므로 약간만 넣고 소금으로 간을 하여 버무린다. 미나리는 너무 절이면 좋지 않으므로 다른 것을 다 버무려서 항아리에 담을 때 넣는다. 담고 나서 국물은 다른 김치보다 적게 붓는다. 국물에 설탕을 약간 넣어 쓴다.

이것은 봄의 술안주에 적당하다.

굴김치(겨울철) 조선음식 만드는 법 1946

재료 : 굴 1사발, 무 반개, 배추 반통, 소금 반홉(90㎖), 파 1뿌리, 마늘 1쪽, 생강 조금, 고추 2개.

(1) 굴을 잘 씻어 놓고

(2) 무를 잘 절여서 골패짝처럼 썰어 놓고

(3) 배추도 깨끗하게 씻어서 골패짝처럼 썰어 놓고

(4) 파, 마늘, 생강, 고추를 곱게 이겨 놓고

(5) 이상의 재료들을 모두 항아리에 함께 담고 버무려서 꼭꼭 눌러 놓고

(6) 소금물로 간맞추고 한번 끓여 식혀서 항아리에 부어 익힌다.

생선김치 조선요리법 1939

재료 : 조기, 무, 배추, 실고추, 마늘, 파, 생강, 소금, 녹말, 잣, 표고, 미나리.

먼저 배추 속고갱이를 5푼(1.5㎝)으로 썰어서 깨끗한 물에 씻어서 소금에 살짝 절인다. 무는 5푼(1.5㎝)으로 잘라서 1푼(0.3㎝) 두께로 썰어서 소금에 절이되, 잠깐만 절였다가 깨끗한 물에 헹구어 파, 마늘, 생강을 채쳐서 섞고 미나리도 연한 줄거리만 1치(3㎝)로 잘라서 깨끗이 씻어 넣고 실고추도 섞고 고루 버무려서 소금으로 간을 맞추어 항아리에 담는다.

국물을 부을 때 실백(잣)을 조금 타서 부어두었다가 익으면 봄인 경우 조

기의 살만 나붓나붓하게 저며서 녹말을 묻혀서 끓는 물에 삶아 건져서 찬 물에 헹구어 놓고 유리대접 같은데 김치건더기 1켜, 생선 1켜 담고 표고도 깨끗하게 씻어서 나붓나붓하게 썰어서 번철을 뜨겁게 달구어 볶아서 식혀 켜켜 얹고 국물을 부은 후 실백(잣)을 얹는다. 여름에는 민어로 한다.

닭김치(鷄葅) 조선요리제법 1917 조선무쌍신식요리제법 1924 간편조선요리제법 1934

오이깍두기를 다진 고춧가루에 담가 익으면 닭을 삶아 내장과 껍질(뼈)은 버리고 살만(게장 뜯듯) 뜯어서 깍두기에 버무려 얼음에 재웠다가 먹는다.

닭김치 매일신보 1924년 5월 25일 3면

익은 고춧가루로 외깍두기를 담아 닭을 삶아 내장과 뼈를 버리고 살만 뜯어서 같이 버무려 얼음에 차게 하여 먹는다.

닭김치 동아일보 1935. 11. 8. 4면

닭김치는 동치미 담가 먹을 때 해 먹을 수 있는 데 씩씩하고 맛있다.

재료 : 영계 1마리, 정육, 배, 표고, 오이, 죽순, 동치미, 잣, 계란, 간장, 고추장, 기름, 파, 마늘, 깨소금, 후춧가루, 설탕, 식초.

만드는 법 : 얌전한 영계 한 마리를 물에 깨끗하게 튀겨서 내장을 빼 내고 정육을 난도질하여 양념을 하는데, 파, 마늘, 기름, 깨소금, 후춧가루를 넣고 주무른다.

간장 대신 고추장으로 간을 맞추어 고기를 재워서 닭의 배 속에 넣고 삐져나오지 않도록 실로 여러 번 동여매서 냄비에 넣고 닭이 잠길 만큼 물을 부어 끓인다.

뼈를 추려 낼 정도로 삶아서 뼈를 추리고 배속에 넣어둔 것도 꺼내고 고기를 대강 뜯어서 그릇에 담아 놓는다.

고기를 재울 때 고추장으로 간하는 것은 나중에 동치미에 넣어 먹을 때 닭의 독특한 냄새를 없애기 위해서이다. 고추장을 넣으면 이상하게도 닭 냄새가 없어진다.

그 다음에는 동치미 무, 배, 죽순(없으면 안 넣어도 된다)을 골패짝[15] 크기로 썰어 얹고 표고와 오이는 채를 썰어 잠깐 기름에 볶아 얹고 달걀노른자 부친 것을 납작납작 썰어 얹은 후에 따로 동치미국물에 설탕과 식초를 조금 쳐서 간을 맞추어 부은 후 실백(잣)을 얹는다.

닭김치 조선요리법 1939

재료: 영계 1마리, 열무김치 건더기만 2보시기, 얼음 약간, 정육 1/4근(150g), 고추장 1수저, 간장 약간, 설탕 약간, 단 것 약간, 깨소금 1수저, 파 1뿌리.

영계를 뜨거운 물에 데쳐서 털을 뽑고 머리와 다리를 자르고 배를 갈라 내장은 꺼내고 깨끗하게 씻어서 고기를 곱게 다져서 고추장, 깨소금, 다진 파 등을 넣고, 양념을 하여서 닭의 뱃속에 덩어리로 만들어 넣고, 실로 꿰매어 닭이 잠길 정도로 물을 붓고 삶는다.

고기가 물러지면 꺼내서 뱃속에 든 고명은 빼내고, 살만 찢어 놓는다. 잘 익은 열무김치 건더기를 사기그릇이나 유리그릇에 1켜 담고, 닭고기를 1켜 담는다.

이같이 번갈아 담은 후에 닭을 삶은 국물에 간을 맞추어 간장, 식초, 설탕을 타고 김칫국물을 붓고, 잣을 띄우는데 얼음을 잘게 쳐서 질러 넣으면 차고 좋다.

이것은 여름 한 철 술안주로 좋은데 연회 같은 때 더 좋다.

닭김치 동아일보 1939. 8. 10. 5면

재료 : 열무김치, 영계, 정육, 고추장, 파, 간장, 깨소금, 참기름, 후춧가루, 얼음, 식초, 잣.

방법 : 자잘한 열무로 김치를 담가 익혀서 쓴다. 영계를 잡아 물에 튀겨서 깨끗이 달여 놓고 고기는 다져서 고추장과 간장과 파, 마늘을 다져 넣고, 갖은 양념을 다소 간하게 하여 닭 뱃속에 넣고 실로 풀어지지 않게 칭칭 매어 물을 적게 붓고 끓인다.

살이 무르면 건져서 속을 빼 내고 살을 잘게 찢어 놓고 유리대접에 김치 건더기 한 켜 담고 닭고기 한 켜 담기를 반복한 후 김치국과 닭 삶은 국물을 반씩 섞어서 초간장으로 간을 맞추고 설탕을 약간 가한다. 속에 얼음을 넣어 차게 하고 잣을 띄운다.

영계 과전지(영계김치, 여름철) 조선음식 만드는 법 1946

재료 : 영계 작은 것 1마리, 죽순 작은 것 2개, 통김치 2통, 느타리 3조각, 목이 6개, 초 맛보아서, 실고추 조금, 오이 4개, 기름 2 큰수저, 표고 3조각, 석이 3조각, 설탕 맛보아서, 잣 2큰수저, 고추장 2큰수저.

(1) 닭을 잡아서(닭잡는 법 참고) 깨끗이 씻어서 흠씬 삶아서 맛있는 고추장으로 간을 맞추어 국물을 붓고

(2) 충분히 무르면 살만 손가락 두 마디 정도로 뜯어서 고추장을 닭고기에 넣고 갖은 양념을 해서 잘 섞어서 볶아 놓고

(3) 속들지 않은 가는 오이를 둥근 그대로 착착 썰어서 소금을 1찻수저만 쳐서 절였다가 보자기로 꼭 짜서 번철에 기름을 약간 두르고 살짝 파랗게 볶아 놓고

(4) 죽순은 연한 끝 부분만 골패짝 모양으로 얇게 썰어서 번철에 살짝 볶아 놓고

(5) 버섯은 잘 씻어서 골패짝 모양으로 썰어서 고추장에 갖은 양념을 하여 섞어서 볶아 놓고

(6) 통김치를 적당히 썰어서 (속을 털어내고) 이상의 여러 재료를 함께 섞어서 그릇에 담아 놓고 (닭고기, 볶은 오이, 버섯, 죽순을 함께 섞어서 그릇에 담을 것)

(7) 김치국에 닭삶은 국물을 반반씩 섞어서 초와 설탕을 적당히 치고 실고추와 잣을 위에 모양 있게 얹는다.

[비고]

닭고기 볶은 것과 김치를 함께 섞기도 하고 섞지 않기도 하며, 김치와 고기와 버섯과 오이와 죽순 각각 격지격지 담아 넣어도 좋다.

닭김치 이조궁정요리통고 1957

재료 : 닭(嬰鷄) 1마리, 쇠고기 40전(150g), 표고 3개, 석이 3개. 두부, 편육, 햇김치, 얼음 약간. 양념(간장, 소금, 후추가루, 깨소금, 설탕, 참기름, 파, 마늘).

방법 : 닭을 잡아서 내장을 빼고 깨끗하게 씻어 놓는다. 쇠고기는 다지고 표고와 석이는 채로 썰어서 두부를 함께 넣고 간장, 소금, 후추가루, 깨소금, 설탕, 참기름, 파, 마늘로 양념하여 닭 속에 넣고 물을 적게 붓고 삶는다.

닭이 연하게 삶아졌으면 건져서 고기를 뜯어내고 속에 든 것을 흐트러뜨려서 그릇에 담고 닭국물에 햇김치 국물을 섞어서 간을 맞추어 붓고 햇김치와 편육과 얼음을 띄워서 낸다. 이 음식은 삼복 때 영계를 삶아서 만든다.

관전자(꿩김치) 조선요리법 1939

재료 : 다진 꿩고기 살 1공기, 오이 작은 것 1개, 죽순 작은 것 1개, 표고 큰 것 2개, 전복 중간 크기 1개, 해삼 중간 크기 2개, 정육 약간, 배 작은 것

1개, 식초 약간, 설탕 약간, 실고추 몇 올, 간장 약간, 잣 1수저, 석이 1개, 젓국지(겨울에는 배추통김치도 좋다).

성하고 좋은 꿩[21]의 털을 뽑고 내장을 꺼내고 물에 깨끗하게 씻어서 살짝 데쳐 나붓나붓하고 얇게 저며 놓고, 정육을 곱게 다져 갖은 양념을 하여 물을 약간 붓고 볶는다. 다진 꿩은 냄비에 늘어놓고 고기 볶은 국물을 쳐서 수저로 꼭꼭 눌러 가며 익힌다.

죽순은 연한 끝부분만 반으로 갈라서 얇게 썰어 깨끗한 물에 헹구어 기름에 볶는다.

풋오이를 둥글게 착착 썰어서 소금에 살짝 절여서 물에 우려서 번철에 볶고 표고도 나붓하게 썰어서 역시 볶아 놓는다.

석이는 끓는 물에 데쳐서 채를 쳐서 볶아 놓는다.

해삼도 푹 삶아서 같은 치수로 잘라 기름에 볶는다.

알맞게 익은 배추통김치의 하얀 줄거리만 1공기 납작하게 썰어서 유리 대접에 김치 1켜 놓고 석이, 실고추, 잣만 빼고 고명을 모두 섞어 김치 위에 1켜 놓고, 그 위에 다시 김치를 놓기를 반복하여 다 담고, 석이, 실고추를 얹고 꿩 삶은 국물에 설탕, 간장 단 것 등을 간 맞추어 부어놓는다. 정월 연회 같은 때 좋다.

생치과전지(꿩김치, 겨울철) 조선음식 만드는 법 1946

재료 : 꿩(생치)[21] 1마리, 기름 2큰수저, 오이 5개, 육수 2홉(360㎖), 초 맛보아서, 양념 적당히, 맛있는 김치 2통, 버섯 각각 3조각씩.

(1) 연한 살코기를 곱게 이겨서 갖은 양념에 재어서 꿩에 가득 넣을 수 있을 정도만 떼어서 고추장을 넣어 섞어 놓고

(2) 남은 것은 볶다가 물을 조금만 쳐서 푹푹 끓여서 삼베로 꼭 짜 놓고

(3) 꿩은 죽여서 그대로 털을 깨끗하게 뽑고 잔털은 종이에 불을 붙여

서 그을러서 태우고(닭은 끓는 물을 부어 털을 뽑고 꿩은 마른 털로 뽑아야 한다)

(4) 내장을 꺼내고 발목을 자르고 목도 짧게 자르고 꽁지도 자르고 깨끗하게 씻어 놓고

(5) 표고, 석이, 목이, 느타리를 잘 씻어서(석이 씻는 법 참고) 골패짝처럼 썰어서 꼭 짜서 고추장과 갖은 양념을 하여 섞어서 기름을 약간만 둘러 볶아 놓고

(6) 절여놓은 고기와 볶아 놓은 버섯을 꿩 뱃속에 가득 넣고 실로 둘러 배를 매어 넣은 재료가 빠지지 않게 하고 쪄서 살이 충분히 익도록 하고

(7) 오이는 잘디 잔 것으로 쓴 대가리는 자르고 넷으로 쪼개서 둘로 잘라 소금에 살짝 절였다가 꼭 짜서 번철에 기름을 두르고 살짝 볶아서 오이 빛이 파랗게 피면 꺼내서 갖은 양념을 하여 다시 살짝 볶아 놓고

(8) 꿩이 잘 익었으면 꺼내서 속의 고기는 꺼내고 살만 손가락 두 마디 정도로 갸름하게 뜯고 다시 갖은 양념에 고추장을 조금 섞은 것을 꿩고기에 섞어서 번철에 한번 볶아서 식혀 놓고 (볶을 때 꿩에 넣었던 버섯들을 함께 섞어 볶아서 식힌다)

(9) 맛있는 통김치를 속을 꺼내고 손가락 두 마디 정도로 얌전히 썰어서 꿩고기와 버섯, 볶은 오이와 함께 섞어서 그릇에 얌전히 담아 놓고

(10) 김치국을 쓸 만큼만 떠 놓고 육수(고기볶은 국물) 국물에 뜬 기름을 깨끗한 한지에 묻혀 낸 후 설탕과 초를 쳐서 맛을 잘 맞추어서 김치에 붓고 실고추와 잣을 위에 보기 좋게 얹어서 상에 놓는다.

[비고]

(1) 꿩을 고추장으로 간을 잘 맞추고 잘 볶아야 버리지 않는다.

(2) 동치미나 풋김치나 나박김치나 같은 법으로 할 수 있다.

(3) 안주로도 매우 좋다.

기타김치

전라도 고춧잎지 여성, 9, 30~35, 金惠媛, 1940. 11

고추 끝물에 고춧대 뽑을 때 줄기 없이 좋은 잎을 골라 따 깨끗하게 씻어서 넓은 그릇에 담고 돌로 누른 후 맑은 맹물을 많이 부어 두면 2~3일 후 새까만 물이 우러난다. 소쿠리로 걸러서 독한 물을 빼버리고 흰 소금을 간간하게 절여 꼭 덮어두었다가 김장 때 꺼내 보면 노랗게 익어서 매우 좋다.

무를 1치반(4.5㎝)쯤 길게 잘라서 큰 것은 3쪽, 작은 것은 2쪽으로 두툼하게 쪼갠다. 그래서 흰 소금을 살살 뿌려 간이 들게 하고 고춧잎에 섞어 버무린다.

고춧잎 1동이에 생멸치젓 1사발 반을 넣어서 마늘, 파, 생강, 실고추, 깨소금, 고춧가루를 치고 멸치가 모두 으깨지도록 빨갛게 버무려 소금을 쳐가며 간을 맞추어 적당한 그릇에 넣고 국물이 적으면 무나 고추 절였던 깨끗한 물을 1사발쯤 쳐서 꼭꼭 눌러 위를 잘 쳐서 돌로 눌러 두었다가 적당한 때 먹는 데 늦은 봄까지는 좋다.

다르게 담는 법으로 아무 양념도 하지 말고 잘 절인 고춧잎에 맛있는 간장을 부어 두었다가 먹으면 한여름에도 좋다. 그때 먹을 때 마늘, 깨소금, 고춧가루를 쳐서 만들어 먹는다.

전라도 고추젓 여성, 9, 30~35, 金惠媛 1940. 11

고춧대 거둘 때 모양 있고 너무 약차지 않은 고추를 골라서 꼭지가 3푼(0.9㎝) 정도 붙어 있도록 가위로 꼭지를 잘라 깨끗하게 씻어 두고 고추 양에 따라 맹물을 적당한 양 펄펄 끓여서 소금으로 간을 하여 짭짭하게 한다.

씻은 고추를 적당한 작은 항아리에 넣고 고추가 뜨지 않도록 짚으로 위를 덮어 가벼운 돌로 슬며시 눌러 놓고 끓는 소금물을 부어서 잘 덮어 둔다가 김장 때 꺼내면 색이 곱다.

간국물에서 이 고추를 건져서 맛있는 생멸치젓으로 고추 1켜, 멸치젓 1켜씩 켜켜 넣고 소금도 살살 뿌려 가며 간간하게 간을 친다. 위를 치고 위에도 소금을 뿌리는데 고추 절였던 국물을 많이 붓는다. 국물이 적으면 고추가 말라서 맛이 떨어진다. 적당한 간으로 먹을 때 역시 마늘, 깨소금, 고춧가루를 넣어서 만들어 먹는다.

김치 우리음식 1948

재료 : 배추 3포기, 파 5뿌리, 고추 30g, 마늘 2쪽, 생강 반개, 소금 작은 수저.

배추를 씻어서 썰고 소금은 반만 뿌려둔다. 파는 썰고 마늘과 생강은 다져 놓는다. 소금이 배추에 잘 배었으면 물에 행구고, 파, 생강, 마늘, 고추 등과 소금을 섞어서 항아리에 넣은 다음 한참 뒤에 국물이 된 물을 부어서 여름이면 다음날, 가을이면 이틀 후에 먹는다.

무김치(蘿菖醎葅) 조선무쌍신식요리제법 1924

무김치는 때를 맞추어 담는데 고명을 굵게 썰어 넣고 생강을 저며 넣어야 하고 조금 짜게 해야 한다. 배를 넣어도 좋다.

서리 내린 뒤 무를 연한 잎사귀와 함께 씻어서 이슬이 찰 때 붉고 푸른 고추와 무 잎사귀와 연한 줄거리를 짜게 절였다가 쓸 때 꺼내어 소금기를 우려내고 청각[101]과 어린 오이와 아이 주먹만 한 호박과 잎사귀와 순의 줄거리를 다 절였다가 넣는다.

순의 줄거리는 껍질의 힘줄을 벗기고 절여야 하며 갓 나온 작은 이파리

줄거리를 넣는다. 줄거리는 껍질을 벗기고 넣는다.

먼저 껍질 벗기지 않은 동아[30]를 손바닥만큼씩 썰어 절여 두었다가 넣을 때 껍질을 벗기면 흰 빛깔이 좋다. 다시 썰어 넣고 천초[100]와 부추 등을 함께 담글 때 큰 마늘을 즙내어 독에 넣는다.

켜켜로 마늘 즙을 넣고 좋은 샘물에 소금을 타 붓고 주둥이를 꼭 봉해서 땅에 묻었다가 섣달에 꺼내 먹는다. 이때 김치가 김이 나지 않도록 해야 봄까지 먹을 수 있다. 처음 담글 때 미나리도 넣고 어린 가지도 절였다가 넣는다.

이 김치를 봄에 열어 먹으면 더욱 새롭다.

얼가리김치(초김치) 조선무쌍신식요리제법 1924

동짓달부터 이듬해 2월까지 있는데, 다른 김치와 같이 할 수 없고, 채 썰어 넣고 간장과 식초를 넣어 절였다가 물을 부어 시큼하게 하여 먹는다.

얼가리 배추가 처음 날 때는 김치를 담그지 못하므로 미나리 속고갱이와 얼가리 배추를 잘라서 소금을 약간 뿌렸다가 뒤집어서 꼭 짜고 식초와 실고추와 파 한 뿌리와 마늘을 약간 썰어 넣고 설탕을 약간 치고 함께 뒤집어 절였다가 먹을 때 물 붓고, 장 넣고 식초를 쳐서 간을 맞추고 신맛이 나게 하여 실백(잣)을 띄워먹는다.

묵은 김장 김치를 오래 먹다가 이 김치를 새로 먹으면 입이 개운하고 깔끔하다.

삶은김치 동아일보 1928. 11. 3. 3면

이것 역시 노인을 위하여 담그는 별난 김치이다 배추와 무를 쪽쪽 쪼개서 시루[65]에 쪄서 갖은 고명을 하여 담그는데 많이 해 둘 수 없다. 한껏 해야 한겨울 밖에 두지 못한다.

비늘김치(鱗沈菜) 조선요리(일본어) 1940 우리음식 1948

김치는 배추가 주이지만 무가 안 들어가면 시원 산뜻한 맛이 나지 않으므로 무를 세로로 길게 쪽 쪼개고 길이에서 가로 대각선으로 어슷비슷 칼집을 내어 칼집 사이에 통김치 배추에 넣은 것과 같은 고명을 비늘같이 끼워 넣고 배추 잎으로 싸서 독에 담는다. 3~4일 후에 국물을 약간 끼얹어서 돌로 눌러 둔다.

이 김치는 따로 담아도 좋지만 통김치 담글 때 칸에 틈틈이 담는 일이 많다.

무비늘김치 이조궁정요리통고 1957

무를 씻어서 고기 비늘 모양으로 어슷어슷 칼집을 내고 거기에 속을 넣어 배추잎에 싸서 배추통김치나 보쌈김치 사이에 넣는다.

절임김치 조선무쌍신식요리제법 1924

이 김치는 김장 전에 만들어 먹는 데 어떻게 담그던 김장 김치가 잘 익도록 하는 것이다. 이 김치를 담그지 않고 김장 김치가 익기도 전에 미리 허물어 먹으면 김치 맛이 없게 된다.

지럼김치[95] 신영양요리법 1935 조선요리제법 1942

김장 김치를 보조하기 위하여 담그는 것이다. 겨울용 김치를 익기 전에 꺼내 먹기 시작하면 맛도 변하고 여러 가지 문제가 생긴다. 그래서 겨울 김치가 익기 전에 먹는 김치이다. 식구 수를 감안하여 적당히 한다. 방법은 대개 같다.

지럼김치(김장김치) 조선음식 만드는 법 1946

지럼김치[95]는 겨울김치가 익기 전에 먹으려고 담는 김치이므로 식구 수를 감안하여 적당히 하고 담그는 법은 통김치와 같은데 썰어서 담거나 통으로 담는다.

채김치 김장교과서, 여성, 7, 50~54, 방신영, 1939. 11

재료 : 배추 10통, 무 3개, 마늘 1톨, 고추 실고추 반보시기, 생강 2뿌리, 파 1단, 미나리 1단, 갓[4] 2단.

조리법 : 배추를 약간 절여서 속대만 1치로 채치고 생무를 곱게 채치고 파, 마늘, 생강은 실같이 곱게 채치고 갓도 가늘게 채쳐서 모두 함께 섞고 소금을 한 줌 넣어서 잘 섞은 후 항아리에 담는다. 우거지로 잘 덮고 돌을 눌러서 이삼일 두었다가 멸치 젓국이나 곤쟁이[13] 젓국으로 간을 맞추어 꼭 봉해 두었다가 먹는다. 노인이나 이가 좋지 않은 사람에게 매우 좋다.

채김치 조선요리제법 1942

절인 배추와 무를 잘게 채치고 실고추와 파는 1치(3㎝)로 잘라서 채치고 갓도 같은 길이로 채치고, 마늘과 파를 잘 이겨서 함께 섞고 조기젓국을 잘 끓여서 체에 받쳐 식혀 간 맞추어 부어 두었다가 겨울에 먹는다. 노인에게 매우 좋다.

채김치(김장김치) 조선음식 만드는 법 1946

(1) 잘 절인 배추와 무를 가늘게 채치고

(2) 파를 1치(3㎝)로 썰어서 채치고

(3) 갓을 1치(3㎝)로 잘라서 채치고

(4) 마늘과 생강을 곱게 이기고

(5) 실고추를 곱게 준비하고

(6) 조기젓국을 물에 타서 잘 끓여서 체로 걸러 두고

(7) 큰 그릇에 배추와 무를 함께 섞어서 독에 넣고 식힌 조기젓국을 간맞추어 붓고 잘 봉하여 두었다가 겨울에 먹는다.

[비고]

이것은 노인용이다.

채김치 우리음식 1948

무를 채쳐서 소금을 뿌리고 고춧가루와 다진 파를 조금씩 넣어서 저녁상을 치운 후 부뚜막에 두었다가 이튿날 밥 지을 때에 냉수를 적당히 부어 두었다가 아침상에 놓는다. 무 뿐 아니라 신선한 채소로 하루 밤사이에 담글 수 있는 데, 손쉽고 맛이 산뜻한 술적심(국물이 있는 음식)을 만들 수 있다.

가지김치(茄子沈菜) 조선요리(일본어) 1940 우리음식 1948

재료 : 가지 15개, 파 1단, 고춧가루 2수저, 마늘 4쪽, 생강 (작은 것) 1개, 소금 150g.

가지 꼭지를 따고 오이와 같이 세로로 길게 칼집을 낸다. 소금에 절인 뒤 파와 기타의 고명을 칼집 속에 넣고 항아리에 담가서 국물을 붓고 1~2일 후에 먹는다.

파김치(葱葅) 조선무쌍신식요리제법 1924

파김치는 시골농가에서 만들어 먹는데, 아무 김치도 없을 때 만드는 것이라 맛이 좋지 않을 때가 많다. 세속 말로 사람이 나른하고 기운이 없으면 파김치 같다고 한다.

깻잎김치 가정요리 1940년대

재료 : 깻잎 10단, 생강 큰 것 1뿌리, 마늘, 무, 간한 진간장 1홉(180㎖), 우리 장 180㎖.

깻잎을 상하지 않게 씻어 물기를 없애고, 마늘, 생강을 채 썰어 실고추와 간장에 섞어 깻잎에 바르며 단지에 차곡차곡 간추려 담고, 간장을 붓는다. 이틀 후에 간장만 따라 끓여 식혀 붓고 또 이틀 후에 다시 한 번 더 한 다음 5~6일 후에 먹는다. 빨리 먹으려면 양념을 많이 넣고 진간장을 덜 넣는다.

오래 둘 것은 우리장만 써서 4~5차례 끓여 붓는다.

양배추김치(洋菜沈菜) 조선요리(일본어) 1940 (洋白菜沈菜) 우리음식 1948

재료 : 양배추 1500g, 소금 1.3ℓ, 실고추 40g, 마늘 3쪽, 생강 1개, 파 6뿌리.

양배추를 적당히 썰어서 씻어 소금을 뿌려 절인 후 파, 마늘, 생강, 고추를 섞어 잠깐 두었다가 국물을 부어 1~2일 후에 먹는다.

돌나물김치 조선무쌍신식요리제법 1924

돌나물[28] 뿌리를 떼어내고 깨끗이 씻어 물을 빼고 소금에 잠깐 절였다가 고추 파 마늘, 물을 붓고 하루 밤 지낸 후 먹으면 맛이 씩씩하고 특이하다. 박김치에 넣어도 좋다.

돌나물김치 신영양요리법 1935 조선요리제법 1942

재료 : 돌나물[28] 1사발, 고추 3개, 소금 1종지, 마늘 1쪽, 파 2개, 밀가루 1수저.

돌나물 뿌리를 떼어내고 깨끗하게 다듬어서 물에 여러 번 씻고 소금에 약간 절였다가 건져서 그릇에 담고 파와 고추는 채 치고 마늘은 잘게 으깨서 함께 섞어 항아리에 담고 소금물을 간 맞추어 만들고 밀가루를 냄비에 풀어서 펄펄 끓여 식혀서 함께 부어 잘 덮어 하루 익힌다.

나물김치(봄철) 조선음식 만드는 법 1946

재료 : 돌나물[28] 1대접, 소금 3 큰수저, 파 1뿌리, 마늘 1쪽, 고추 2개, 밀가루 1큰수저.

(1) 돌나물 뿌리를 자르고 떡잎을 떼고 잘 씻어서 소금으로 약간 절여 놓고

(2) 고추, 파, 마늘, 생강을 곱게 채쳐 놓고

(3) 돌나물 절인 것을 물에 살짝 헹구어 건져서 양념들을 섞어서 항아리에 담고

(4) 소금물을 간맞추어 만들고 멸치가루를 풀어서 한소큼 끓여 식혀서 김치국을 부어 익힌다.

곤쟁이젓 김치 신영양요리법 1935 조선요리제법 1942

재료 : 배추 2포기(큰 것), 마늘 반쪽, 무 2개, 생강 조금, 파 5개, 소금 1보시기, 고추 3개 (큰 것), 젓 적당히.

배추와 무를 깨끗이 씻고, 배추는 7푼(2.1㎝) 길이, 무는 4푼(1.2㎝) 넓이, 1푼(0.3㎝) 두께로 썰어서 소금에 절인 후 소금물을 버린다. 고추와 파는 채로 치고 마늘과 생강은 잘게 으깨서 모두 함께 넣고 섞어서 곤쟁이젓[13]으로 간을 맞춘다. 싱거울 때는 소금을 좀 넣어서 간을 맞추어 항아리에 담고 천이나 깨끗한 종이로 꼭 묶어서 덮어 익힌다.

곤쟁이젓 김치(가을철) 조선음식 만드는 법 1946

재료 : 배추 1통, 무 1개, 소금 1종지, 마늘 2쪽, 생강 조금, 막고추가루 3큰수저, 파 2뿌리, 곤쟁이젓 반 보시기.

(1) 배추를 깨끗하게 씻어서 5푼(1.5㎝)으로 썰어서 소금에 절여 놓고 (절인 후 물에 한번 헹구어서 건져 놓아 물을 빼고)

(2) 무는 5푼(1.5㎝) 넓이로 썰어서 따로 소금을 약간만 뿌려 절이고

(3) 파, 마늘, 생강을 가늘게 채쳐 놓고

(4) 무와 배추를 그릇에 함께 담고 양념들을 넣고 곤쟁이젓[13]을 넣어 잘 버무려서 항아리에 담고

(5) 소금으로 간을 맞추어 봉해 두었다가 먹는다.

배추 소 만드는 법 신영양요리법 1935 (배추 100통에 대하여)

무 채친 것 1동이(가는 젓가락 굵기로 가늘게 채쳐서 그릇에 담고 꼭 덮어두었다가 쓴다. 덮어두지 않으면 맛이 쓰게 된다), 실고추 3사발(실 같이 가늘게 썰 것), 마늘 채 썬 것(굵은 마늘 6톨 가량), 파 채 썬 것(채친 것 1대접 가량), 생강 채 썬 것(큰 것 3뿌리 가량), 배 채 썬 것(큰 배 10개를 젓가락 창 굵기로 납작납작하게), 밤 채 썬 것(굵은 밤 1 되(1.8ℓ), 배 채 썬 것과 같은 모양으로), 미나리 썬 것 5대접(뿌리와 잎사귀를 떼어내고 썰되 머리 쪽 굵은 부분은 1치(3㎝)씩 잘라서 겉 고명으로 쓰고 가는 부분으로 1치(3㎝)씩 썰 것), 갓[4] 썬 것 3대접(가는 줄기와 연한 잎으로만 1치(3㎝)씩 썰 것), 청각[101] 5줄기 (5푼(1.5㎝)씩 잘게 뜯어서), 소금 1보시기(소 버무릴 때 무에 뿌리고 버무릴 것), 이것을 버무려 소로 한다. 먼저 채친 무에 소금을 뿌리고 실고추를 넣고 오래 두어서 고추 물이 무에 빨갛게 들면 미나리와 갓과 파와 마늘과 배와 밤과 생강과 청각들을 넣고 잘 섞어서 쓴다.

허드레김치 尹德璟, 중외일보 1929.11.7 3면

김장을 하고 나서 남는 부스러기를 버리지 말고 쓴다. 고춧잎을 훑어 모아 씻어서 동이에 담고 찬물을 붓고 큰돌로 눌러서 양지쪽에 놓는다. 물론 소금이나 다른 것은 넣지 않는다.

보름쯤 두었다가 김장 때 눌러 놓았던 돌을 치우고 위의 검은 부분을 들어내면 황금같이 노란 고춧잎이 속에 들어 있다. 그것을 꺼내 통에 담고 허드레 무동강이와 배추 겉줄거리, 또는 토막배추를 함께 절여 두었다가 고추잎과 함께 섞어서 소금을 조금 쳐서 간을 맞춘다.

그리고 그대로 항아리에 넣어 두면 맛이 든다. 국물도 소금으로 간을 맞

춘다. 먹을 때는 마치 동치미같이 시원하고 구수하다. 고춧가루를 조금 넣는 사람도 있지만 그대로 담는 것이 더 시원한 맛이 난다.

이것은 김치로 그대로도 먹을 수 있고 된장찌개 같은 것에 넣어서 지지면 더 은근한 맛이 난다.

한련김치 동아일보 1931. 6. 16. 4면

한련(旱蓮)[109]이 한창 성할 때 어린 잎사귀와 줄거리를 잘라 씻어서 소금에 잠깐 절였다가 고추와 파와 마늘을 썰어 넣고 담가 하루밤 만에 먹으면 맛이 매우 좋다.

넝쿨김치 조선중앙일보 1935. 6. 4. 4면

요즈음 무가 한창인데, 깍두기 담금하고 남는 무청은 굵직굵직 말할 수 없이 먹음직스럽게 뻗었다. 이것을 여러 토막 내서 김치를 담가 먹으면 억세어서 맛이 없다. 그러므로 버리거나, 국을 끓여 먹는 경우가 많은데 그렇게 하는 것보다는 넝쿨김치를 담그는 것이 좋다.

무청은 무대가리가 붙은 채 잘라서 누런 잎만 약간 따서 없애고 깍두기 밑에 넣었다가 누렇게 익은 후 얼근하고 먹음직하게 되면 꺼내어 긴 가닥채 밥에 척척 놓아 먹으면 그야 말로 진미이다.

제민요술에 수록된 김치 표

제민요술에 수록된 김치 한문 원문

조선시대의 김치 표

조선시대의 김치 한문 원문

근대의 김치 표

김치관련 재료 및 용어

문헌별 김치 찾아보기

제민요술에 수록된 김치 표

김치명	특징	주재료	부재료	절임	담금	쪽
蕪菁菘葵蜀芥鹹菹法 순무. 배추, 아욱, 갓짠지	사흘절여 담금	순무, 배추, 아욱	메기장가루, 보리누룩(비정량)	소금물	누룩+메기장죽즙+소금물	74
作湯菹法 데친김치	데쳐담금, 봄까지 저장가능	배추, 순무	(비정량)		소금+식초+참기름	74
釀菹法 통김치	정월에 데쳐 담가 7일 익힘	순무	메기장, 누룩(비정량)	소금물	메기장죽즙+누룩+소금물	75
作卒菹法 아욱 즉석절임	삶아 초쳐서 즉시 먹음	아욱	(비정량)		식초	75
食經作葵菹法 식경의 아욱김치	7일 익힘	아욱	(정량)		보리밥+소금+물	75
作菘鹹菹法 배추짠지		배추	찹쌀누룩을 넣기도 함(정량)	소금물	찹쌀누룩	76
作酢菹法 초김치		채소	염교, 부추(정량)		쌀즙, 쌀죽, 끓인물	76
蒲菹 부들김치		부들싹	(비정량)		끓인식초물	76
葵菹아욱김치	9월에 담금	아욱	(비정량)		차기장밥+찐밀	76
食經日藏瓜法 식경의 오이담기 ①		오이	(비정량)		쌀죽+소금	77
食經日藏瓜法 식경의 오이담기 ②		오외	(비정량)	소금	소금+콩메주	77
食經日藏越瓜法 식경의 월과담기	사흘에 한 번씩 담금액 교체	참외	(정량)		술지게미+소금	77
食經藏梅瓜法 식경의 매실-동아담기	동아는 재뿌려서 담기	매실,동아	석류(비정량)		항피즙+오매즙	78
食經日樂安令徐肅藏瓜法 식경의 낙안현지사 서숙에 의한 오이담기	열흘 절여담금, 주박도사용, 일년간 무르지 않음	오이	(비정량)	소금	팥가루+찹쌀가루+술	78
釀瓜菹酒法 오이술절임김치	지게미짜지 않은 술에 담갔다가 여국술로 옮김	오이	술재료:찹쌀, 보리누룩, 찹쌀누룩(정량)	소금	소금+술	78
瓜菹法 오이김치 ①	담금액 바꾸어 담금	오이	4월담금 탁주주박(사용하지 않아도 된다)	소금	① 탁주주박 ② 본담금술지게미+소금+꿀+찹쌀누룩	79
瓜菹法 오이김치 ②		오이	대주(겨울에 담근 술)지게미(정량)	소금	대주+보리누룩+꿀	79
瓜菹法 오이김치 ③	오이는4~6조각으로 자른다	오이		소금	술지게미+소금	79

김치명	특징	주재료	부재료	절임	담금	쪽
瓜芥菹 동아겨자김치		동아	(비정량)		겨자+회향+식초+소금	79
蕩菹法 데침김치	데쳐 담금	순무의 무청	파(비정량)		소금+식초	80
苦笋紫菜菹法 죽순김김치	김은 찬물에 풀 것	죽순, 김	(비정량)		소금+식초	80
竹菜菹法 죽채김치	즉석 데쳐 담금	죽채	회향마늘(비정량)		소금+식초	80
蕺菹法 삼백초김치	즉석 데쳐 담금	삼백초	파(비정량)	소금쌀가루즙물	소금+식초	80
菘根榼菹法 배추뿌리초절임김치	즉석 데쳐 담금	배추뿌리	귤껍질(비정량)		소금+식초	81
熯菹法 무따뜻한김치	즉석 데쳐 담금	무	회향(비정량)		소금+식초	81
胡芹小蒜菹法 회향달래김치	즉석 데쳐 담금	달래, 회향	(비정량)		소금+식초	81
菘根蘿菖菹法 배추뿌리무김치	채로쳐서 즉석 데쳐 담금, 배추, 파, 순무도 동일	숭근	귤껍질(비정량)		소금	82
紫菜菹法 김김치	냉수에풀어즉석담금	김	파김치(비정량)		소금+식초	82
蜜薑法 생강꿀절임	4월에 만든 술지게미에 10일 담갔다가 꿀에 재움	생강	(비정량)	술지게미	꿀	82
梅瓜法 매실동아법	절임액 끓여서 사용	동아, 오매	석류, 현구자, 염강가루(정량)	원즙	원즙+오매즙+귤즙	82
梨菹法 배김치	① 겨울에 오래저장 ② 여름에는 5일이내 식용	작은배	(정량)		① 소금물법 ② 식초법	83
木耳菹 목이김치	5번 데쳐 담금	말리지 않은 목이	고수, 파(비정량)	초장수에세척	메주국물+청장+식초	84
蒢菹法 상추김치		상추	(비정량)			84
食經日藏蕨法 식경의 고사리저장법 ①		고사리	(비정량)		소금+묽은죽	84
食經日藏蕨法 식경의 고사리저장법 ②	데쳐 담금	고사리	(비정량)	① 묽은잿물 ② 끓는물	술지게미	84
蕨菹 고사리김치	데쳐 담금	고사리	마늘, 달래(비정량)		소금+식초	85
荇菹 마름김치	술안주용	마름	(비정량)		식초	85

제민요술에 수록된 김치 한문 원문

1. 蕪菁菘葵蜀芥鹹菹法

收菜時 卽擇取好者 菅蒲束之 作鹽水令極鹹 於鹽水中洗菜 卽內甕中 若先用淡水洗者菹爛 其洗菜鹽水 澄取淸者 瀉著甕中 令沒菜肥卽止 不復調和 菹色仍靑 以水洗去鹹汁 煮爲茹與生菜不殊 其蕪菁蜀芥二種 三日抒出之 粉黍米作粥淸 擣麥麵䴷作末絹篩 布菜一行 以䴷末薄坌之 卽下熱粥淸 重重如此 以滿甕爲限 其布菜法 每行必莖葉顚倒安之 舊鹽汁還瀉甕中 菹色黃而味美 作淡菹用黍米粥淸及麥䴷末 味亦勝

2. 作湯菹法

菘佳蕪菁亦得 收好菜擇訖 卽於熱湯中煠出之 若菜已萎者 水洗漉出 經宿生之 然後湯煠訖 令水中濯之 鹽醋中熬胡麻油 香而且脆 多作者 亦得至春不敗

3. 釀菹法

菹菜也 一日菹 不切日釀菹 用乾蔓菁 正月中作 以熱湯浸菜 令柔軟解辨 擇治淨洗 沸湯煠卽出於水中淨洗 便復作鹽水斬度 出著箔上 經宿菜色好 粉黍米粥淸亦用 絹篩麥䴷末澆菹 布菜如前法 然後粥淸不用大熱 其汁纔令相淹不用過多 泥頭七日便熟 菹甕以穰茹之 如釀酒法

4. 作卒菹法

以酢漿煮葵菜 擘之下酢 卽成菹矣

5. 食經作葵菹法

擇燥葵五斛 鹽二斗 水五斗 大麥乾飯四升 合瀨 案葵一行 鹽飯一行 淸水澆滿 七日黃便成矣

6. 作菘鹹菹法

水四斗 鹽三升攪之 令殺菜 又法 菘一行 女麴間之

7. 作酢菹法

三石甕 用米一斗擣攪 取汁三升 煮滓作三升粥 令內菜甕中 輒以生漬汁及粥灌之 一宿 以青蒿韭 白各一行 作麻沸湯 澆之便成

8. 蒲菹

詩義疏曰 蒲深蒲也 周禮以爲菹 謂菹始生 取其中心入地者 蒻大如匕柄 正白 生噉之甘脆 又煮以苦酒受之 如食荀法大美 今吳人以爲菹 又以苦爲酢

9. 葵菹

世人作葵菹不好 皆由葵大脆 故也 菹菘以社前二十日種之 葵社前三十日種之 使葵至藏 皆欲生花 乃佳耳 葵經十朝苦霜 乃菜之 秫米爲飯令冷 取葵著甕中 以向飯沃之 欲令色黃 煮小麥 時時粣之 崔實曰 九月作葵菹 其歲溫 卽待十月

10. 食經曰藏瓜法

取白米一斗鏖中熬之 以作糜 下鹽使鹹淡 適口調寒熱 熟拭瓜以投其中 密塗甕 此蜀人方 美好

又法 取小瓜百枚豉五升鹽三升 破去瓜子 以鹽布瓜片中 次著甕中 綿其口 三日豉氣盡 可食之

11. 食經曰藏越瓜法

糟一斗鹽三升 淹瓜三宿 出以布拭之 復淹如 此凡瓜欲得完 愼勿傷 傷便爛 以布囊就取之佳 豫章郡人晩種越瓜 所以味亦異

12. 食經藏梅瓜法

先取霜下老白冬瓜 削去皮取肉方正 薄切如手板 細施灰羅瓜著上 復以灰覆之煮 杭皮烏皮梅汁 器中細切瓜 令方三分 長二寸 熟煠之 以投梅汁 數日可食 以醋石榴者 著中并佳也

13. 食經曰樂安令徐肅 藏瓜法

取越瓜細者 不操拭勿使近水 鹽之令鹹 十日許出拭之 小陰乾熇之 仍內著盆中 作和法 以三升赤小豆 三升秫米 并炊之令黃 合舂之 以三斗好酒解之 以瓜投中 蜜塗 乃經年不敗 崔實曰 大暑後 六月可藏瓜

14. 釀瓜菹酒法

秫稻米一石 麥麴成剉 隆隆二斗 女麴成剉于一斗 釀法須消化 復以五升米酘之 消化復以五升米酘之 再酘酒熟則用不迮 出瓜鹽揩 日中暴令皺 鹽和暴糟中 停三宿 度內女麴酒中 爲佳

15. 瓜菹法

採越瓜刀子割摘取 勿令傷皮 鹽揩數徧 日曝令皺 先取四月白酒糟 鹽和藏之 數日又過 著火酒糟中 鹽蜜女麴和糟 又藏泥瓶中 唯久佳 又云 不入白酒糟亦得 又云 大酒接出 清用醅 若一石 與鹽三升 女麴三升 蜜三升 女麴曝令燥手拃令解渾用 女麴者 麴黃衣也 又云瓜淨洗令燥 鹽揩之 以鹽和酒糟 令有鹽味不須多 合藏之 蜜泥瓶口 軟而黃便可食 大者六破 小者四破 五寸斷之 廣狹盡瓜之形 又云 長四寸 廣一寸 仰奠四片用 小而曲者 不可用貯

16. 瓜芥菹

用冬瓜切長三寸 廣一寸 厚二分 芥子少與胡芹子合熟研 去滓與好酢鹽之下瓜 唯久益佳也

17. 湯菹法

用少蔥蕪菁 去根暫經湯沸 及熱與鹽酢渾 長者依柸截 與酢并和葉汁 不爾火酢滿奠之

18. 苦笋紫菜菹法

笋去皮 三寸斷之 細縷切之 小者手捉小頭 刀削大頭 唯細薄 隨置水中 削訖漉出 細切紫菜和之 與鹽酢乳用 半奠 紫菜冷水 清少久自解 但洗時勿用湯湯洗則失味矣

19. 竹菜菹法

菜生竹林下 似芹科大而莖葉細 生極概 淨洗暫經沸湯 速出下冷水中 卽搦去水細切 又胡芹蒜 亦暫經沸湯 細切和之 與鹽醋半奠 春用至四月

20. 蕺菹法

蕺去毛土黑惡者 不洗暫經沸湯 卽出 多少與鹽 一升以煖水清瀋汁 淨洗之及煖卽出漉 下鹽醋中 若不及熱 則赤壞之 又湯撩蔥白 卽入冷水漉出 置蕺中並寸切用 米若椀子奠 去蕺節 料理接奠 各在一邊令滿

21. 菘根溘菹法
菘淨洗 徧體須長切 方如算子 長三寸許 束菘根 入沸湯 小停出 及熱與鹽酢 細縷切橘皮和之 料理半奠之

22. 熯菹法
淨洗縷切 三寸長許 束爲小杷 大如蓽篥 暫經沸湯 速出之 及熱與鹽酢 上加胡芹子 與之料理 令直滿奠之

23. 胡芹小蒜菹法
并暫經小沸湯出 下令冷水中出之 胡芹細切 小蒜寸切 與鹽酢 分半奠 青白各在一邊 若不各在一邊 不卽入於水中 則黃壞 滿奠

24. 菘根蘿蔔菹法
淨洗通體細切長縷 束爲把大如十張紙卷 暫經沸湯卽出 多與鹽 二升煖湯 合把 手按之 又細縷切 暫經沸湯 與橘皮和 及煖與則黃壞 料理滿奠 熅菘葱蕪菁根 悉可用

25. 紫菜菹法
取紫菜冷水漬令釋 與葱菹合盛 各在一邊 與鹽酢 滿奠

26. 蜜薑法
用生薑淨洗削治 十月酒糟中藏之泥頭 十日熟出水 洗內蜜中 大者中解 小者渾用 堅奠四 又卒作 削治蜜中煮之 亦可用

27. 梅瓜法
用大冬瓜去皮 穰竿子細切 長三寸 麤細如研布 生布薄絞 去汁卽下 杬汁令小暖經宿 漉出 煮一升烏梅與水二升 取一升餘 出梅令汁清澄 與蜜三升 杬汁三升 生橘二十枚 去皮核取汁復和之 合煮兩沸 去上沫清澄令冷 內瓜 訖與石榴酸子懸鉤子廉薑屑 石榴懸鉤一杯可下十度 嘗看若不大澀 杬子汁至一升 又云 烏梅漬汁淘奠 不過五六度熟去麤皮 杬一升與水三升 煮取升 半澄清

28. 梨菹法
先作漤 用小梨瓶中水漬 泥頭 自秋至春 至冬中 須亦可用 又云一月日可用 將用去皮 通體薄切奠之 以梨漤汁投少蜜令甛酢 以泥封之 若卒 切利如上

五梨半 用苦酒二升 湯二升 合和之 溫令少熱 下盛一甕 五六片汁沃上 至半以蔘置杯 旁夏停不過五日 又云 卒作煮棗 亦可用之

29. 木耳菹

取棗桑榆柳樹邊生 猶輭濕者 (乾卽不中用 作木耳亦得) 煮五沸去腥汁 出置冷水中淨洮 又著酢漿水中 洗出 細縷切訖 胡荽葱白(少著取香而已) 下豉汁漿淸及酢 調和適口 下薑椒末 甚滑美

30. 蘧菹法

毛詩日 薄言采芑 毛云菜也 詩義疏日 蘧似苦菜莖靑 摘去 葉白汁出 甘脆可食 亦可爲茹 靑州謂之芑 西河鴈門蘧 尤美 時人戀戀 不能出塞

31. 食經曰藏蕨法

先洗蕨肥著器中 蕨一行 鹽一行 薄粥沃之 一法 以薄灰淹之 一宿出 蟹眼湯淪之出熇內糟中 可至蕨時

32. 蕨菹

取蕨暫經湯出 蒜亦然 令細切 與鹽酢 又云蒜蕨 俱寸切之

33. 荇(莕이라고도 쓴다)菹

爾雅日 莕荇接余 其葉 郭璞注日 叢生水中 葉圓在莖端 長短隨水深淺 江東菹食之 毛詩周南國風日 參差荇菜 左右流之 毛注云 接余也 詩義疏日 接余其葉白莖紫赤 正圓徑寸餘 浮在水上 根在水底 莖與水深淺 等如大釵 股上靑下白 以苦酒浸之爲菹 脆美 可案酒 其華蒲黃色

조선시대의 김치 표

배추김치

김치명	문헌	특징	주재료	부재료	절임	담금	쪽
배추불한김치 不寒虀方	산가청공 1241~1252 임원십육지 1827	빨리익힘	썬배춧잎	생강, 천초, 회향, 시라(비정량)		국숫물	91
沈白菜 배추김치	산가요록 1450경	일반김치법	배추	(비정량)	소금	소금물	91
沈白菜 배추김치	수운잡방 1500년대 요록 1869		배추		소금	소금물	91
菘沉菹法 菘菹方 배추김치	증보산림경제 1767 고사신서 1771 임원십육지 1827 군학회등 1800년대중반	나박김치, 김장용	배추				91
醃菘法 ① 배추김치	군방보 1621 임원십육지 1827	이틀 익힘	배추	(정량)		소금	92
醃菘法 ② 배추김치	군방보 1621 임원십육지 1827	오래 저장	배추	(정량)	소금	소금	92
菘虀方 배추김치	군방보 1621 임원십육지 1827	사흘 익힘	배추, 무	미나리, 회향, 술, 식초 (비정량)		소금	92
秋沈法 가을김치	주찬 1800년대	일부 절임재료 사용	배추, 무	오이, 고추, 고춧잎, 파, 마늘, 가지, 청각, 생강, 깨, 천초, 갓, 죽순(비정량)	소금물	소금물	92
배추통김치 菘沈菜	시의전서 1800년대말	통배추 사용	배추	실고추, 파, 마늘, 밤, 배, 청각, 미나리, 파, 소라, 낙지, 무, 오이지(비정량)	소금	조기젓국	93
속대짠지	시의전서 1800년대말	겉절이	배추속대	고추, 파, 생강, 마늘, 깨소금, 기름(비정량)	간장		93
菘芥法 배추겨자김치	증보산림경제 1767 농정회요 1830년대초	볶은 배추사용	배추	동아, 마늘(비정량)		초장, 겨자즙	93
醃糟白菜方 배추김치	농상촬요 1330 임원십육지 1827	14일 익힘, 건조법 추가	배추	감초, 시라(일부정량)	소금	소금물	94
糟菘法배추술지게미김치	군방보 1621 임원십육지 1827	이틀간격 뒤집기	배추	(정량)		소금+술지게미	94
장김치 醬沈菜	시의전서 1800년대말	썰어담금	배추, 무+(여름에는오이)	배, 파, 마늘, 생강, 밤, 석이, 표고, 전복, 해삼, 양지머리, 차돌박이, 잣(비정량)	진장, 소금	간장+꿀	94
黑醃虀 검은김치	군방보 1621 임원십육지 1827	절여쪄서 건조	배추				95

섞박지

김치명	문헌	특징	주재료	부재료	절임	담금	쪽
섞박지	규합총서 1815	일부절임지 사용	배추, 무, 갓, 오이, 가지, 동아	고추, 마늘, 소라, 낙지, 조기젓, 진어, 준치, 밴댕이, 동전(비정량)	소금	조기젓, 굴젓	95
섞박지	시의전서 1800년대말	일부절임지 사용	배추, 무, 동아	고추, 마늘, 파, 진어, 준치, 전복, 소라, 낙지, 조기젓, 밴댕이(비정량)	소금	조기젓, 굴젓	97
胥薄葅 섞박지	주찬 1800년대		배추, 무	소라, 굴, 대하, 파, 마늘, 생강, 천초, 청각, 복어, 석이, 표고, 황석어젓(비정량)	소금물	황석어젓 갈국	97
早胥薄葅 이른섞박지	주찬 1800년대		배추, 무	김치고명, 젓갈(비정량)		굴젓, 새우젓	98

무김치

김치명	문헌	특징	주재료	부재료	절임	담금	쪽
食香蘿葍 무김치	거가필용 13세기말 임원십육지 1827 오주연문장전산고 1850년경	식초에 지져 담가 건조	썬무	생강, 귤, 시라, 회향(비정량)	소금	소금,식초	98
相公虀法 상공의 김치 담는 법	거가필용 13세기말 임원십육지 1827 오주연문장전산고 1850년경	소금에 볶아 데쳐 담금	썬무, 순무, 배추	(비정량)	소금	끓인 식초물	99
沈蘿葍醎葅法 무짠지	증보산림경제 1767 임원십육지 1827 농정회요 1830년대초	일부절인 것 사용, 납월에 먹음	통무	고추, 청각, 오이, 호박, 갓, 동아, 천초, 부추, 미나리(비정량)	소금	마늘즙	99
醎葅짠지	주찬 1800년대	매우 짬	통무	생강, 천초(비정량)	소금	소금물	99
醎葅짠지	주찬 1800년대		통무	고추, 천초, 생강, 파(비정량)	소금물	소금물	100
淡葅싱건지	주찬 1800년대	동치미	통무	생강, 천초(일부정량)		소금물	100
蘿葍黃牙葅 무싹김치	거가필용 13세기말 증보산림경제 1767 임원십육지 1827 농정회요 1830년대초	무싹볶음, 나박김치	무싹,무	나박김치법과 동일(비정량)			100
無鹽沈菜 무염김치	요록 1689	무염	무줄기	(비정량)		물	100
無鹽菹法 무염김치	임원십육지 1827	무염	무			물	101

김치명	문헌	특징	주재료	부재료	절임	담금	쪽
糟蘿葍方 무술지게미 김치	증궤록 송청대 임원십육지 1827		무	(정량)		술지게미+ 소금	101
水醃蘿葍法 무물김치	군방보 1621 임원십육지 1827	① 한달 익힘 ② 삶은 무도 사용	통무	배(비정량)	소금	① 소금 물 ② 건조, 장 담금	101
淡足沈菜 담족김치	주찬 1800년대		통무	파, 천초, 고추 (비정량)	소금+뜨 거운 물	소금물	101
三白鮓方 식해형 삼백김치	증궤록 송청대 임원십육지 1827	삶아담금, 식해형	무, 줄풀, 죽순	파꽃, 대회향, 소회향, 생강채, 귤피채, 화초 가루, 홍국(비정량)		소금	102
醢菹法 무젓갈김치	옹희잡지 1800년대초 임원십육지 1827	젓갈김치, 21일후 먹음	무, 가지, 동아, 배추, 절인오이	조기젓, 복어살, 소라, 낙 지, 청각, 생강, 천초, 고추(비정량)	소금	액젓	102
열젓국지	시의전서 1800년대 말	깍두기	썬무	배추, 고추, 파, 마늘, 생강, 미나리(비정량)		젓국	102
젓무	시의전서 1800년대 말	깍두기	썬무, 배추 속대	오이지, 고추, 파, 마 늘(비정량)		새우젓	103
沈蘿葍 무김치	수운잡방 1500년대		당무	(정량)	소금		103

동치미

김치명	문헌	특징	주재료	부재료	절임	담금	쪽
凍沈 동치미	산가요록 1450경	얼려 담금	순무	(비정량)		찬물	103
凍沈 동치미	요록 1689	먹을 때 소금 첨가	순무	(비정량)		물	104
過冬沈菜 동치미	요록 1689	사흘 절여 담 금	순무	(비정량)	소금	더운 소금 물	104
土邑沈菜 동치미 ①	산가요록1450경	쪼개담기	참무	(비정량)	물	물 또는 쌀 뜨물	104
土邑沈菜 동치미 ②	산가요록1450경	쪼개담기	참무	(정량)		끓여 식힌 소금물	104
土邑沈菜 동치미	수운잡방 1500년대	큰무는 갈라 담금	무	(정량)		끓여 식힌 소금물	104
동침이법	음식보 1700년대초		무	파, 초(비정량)		소금물	105
蘿葍凍沉葅法 무동치미	증보산림경제 1767 임원십육지 1827 농정회요 1830년대초	일부 절인 것 사용, 가을 담 금	작은무	오이, 가지, 적로근, 송이, 생강, 파, 청각, 천초(비정량)		끓여 식힌 소금물	105

김치명	문헌	특징	주재료	부재료	절임	담금	쪽
동침이	규합총서 1815		작은무	오이, 가지, 배, 유자, 파, 생강, 고추, 꿀, 석류, 잣(비정량)	소금	소금물	105
童沈葅 무동치미	주찬 1800년대		무	오이, 가지, 천초, 고추(비정량)	소금물	소금물	106
동침이 冬沈伊	시의전서 1800년대 말		작은무	오이, 배, 유자, 파, 생강, 고추, 꿀, 석류, 잣(비정량)	소금	소금물	106
동저	규합총서		잎달린 무	오이지, 고추, 청각(비정량)	소금	소금물	106

당근 및 순무김치

김치명	문헌	특징	주재료	부재료	절임	담금	쪽
湖蘿蔔鮓 당근김치	거가필용 1200년대말 오주연문장전산고 1850년경	데쳐담금	당근	파, 회향, 화초(천초), 홍면(비정량)		소금	107
胡蘿蔔菜 당근김치	거가필용 1200년대말 임원십육지 1827	식초절임	당근, 갓	천초, 시라, 회향, 생강, 귤, 소금(비정량)	식초		107
胡蘿蔔虀方 당근김치	중궤록 송청대 거가필용 1200년대말	식초절임	당근, 갓	회향, 생강, 귤껍질, 소금(비정량)	식초		107
식해형당근김치 胡蘿葍鮓方	중궤록 송청대 임원십육지 1827	데쳐담금, 식해형	무	파꽃, 대회향, 소회향, 생강채, 귤피채, 화초가루, 홍국(비정량)		소금	108
菁沈菜 순무김치 ①	산가요록 1450경	뿌리만 절여담기	순무	(정량)	소금	소금물	108
菁沈菜 순무김치 ②	산가요록 1450경	뿌리만 절여담기 7일	순무	(정량)	소금	물	108
蘿薄 나박김치	산가요록 1450경	잘라담기	순무	(비정량)			108
無鹽沈菜法 무염김치	산가요록 1450경	통으로 소금안씀	순무	(비정량)		물	108
靑郊沈菜法 청교의 김치 담는 법	수운잡방 1500년대 요록 1689		잎달린 순무	향초(정량)	소금	소금물	109
蔓菁葅 순무김치	증보산림경제 1767 농정회요 1830년대초	나박김치	순무	나박김치법(비정량)			109
침채	음식법 1854	싱건지	순무, 배추	생강, 고추, 신검초, 벼, 유자, 석류, 잣, 파, 꿀(비정량)			109

오이김치

김치명	문헌	특징	주재료	부재료	절임	담금	쪽
食香瓜兒 오이김치	거가필용 1200년대 말	데쳐서 식초로 지져 담가 건조	자른 오이	설탕, 생강, 자소, 시라, 회향(비정량)	소금		110
瓜菹 오이김치	산가요록 1450경	할미꽃줄기로 덮음	오이	(비정량)		참기름+끓인 소금물	110
瓜菹 오이김치 ①	산가요록 1450경	잘라 데쳐 담가 하루 후 먹음	오이	정가, 산초잎, 생강, 마늘(비정량)		참기름+달인장물	110
瓜菹 오이김치 ②	산가요록 1450경	잘라 데쳐 담금	오이	여뀌잎(비정량)			110
瓜菹 오이김치 ③	산가요록 1450경	잘라담금	오이	동아꼭지, 정가, 여뀌잎이나 열매(비정량)			111
瓜菹 오이김치 ④	산가요록 1450경	바로먹음	오이	(비정량)		간장	111
瓜菹 오이김치 ⑤	산가요록 1450경	가을, 겨울용	오이	찐 할미꽃뿌리와 줄기(비정량)		끓인 소금물	111
苽葅 오이김치	수운잡방 1500년대	칠팔월에 담금	오이 또는 가지	할미꽃 줄기(정량)		끓여 졸인 소금물	111
苽葅又法 오이김치다른법	수운잡방 1500년대	칠팔월에 담금	오이	할미꽃 줄기, 산초(비정량)		끓인 소금물	111
水苽葅 오이물김치	수운잡방 1500년대	팔월에 담금, 정화수 첨가	오이	할미꽃 줄기, 산초, (정량)		소금물	111
老苽葅 늙은오이김치	수운잡방 1500년대	일년도 저장 가능	늙은 오이	할미꽃 줄기 산초(비정량)	소금	소금	112
淹黃苽 오이김치	요록 1689	데쳐 담금, 수일 익힘	작은 늙은 오이	설탕, 천초, 회향, 식초, 화초(고추)(정량)	소금	식초에 지져 담금	112
瓜虀方 오이김치	거가필용 1200년대말 임원십육지 1827 오주연문장전산고 1850년경		오이	(정량)	소금, 장	소금+장	112
菜瓜虀 오이김치	군방보 1621 임원십육지 1827	데쳐담금. 보름 익힘	덜익은 오이(참외)	마근, 천초, 생강, 귤껍질, 감초, 회향, 무이(정량)	소금	메주가루, 식초, 누룩	113
오이지	시의전서 1800년대말		오이	(비정량)		끓여 식힌 소금물(소금물)	113
黃苽醎菹法 오이짠지	증보산림경제 1767 농정회요 1830년대초	여름에 이틀익힘	늙은오이(늦오이)	생강, 마늘, 고추, 부추, 파(비정량)	소금	소금물	113

김치명	문헌	특징	주재료	부재료	절임	담금	쪽
苽醎葅 오이짠지	주찬 1800년대	소박이, 하루익힘	작은오이	고추, 파, 마늘, 생강, 마늘, 후추, 천초, 부추(비정량)	소금	소금물	114
苽淡沈菜 오이싱건지	주찬 1800년대	소박이, 하루익힘	작은오이	여러 고명, 잣, 천초, 파(비정량)	소금	간장+소금	114
黃苽淡葅法 오이싱건지	증보산림경제 1767 임원십육지 1827 농정회요 1830년대초	소박이, 하루익힘	오이	꿀, 후춧가루, 마늘(비정량)		끓인 소금물	114
胡苽沈菜 오이김치	시의전서 1800년대말	소박이	어린오이	파, 마늘, 고추가루(비정량)	소금	소금물	115
盤醬瓜法 쟁반오이김치	군방보1621 임원십육지 1827	장담근 후 쟁반에 말림	오이, 가지	장횡, 볶은소금	소금	장, 소금, 밀가루	115
醬菜瓜法 오이장김치	군방보 1621 임원십육지 1827	석회백반에 절여 데쳐 담금	오이 또는 가지	석회, 백반, 소금, 장황(정량)	① 석회, 백반가루 ② 소금	장황, 소금	115
醬黃瓜法 오이장김치	옹희잡지 1800년대초 임원십육지 1827	소박이	오이	두부, 고기, 파, 천초, 묵은장, 쇠고기(비정량)		묵은장	116
沈汁葅 집장김치	사시찬요초 1483 산림경제 1715 고사신서 1771	구월에 말똥에 묻어담금	오이	(정량)		장+밀기울	116
醬瓜法 오이장아찌	수문사설 1740	장아찌	오이, 동아	살구씨, 수박씨(비정량)		장	116
汁葅 ① 집장김치	역주방문 1800년대 중반	팔월에 말똥에 묻어담금	오이 또는 가지	(비정량)		콩+밀기울 발효물+소금	116
汁葅 ② 집장김치	역주방문 1800년대 중반	여름, 말똥속	오이	(비정량)		된장+밀기울	116
장짠지 ①	시의전서 1800년대말 규합총서 1815	데쳐 담금	오이, 무, 배추	파, 생강, 송이, 복어, 전복, 청각, 고추, 조기(비정량)	청장	장달인물	117
장짠지 ②	규합총서 1815	소박이, 볶아담금	오이, 무, 배추	고기, 생강, 파, 기름장, 잣, 후추, 부추, 고추(비정량)		장달인물	117
醃瓜法 오이김치	군방보 1621 임원십육지 1827	끓인물 사용	오이 또는 가지	(비정량)	① 소금 ② 소금물+장	누룩+장	118
장김치법 ①	술빚는법 1800년대말		볶은오이	고기, 생강, 파, 참기름, 식초, 잣가루, 후추, 배추잎 (비정량)		장달인물	118
장김치법 ②	술빚는법 1800년대말		데친오이, 무, 배추	고기소, 마른조개, 석이, 배래초(비정량)		장달인물	118

김치명	문헌	특징	주재료	부재료	절임	담금	쪽
黃瓜蒜 蒜黃瓜法 오이마늘김치	거가필용 1200년대말 구선신은서 1400년대초 산림경제 1715 증보산림경제 1767 고사신서 1771 고사십이집 1787 해동농서 1799 군학회등 1800년대 중반 오주연문장전산고 1850	식초물에 오이를 데침	오이	(비정량)		마늘즙+소금	118
蒜瓜方 마늘오이김치	중궤록 송청대 임원십육지 1827	석회물에 데쳐담금	오이(동아도 가능)	석회, 소금, 마늘, 술, 식초(일부정량)	소금	소금, 마늘, 식초, 술	119
黃瓜芥菜法 오이겨자김치	증보산림경제 1767 농정회요 1830년대초	채김치 겉절이	늙은오이	(비정량)	소금	초장+겨자즙	119
香苽菹 오이향유김치	수운잡방 1500년대	소박이, 하루 익힘	어린오이	생강, 마늘, 후추, 향유유, 간장(비정량)		간장+기름 끓인것	119
黃瓜熟菹法 익힌 오이김치	증보산림경제 1767 농정회요 1830대초	동치미에 넣음, 노인용	삶아 익힌 오이	(비정량)		소금짜게	120
三煮瓜法 세 번 삶은 오이김치	중궤록 1827 임원십육지 1827	세 번 삶고 쪄서 말림	오이	자소,감초(비정량)	소금	소금+장	120
糟瓜菜法 오이술지게미 김치	거가필용 1200년대말 구선신은서 1400년대초 산림경제 1715 고사신서 1771 고사십이집 1787 해동농서 1799 임원십육지 1827 오주연문장전산고 1850년경	담금액 끓여 식힘	오이	동전(비정량)	석회, 백반, 술지게미, 술거품, 소금	끓여식힌 소금+술지게미	120
糟黃苽法 ① 오이술지게미 김치	거가필용 1200년대말 구선신은서 1400년대초 증보산림경제 1767 농정회요 1830년대초		오이	동전(비정량)	석회, 백반, 술지게미, 소금	술거품, 술지게미, 소금, 술	120
糟黃苽法 ② 오이술지게미 김치	증보산림경제 1767 농정회요 1830년대초		오이	(비정량)	집장 또는 장독 또는 소금	새우젓	121
糟法 술지게미법	군방보 1621 임원십육지 1827	열흘담근 후 본담금	오이	동전(정량)		술지게미+소금	121
糟菜瓜法 오이술지게미 김치	군방보 1621 임원십육지 1827	열흘담근 후 본담금	오이	동전(비정량)	석회,백반, 소금물	술지게미+소금, 술거품	121

김치명	문헌	특징	주재료	부재료	절임	담금	쪽
醋瓜方 오이초절임김치	군방보 1621 임원십육지 1827	말려 담금	오이	생강, 엿, 식초(비정량)		엿, 식초	121
龍仁淡苽菹法 용인오이싱건지	증보산림경제 1767 임원십육지 1827 농정회요 1830년대초	뒤집기 6, 7회	오이	(비정량)		소금물	121
용인오이지법	규합총서 1815	뒤집기 6, 7회	오이	(비정량)		뜨물+소금물	122

가지김치

김치명	문헌	특징	주재료	부재료	절임	담금	쪽
食香茄皃 가지김치	거가필용 1200년대 말 오주연문장전산고 1850년경	데치 고식초에 지져 담금	가지	생강, 귤, 자소(비정량)	소금, 당초	소금, 당초	122
茄子菹 가지김치	산가요록 1450경	데쳐 담금, 반 소박이	가지	파, 마늘(정량)		간장+참기름	123
沉冬月茄菹法 겨울가지김치	증보산림경제 1767 임원십육지 1827 농정회요 1830년대초	12월에 먹음	가지	맨드라미꽃, 꿀(비정량)		끓인물+소금	123
沉冬月茄菹法又法 겨울가지김치 다른법	증보산림경제 1767 임원십육지 1827 농정회요 1830년대초	겨울에 먹음	가지, 토란줄기	맨드라미꽃, 꿀(비정량)	토란줄기: 멥쌀가루+소금 가지: 소금	물	123
夏月沉茄菹法 여름가지김치	증보산림경제 1767 임원십육지 1827 농정회요 1830년대초	며칠만에 먹음	가지	(비정량)		소금+마늘즙	124
동가(冬茄)김치	규합총서 1815	9월에 담가 겨울에 먹음	가지	맨드라미꽃,꿀(비정량)		소금물	124
가지김치 茄沈菜	시의전서 1800년대말	소박이, 열무섞기	가지	실고추, 파(비정량)			124
가지짠지	시의전서 1800년대말	소박이, 데침, 볶음	가지	기름, 쇠고기(비정량)		간장,소금	125
沈汁菹茄 가지집장김치	산림경제 1715 고사신서 1771 고사십이집 1787	말똥에 21일묻음, 9월에 담금	가지	(정량)		장+밀기울	125
養汁菹法 집장김치	색경 1676	말똥에 묻음	가지	콩, 밀기울(일부정량)		밀기울+콩메주가루	125
汁菹 집장김치	수운잡방 1500년대	말똥에 묻어 5일 후 먹음	가지	(비정량)		간장+밀기울+소금	125

김치명	문헌	특징	주재료	부재료	절임	담금	쪽
가지약지법	음식보 1700년대초	데쳐담금, 겨울에 씀	가지	고명, 생강 (비정량)		장달인 물	126
醬茄法 가지장담금	중궤록 송청대 증보산림경제 1767 임원십육지 1827 농정회요 1830년대초	수일내에 먹음	가지	(비정량)	소금	청장고기 조림	126
芥末茄兒 가지겨자김치	거가필용 1200년대말 구선신은서 1400년대초 산림경제 1715 증보산림경제 1767 고사신서 1771 고사십이집 1787 해동농서 1799 임원십육지 1827 농정회요 1830년대초 군학회등 1800년대 중반 오주연문장전산고 1850년경	소금에 볶아서 사용	가지	(비정량)	소금	겨자가루	126
蒜茄兒法 가지마늘김치	거가필용 1200년대 말 임원십육지 1827 오주연문장전산고 1850년경	식초물에 데침	가지	(비정량)		소금+식초 +마늘	127
茄子蒜 蒜加法 가지마늘김치	구선신은서 1400년대초 산림경제 1715 증보산림경제 1767 고사신서 1771 고사십이집 1787 해동농서 1799 농정회요 1830년대초	데쳐 담금	가지	(비정량)	식초물에 데침	소금+마늘	127
糟兒茄法 가지술지게미 김치	거가필용 1200년대말 오주연문장전산고 1850년경	팔구월에 담금	가지	(비정량)		끓인물+술지게미+소금	127
糟茄法 가지술지게미 김치	구선신은서 1400년대초 산림경제 1715 증보산림경제 1767 고사신서 1771 고사십이집 1787 해동농서 1799 농정회요 1830년대초	칠팔월에 데쳐 담금	가지	(비정량)		술지게미+ 소금	127
糟茄法 가지술지게미 김치	군방보 1621 임원십육지 1827	데쳐 담금	가지	(정량)		소금, 백반	128

가지-오이김치

김치명	문헌	특징	주재료	부재료	절임	담금	쪽
약김치 藥沈菜	주방문 1600년대말	소박이 데쳐 담금	가지 또는 오이	정가, 호초, 마늘, 파(꿩고기, 쇠고기)(비정량)		달인 간장물	128
오이가지김치 苽茄菜 苽茄菁沈菜	주방문 1600년대말	소박이	오이	마늘(비정량)		소금물	128
四時纂要抄八月 사시찬요초 8월	농가집성 1655	말똥에 묻어 21일 후 먹음	오이나 가지	(정량)		간장+밀기울	128
가지(오이)김치 담는법	주식방 1795	소박이, 볶아담금	가지, 오이	마늘, 생강, 고추, 부추, 파, 생강, 마늘(비정량)		끓인간장물	129
醬瓜茄方 오이가지장김치	거가필용1200년대 임원십육지 1827	먼저 장황에 담금	오이, 가지	쌀가루, 소금(비정량)		쌀가루, 소금	129
假汁醬法 오이가지집장김치	삼산방 임원십육지 1827	소박이	오이, 가지	파, 생강, 마늘, 천초(정량)		청장, 참기름	129
汁菹又法 집장김치 다른법	수운잡방 1500년대	말똥에 5일 묻음	가지, 오이	(정량)		감장+말장+화염+소금	130
作菹 김치담기	치생요술 1691	마굿간 두엄에 묻음	가지, 오이	(정량)		장+밀기울	130
沈汁菹 집장김치	사시찬요 800-900 산림경제 1715	말똥에 묻음	가지, 오이	(정량)		장+밀기울	130
臘糟菹 납일주술지게미 김치	수운잡방 1500년대	납일에 담가 여름에 2차 담금	가지, 오이	(비정량)		1차:술지게미+소금 2차:술지게미	130
糟瓜茄方 오이가지술지게미김치 ①	중궤록 송청대 임원십육지 1827	담금액 교체	가지, 오이	동전(정량)		술지게미+소금	131
糟瓜茄方 오이가지술지게미김치 ②	중궤록 송청대 임원십육지 1827		가지, 오이	(정량)		술지게미+소금	131

갓김치

김치명	문헌	특징	주재료	부재료	절임	담금	쪽
산갓김치	음식디미방 1670		산갓			따뜻한 물	131
山芥沈菜 산갓김치	거가필용 1200년대 구선신은서 1400년대초 산림경제 1715 고사십이집 1787 고사신서 1771 해동농서 1799 임원십육지 1827	밥 한끼 먹을 시간 익힘	산갓	초장(비정량)		뜨거운 물	131
山芥葅法 산갓김치	증보산림경제 1767 농정회요 1830년대초	나박김치+산갓김치	산갓, 무, 순무	(비정량)		뜨거운 물	132
산갓김치	규합총서 1815	나박김치+산갓김치	산갓, 무	미나리, 순무, 파싹, 감채(비정량)		뜨거운 물	132
過冬芥葉沈菜 겨울나기겨자김치	수운잡방 1500년대	썰어서 담금	동아, 순무, 순무줄기	(가지)(비정량)		소금+겨자가루	133
芥葅 갓김치	증보산림경제 1767	짠지, 나박김치, 김장김치	갓	(비정량)			133
藏芥方 ① 갓김치	중궤록 송청대 임원십육지 1827	반말려 담기	갓	(정량)	소금	끓여식힌소금물	133
藏芥方 ② 갓김치	군방보 1621 임원십육지 1827	소금 넣고 비비기 7일후 담금	갓	화초, 회향(정량)	소금	소금즙	133
芥菜齏 ① 갓김치	군방보 1621 임원십육지 1827	데쳐담기	갓, 상추	참기름, 갓꽃, 지마(비정량)	뜨거운 물	소금	134
芥菜齏 ② 갓김치	군방보 1621 임원십육지 1827	담가서 건조, 휴대용	갓, 마른냉이	(정량)	소금	끓여식힌소금물	134
상갓김치 香芥沈菜	시의전서 1800년대말	나박김치+상갓김치, 검은 장타서먹음	갓,	무, 무순, 미나리, 순무움, 신검초	뜨거운 물		135
根芥沈葅 갓김치	오주연문장전산고 1850년	싱건지	갓뿌리	생강, 파, 대초, 청각(비정량)			135

동아 및 박김치

김치명	문헌	특징	주재료	부재료	절임	담금	쪽
冬瓜沈菜 동아김치	산가요록 1450경	가지도담금	동아, 순무	겨자가루(비정량)		참기름+소금	136
冬瓜辣菜 동아짠김치	산가요록 1450경	데쳐담금	동아	(정량)		기름+소금	136
沈冬瓜 동아담기	산가요록 1450경	겨울저장용	동아	(비정량)		소금	136
沈冬瓜久藏法 동아담가 오래 저장 하는법	수운잡방 1500년대	소금기 우려내서 사용	동아	(비정량)	소금		136
동아담는법	음식디미방 1670	구시월 담갔다가 소금기 우려내서 사용	동아	(비정량)	소금		136
沈冬果 동아김치	요록 1689	봄에 소금기 우려내서 사용	동아	(비정량)	소금		137
蒜菜 마늘김치	요록 1689	데쳐 담금	동아	기름(비정량)	데침	청장+겨자가루+술	137
동아섞박지 冬苽沈菜	규합총서 1815 시의전서 1800년대 말	동아 속에 고명을 넣어 익힘	동아	청각, 생강, 파, 고추, 돌쑥(비정량)		젓국	137
冬苽葅 동아김치	증보산림경제 1767 농정회요 1830년경	나박김치	동아	맨드라미꽃, 생강, 파(비정량)			137
冬苽蒜法 蒜冬瓜 동아마늘김치	거가필용 1200년대 말 구선신은서 1400년대 초 요록 1680 산림경제 1715 증보산림경제 1767 고사신서 1771 고사십이집 1787 해동농서 1799 농정회요 1830 임원십육지 1827 군학회등 1800년대 중반 오주연문장전산고 1850년대	데쳐담금	동아	식초(정량)	백반+석회물에데침	소금+마늘	138
冬苽蒜法 俗方 동아마늘김치 세속법	증보산림경제 1767 농정회요 1830년대초	볶아담금	동아	기름(비정량)	소금	① 마늘+식초법 ② 초장+겨자즙법	138
冬苽蒜法 又方 동아마늘김치 다른법	증보산림경제 1767 농정회요 1830년대초	볶아담금,이삼월에먹음	동아	생강, 파, 마늘 (비정량)	소금	식초+청장	138

김치명	문헌	특징	주재료	부재료	절임	담금	쪽
醯汁冬瓜方 동아젓갈김치	옹희잡지 1800년대초 임원십육지 1827	동아속을 파내 양념을 넣음	동아	생강, 천초, 볶은참깨(비정량)		소금물	139
冬苽醢汁醃菹 동아젓갈김치	오주연문장전산고 1850년대	김장, 석회에담금	동아	파, 마늘, 천초, 만초(고추)	소금	조기젓국	139
芥子醬冬瓜方 동아겨자장김치	증보산림경제 1767 임원십육지 1827	볶아 담금	동아	소금, 참기름, 겨자장(비정량)	소금	겨자장	139
冬瓜醬菹 동아장김치	오주연문장전산고 1850년대	김장, 석회에담금	동아	파, 마늘, 천초, 만초(고추)	소금	청장	140
匏沈菜 박김치	시의전서 1800년대말	소박이형	박속	실고추, 파(비정량)	소금	간맞춘 국물	140

마늘김치

김치명	문헌	특징	주재료	부재료	절임	담금	쪽
醋蒜方 마늘초절임김치	중궤록 송청대 임원십육지 1827	잘라담기	마늘	볶은소금, 식초(정량)		소금, 식초, 물	140
蒜梅方 매실마늘김치	중궤록 송청대 임원십육지 1827	끓여담기 중간에 국물 달여 넣기	매실, 마늘	(정량)		소금	140
沈蒜 마늘담기	산가요록 1450경	덜익은 마늘 사용	마늘	(비정량)		끓인소금물	141
마늘담기	음식디미방 1670	가을에 담금	마늘	천초(정량)			141
醋蒜마늘초절임	수문사설 1740		마늘	(정량)		초	141
蒜醋法 마늘초절임	중궤록 송청대 증보산림경제 1767 임원십육지 1827 농정회요 1830년대초	석회끓인물에 데치고 소금에 볶아 담금	마늘	(정량)	소금	두초, 소금	141
糟蒜法 마늘술지게미김치	군방보 1621 증보산림경제 1767 임원십육지 1827 농정회요 1830년대초	석회 끓인물에 데쳐 담금	마늘	(정량)	데침	술지게미+소금	142

부들김치

김치명	문헌	특징	주재료	부재료	절임	담금	쪽
造蒲笋鮓 부들순김치	거가필용 1200년대말 해동농서 1799 오주연문장전산고 1850년경	데쳐 담가 하루익힘	부들	생강, 기름, 귤, 홍국, 멥쌀밥, 화초, 회향, 파채(비정량)	끓는물		142
蒲笋鮓 造蒲笋鮓 부들순김치	구선신은서 1400년대초 산림경제 1715 증보산림경제 1767 고사신서 1771 고사십이집 1787 해동농서 1799 군학회등 1800년대 중반	데쳐 담가 하루익힘	부들	양념, 참기름, 멥쌀밥, 엿기름(비정량)	끓는물		142
香蒲葅法 부들김치	구선신은서 1400년대초 지봉류설 1613 산림경제 1715 고사십이집 1737 증보산림경제 1767 고사신서 1771 임원십육지 1827 농정회요 1830년경		부들	(비정량)		초(소금)	143

부추김치

김치명	문헌	특징	주재료	부재료	절임	담금	쪽
造菜齏法 김치만드는 법	거가필용 1200년대말	쪄서담금	부추	진피, 축사, 홍두, 행인, 호초, 감초, 시라, 회향, 쌀가루, 콩가루, 참기름(비정량)	소금	쌀가루+기타재료	143
韮草沈菜醃韮菜 부추김치	구선신은서 1400년대초 산림경제 1715 증보산림경제 1767 고사신서 1771 고사십이집 1787 해동농서 1799 농정회요 1830년대초	이삼일 뒤집은 후 본담금	부추	참기름(비정량)	소금	쌀가루+소금, 소금물	144
醃鹽韭方 부추김치	중궤록 송청대 거가필용 1200년대말 임원십육지 1827 오주연문장전산고 1850년경	여러 차례 뒤집은 후 본담금	부추	(비정량)	소금	멥쌀+소금	144
醃韭花法 부추꽃김치	거가필용 1200년대말 군방보 1621 임원십육지 1827		부추꽃	절인오이, 절인가지, 동전(정량)		소금	144

김치명	문헌	특징	주재료	부재료	절임	담금	쪽
醃韭花 부추꽃김치	구선신은서 1400년대초 산림경제 1715 증보산림경제 1767 고사신서 1771 고사십이집 1787 해동농서 1799 농정회요 1830년대초		부추꽃	절인오이, 절인가지, 동전(정량)		소금	144
醃韭花法 부추꽃김치	오주연문장전산고 1850년경		부추꽃	(정량)		소금	145
糟韭法부추술 지게미김치	군방보 1621 임원십육지 1827		부추	(비정량)		술지게미	145

생강김치

김치명	문헌	특징	주재료	부재료	절임	담금	쪽
造脆薑法 생강절임	거가필용 1200년대말 오주연문장전산고 1850년경	삶아 익힘	생강	감초, 백지, 영릉향(비정량)			145
五味薑法 생강오미절임	거가필용 1200년대말 오주연문장전산고 1850년경	말려 담금	생강	백매, 감송, 단말(정량)	소금	소금	145
沈薑法 생강김치	산가요록 1450경	껍 질 벗 겨 담금	생강	찹쌀밥(정량)	소금	술 또는 식초박	146
薑鬚葅法 생강잔뿌리김치	증보산림경제 1767 농정회요 1830년대초	나박김치	순무, 무, 생강잔뿌리	(비정량)			146
糟薑方 생강술지게미 김치	중궤록 송청대 임원십육지 1827		생강	(정량)		술지게미 +소금	146
糟薑方 造糟薑法 생강술지게미 김치다른법	거가필용 1200년대말 구선신은서 1400년대초 산림경제 1715 증보산림경제 1767 고사신서 1771 고사십이집 1787 해동농서 1799 임원십육지 1827 농정회요 1830년대초 오주연문장전산고 1850년경	4일전 담 가 7일 후 먹음	생강	설탕(비정량)		술+술지 게미+ 소금	146
糟薑方又法 생강술지게미 김치 또다른법	임원십육지 1827		생강	(정량)		소금+ 술지게미	147
別用鹽二兩法 생강술지게미 김치 별도로 소 금두냥쓰는법	물류상감지 1690 임원십육지 1827		생강	복숭아씨, 밤가루(비정량)		술지게미	147

김치명	문헌	특징	주재료	부재료	절임	담금	쪽
생강김치 沈薑法	주방문 1600년대말		생강	(비정량)	끓인 소금물	식초	147
造醋薑法 생강초절임	거가필용 1200년대말 오주연문장전산고 1850년경		생강	(비정량)	소금	끓여 식힌 소금물-식초	147
醋薑 생강초절임	구선신은서 1400년대초 산림경제 1715 증보산림경제 1767 고사신서 1771 고사십이집 1787 농정회요 1830년대초	8월에 담금	생강	(비정량)	볶은 소금	끓여 식힌 소금물-식초	148

연근김치

김치명	문헌	특징	주재료	부재료	절임	담금	쪽
造藕稍鮓 연근절임	거가필용 1200년대말 임원십육지 1827 오주연문장전산고 1850년경	데쳐담가 하루 익힘	연근	파, 참기름, 시라, 회향(비정량)	소금	멥쌀밥,홍국	148
藕稍醋法 연근절임	구선신은서 1400년대초 산림경제 1715 증보산림경제 1767 고사신서 1771 고사십이집 1787 해동농서 1799	4월에 데쳐담가 하루 익힘	연근	귤홍	소금물	멥쌀밥,홍국간것	148

죽순김치

김치명	문헌	특징	주재료	부재료	절임	담금	쪽
竹筍鮓方 식해형죽순김치	중궤록송청대 임원십육지 1827	쪄서담금	죽순	기름		기름	149
竹筍鮓法 식해형죽순김치	구선신은서 1400년대초 임원십육지 1827	데쳐담금, 식해형	죽순	파채, 회향, 화초, 홍국(비정량)		소금	149
竹筍鹽 죽순짠지	도문대작 1611	노령아래에서잘담금	죽순				149
菜蔬諸品 죽순소금절임	증보산림경제 1767 농정회요 1830년대초	짜게절임, 동치미 재료	죽순	(비정량)	소금		149
竹笋鮓 죽순김치	구선신은서 1400년대초 산림경제 1715 증보산림경제 1767 고사십이집 1787 임원십육지 1827 농정회요 1830년대초	데쳐담기	죽순	생강, 파, 천초(비정량)	소금	누룩가루+소금	149

김치명	문헌	특징	주재료	부재료	절임	담금	쪽
造熟筍鮓 데친죽순김치	거가필용 1200년대말 구선신은서 1400년대초 산림경제 1715 고사신서 1771	데쳐담기	죽순	파, 마늘, 회향, 화초, 홍국(정량)		소금	150

어육류김치

김치명	문헌	특징	주재료	부재료	절임	담금	쪽
雉葅 꿩김치	수운잡방 1500년대	오이김치+꿩고기, 술안주	오이, 꿩	생강, 천초, 간장물(비정량)			150
生雉醎葅 生鷄醎葅 꿩(닭)짠지	주찬 1800년대	꿩(닭)고기+볶은오이	꿩(닭), 오이	생강, 후추가루, 잣가루(비정량)			150
꿩김치법 生雉沈菜法	음식디미방 1670	나박김치	꿩, 오이지	(비정량)		소금물	150
꿩짠지 (생치짠지)	음식디미방 1670	간장과 기름에 볶음	꿩, 오이지	천초, 후추(비정량)			151
꿩지 (생치지히)	음식디미방 1670	간장과 기름에 볶음	꿩, 오이지	(비정량)			151
꿩김치	규합총서 1815	동치미국물+꿩고기	꿩, 동치미	국수, 무, 배, 유자, 돼지고기, 달걀, 후추, 잣(비정량)			151
生雉沈菜 꿩김치	주찬 1800년대	볶은오이+꿩고기	꿩, 오이	소금, 식초, 천초, 잣(비정량)			151
魚肉沈菜 어육김치	규합총서, 1815 시의전서 1800년대말	김장, 봄에 먹음	무, 배추, 갓, 오이, 가지	호박, 고추, 고기육수, 대구북어, 민어, 머리뼈, 쇠고기, 청각, 마늘, 생강, 마늘, 미나리(비정량)	소금	고기육수, 생선육수, 절인소금물	152
石花沈菜 굴김치	산림경제 1715 고사십이집1787 증보산림경제 1767 고사신서 1771 임원십육지 1827	하루 익힘	굴	무, 파(비정량)	소금	우러난 즙을 끓여 넣음	153
굴김치법	시의전서 1800년대말	초가을에 담금	굴, 굴젓, 배추	실고추, 미나리, 파, 생강, 마늘, 쑥갓, 향갓, 오이(비정량)	소금		153
鰒葅方 전복김치	증보산림경제 1767 규합총서 1815 임원십육지 1827	단독 또는 동치미와 익힘	전복	유자껍질, 배, 무, 생강, 파(비정량)		소금물	154

기타김치

김치명	문헌	특징	주재료	부재료	절임	담금	쪽
簷葍鮓(梔子花) 치자꽃김치	구선신은서 1400년대초 산림경제 1715 증보산림경제 1767 고사신서 1771 고사십이집 1787 해동농서 1799		치자꽃	(비정량)			154
薝蔔鮓方 식해형치자꽃김치	구선신은서 1400년대초 임원십육지 1827	어린꽃	치자꽃				154
薝蔔鮓方 식해형치자꽃김치	증보도주공서 임원십육지 1827	백반물에 데쳐 담금, 반나절 익힘, 식해형	치자꽃	파, 대회향, 소회향, 하초, 홍국, 황미밥(비정량)	소금		154
芹醎葅 미나리짠지	증보산림경제 1767		미나리, 배추, 무	(비정량)			155
醃五香菜方 오향김치	다능집 임원십육지 1827	소금물을 짜서 헹구어 담금, 김장	채소	소금, 감초, 시라, 회향(정량)	소금	소금물	155
胡荽虀方 고수김치	제민요술 530~550 임원십육지 1827	따뜻한 물에 하루 담금	고수	(비정량)	물	소금, 식초	155
假高笋法 금봉화줄기 술지게미 절임	거가필용 1200년대말 오주연문장전산고 1850년경	한나절익힘	금봉화줄기	(비정량)		술지게미	155
當歸莖 당귀줄기	증보산림경제 1767	나박김치	당귀줄기	(비정량)			156
雄蔬(軟法) 곰취(무르게 하는 법)	산림경제 1715 고사신서 1771 해동농서 1799 임원십육지 1827 군학회등 1800년대 중반	4월25일경 즙을 짜서 담가 겨울에 씀	곰취	(비정량)		물	156
萱草 원추리	산림경제 1715	흉격통리작용	꽃바침	(비정량)			156
黃花菜法(黃花菜) 원추리꽃김치	월사집 1636 산림경제 1715 고사신서 1771 해동농서 1799 임원십육지 1827 군학회등 1800년대 중반	데쳐담금	원추리꽃	(비정량)		식초	156
忘憂虀法 원추리김치	산가청공 1241~ 1252 월사집 1636 임원십육지 1827		원추리	(비정량)		초, 장	157
瓊芝虀方 경지김치	산가청공 1241~1252 임원십육지 1827	담근 후 삶아 얼림	경지	매화, 생강, 귤(비정량)		쌀뜨물	157
芋沈菜 토란줄기김치	산가요록 1450경	국물적게	토란줄기	(정량)	소금		157

김치명	문헌	특징	주재료	부재료	절임	담금	쪽
土卵莖沈造 토란줄기(고은대)김치	수운잡방 1500년대	매일 손으로 누름	토란줄기	(비정량)		소금	157
生蔥沈菜 파김치	산가요록 1450경	겨울용통파김치	파	(비정량)		소금	158
生蔥沈菜 파김치	산가요록 1450경	파를 단으로 묶어 담금	파	(비정량)	소금	소금	158
蔥沈菜 파김치	수운잡방 1500년대	3~5일 물에 담갔다가 담금	파	(비정량)	물	소금+소금물	158
상추김치 醃萵苣方	다능집 임원십육지 1827	소금물 2번 부음	상추	소금(정량)	소금물		158
고사리담기	음식디미방		고사리	(비정량)		소금	159
고사리담기 沈蕨法	주방문 1600년대 말	데쳐 담금	고사리	(비정량)		소금	159
沈蕨 고사리담기	요록 1689	짜게 담금	고사리			소금	159
蓼 여뀌김치	색경 1676	명주자루에 담금	여뀌	(비정량)		장독	159
茭白鮓方 식해형줄풀김치	중궤록송청대 임원십육지 1827	데쳐담금, 식해형	줄풀	파채, 시라, 회향, 화초, 홍국(비정량)		소금	159
滴露 적로	산림경제 1715		적로, 무	(비정량)			160
醬甛瓜法 참외장김치	옹희잡지 1800년대 초 임원십육지 1827	절여서 볶아 담금	참외	참기름, 소금, 장(비정량)	소금	장	160
沈西瓜 수박담기	산가요록 1450경	김치 담그는 법으로	수박	(비정량)		소금	160
沈青太 청태콩담기	산가요록 1450경	데쳐 먹는다	청태콩	(비정량)		소금물	160
沈桃 복숭아담기 ①	산가요록 1450경	씨빼담기	반익은 복숭아	(정량)		끓인꿀물	160
沈桃 복숭아담기 ②	산가요록 1450경	데쳐먹기 10월에 물갈아 주기	복숭아	(비정량)	소금	물	160
沈杏 살구담기	산가요록 1450경		반익은 살구	생강, 살구, 살구씨, 자소잎(비정량)	소금	끓인꿀물	161
旋用沈菜 급히 담그는 김치	산가요록 1450경	솥에서 가열하여 하룻저녁 속성으로 숙성	언급없음	(비정량)			161
蘘荷 양하	산림경제 1715		뿌리, 줄기	(비정량)			161

조선시대의 김치 한문 원문

1. 造菜白鮓 居家必用 1200年代末 五洲衍文長箋散稿 1850年代
切作片子 罯罯焯過 控乾 入少許 細葱絲 蒔蘿 茴香 花椒 紅麯 研爛并鹽 拌匀 同罨一時 食之

2. 造虀菜法 居家必用 1200年代末 林園十六志 1827 五洲衍文長箋散稿 1850年경
先將水洗淨 菜揀去黃損者 每菜一科 用鹽十兩 湯泡 化候大溫 逐窠 洗菜就入缸 看天道凉煖 煖則來日 菜即渰下 隨即倒下者 居上 一層菜 一層老薑 約菜百斤 老薑二斤 大寒 遲一日倒 倒訖以石壓 令水渰過菜

3. 淹菜造法 攷事十二集 1737
菹阻也 生釀之 使阻於寒溫之間 不得爛也 古謂之淹菜 今謂之沈菜 萊菔 黃瓜 菘菜等 諸沈菜 自有國中常行 易曉之法 故不載焉

4. 江浙虀 攷事十二集 1737
合璧事類云 江浙間 以大甕貯米泔 投生菜釀其中 作虀羹

5. 沈菹 太常志 1873
每歲冬初 收捧菁根蔓菁根於菜田 沈菹堀地爲土宇 厚蓋藏甕 以供冬春祭 用夏秋則隨用 芹苽臨時 沈菹韭菹 只用於大祭 沈鹽二十四斗(在元貢)

6. 醃藏菜 饔饎雜志 1800年代初 林園十六志 1827
名品
宋宇之助鼎俎 三十品多乎哉 周顒之春早韭 秋晚菘旨乎哉 然園枯則休 於是 有醃藏之法 醃者漬也 漬以藏物也 或以鹽焉 或以糟焉 或以香料焉 皆所以畜聚而御冬 詩人所稱旨畜御冬是也 藏之不得其法則蔫 故醃藏菜蔌之法 巖棲谷處者之所宜亟講也

7. 沈菹方 酒饌 1800年代
沈器極洗 無窘臭可也 凡沈菹之法 其沈鞠水小則不美也 且出用時 若生水毫末之氣 客入則味變不好 凡沈時 臘前用者 水一東海鹽七八升 臘後用者 水一東海

鹽一斗 或解沈可也 方文未詳 故隨法記之

8. **醃冬菜方 林園十六志** 1827

家塾事親：十一月醃冬菜 取上好菜洗淨 用草束 一周時下缸 每百觔入鹽七斤 壓以石塊 三日後 番一次 去石待鹽水入菜 三日後 仍以石壓 半月可食 每柱絞緊入罈內納實 以原鹹水浸之 可至來夏不壞

多能集：凡菜一百斤用鹽八斤 多則味鹹少則味淡 醃一日一夜 翻覆又貯缸內 用大石壓住 至三四日打稿裝

9. **乾閉瓮菜方 中饋錄 宋代 林園十六志** 1827

菜十斤 炒鹽四十兩 用缸醃菜一皮 菜一皮 鹽醃三日取起 菜入盆內 揉一次 將另過一缸 鹽滷收起聽用 又過三日 又將菜取起 又揉一次 將菜另過一缸 留鹽汁 聽用如此九遍 完入瓮內 一層菜上 洒花椒 小茴香一層 又裝菜 如此 緊緊實實裝好將前留起菜滷 每罈洨三碗 泥起過年 可吃

10. **菹藏菜方 齊民要術** 530~550 **林園十六志** 1827

(蕪菁菘葵蜀芥鹹菹皆同 (案) 此所謂菹 非指淹菹 卽醃藏菜法也)

收菜時 卽擇取好者 菅蒲束之 作鹽水令極鹹 於鹽水中洗菜 卽內甕中 若先用淡水洗者菹爛 其洗菜鹽水 澄取淸者 瀉著甕中 令沒菜肥卽止 不復調和 菹色仍靑以水洗去鹹汁 煮爲茹與生菜不殊其蕪菁蜀芥二種 三日抒出之 粉黍米作粥淸 擣麥麵麲作末絹篩 布菜一行 以麲末薄坌之 卽下熱粥淸 重重如此 以滿甕爲限 其布菜法 每行必莖葉顚倒安之 舊鹽汁還瀉甕中 菹色黃而味美 作淡菹用黍米粥淸及麥麲末 味亦勝

11. **糟藏菜方 群芳譜** 1621 **林園十六志** 1827

凡糟菜先用鹽糟 過十數日 取起盡去舊糟 淨拭乾別用一項 好糟 此爲妙 大抵 花醭多因初糟醋 出宿之故 必換一次 好糟方得全美 久留

12. **秤一兩法 物類相感志** 1690 **林園十六志** 1827

糟十斤 拌勻入罈 泥封久 而茄色愈黃透不黑 糟可入 石綠切開 不黑

13. **不寒虀方 山家淸供** 1241~1252 **林園十六志** 1827

法用極淸麩湯 截菘葉和薑椒茴蘿 欲亟熟則以一盃元虀 和之

14. 增補山林經濟 1767
凡醃菹菜 宜初一初二 初七 初九 十一 十三 十五日
忌初五 十四 二十三日 (醃肉作脯 忌宜相同)

15. 沈白菜 山家要錄 1450
白菜淨洗 一盆下鹽三合 經宿更洗 下鹽如前 納瓮注水 他沈菜同

16. 沈白菜 需雲雜方 1500年代 要錄 1689
(木麥晩種 花及結實者 軟莖採取 亦如此法) 白菜淨洗 一盆鹽三合式下之 經一宿更洗 下鹽如前 納甕注水 勿令殘菜 與他菜同

17. 菘沉菹法(菘菹方) 增補山林經濟 1767 攷事新書 1771 林園十六志 1827 群學會騰 1800年代中盤
菘經一霜 卽收如常法 作淡菹 藏瓮封蓋 埋地中 令勿泄氣 至明春發見 則其色如新 味亦淸爽

18. 醃菘法 群芳譜 1621 林園十六志 1827
①白菜揀肥者 去心洗淨 一百斤用鹽五斤 一層菜 一層鹽 石壓兩日 可用
②又白菜 一百斤 曬乾抖摟去土 先用鹽二斤 醃三四日 就滷內洗淨 每柯窩起 純用鹽三斤 入罈內 包長久

19. 菘虀方 群芳譜 1621 林園十六志 1827
大菘菜叢採 十字劈裂 萊菔 取緊小者 破作兩半 同向日中 曬去水脚 二件 薄切作方片 如錢眼子大 入淨罐中 以馬芹 茴香 雜酒醋水等 令得所調 淨鹽澆之 隨手擧罐 撼觸五七十次 密蓋罐口 置壚上溫處 仍日一次 如前法感觸 三日後 可供 菜色靑白間 錯善潔可愛

20. 秋沈法 酒饌 1800年代
菁菘 沈醎鹽水良久 拯出置地 器流出濕氣 仍沈瓮中 而菰古草 古草葉 蔥 蒜 茄子 靑角 生薑 炒荏子 川椒等物 層層相沈 且入 芥 竹筍 間間沈入 後以菁菘 初沈之鹽水 適其鹹淡味 篩漉注入 後以鹽殺之 菁菘葉 覆其上 久而屈縮 則宜熟可用也 薑蒜汁多數注入 唐蔥 菰 古草葉 茄子 則其時 卽鹽沈 而秋沈時用之 而割入沈之

21. 菘芥法 增補山林經濟 1767 林園十六志 1827 農政會要 1830年경
取經霜菘 洗淨切二寸許 乘其生氣 納熟釜中 添油急炒 少時取出候冷 納磁缸中 以醋醬芥汁灌之 勿泄氣堅封 (同納冬苽 蒜煎亦可)

22. 醃糟白菜方 農桑撮要 1330 林園十六志 1827
白菜削去根及黃老葉 洗淨控乾 每菜十斤 鹽十兩 用甘草數莖 放在潔淨甕盛 將鹽撒入菜了 內排頓瓮中 入蒔蘿少許 以手實捺 至半瓮 再入甘草數莖 後滿瓮 用石壓定 三日後 將菜倒過 拗出滷水于乾淨器內 另放忌生水 却將滷水 澆菜內 後七日 依前法再倒 用新汲水渰浸 仍用磚石壓之 其菜味美香脆 若至春間食不盡者 又沸湯淖過曬乾 收貯夏間 將菜溫水 浸過 壓水盡出 香油拌勻 以磁碗盛頓飯上蒸之 其味尤美

23. 糟菘法 群芳譜 1621 林園十六志 1827
先將隔年 壓過酒糟 未出小酒者 罈封 每一斤鹽四兩拌勻 好肥箭幹白菜 洗淨去葉 搭陰處晾乾水氣 每菜二斤 糟一斤 一層菜 一層糟 隔日一翻騰 待熟挽定入罈上澆糟菜水汁 取用味美

24. 黑醃虀 群芳譜 1621 林園十六志 1827
白菜如法 醃透取出 掛于桁上 曬極乾 上甑蒸熟 再曬乾 收之極耐久藏 夏月 以此虀 和肉炒 可以久留不臭 甑不便者 徑以水煮虀 曬乾 亦可 但不如蒸者佳 芥菜同

25. 胥薄菹 酒饌 1800年代
以軟菁菘 宿於鹽水 莖則醎味 不入葉 僅嘗醎時 拯出鞭盤上置之 石魚醢 以品味不臭者 沈於生水 去鱗洗之 小螺 石花 大蝦 蔥 蒜 生薑 川椒 靑角 生鰒 石耳 蕈古 等物 多數 可割者割之 別置地器 後與石魚醢 菁菘俱葉 恬層層相沈 而以鹽殺 菁菘葉 覆沈其上 後以石魚醢 沈洗其水 篩漉注入 而若太淡 則以他好醢鞠水添之 太醎則以菁菘宿水添之 適取鹹淡 注鞠盈瓮 而以其鞠水 多數 敍置別器 後觀沈鞠水之屈縮 以敍鞠水數添注之 則雖盡熟其鞠 寬盈也 如此數添鞠 多則無窘臭而好 此菹若太淡 則味怪異不美 極醎則味無別好味也 隼雉醢亦可入用也 醢中石花最佳 而此菹鹽則好 沈注時若入醢鞠 則味怪異而太不好 切勿用醢鞠可也

26. 早胥薄葅 酒饌 1800年代
菘葅菁葅沈菜 合沈于缸 以味佳醢 俱色層沈 數日置凉處 不使溫熟 而若太鹹則注以沈鞠 太淡則注以醎葅鞠可也 醢中石花醢最好 蝦醢次之 此二醢多數入沈則好醢味 幾與葅相親之際 食之不負於胥薄葅也 以油紙封缸 使不泄氣 而其鞠屈縮 則有窘臭無味 隨其縮減 連加添鞠可也

27. 食香蘿葍 居家必用 1200年代末 林園十六志 1827 五洲衍文長箋散稿 1850年경
切作骰子塊 鹽腌一宿 日中曬乾 切薑絲 橘絲 蒔蘿 茴香拌勻 煎滾常醋潑 用磁器盛 日中曝乾收貯

28. 相公虀法 居家必用 1200年代末 林園十六志 1827 五洲衍文長箋散稿 1850年경
蘿葍切作薄片 萵苣條 或嫩蔓菁 白菜 切如蘿葍條 各以鹽煞之良久 用滾湯焯過入新水中 然後煎酸漿水泡之 以椗蓋覆 入井中浸 冷爲製佳

29. 沈蘿葍醎葅法 增補山林經濟 1767 林園十六志 1827 農政會要 1830年代初
初霜後 取蘿葍根葉洗淨 另取蠻椒 嫩實莖葉 (此則露冷時 先作醎葅 至此合沈之) 靑角 未老黃苽 南苽 如小兒拳者 并葉下嫩莖(莖則必去皮絲) 秋芥莖葉 及冬苽(切勿去皮 切如手掌大 深冬後 待熟臨食 去皮色白可愛) 川椒韭菜之類 一時同沈 而多磨大蒜取汁 與蘿葍及雜物 下瓮之時 層層間隔 勻入蒜汁 然後堅封 埋於地中 如前法 到臘月 取食則絕美 勿泄氣可以至春矣 并沈芹莖及兒茄子亦好

30. 醎葅 酒饌 1800年代
菁淨洗宿於乾鹽中 鹽自濃而菁軟 後拯菁 與薑 椒 等物 層層入沈 以鹽濃水 注入滿瓮 不用客水 而鹽而已也 沈特敍置鹽濃水 隨添注可也 上醎葅法未詳 似不如此法也

31. 醎葅 酒饌 1800年代
菁去皮熟於鹽中 介介醎含 則拯而揮出於冷水 水乾後 沈瓮中 而古草 川椒 薑蔥 層層交沈 後以菁之初沈鹽水注入 而若淡則以鹽可入 久乃用之

32. 淡葅 酒饌 1800年代
菁淨洗 與薑 椒 等物交沈 而假令 一東海沈則鹽一升 和水沈之 上童沈法 未詳

似不如此法也

33. **蘿菖黃芽葅 居家必用** 1200**年代末 增補山林經濟** 1767 **林園十六志** 1827 **農政會要** 1830**年代初**

正月取土窖中所藏根 煎下黃芽 并飛削蘿菖根 生蔥作淡葅食之 令人 頓生春意

34. **無鹽沈采 要錄** 1689

菁莖洗淨盛瓮 淸水納酌置 後白泡水湧 又淸水加酌

35. **無鹽菹法 林園十六志** 1827

蘿菖根淨洗貯缸 滿注淸水 三四日 自泡涌溢 又注淸水 待熟用

36. **糟蘿菖方 中饋錄 宋代 林園十六志** 1827

蘿菖一斤 鹽三兩 以蘿菖不要見水 揩淨帶鬚 拌根晒乾 糟與鹽拌 過少入蘿菖 又拌過入瓮 此方非暴喫者(案 非暴喫云者 謂此是藏法 非謂猝暴可喫而 造也)

37. **水醃蘿菖法 群芳譜** 1621 **林園十六志** 1827

蘿菖削去根鬚 洗淨而鹽 擦放甕內 五六日 下水時 復攪勻 一月後 可食 加以一二鵝梨 則香脆 若食不盡者 就以鹽水 煮蘿菖透控 乾入醬或切 細條 晒乾 收臨食時 熱湯泡 透炒食聽用

38. **淡足沈菜 酒饌** 1800**年代**

菁本薄割酒鹽 簸而置之死 達後以手可入之煖水 入宿良久 拯菁沈 缸 而以節漉宿水 適其淡然之味 注入後 蔥白細裂入之 又入全川椒又古草 細割入之 半熟可用也

39. **三白鮓方 中饋錄 宋靑代 林園十六志** 1827

白蘿蔔 茭白 生切筍 煮熟三物 倣胡蘿蔔鮓法 作鮓供食

40. **醯菹法 饔熙雜志** 1800**年代初 林園十六志** 1827

霜後取蘿蔔根連葉(去老葉只取嫩葉) 淨洗每一根竪剖作三四片 放淨盆內 略用鹽糝 過三日 始同胡瓜子(預於六七月 鹽醃至是水浸退醎用) 茄子(去蒂) 冬瓜子(去皮瓤切作片) 菘菜(去根及莖皮) 芥菜(去根葉及莖皮) 及諸種物料 裝入罈內 料用石首魚醢(去鱗及頭尾 斜切作片) 鰒魚肉(生者切作片) 海螺肉(切作片) 小八稍魚(寸切) 石決明(生用) 鹿角菜(切作數寸長) 生薑(去皮切) 川椒(去目) 南椒(寸切) 一層菜 一層物料 層層裝入 訖用甘泉水 調醯汁 鹹淡得所 灌淹之油 紙紮口 稻

穰裹着 深埋地中 勿令凍損 三七日熟

41. 沈蘿葡 需雲雜方 1500年代

唐蘿葡經霜後去莖葉或存軟莖葉細去土以石磨去根鬚 更淨蘿葡 一益 着鹽二升 經宿洗去鹽氣浸水一夜拯 出鋪箔去水納甕蘿葡一益鹽一升五合式和水滿 注置不凍處用之 若小鹽氣一益鹽二升式和水注下

42. 凍沈 山家要錄 1450

冬月 蔓菁削皮置瓮中 極凍盛瓮 冷水注之 封口置溫房 待熟嘗味可食 用時裂之盛匙 貼沈水 貼鹽少許 其味甚好

43. 凍沈 要錄 1689

冬月蔓菁根 刻皮浸宿 棄水 極冬凍冷水 經之其口 置乍溫房待宿 用時裂之 以匙收鹽少許 則其味甘好 以苫裹之

44. 過冬沈菜 要錄 1689

蔓菁洗淨 簾上鋪置 下鹽如微雪 納瓮注水 三日漉出 更洗布簟上乍乾 納大甕 和鹽熟水 待冷 乍醎注瓮 熟用之

45. 土邑沈菜 山家要錄 1450

正二月時 眞菁根洗淨削皮 隨其大小 或切三四五六片 浸水三日 數改水 後去水盛缸 淨水或漬水泔沸湯 待冷注之 置溫突後裹 待熟用之

又法 二月時 眞菁根淨洗削皮 大則剖作三四片 盛缸鹽少許 沸湯待冷 菁一盆水三盆 置之凉處 或云 稍乾一盆 鹽一掬水一盆 爲佳

46. 土邑沈菜 需雲雜方 1500年代

正二月眞菁根 淨洗削皮 大則剖作片 納瓮 淨水鹽小許 沸湯待冷 菁一盆則水三盆注之 待熟用之

47. 蘿葍凍沉葅法 增補山林經濟 1767 **蘿葍淡葅法 林園十六志** 1827 **農政會要** 1830年代初

秋末冬初 待天甚凉冷 收軟根蘿葍 大如刀柄者 以刀刮其皮 洗淨納瓮 以百沸湯候冷和鹽淡之 灌下瓮中 以藁草包瓮埋地 先以未老黃苽 軟茄子[滴露根] 松茸之屬 各隨其時 而沈鹽水 令極醎 至此皆取起 浸冷水退去鹽氣 又取生薑蔥白 青角及 去目 川椒 並茄苽之屬 同沉於埋地瓮中 堅封掩土 待熟出用 味絕美 恐令人

過喫 上痰嗽愼之 (茄子藏灰 取用法 見上)

48. 童沈菹 酒饌 1800年代
菁去皮熟於鹽水 半淡中身自軟潤 後多注冷水 洗出沈瓮中 苽茄子 亦鹽宿數日後日冷水洗出 同沈而川椒 古草皮 去核割中 層層沈後 以菁宿之水 篩漉適鹹淡味 注入之

49. 湖蘿葍鮓 居家必用 1200年代末 五洲衍文長箋散稿 1850年경
切作片子 罯罯焯過 控乾 入少許 細葱絲 蒔蘿 茴香 花椒 紅麯 研爛并鹽 拌勻同罨一時 食之

50. 胡蘿蔔菜 居家必用 1200年代末 五洲衍文長箋散稿 1850年경
切作片子 同好芥菜入醋內 罯焯過食之 脆芥菜內 仍用 川椒 蒔蘿 茴香 薑絲 橘絲 鹽拌勻用

51. 胡蘿葍虀方 中饋錄 宋代 林園十六志 1827
取紅細胡蘿葍切片 同切芥菜 入醋略醃 片時食之 甚脆 仍用鹽 些少大小 茴香薑橘皮絲 同醋共拌 醃食

52. 胡蘿蔔鮓方 中饋錄 宋青代 林園十六志 1827
切作片子 滾湯略焯控乾 入少許葱花 大小茴香薑橘絲花椒末 紅麴研爛 同鹽拌勻 罨一時食之

53. 菁沈菜 山家要錄 1450
經霜三四度後 採取散置 晒乾衫枯 削去殘莖葉 洗去土 刮去皮更洗 布菁一件 以手重壓 爲鹽如霜 又布菁葉鹽盡 然後以空石蓋之 經宿更洗水淸 爲度盛瓮 菁一盆 鹽八九合 爲平和水濃 去滓滿注 起泡溢出 則每日以鹽少許 和水注之 亦佳

54. 蘿薄 山家要錄 1450
菁根洗淨刮去皮 勿更洗 介介細切作片 隨則盛缸 勿使犯風沈造爲佳

55. 無鹽沈菜法 山家要錄 1450
菁淨洗盛缸 淸水滿酌 待三四日 白泡湧出 又以淸水加酌 待熟用之

56. 靑郊沈菜法 需雲雜方 1500年代
蔓菁極洗 簾上鋪置 下鹽如微雪 須臾更洗 如前下鹽 勿令殘菜香草盂之 經三日

切三四寸許 納甕 大甕則鹽二升 小甕則鹽一升 半熟冷水和注 待熟用

57. 蔓菁菹 增補山林經濟 1767 農政會要 1830年代初

取根只加飛削 作淡菹 一時食之 不可作經冬之饌品

58. 八月條 四時纂要抄 1469~1494

沈苽菹

59. 食香瓜兒 居家必用 1200年代末 五洲衍文長箋散稿 1850年경

菜瓜不以多少薄切 使少鹽淹一宿漉起 用元滷 煎湯焯過 晾乾 用常醋煎滾候冷 調砂糖 薑絲 紫 蘇 蒔蘿 茴香拌勻 用磁器盛 日中曝之 候乾收貯

60. 瓜菹 山家要錄 1450

青瓜淨洗 陽乾一日 納瓮 一重香薷一重瓜相間 滿瓮後 湯鹽水 待冷注之 白頭翁草塞之

○又法 青瓜寸截 沸湯殺青 和以荊芥 椒葉 薑 蒜 盛缸 香油煮醬汁注之 經宿用之

○又法 青瓜寸截 沸湯殺青 和以蓼葉 沈菹甚佳

○又法 青瓜寸截 和以冬瓜蔕 荊芥 蓼葉或實 沈菹甚佳

○又童子瓜 沸湯殺青 作三片 沈艮醬 卽時供之 甚軟

○又法 五六月間 瓜洗之 無水氣晒之 白頭翁根莖爛蒸 相間盛瓮 湯鹽水 乘熱滿注 蓋口塗泥 置冷處 待秋冬用之

61. 苽菹 需雲雜方 1500年代

七八月 茄苽不洗 以行子拭之 鹽三升水三盆 煎至一盆 待冷 瓜納瓮 白頭翁莖葉相間納之 注前水 苽沈水爲限 以石鎭之

62. 苽菹又法 需雲雜方 1500年代

七八月 不老笟摘取淨洗 拭卽令無水氣納瓮 鹽水鹹淡適中 湯亦沸注 下白頭翁山椒與瓜 交納則 菹不爛而味甘

63. 水苽菹 需雲雜方 1500年代

八月摘甫嚴苽 淨洗晒乾 令無水氣 白頭翁 於朴草 山椒 與苽 交納瓮 苽一盆 沸湯水一盆 鹽三升和注 熟時 泡上瓮面 井花水 日日瀉下 以無泡爲度 如此則味極好 菹水到底 淸如水晶

64. 老苽葅 需雲雜方 1500年代

老苽摘取分剖 以匙刮去內細切 下鹽小許 翌日 還出去瓮內水 多下鹽山椒 交納瓮 不注客水 亦出自然水 如此則雖周一朞 亦不敗味 以白頭翁 防瓮口 以石重鎭之 大瓜抵葅 編於朴草 防口多以石壓之

65. 淹黃苽 要錄 1689

小黃苽 一百介 湯焯經乾 以鹽曬乾 亟小時 鹽糖各四兩 川椒 茴香 各小許用 煎亟好醋一升 放令化糖 次入花椒等 同淹三五日可食

66. 瓜虀方(造瓜虀法 甛瓜虀) 居家必用 1200年代末 林園十六志 1827 五洲衍文長箋散稿 1850年경

甛瓜虀 甛瓜十枚 帶生者 竹籤穿透 鹽四兩 拌入瓜內 瀝去水令乾 用醬十兩 拌匀烈日 曬翻轉于曬令乾 入新磁器 內收之 用鹽用醬 又看瓜大小 斟量用之 得宜

67. 菜瓜虀 群芳譜 1621 林園十六志 1827

看未熟瓜 每斤隨瓣切開 去瓤不用 取白沸湯 焯過以鹽 五兩匀擦翻轉 豆豉末 半斤 釅醋半斤 麵醬斤半 馬芹川椒 乾薑 陳皮 甘草 茴香 各半兩 蕪荑二兩 并爲細末 同瓜一處拌匀 入瓷甕內醃壓 於冷處頓之 經半月後則熟 瓜色明透 絕類琥珀味甚香美 ((案)甛瓜胡瓜 皆可倣法造)

68. 黃苽醎菹法 增補山林經濟 1767 農政會要 1830年代初

取美老苽洗淨 另用薑 蒜 蠻椒 韭葉 葱白等物 細細剉切 用淨缸 先下苽子一層次下物料一層 至苽盡乃止 用白沸湯 和鹽稍醎 乘熟灌缸中 以楮葉塞 住封蓋 翌日食之 (此是夏月法)

69. 黃苽醎葅 增補山林經濟 1767

欲經冬者 必取晩苽 可矣 物料同上 不必用白沸湯 用冷水和鹽 甚醎無妨

70. 苽醎菹 酒饌 1800年代

靑小苽以鹽塗洗 久乃自軟性殺後 以刀末直裂其中 三四片而苽兩端則不裂也 然後古草皮 葱 薑 蒜 胡椒 川椒 合亂碎如汁 塡入裂部中 仍沈缸 中又以鹽殺葱葉韭葉 覆沈其上 後以殺苽鹽水多醎 節漉多注 翌日亦可用 沈時亦以全川椒 全葱入之可也

71. **苽淡沈菜 酒饌** 1800年代

青小苽以鹽塗洗 宿軟後洗出冷 水則棄之 仍剖苽如苽醎菹 又以具色藥鹽 塡入剖中 後以鹽殺葱葉 堅搆苽身縻結 雖使轉之 藥鹽不出 然後猛沸水 待 凉冷 和醬調味 而仍沈苽盛缸 又以全栢子 川椒 葱白 入之後 又鹽醬水多注 翌日可用而 一日許 可美也 不可久用

72. **黃苽淡菹法 增補山林經濟** 1767 **林園十六志** 1827 **農政會要** 1830年代初

取未老苽 去蔕洗淨 以刀劃三面 入蜜 椒末少許 又揷蒜片四五片 用百沸湯入鹽 乘極熱而灌之 (苽先入缸中) 缸中堅封 翌日可食

73. **盤醬瓜法 群芳譜** 1621 **林園十六志** 1827

每醬黃一斤 用瓜一斤 炒鹽四兩 七月間 初瓜熟時 檢嫩全者 不須去瓤 先將數內鹽醃 瓜一熟宿次日將鹽與醬麪 拌勻 一層醬一層瓜 盛甕中 每層瓜內間 茄一個 每日淸晨 盤一次 日夕盤一次 在盆內十數日 卽成 收貯任用

74. **醬菜瓜法 群芳譜** 1621 **林園十六志** 1827

醬黃一斤 鹽四兩 先將靑瓜 剖開去子 用石灰白礬 不拘多少爲末 和取淸水 將瓜 泡 一日一夜 取出洗淨 量用鹽醃 一日滾湯 一掠晾乾 不可日晒 每瓜一斤 醬麪一斤 鹽四兩 拌入甕中 一月後 醬透取瓜 少帶醬 入罈收貯 用甚靑脆 甘美其醬或食 或再 醬蔬菜(同上)

75. **醬黃瓜法 饔熙雜志** 1800年代初 **林園十六志** 1827

四五月 耤田瓜初結子時 摘取小嫩 瓜堇如群千子 大者去蒂 以刀從蒂 邊入穵去瓤 用豆腐肉料葱椒等 研爛塡入 瓜子腹內 先將陳久 好醬入肥牛肉 煉熟盛瓷缸內 以瓜子投之 一宿可食

76. **沈汁菹 四時纂要抄** 1483 **山林經濟** 1715 **攷事新書** 1771

九月以茄瓜一分 醬一斗 麩三升 和泥埋成熟馬糞 經三七用

77. **醬瓜法 謏聞事說** 1740

取冬瓜 黃瓜 杏仁 西瓜仁 皆可浸醬爲饌 曾食於燕京人家 頗好 亦可寄遠

78. **汁菹 曆酒方文** 1800年代 **中盤**

① 八月望間 大豆一斗 作薰造 及其水 收湯入麩末 四升 濃蒸另春 作塊楸子大果瓜以楮葉鬱蒸 後出而乾之 以竹篩之 過入鹽五合 和水半粥 比塗壁泥 尤慢納

一疊於缸中 又茄瓜等菜於此其上 如是者 果以最上 則以餘汁滓 覆之甚厚 堅裹缸口 又以濕蓋覆其上 埋于馬草糞中 七日後 用之

② 夏則以甘醬一椀 和合麩末四合 取新瓜 軟美者 淨洗盡拭水 納于缸中 堅裹之 又以泥塗之 甚固 埋于馬糞 無隙密埋 七日後用之

79. 醃瓜法 群芳譜 1621 林園十六志 1827

新摘果 開作兩片 將子與瓤去 淨鹽醃三二日 晾乾入滷醬 醃十餘日 滾水晾冷 洗淨晾乾 入好麵醬 醃極嫩黃瓜 整醃之 尤肥美 茄同此

80. 黃瓜蒜(蒜黃瓜法) 居家必用 1200年代末 臞仙神隱書 1400年代初 山林經濟 1715 增補山林經濟 1767 攷事新書 1771 攷事十二集 1787 海東農書 1799 群學會騰 1800年代中盤 五洲衍文長箋散稿 1850年경

深秋摘取(未老)小黃瓜 去蒂揩淨 用醋一椀水一椀 合和 煎微沸 將茄焯過 控乾 搗蒜並鹽拌勻 納磁罐中

81. 蒜瓜方 中饋錄 宋靑代 林園十六志 1827

(華人所謂蒜瓜蒜茄 蓋指搗蒜爲泥 以釀瓜茄耳 若東人 呼芥醬瓜菜爲蒜 則名實爽矣 或曰 古人稱鮓爲膳 如膳荊州之鮓魚 是也 膳與蒜 音相似 故轉訛 爲蒜亦通)

秋間小黃瓜一斤 石灰白盤 湯焯過 控乾鹽半兩 醃一宿 又鹽半兩 剝大蒜瓣三兩 搗爲泥 與瓜拌勻 傾入醃下水中 熬好酒 醋浸着涼處 頓放冬瓜 茄子同法 深秋摘小黃瓜 醋水焯用蒜 如蒜茄法(蒜茄法 見下 居家必用)

82. 黃苽芥菜法 增補山林經濟 1767 林園十六志 1827 農政會要 1830年代初

取老黃苽 削去皮只取白肉 刀切作絲 和鹽少頃 用水絞去 鹽汁和醋醬芥汁

83. 香苽菹 需雲雜方 1500年代

擇苽未壯大者勿洗 以巾拭 暫曝裁上下端 以刀三分直折 生薑 蒜 胡椒 香薷油一匙 艮醬一匙 共煎納入 苽切處不津 缸極乾無水氣 先盛其苽 又油與艮醬和合 煎乘熱注缸 翌日用之

84. 黃苽熟菹法 增補山林經濟 1767 農政會要 1830年代初

收晩苽水烹 至熟取出 候冷納缸 加鹽令極醎 待十月末 沈蘿葍凍菹時 始取起熟苽 用冷水浸之 令盡退醎氣 然後投入蘿葍凍菹中 待味入食之 可供無齒牙老人

85. 三煮瓜法 **中饋錄 宋代 林園十六志** 1827

青瓜堅老者 切作兩片 每一斤 用鹽半兩 醬一兩 紫蘇甘草 少許 醃伏時 連滷 夜煮日晒 凡三次煮後晒 至雨天留甑上蒸之 曬乾收貯

86. **糟瓜菜法 居家必用** 1200年代末 **衢仙神隱書** 1400年代初 **山林經濟** 1715 **攷事新書** 1771 **攷事十二集** 1787 **海東農書** 1799 **林園十六志** 1827 五洲衍文長箋散稿 1850年경

(不拘多少) 用石灰 白礬 煎湯冷浸 一伏時 使煮酒泡 糟 鹽 入銅錢百餘文拌勻 醃十日 取出拭乾 別換好糟鹽煮酒 再拌 入罈收貯 箬葉扎口 泥封 [後熟取食]

87. **糟黃苽法 居家必用** 1200年代末 **衢仙神隱書** 1400年代初 **山林經濟** 1715 **增補山林經濟** 1767 **農政會要** 1830年代初

用石灰白礬煎湯 冷浸一伏 時用酒泡 糟 鹽 入銅錢百餘文拌勻 淹十日 取出空乾 別換糟鹽酒再拌 入壜收貯 箬葉札口尼封 後熟而取食之

黃苽未老者 同沈汁醬中 或沈醬瓮中 或鹽淹取出 投蝦鹽汁中 皆可爲雜用好饌

88. **糟法 群芳譜** 1621 **林園十六志** 1827

稍瓜每五斤 用鹽七兩 和糟勻醃 用古錢五十文 逐層頓 十餘日取出去錢 并舊糟換好糟 依前醃之 入瓮 收貯代用

89. **糟菜瓜法 群芳譜** 1621 **林園十六志** 1827

菜瓜以石灰 白礬 煎滾 冷浸一伏 時用煮酒泡 糟 鹽 入銅錢百餘文拌勻 醃十日 取出控乾 別用好糟 入鹽 適中煮酒泡 再拌入罈 收貯 箬札口泥封

90. **醋瓜方 群芳譜** 1621 **林園十六志** 1827

稍瓜分二片 又橫切作薄片 淡晒 薑絲糖醋 拌勻 納淨罈內 十數日 卽可用

91. **龍仁淡苽菹法 增補山林經濟** 1767 **林園十六志** 1827 **農政會要** 1830年代初

未老黃苽 百箇摘去蔕 揀去破傷者 用味甘冷水 和鹽要淡 先以苽洗淨 納淨缸中 卽下鹽水浸之 明日又取苽出 令在上者反在下 在下者反在上 而必細心揀去皮傷者 又明日亦如此反轉 連六七次 不止 味佳 欲沉經冬菹 湏待收麥後種苽取子 令味稍鹹 正月間取食時 割苽兩頭 浸水退鹽 食之好

92. **食香笳兒 居家必用** 1200年代末 **五洲衍文長箋散稿** 1850年경

新嫩者 切三角塊 沸湯焯過 稀布包搾乾 鹽淹一宿 曬乾 用薑絲 橘絲 紫蘇拌勻

煎滾糖醋潑 曬乾收貯

93. 茄子葅 山家要錄 1450

初霜後 茄子大小并一斗 十字半割 湯水暫蒸出乾 若濕則以布巾拭之 大乾爲度 生葱 蒜 細切 十字割斷中卿之 納缸後 艮醬一鉢 眞油五合 交合濃熟注之 待熟用之 多少以此推之

94. 沉冬月茄葅法 增補山林經濟 1767 林園十六志 1827 農政會要 1830年代初

茄子初經霜 則味必甘矣 卽摘下 去蒂及承茄皮刺 先用百沸湯放冷 和鹽令淡鹹 以茄子裝入小瓮內 用水磨石壓之 覆 [楮] 葉封瓮口蓋盆埋地 待臘取出裂之 澆蜜食之 味淸美 如欲色紅同 納鷄冠花 (不必用水茄子)

95. 沉冬月茄葅法 又法 增補山林經濟 1767 林園十六志 1827 農政會要 1830年代初

先取芋莖 (俗稱 고은대) 切作三寸長 糝鹽半日 絞去鹽水 又加鹽 如前絞 去殺其生氣 又加鹽取茄子 去蒂拭淨 納小瓮中 以前加鹽芋莖覆之 多取鷄冠納之 全不加水 置陰處 凍時則置不凍處 冬月取茄色紅可愛 裂破澆蜜食之(方雖日 全不加水 理似不然 當試)

96. 夏月沉茄葅法 增補山林經濟 1767 林園十六志 1827 農政會要 1830年代初

摘下水茄子 拭淨切去大蒂 勿去承茄蒂 有破者 一並去之 只揀完者 另以百沸湯淡和鹽候冷 又取大蒜 磨汁 和於鹽水中 罐下缸內 以茄子安排停當 而令水浸過茄子 數日食之

俗法 以刀割開茄腹三面 揷蒜片 沈葅如此 則茄水盡漏 不美矣

97. 沈汁葅茄 山林經濟 1715 攷事新書 1771 攷事十二集 1787

九月以茄苽一分 醬一斗 麸三升 和深埋 盛熱馬糞 經三七用 今全州所産 最佳 諸虀造法

98. 汁葅 需雲雜方 1500年代

茄子摘取 洗之甘醬 只火鹽小許 并交合缸內 先鋪醬 次鋪茄子 以滿爲限 堅封盖 以沙鉢泥塗 埋馬糞 待五日 熟則用之 未熟則還埋 待熟用之

99. 養汁菹法 穡經 1676

茄子斷蔕 淨洗候水乾 量多少相停 缸亦淨洗去水 先布麬豆末一重 次茄子相間密排 上用所斷蔕 塡滿缸內 令得腐浮 用手按實 勿致空踈有罅 缸用油紙 封裹缸口用盖 定盖外四圍泥固 於積馬糞中安置 生草覆其上 外以馬糞厚埋 亦須塡密 毋令踈 缸小者二七出 如大瓮須三七日方出 糞小則不善鬱 必須水澆然後 及得蔚也

100. 醬茄法 中饋錄 宋代 增補山林經濟 1767 農政會要 1830年代初 林園十六志 1827

霜節摘下 小小茄子 加鹽數日 控起摘下 滷汁 另用味甘淸醬 入肉煉 過後投茄子於醬中 數日食之

101. 芥末茄(兒) 居家必用 1200年代末 臞仙神隱書 1400年代初 山林經濟 1715 增補山林經濟 1767 攷事新書 1771 攷事十二集 1787 海東農書 1799 農政會要 1830年代初 林園十六志 1827 郡學會騰 1800年代中盤,伍洲衍文長箋散稿 1850年경

小嫩茄切作條 不用洗晒乾 多着油鍋內 加鹽炒熟 入磁盆中 攤開候冷 用乾芥末拌和收 入於磁罐中 (此卽芥末茄法)

102. 蒜茄兒法 居家必用 1200年代末 林園十六志 1827 五洲衍文長箋散稿 1850年경

深秋摘小茄兒 擘去蔕揩淨 用常醋一椀 水一椀 合和煎微沸 將茄兒焯過 控乾搗碎 蒜幷鹽和冷定 酸水拌勻 納磁罈中爲度

103. 茄子蒜(蒜茄法) 臞仙神隱書 1400年代初 山林經濟 1715 增補山林經濟 1767 攷事新書 1771 攷事十二集 1787 海東農書 1799 農政會要 1830年代初

深秋摘小茄兒 去蒂揩淨 用醋一椀水一椀 合和 煎微沸 將茄焯過 控乾 搗蒜並鹽拌勻 納磁罐中

104. 糟茄兒法 居家必用 1200年代末 伍洲衍文長箋散稿 1850年경

八九月間 揀嫩茄絕 去蒂用活水 煎湯冷定 和糟鹽拌勻 入罈 箬葉札口 泥封頭

105. 糟茄法 臞仙神隱書 1400年代初 山林經濟 1715 增補山林經濟 1767 攷事新書 1771 攷事十二集 1787 海東農書 1799 農政會要 1830

(上八月)七八月間 揀嫩茄 去蒂用沸湯 候冷 和糟鹽拌茄 壜箬葉 札口泥封

106. 糟茄法 群芳譜 1621 林園十六志 1827

天晴日 停午摘嫩茄去蒂 用沸湯淖過 候冷以軟帛拭乾 每十斤 用鹽二十兩 飛過白礬末

107. 四時纂要抄 八月 農家集成 1655

沈汁茄菰一分醬一斗麩三升和沉埋盛熱馬糞經三七用 方見下

108. 醬瓜茄方 居家必用 1200年代 林園十六志 1827

(食譜 製蔬瓜有醬淹醋釀 芥醬浸諸法 皆虀之類也 今各以類附之)

醬黃(群芳譜云 細白麪 不拘多少 伏中新汲水 和軟硬得法 模踏堅實 二指厚片放席上排匀 黃蒿覆之 三七後 遍生黃衣取出 晒極乾 入水略濕 刷去黃衣 淨碾爲細末 名日 醬黃) 與瓜茄不拘多少 先以醬黃 鋪在磁缸內 次以鮮瓜茄 鋪一層 糁鹽一層 再下醬黃 又鋪瓜茄一層 糁鹽一層 如此層層相間 醃七日夜 烈日曬之 醬好而瓜兒亦好 如欲作乾瓜兒 取出再曬其醬 別用却不可用水 瓜中自然鹽水出也 用鹽時 相度醬與瓜茄 多少酌量

109. 假汁醬法 三山方 林園十六志 1827

茄瓜嫩者 十字剖其腹 滾湯內暫瀹取出 拭乾 勿令有水氣 以生葱生薑生蒜川椒等物料 細切啣納 十字中 每茄瓜一斗 淸醬一碗 麻油五合 交煎注之 其味勝於眞者 此宜夏月 但不可久住

110. 汁葅又法 需雲雜方 1500年代

甘醬一斗 末醬一斗 其火鹽八升 鹽一升 一合交合 缸底先鋪汁 次鋪茄菰 又鋪汁藏 茄菰身爲限 埋馬糞 五日出見 不熟則更埋 二日待熟用之

111. 作葅 治生要覽 1691

以生茄子 胡瓜等 分醬一斗 麩三升和沈 埋盛熱廏草中 經三七食之

112. 沈汁菹 四時纂要 800~900 山林經濟 1715

九月以茄瓜一分 醬一斗 麩三升 和泥埋盛熱馬糞 經三七用

113. 臘糟葅 需雲雜方 1500年代

臘日酒滓 交鹽納瓮 泥塗瓮口 待夏月 茄瓜摘取拭巾 令無水氣 深挿糟缸 待熟用之 有水氣則生蟲 雖非臘日不出 是月可也 (茄瓜須用童子 曝湯爲妙)

114. 糟瓜茄方 中饋錄 宋代 林園十六志 1827

① 瓜茄等物 每五斤 鹽十兩 和糟拌勻 用銅錢五十文 逐層鋪上 經十日 取錢不用 別換糟入瓶 收久 翠色如新

② 訣云 五茄六糟 鹽十七 更加河水 甘如蜜 其法 茄子五斤 糟六斤 鹽十七兩 河水兩三碗 拌糟其茄 自甛 此藏茄法也 非暴吃者

115. 山芥沈菜(山芥菹方) 居家必用 1200年代末 衢仙神隱書 1400年代初 山林經濟 1715 攷事新書 1771 海東農書 1799 攷事十二集 1787 林園十六志 1827

擇芥精好者淨洗 盛於竹器 以熱水(以入手不觸傷爲度)注之 而合其蓋 置於溫突 以衣被覆之 一食頃許取出 則其色漸黃 和醋醬食之 與蘿葍薄片 芽 蔥白同沈 則辛味少減 食之尤佳(속방)

116. 山芥葅法 增補山林經濟 1767 農政會要 1830年代初

先用蔓菁根或蘿葍 以利刀飛削作淡葅 (俗云 나박김치) 置溫處一二日 待熟 取山芥揀精 不必去根 以水洗淨 貯於缸器 就於釜中熱水 (其熱以入手 不爛爲度) 注澆三四次 因以其水 并芥納於缸中 (水卽量宜灌淹可也) 多嘘口氣於缸內 以重紙密封缸口 又以蓋合 定少不泄氣 置於溫突 以衣被覆之 半時許取出 候溫和 合於先造菁葅之中 加味甘 揀清醬食之 則辣味少減 清爽甚美 若取單沈山芥 和醬食之 則太辣反少味矣 每取用後 卽密掩缸 勿令泄氣 風入味變苦 (先沈菁葅 必入 蘿葍芽 蔥白等物)

117. 過冬芥葉沈菜 需雲雜方 1500年代

冬瓜蔓菁及莖 剝皮如漢菜切之 盛於不津瓮內 將盛鹹微査下之 次抛菜如前下瓮 滿瓮爲限 每鋪菜 眞油斟酌注下 又芥子末 麤節節下 又茄子開切 井沈亦可

118. 芥菹 增補山林經濟 1767

春芥 必鱗次下種旋旋 摘下軟莖 作鹹淡葅 皆佳 秋芥作冬葅

119. 藏芥方 ① 中饋錄 宋代 林園十六志 1827

芥菜肥者 不犯水 晒至六七分乾 去葉 每斤 鹽四兩 淹一宿 取出每莖札成 小把 置小瓶中 倒瀝盡其水 并前醃出水 同煎取清汁 待冷入瓶封固 夏月食

120. 藏芥方 ② 群芳譜 1621 林園十六志 1827

秋間嫩不老芥菜 陰半乾 擇去黃葉老梗 將根劈爲數瓣 每斤 用炒鹽三兩五錢 將

鹽陸續揉入菜內 每淸晨卽用鹽 揉一次 先着力揉根 次稍揉梗葉一次 至晒 又照上法揉一次 至七日卽中矣 須要 細揉用細鹽 每斤 用花椒 茴香 入中心 窩起 入罈內 仍取原汁澆入 用泥固封 至立春 卽移房內架起

121. 芥菜虀(芥虀方)群芳譜 1621 林園十六志 1827

① 九月十月取靑紫白芥菜 切細于沸湯內 焯過 帶湯撈于盆內 與生萵苣同熟 油芥花 或芝麻 白鹽 約量拌勻 按于甕內 三二日變黃可食 至春不變味

② 乾薺菜 大芥菜 每一百斤 用鹽二十二兩 摻撈得勻 以盆或缸 疊疊放定 上用大石 壓醃數日 出水浸過 石撈起晒乾 後以本汁 涵煮滾半熟 再晒乾收貯 若復蒸過 則黑而軟 置淨乾瓮中 藏封任留 數年不壞 出路作菜極便 六月 伏天用 炒過乾肉 復同薺菜炒 放旬日不腐 凡六月 天熱饌不堪留只以乾虀同炒 不要入湯水 放冷 再收起 可放 經旬不氣息 極妙 若醃芥 鹽汁煮黃豆 極乾 蘿菖丁晒 乾收貯 經年可食

122. 根芥沈葅 五洲衍文長箋散稿 1850年경

取根芥 切作 薄葉 拌薑蔥 臺椒 沈淡葅 待熟食之 勿泄氣 少入乾靑角菜 亦妙

123. 冬苽沈菜 山家要錄 1450

冬瓜蔓菁 剝皮如漢菜切 令不津 鋪入缸內 下鹽如微雪 如此累重 滿瓮爲限 每鋪熟眞油 斟酌注下 宇芥子末麄麄篩下 茄子并沈亦可 開坼沈造

124. 冬苽辣菜 山家要錄 1450

冬瓜如指大 方寸許切之 或布幅或竹筐內盛之 乍入沸湯中卽出 瓜一盆 油五合鹽五合 別和濃瓜納瓮

125. 沈冬瓜 山家要錄 1450

冬瓜於九十月間 剝皮等截 多下鹽藏於瓮 至春退鹽 用之佳

126. 沈東瓜久藏法 需雲雜方 1500年代

東瓜大切 著鹽藏之 用時退鹽 或炙或炮 任意用之

127. 沈冬果 要錄 1689

老冬果 作條去皮 沈鹽多下入缸 堅封置凉處 至春退鹽

128. 蒜菜 要錄 1689

老冬果 切如漢菜 熟水暫熱 待冷置於廣闊 所羅中 菜一盆 則煎油一升 煎淸醬及芥子末醇酌 和汁均雜其菜 入缸置凉處 用之

129. 冬苽葅 增補山林經濟 1767 農政會要 1830年경

只取中冬苽肉 切一寸許薄作片 如常法 沉淡葅 欲紅入鷄冠花 又加薑葱

130. 冬苽蒜法(蒜冬瓜) 居家必用 1200年代末 中饋錄 宋代 衢仙神隱書 1400年代初 要錄 1680 山林經濟 1715 增補山林經濟 1767 攷事新書 1771 攷事十二集 1787 海東農書 1799 農政會要 1830年代 群學會騰 1800年代中盤 林園十六志 1827 五洲衍文長箋散稿 1850年경

冬苽揀大者 留至冬至前後 削去皮穰 切如一指濶條 以白礬 石灰 煎湯焯過 漉出控乾 每斤用鹽二兩 蒜辦三(二)兩 同搗碎拌匀 裝入磁器內 添熬過 好(頭)醋浸之

131. 冬苽蒜法 俗方 增補山林經濟 1767 農政會要 1830年代初

老冬苽 削去皮穰 只取堅肉 切方寸許 厚二分許 要形圓略 加鹽待半晌 以水洗去鹽 乾淨添油煮出 候冷 多加好醋碎蒜 磁器收貯 或不用蒜醋 只澆醋醬 所調芥汁 不泄氣收貯

132. 冬苽蒜法 又法 增補山林經濟 1767 農政會要 1830年代初

冬苽煎油如上法 薑 葱 蒜 細切於缸內 并冬苽層疊收貯 灌以好醋 美淸醬 令浸過其上 堅其封盖 埋地中 明年二三月取食 其味絕佳

133. 醢汁冬瓜方 饔熙雜志 1800年代初 林園十六志 1827

霜後取大冬瓜 環蒂四面各一寸許剜出 勿傷皮 復以刀㓦 去瓤與仁 將醢汁一大碗 煉過傾入冬瓜 腹中 更入薑椒 炒芝麻等物料 還以所剜出蒂皮 依舊痕蓋合 以簽簽定 放頓不寒 不溫處 待醢汁 透盡 冬瓜肉中 刀切供之 大小隨意

134. 冬苽醢汁醃葅 五洲衍文長箋散稿 1850年경

取大冬苽一箇 去皮瓤 只取淨肉 先以石灰匀糝 經數時沈水 淨洗灰氣後 沸湯焯過取出 拭去水氣 以鹽灑後 盛於缸中 用葱 薑 蒜 川椒去目 蠻椒 竝切碎 苽一層調和物料一層 次第如是後 前鮸魚醢汁不和水 灌缸中裝滿 以油紙及厚紙堅封以木片蓋之 莫如覆以陶小鑼 掘土布草亂埋缸 以土厚封 經冬 至春發食 甚美

135. **芥子醬冬瓜方 增補山林經濟** 1767 **林園十六志** 1827
老冬瓜削去皮瓤 只取近皮邊白肉 切作錢大片 厚可二分許 略以鹽拌勻 小頃以水洗去鹽 拭乾鍋內 下麻油炒之 候冷取出 貯磁缸中 以芥子醬灌之 札口勿泄氣

136. **冬瓜醬菹 伍洲衍文長箋散稿** 1850年경
用芿淨治與調和 如醓汁菹淹法 煎甘淸醬灌之 使瓜沈醃 埋于地中 一如上法 經冬 至春發食 極佳

137. **醋蒜方 中饋錄 宋青代 林園十六志** 1827
用嫩白蒜茱 切寸段 每十斤 用炒鹽四兩 每醋一碗 水二碗 浸茱於甕中

138. **蒜梅方 中饋錄 宋青代 林園十六志** 1827
青硬梅子二斤 大蒜一斤 或囊剝淨 炒鹽三兩 酌量水 煎湯停冷浸之 候五十日 後滷水將變色 傾出 再煎其水 停冷浸之 入瓶 至七月後 食梅無酸味 蒜無葷氣也

139. **沈蒜 山家要錄** 1450
未成熟時 採取去麁皮 淨洗乾 正無水氣 沸湯和醎鹽 不至於醎 待冷漬之 臨用時去皮 色白味佳

140. **醋蒜(中國人所傳) 謏聞事說** 1740
取法醋一斗 入陶缸中 取大蒜去皮膜 浸其中 或經數月 或經年 日久淹藏於地中 無蒜臭 食之甚良 其醋味亦佳 曾於寧遠衛謝長家 其妻爲謝治病 而饁之果覺好味

141. **醋蒜法 中饋錄 宋代 增補山林經濟** 1767 **林園十六志** 1827 **農政會要** 1830**年代初**
蒜一斤 石灰湯 焯過凉乾 鹽三盞 淹一宿 漉出再晾乾 用鹽七盞炒乾 以頭醋 投入 炒鹽內煎 一二 沸候冷 入罐泥封 經年不壞

142. **糟蒜法 群芳譜** 1621 **增補山林經濟** 1767 **林園十六志** 1827 **農政會要** 1830**年代初**
(每)蒜一斤 石灰湯 煠過晾 去水 乾鹽一兩五盞 糟一斤半拌勻 入罐內泥封 兩月後 可食

143. **造蒲笋鮓 居家必用** 1200**年代末 林園十六志** 1827 **海東農書** 1799 **五洲衍文長箋散稿** 1850**年경**
生者一斤寸截 沸湯焯過 布裹壓乾 薑絲 熟油 橘絲 紅麯 粳米飯 花椒 茴香 葱絲

拌勻 入磁器 一宿可食

144. 蒲筭鮓(造浦筍鮓) 衢仙神隱書 1400年代初 山林經濟 1715 增補山林經濟 1767 攷事新書 1771 攷事十二集 1787 海東農書 1799 郡學會騰 1800年代中盤

三(五)月取生者 一斤寸截 沸湯焯過 布裹壓乾 入物料 及熟油 粳米飯 麥芽 拌勻 入磁器內 一宿可食(本方無麥芽 有紅麯)

145. 香蒲葅法 衢仙神隱書 1400年代初 芝峰類設 1613 山林經濟 1715 增補山林經濟 1767 攷事新書 1771 攷事十二集 1787 林園十六志1827 農政會要 1830年代初

卽蒲黃苗酢法 見上酢卽鹽也 春初生嫩茸 啖之甘脆大美 作葅如常法 養生書曰 蒲笋作葅 甚佳

146. 香蒲沈菜 山林經濟 1715 攷事十二集 1737

春初生嫩茸 紅白色 生啖之甘脆 以苦酒浸如食笋 大美 可爲鮓 或爲葅 此是蒲黃苗 卽甘蒲作者 逐五臟邪氣療 口中爛臭 且能堅齒 明目聰耳 故養生書云 蒲笋作葅 甚佳

147. 造菜鮝法 居家必用 1200年代末 五洲衍文長箋散稿 1850年경

韮菜去梗用葉 鋪開如薄餠大 用料物糝之 陳皮碙砂 紅豆 杏仁 花椒 甘草 蒔蘿 茴香 右件碾細 同米粉拌勻 糝菜上 鋪菜一層 又糝料物一次 如此鋪糝五層 重物厭之 却於籠內蒸過 切作小塊調豆粉 稠水蘸之香油 煠熟冷定納磁器 收貯

148. 韮草沈菜(淹韮菜) 衢仙神隱書 1400年代初 山林經濟 1715 增補山林經濟 1767 攷事新書 1771 攷事十二集 1787 海東農書 1799 農政會要 1830年代初

霜前揀肥韮 無黃稍者 淨洗控乾 於磁器內 鋪韮一層 糝鹽一層 淹二三日 翻數次 裝入磁罐 用元滷 加香油 少許 拌勻收貯

149. 醃鹽韮方 居家必用 1200年代末 中饋錄 宋代 林園十六志 1827 五洲衍文長箋散稿 1850年경

霜前揀肥韭 無黃稍者 擇淨洗控乾 於磁盆內 鋪韭一層 糝鹽一層 候鹽韭勻鋪盡爲度 醃一二宿 翻數次 裝入磁器 內用原滷 加香油少許 尤妙

150. 醃韭花法 居家必用 1200年代末 群芳譜 1621 林園十六志 1827

韭花半結子時 收摘去蒂 梗一斤 用鹽三兩 同搗爛入 礶中 或取中醃 小茄小黃瓜

先別用鹽醃 去水晾三日 入韭花中拌勻 用銅錢三四文 著甁底 却入韭花妙

151. 淹韮花 臞仙神隱書 1400年代初 山林經濟 1715 增補山林經濟 1767 攷事新書 1771 攷事十二集 1787 海東農書 1799 農政會要1830年代初

取花半結子時 摘去蒂梗 每斤 用鹽三兩 同擣爛 收磁器中 或就韮花中 淹小黃瓜 小茄兒 別用鹽淹去水 待一二日 入韮花拌勻 收貯甁底 用銅錢 尤妙

152. 淹韮花法 五洲衍文長箋散稿 1850年경

取花半結子時 摘去蒂梗 每斤 用鹽三兩 同擣爛 收磁器中

153. 糟韭法 群芳譜 1621 林園十六志 1827

肥嫩者 赤日暴至將乾 以瓮鋪熟糟 一層 排韭一層 相間如此 壓緊收用(群芳譜)

154. 造脆薑法 居家必用 1200年代末 五洲衍文長箋散稿 1850年경

嫩生薑去皮 甘草 白芷 零陵香少許 同煮熟 切作片子 食之 脆美異常

155. 五味薑法 居家必用 1200年代末 五洲衍文長箋散稿 1850年경

嫩薑一斤 切作薄片 用白梅半斤 打碎去仁 入炒鹽二兩拌勻 晒三日取出 入甘松三錢 甘草五錢 檀末三錢 再拌勻 曬三日 入磁器收貯

156. 沈薑法 山家要錄 1450

八月望時 擇肥軟者 以竹刀去皮 薑一斗 鹽一升 湯水三升 合盛一器 經宿水盡爲度 曝全酒或醋滓合沈 三七日後開用 若醎氣多 則以粘米作閏飯 交和用之

157. 薑鬚菹法 增補山林經濟 1767 農政會要 1830年代初

先用蔓菁根 或蘿葍根 以利刀薄薄飛削 同嫩葱作淡菹時 同入薑鬚 待熟食之 淸烈無比 又十月 同入羅葍凍菹中 則尤奇 (薑笋亦美)

158. 糟薑方 中饋錄 宋代 林園十六志 1827

薑一斤 糟一斤 鹽五兩 揀社日前 可糟不要見水 不可損了 薑皮用乾布擦去泥 晒半乾後 糟鹽拌之 入瓮

159. 糟薑方(造糟薑法) 다른법 居家必用 1200年代末 臞仙神隱書 1400年代初 山林經濟 1715 增補山林經濟 1767 攷事新書 1771 攷事十二集 1787 海東農書 1799 林園十六志 1827 農政會要 1830年代初 五洲衍文長箋散稿 1850년경

社前取嫩薑(不以多少) 去蘆擦淨 用(煮)酒和糟鹽拌勻 入磁壜中 上用砂糖一塊

箬葉札口 泥封 (七日可食)

160. 糟薑方 다른법 群芳譜 1621 **林園十六志** 1827
嫩薑天晴時 收陰乾 五日以麻布拭去 紅皮 每一斤 用鹽二兩 糟三斤 醃七日取出拭淨

161. 別用鹽二兩法 物類相感志 1690 **林園十六志** 1827
糟五斤 拌匀 入新磁礶 先以核桃二枚 搥碎安礶底 則薑不辣 然後入薑 平糟面以小熟栗末糝上 則薑無渣 如常法 糟薑內安 蟬殼雖老 薑亦無筋

162. 造醋薑法 居家必用 1200年代末 **五洲衍文長箋散稿** 1850年경
不以多少 沙鹽醃一宿 用元滷 入釅醋 同煎數沸 候冷入薑 箬札瓶口 泥封固

163. 醋薑 臞仙神隱書 1400年代初 **山林經濟** 1715 **增補山林經濟** 1767 **攷事新書** 1771 **攷事十二集** 1787 **林園十六志** 1827 **農政會要** 1830年代初
八月取嫩薑 炒鹽淹一宿 用原滷 入釅醋同煎 數沸候冷入缸 箬葉札口泥封

164. 造藕稍鮓 居家必用 1200年代末 **林園十六志** 1827 **五洲衍文長箋散稿** 1850년경
用生者寸截 沸湯焯過 鹽醃去水 葱油少許 薑橘絲 蒔蘿 茴香 粳米飯 紅麯 研細拌匀 荷葉包隔宿食

165. 藕梢酢法(鮓, 攷事十二集) 臞仙神隱書 1400年代初 **山林經濟** 1715 **增補山林經濟** 1767 **攷事新書** 1771 **攷事十二集** 1787 **海東農書** 1799 **林園十六志** 1827
四月採取生者 寸截 沸湯焯過 鹽醃去水 葱油少許 薑橘等物料 粳米飯紅麯研細拌匀 荷葉包 隔宿食之(麯代麥芽 似可)

166. 竹筍鮓方 中饋錄 宋青代 林園十六志 1827
春間取嫩筍 剝淨去老頭 切作四分 大一寸長 塊上籠蒸熟 以布包裹 搾作極乾 投於器中 下油製造 如前法

167. 竹筍鮓法 臞仙神隱書 1400年代初 **林園十六志** 1827
三月切作片子 沸湯略焯過控乾 入葱絲茴香花椒紅麴 研爛并鹽 拌匀同醃 一時食之

168. **竹筍鹽 屠門大嚼** 1611
湖南蘆嶺以下 善沈之 味絕佳

169. **菜蔬諸品 增補山林經濟** 1767 **農政會要** 1830年代初
竹笋鹽沈 令極鹹 至十月間取出 浸水退鹽 投蘿葍凍沈葅中 亦佳

170. **竹笋鮓 衢仙神隱書** 1400年代初 **山林經濟** 1715 **增補山林經濟** 1767 **攷事十二集** 1787 **林園十六志** 1827 **農政會要** 1830年代初
(五月)熟筍切作片子 沸湯略焯過 控乾 另用薑 葱 川椒等物料 及麯末研爛 并鹽拌匂 同淹 一時 食之

171. **造熟筍鮓 居家必用** 1200年代末 **衢仙神隱書** 1400年代初 **山林經濟** 1715 **攷事新書** 1771
五月初作片子 沸湯略淖過控乾 入蔥蒜 茴香 花椒 紅麯 研爛 并鹽拌勻 同淹一時食之

172. **雉葅 需雲雜方** 1500年代
生雉瓜葅 如新瓜造 葅樣切之 生薑細切 瓜葅沈水 去鹹氣 前件三物 交合艮醬和水 鐵器煮之 下眞油小許 三物及川椒去核小許 并入暫妙用之 且用以安酒 亦好

173. **生雉醎葅(生鷄醎葅) 酒饌** 1800年代
苽去皮腸烹出 割之而又炒出生雉 骨則碎 泥作塊肉則突然割 之急炒出 於油良久注 醬鞠 猛煎熟物慾 懷出之時入炒 苽味相和則以生薑 椒末栢子末 多數和 藥鹽碎入 待冷用 生鷄醎葅亦如此可也

174. **生雉沈菜 酒饌** 1800年代
苽去皮去腸後 長一村餘許廣三分餘許 方正割斷 炒出於油鼎 侯冷 後以肥生雉 淨洗去其膏腴 猛爛烹出 割正其肉 餘苽斷長短後其烹水盡捲去膏腴氣 又以白紙 染其油 然後鹽醋適中 交合於烹雉肉 又入 全川椒 全栢子用

175. **石花沈菜(石花葅方) 山林經濟** 1715 **攷事十二集** 1737 **增補山林經濟** 1767 **攷事新書** 1771 **林園十六志** 1827
淨洗石花加鹽 又取蔓菁 蔥白 切作細片加鹽 待其鹽透 傾出醎汁煮之 貯於缸中 候其味溫 同沈石花菁蔥 必使石花與醎汁 多少相均 置諸溫處 覆以衣被 經宿食之

176. 薝蔔鮓方 林園十六志 1827
臞仙神隱書：四月採嫩花 作鮓極香美
增補陶朱公書：梔子花採半開者 礬水焯過 入細葱絲大小 茴香花椒紅麴黃米飯 研爛 同鹽拌匀 醃壓 半日食之

177. 馥菹方 增補山林經濟 1767 林園十六志 1827
柚子皮 生梨 細切全馥就濕 以刀剜復作囊 以所切柚梨實其中 用淡鹽水沈作菹 旣熟食之 有神仙風味 出藥泉集 竝蘿蔔凍菹而沈之 似又寄矣

178. 簷葍鮓(梔子花) 衢仙神隱書 1400年代初 山林經濟 1715 增補山林經濟 1767 攷事新書 1771 攷事十二集 1787 海東農書 1799
四月 採嫩花 作鮓 極香味

179. 芹醎葅 增補山林經濟 1767
必與嫩菘 春蘿葍 同沈可(可細葱)

180. 醃五享菜方 多能集 林園十六志 1827
好肥菜 削去根 摘去黃葉 洗淨控乾 每菜十斤 用鹽十兩 甘草數莖 以淨甕盛之 將鹽撒入菜了 內 排於瓮中 入蒔蘿茴香以手按實 至半甕 再入甘草數莖 及滿瓮 用大石壓定 至三日後 將菜倒過 扭去 滷水於乾淨器中 另放忌生水 却以滷水澆 菜內 後七日 依前法 再倒用新汲水 淹浸仍以大石壓之 其菜味美香脆 若至春日 食不盡者 或於沸湯內 焯過曬乾收貯 或煮蒸曬乾 俟夏月將菜溫水浸過 壓乾入 香油拌匀 以磁碗盛之於飯上 蒸食最佳 或用煮肉煎豆腐麪觔 俱妙 再加入花椒 末更佳

181. 胡荽虀方 齊民要術 530~550 林園十六志 1827
作胡荽菹法 湯中渫出之 著大甕中 以暖蓋 經宿水浸之 明日汲水淨洗出 別器中 以鹽酢浸之 香美不苦 (案 此雖以菹爲名 其實虀法也 齊民要術)

182. 假萵笋法 居家必用 1200年代末 假萵筍法 五洲衍文長箋散稿 1850年경
金鳳花梗 大者去皮 削令乾淨 早入糟 午供食之

183. 當歸莖 增補山林經濟 1767
窖中黃芽 生啖或作炙 或同入蘿葍淡葅中 無處不佳 夏月山中生者 取莖 塗油醬 水 於所調眞末汁 作炙亦美

184. **熊蔬(軟法) 山林經濟** 1715 **攷事新書** 1771 **海東農書** 1799 **林園十六志** 1827 **郡學會騰** 1800**年代 中盤**
四月念晦間 蚕上薪時摘葉 去其傷破者 擇精累疊之 少加水 漬磨於木瓢中使其汁盡出 後入甕注水 以石壓之 常令水加葉上 之冬取出 色黃甚軟 裏飯喫之 其味極佳(속방)

185. **萱草 山林經濟** 1715
人家種之 多採嫩苗 煮食 又取花跗作菹 利胷膈甚佳

186. **黃花菜法 黃花菜 月沙集** 1636 **山林經濟** 1715 **攷事新書** 1771 **海東農書** 1799 **林園十六志**1827 **郡學會騰** 1800**年代中盤**
萱草花俗名廣菜(又鹿葱) 黃花菜 [(卽 萱草花俗名 廣菜)] 六七月 花方盛 去花鬚淨水微焯 一沸和醋 食之 入口却有仙味 柔滑疎淡味 勝松茸 菜中第一也 (月沙集) [中朝人 王通判君榮 作菜食之]

187. **忘憂虀方 山家清供** 1241~1252 **月沙集** 1636 **林園十六志**1827
嵇康云 合歡蠲忿萱草 忘憂 崔豹古今注則曰 丹棘又名鹿蔥 春采苗湯瀹 以醯醬爲虀 或造以肉

188. **瓊芝虀方 山家清供** 1241~1252 **林園十六志**1827
米泔浸瓊芝菜 暴以日頻攪 後白 淨搗爛熟煮取出 投梅花十數瓣 候凍 薑橙 爲芝虀供

189. **芋沈菜 山家要錄** 1450
前刈莖 淨洗剉之 芋一斗 鹽一掬 和盛桶 勿令入風氣 以草席蓋之 待半日間 兩手合擣去水 迅速納瓮 以手堅築封口 勿用水切禁風氣

190. **土卵莖沈造 需雲雜方** 1500**年代**
芋莖細剉一斗 鹽小一握式 和合納甕 每日以手壓之 則漸小 入他器者 移納以熟爲限

191. **生葱沈菜 山家要錄** 1450
五六月間 生葱不去鬚及外皮 淨洗無水氣暫乾 葱一件鹽一件 相間布之 作米入缸 清水滿注 朝注夕改 每日如是 水清爲度 五六月之沈 可以過冬用之
又法 淨洗適中和鹽 置木樽 經二日鹽氣盡入後 置瓮於日照處 作束入缸 沿沿無

雜 重壓之

192. 葱沈葉 需雲雜方 1500年代

葱淨洗去麗皮 不去鬚 納瓮 匀推壓 滿注水 二日一改水 夏待三日 秋待四五日 無冽氣爲限 還出更洗 着鹽如灑雪 葱一件 鹽一件 納瓮 作鹽水暫 醎滿注於朴草擁閉甕 口以石鎭之 待熟用之 用時去皮鬚 其色白好

193. 醃萵苣方 多能集 林園十六志 1827

一百斤入鹽一斤四兩 醃一夜次早晒 起以原滷煎滾 冷定復入萵苣在內 晒乾如此二次曬乾 收罈內 另用玫瑰 間雜同裝一罐 其味更美而香

194. 沈蕨 要錄 1689

山蕨半乾 鹽如跡雪入瓮 厚蓋橡葉 而壓石 置於涼處用之 小出退鹽

195. 蓼 穡經 1676

蓼作葅者 長二寸 則翦絹袋盛沉於醬瓮 又長更翦 常得嫩者

196. 茭白鮓方 中饋錄 宋靑代 林園十六志 1827

鮮茭切作片子 焯過控乾 以細葱絲蒔蘿茴香花椒紅麴 研爛并鹽拌匀 同醃一時食

197. 滴露 山林經濟 1715

或稱甘露. 三月下種 九月採根 與蘿葍根 同沈爲冬葅(俗方)

198. 醬甛瓜法 饔熙雜志 1800年代初 林園十六志 1827

七八月 甛瓜旣老 而將取蔓時 每於根邊 葉底有晩瓜 新結而未熟 小如棗栗者 揀取完鮮無黑瘢者 鹽醃一兩日 取出橫切 作錢眼 大用胡麻油 略炒投煉 熟好醬中 作虀如前法

199. 沈西果 山家要錄 1450

西瓜全體 淨洗如沈菜之例 至春退鹽用之

200. 沈靑太 山家要錄 1450

靑太摘納缸 熟冷水和鹽注缸 至十月初 去舊水還入缸 新淨水注之 用時熟水暫湯用之

201. 沈桃 山家要錄 1450

桃半熟者 削皮去核 一斗淸蜜四升許 令並不歇氣 納缸用之

又法 桃陽乾 納缸熟冷水 和鹽暫醎注缸 十月初去舊水還入缸 井華水注之 用時暫湯用之

202. **沈杏 山家要錄** 1450
杏半熟者 帶樹處塗鹽一宿 翌日令半熟半生入缸 和淸蜜任意 多少鹽注缸 生薑削皮麁切 及實杏仁與熟紫蘇葉 多少斟酌 并納用之

203. **旋用沈菜 山家要錄** 1450
造沈如常法 日暮時納瓮 盛釜沸湯殺氣 水熟還出 待冷明日用之 甚酸

204. **蘘荷 山林經濟** 1715
葉似甘焦 根如薑而肥其根莖堪爲菹 有赤白二種 赤者可啖 白者入藥 本草

근대의 김치 표

배추 통김치

김치명	문헌	특징	주재료	부재료	절임	담금	쪽
김치(一時漬)	조선요리(일본어) 1940 우리음식 1948	여름 하루, 봄, 가을 이틀 익힘	배추	파, 고추, 마늘, 생강, 소금(정량)	소금	소금물	198
통김치	동아일보 1928.11.2		배추	전복, 대추, 무(비정량)	소금	소금물	198
배채김치	조선요리제법 1917 간편조선요리제법 1934	통김치+무비늘김치	배추	미나리, 갓, 고추, 파, 마늘(비정량)	소금	소금물	199
메루치젓전라도김치	동아일보1934. 11.12	멸치젓사용 대잎깔기	배추	여러 가지	소금	멸치젓+찹쌀풀	200
전라도지	동아일보1935.11.12		배추	무, 배, 밤, 낙지, 조개젓, 쇠고기, 전복, 깨소금, 고춧가루, 파, 마늘, 갓, 청각(비정량)	소금	멸치젓	202
서울김장	동아일보 1935.11.13	김장	배추	조기, 무, 미나리, 낙지, 문어, 갓, 굴, 배, 청각, 생강, 마늘, 파(정량)	소금물	①양지머리국②설렁탕국+소금	203
전라도김치	동아일보 1937.11.13 조선요리학1940		배추	무, 배, 밤, 낙지, 조개젓, 쇠고기, 전복, 깨소금, 고춧가루, 파, 마늘, 갓, 청각(비정량)	소금	멸치젓	206
배채김치	여성7권 1939.11	+비늘무	배추	무, 실고추, 마늘, 생강, 파, 미나리, 갓,밤, 배, 청각(정량)	소금물	소금(재염)물	207
전라도배추김치	여성9권 1940.11	+짠지법	배추	마늘, 파, 생강, 실고추, 깨, 청각, 무, 밤, 배, 전복, 낙지, 쇠고기, 조기젓대가리(비정량)	소금	멸치젓국+찹쌀풀	208
평안도에서는	여성9권 1940.11	싱거운 김치	배추	무, 고춧가루, 마늘, 생강, 간장, 석굴, 도치(비정량)	소금물	조기젓국	210
서울솜씨로는	여성9권 1940.11	담금액 끓여넣기	배추	무, 미나리, 갓, 청각, 파, 마늘, 생강, 실고추, 소금, 조기젓, 밤, 낙지, 배, 굴, 전복, 갓(비정량)	소금물	조기젓국물 또는 양지머리나 살코기 삶은물	211
배추김치	가정요리 1940	김장용	배추	양념(파, 마늘, 생강, 무)(비정량)	소금물	소금물, 멸치국물	213
김장김치 담그는 법	조선음식만드는법1946	김장용 +비늘무	배추	무, 실고추, 마늘, 파, 생강, 배, 미나리, 갓, 청각(정량)	소금물	소금물+찹쌀풀	214

김치명	문헌	특징	주재료	부재료	절임	담금	쪽
배추김치	조선음식만드는법1946	봄 가 을 용 1~5일 익힘	햇배추	생강, 미나리, 파, 마늘, 실고추(정량)	소금물	소금물	215
통김치	조선요리제법 1917	김장용+비늘김치	배추+무	마늘, 파, 고추, 배, 생강, 갓, 미나리, 청각(비정량)	소금물	소금물	216
통김치(筒葅) 옛날식	조선무쌍신식요리제법 1924	김장용 한 달 익힘	배추+무	마늘, 파, 고추, 생강, 미나리, 청각(비정량)	소금물	소금물	217
통김치(筒葅) 지금식	조선무쌍신식요리제법 1924	김장용 한 달 익힘	배 추 + 비 늘 무 + 오 이지	마늘, 파, 고추, 생강, 갓, 미나리, 청각, 석이버섯, 밤, 배, 양지머리, 차돌박이, 돼지고기, 전복, 소라, 낙지, 굴, 대합, 송이, 천초, 고수 (비정량)	소금물+ 소금	소금물, 젓 (조기젓, 준치젓, 도미젓, 방어젓), 설렁탕국	218
통김치	조선무쌍신식요리제법 1924 동아일보1931.11.12	김장용	배추, 무	고추, 파, 생강, 청각, 미나리, 죽여(비정량)		설렁탕+고기육수, 건어물육수	220
통김치 ①	동아일보 1931.11.11	+비늘무	배추	고추, 파, 마늘, 생강, 쑥갓, 미나리, 청각	소금+ 설탕	양지머리 삶은 국	221
통김치 ②	동아일보 1931.11.12	짚으로 동여맴+비늘무	배추	고추, 파뿌리, 마늘, 생강, 석이, 표고, 청각, 밤, 배, 미나리, 갓, 소라, 낙지, 굴, 중조개, 호두, 잣(비정량)		생선젓	222
통김치 ③	동아일보 1931.11.13		배추	실고추, 파, 마늘, 상갓, 청각, 미나리, 갓, 조기, 조개, 복어, 굴, 방어, 제육(비정량)		양지머리, 차돌박이, 준치젓	223
동김치	신영양요리법 1935 조선요리제법 1942	겨울 김장용	배추	무, 실고추, 마늘, 파, 생강, 배, 밤, 미나리, 갓, 청각(정량)	소금, 소금물	소금물	223
동김치(冬漬)	할팽연구(일본어) 1937	3주 익힘	배추, 무	소금파, 마늘, 생강, 부추, 갓잎, 청각, 석수어젓, 새우젓, 고추, 고춧가루(정량)	소금	석수어젓	225
통김치속	동아일보1937.11.10 조선요리학 1940	고명	배추	무, 파, 마늘, 생강, 갓, 미나리, 실고추, 조기, 청각 (정량)			225
통김치 (筒沈菜)	조선요리(일본어) 1940 우리음식 1948	김장용 30~50일 익힘	배추, 무	미나리, 파, 마늘, 갓, 생강, 실고추, 소금, 고춧가루, 청각, 미정(MSG), 조기(정량)	소금물, 소금	소금물, 새우젓, 조기젓	226
배추통김치	조선요리법 1939	김장용 및 지럼용	배추	무, 미나리, 갓, 청각, 파, 마늘, 생강, 실고추, 잣(지럼용은 굴, 밤, 전복, 배, 낙지 추가)(정량)	소금물	소금물, 젓국, 조기젓	227
통김치	조선식물개론(일본어)1945	김장용	배추	무, 고추, 고춧가루, 파, 마늘, 미나리, 갓, 생강, 진두발, 석수어젓, 명태(정량)	소금물	새우젓+석수어젓	228
배추통김치	조선음식만드는법1946	김장용	배추	무, 마늘, 파, 생강, 깨, 청각, 밤, 배, 전복, 낙지, 쇠고기, 조기젓, 고춧가루(정량)	소금물	멸치젓+찹쌀풀	230

김치명	문헌	특징	주재료	부재료	절임	담금	쪽
배추통김치	이조궁정요리통고 1957	김장형	배추	무, 갓, 미나리, 고춧가루, 실고추, 청각, 밤, 배(정량)	소금물	새우젓	232
김통지	조선요리제법 1917		배추, 무	마늘, 파, 고추, 배, 생강, 청각(비정량)	소금	소금물	232
김치(침채)제품	부인필지 1915		배추, 무	육수, 생선, 쇠고기, 파, 생강, 고추, 청각, 미나리, 물, 마늘(비정량)		생선 및 쇠고기육수	233
배추김치	동아일보 1957.11.1		배추	생강, 파, 마늘, 청각, 실고추, 갓, 굴(비정량)		①생선+소금 ②달인젓국 ③생젓국	233

보쌈김치

김치명	문헌	특징	주재료	부재료	절임	담금	쪽
쌈김치	동아일보 1928.11.1	고급용	배춧잎	밤, 무, 실고추, 미나리, 파, 마늘, 생강, 배, 방어,낙지, 잣, 굴, 쇠고기, 오이지, 갓, 청각(비정량)	소금	새우젓, 조기젓	234
개성보쌈김치	중외일보 1929.11.4	봄이오기 전 먹음	배춧잎	잣, 밤, 석이, 표고, 굴, 북어, 전복, 낙지, 대추, 배, 미나리, 생강, 파, 마늘, 설탕(비정량)	전젓국 버무림	설렁탕, 고기, 멸치등의국물	236
보쌈김치담그는법	조선중앙일보 1934.11.9~10	고갱이만 사용	배추	낙지, 전복, 젓조기, 고추가루, 실고추, 청각, 마늘, 파, 생강, 갓, 미나리, 꿀(정량)	소금	젓국	236
개성쌈김치	동아일보 1935.11.15	손님접대용	배추	토막배추, 여러 양념, 굴, 낙지, 밤, 배, 잣(비정량)	조기젓국버무림	조기젓국 또는 새우젓국	239
쌈김치(보쌈김치)	여성7권 1939.11	5~8시간 절임	배추, 무	실고추, 미나리, 갓, 청각, 파, 마늘, 생강, 굴, 밤, 배, 은행, 호도, 잣, 감, 오이지, 대추, 북어(정량)	새우젓국또는 멸치젓국	젓국	240
보김치 (褓沈菜)	조선요리(일본어) 1940 우리음식 1948	통김치	배추	통김치고명, 낙지, 굴, 전복, 밤, 배(비정량)	소금	소금물	241
쌈김치	신영양요리법 1935 조선요리제법 1942		배추	표고, 무, 배, 낙지, 밤, 고추, 파, 잣(정량)	소금	소금물 또는 젓국	241
개성보김치	동아일보 1937.11.13 조선요리학 1940		개성배추	통김치고명, 무, 순무, 파, 고추, 마늘(비정량)	소금	소금물 또는 젓국	242
보쌈김치	조선요리법 1939		배추	무, 생전복, 낙지, 배, 밤, 귤, 미나리, 파, 마늘, 생강, 실고추, 갓, 청각, 표고, 잣(정량)	젓국+소금	조기젓국+소금물	243
보쌈김치	가정요리 1940		배추	낙지, 대추, 밤, 실고추, 무, 표고, 파, 생강, 배, 북어, 낙지, 잣(정량)		소금물 또는 젓국	243

김치명	문헌	특징	주재료	부재료	절임	담금	쪽
쌈김치	조선음식만드는법 1946	김장용	배추	무, 실고추, 파, 마늘, 생강, 배, 낙지, 표고, 밤, 배, 대추(정량)		소금 또는젓국	244
보쌈김치	이조궁정요리통고 1957		배추	무, 미나리, 갓, 배, 생복, 낙지, 밤, 청각, 설탕, 소금, 파, 마늘, 생강, 고춧가루, 실고추(정량)	소금	젓국	245
보쌈김치	동아일보 1959.11.21		배추	무, 낙지, 표고, 대추, 밤, 실고추, 파, 마늘, 잣, 생강, 배(정량)	소금	조기젓국 또는 고기육수	246

나박김치

김치명	문헌	특징	주재료	부재료	절임	담금	쪽
나박김치 나백김치	조선요리제법 1917 간편조선요리제법 1934	익는대로 먹기	무	미나리, 고추, 파, 마늘 갓(비정량)	소금	소금물	247
나백김치 (蘿蔔淡葅)	조선무쌍신식요리제법 1924	지금식	무	실고추, 파싹, 미나리마늘, 무순, 잣(비정량)	소금	소금물	247
나백김치 (蘿蔔淡葅)	조선무쌍신식요리제법 1924	옛날식	가는 무	오이, 가지, 적로근, 송이, 생강, 흰파, 청각, 씨 뺀 천초, 고추(비정량)	-	끓인물+ 소금	247
나박김치	조선요리법 1939		무	파, 마늘, 생강, 실고추, 미나리(정량)	소금	설탕+ 소금물	248
나백김치	신영양요리법 1935 조선요리제법 1942	술안주	무	파싹, 생강, 고추, 미나리, 마늘(정량)	소금	소금물	248
나박김치 (片沈菜, 蘿蔔沈菜)	조선요리(일본어) 1940 우리음식 1948		무, 배추	미나리, 파, 생강, 마늘, 실고추(정량)	소금	물	249
나박김치	조선음식만드는법1946	봄철용	무	파, 생강, 실고추, 미나리, 마늘(정량)	소금	소금물	249
나박김치	이조궁정요리통고 1957		무	미나리, 파, 생강, 실고추, 설탕(정량)	소금	소금+설탕	249
나박김치와 냉이국	동아일보 1959.3.19	봄에 먹는것	무	파, 마늘, 생강, 미나리, 실고추(비정량)	소금		250

장김치

김치명	문헌	특징	주재료	부재료	절임	담금	쪽
장김치	조선요리제법 1917		배추, 무	배, 밤, 파, 마늘, 고추, 버섯, 미나리, 갓, 잣(비정량)	간장	간장물	250
장김치(醬菹)	조선무쌍신식요리제법 1924		배추, 무	실고추, 파, 마늘, 석이, 표고, 생강, 배, 밤, 미나리, 갓, 잣(비정량)	진장, 설탕	진장, 설탕물	251
장김치	매일신보 1924.5.24	썰어담금	배추, 무	배, 밤, 고추, 생강, 석이, 표고, 미나리, 갓, 설탕(비정량)	소금(무), 간장(배추)	간장+소금	251
장김치	동아일보 1928.11.2	백김치	배추, 무	파, 마늘, 생강, 실고추, 미나리, 배, 밤, 갓, 세기(비정량)	소금	+설탕	252
서울상심지	중외일보 1929.11.14	반복절임	배추, 무	잣, 밤, 석이, 표고, 굴, 북어, 전복, 낙지, 대추, 배, 미나리, 생강, 파, 마늘, 실고추(비정량)	진간장	젓국(겨울), 소금(봄)	252
장김치	간편조선요리제법 1934		배추, 무	참배, 밤, 생강, 마늘, 고추, 석이, 표고, 잣(정량)	장	장	252
김치담그는 법-3 장김치	조선중앙일보 1934	섞박지식	배추, 무	배, 밤, 잣, 표고, 석이, 미나리, 갓, 파, 마늘, 실고추(정량)	진간장	설탕+진간장	253
장김치	조선요리법 1939	술안주	배추 속대, 무	파, 마늘, 생강, 갓, 미나리, 실고추, 석이, 표고, 밤, 배(정량)	진간장	진간장+설탕물	254
장김치	가정요리 1940		배추 속대, 무	파, 마늘, 생강, 미나리, 실고추, 석이, 표고, 밤, 배(비정량)	진간장	진간장+설탕물	254
장김치	신영양요리법 1935 조선요리제법 1942	가을, 네닷새익힘, 통김치도 가능	배추, 무	미나리, 배, 밤, 생강, 파, 마늘, 갓, 고추, 표고, 석이, 잣(정량)	간장	간장	255
장김치	신영양요리법 1935 조선요리제법 1942	통김치식	배추	마늘, 파, 실고추, 생강, 미나리, 갓, 석이, 표고, 밤, 배(정량)	설탕+간장	간장	255
醬沈菜 장김치	조선요리(일본어) 1940 우리음식 1948	겨울 10일, 여름 이삼일숙성	배추, 무	미나리, 파, 갓, 마늘, 생강, 실고추, 대추, 잣, 밤, 석이, 표고(정량)	장	진장	256
장김치	조선음식만드는법 1946	사철용 먹을 때 설탕타기	호배추	무, 미나리, 파, 마늘, 생강, 고추, 석이, 대추, 밤, 배, 잣(정량)	간장	간장물	257
장김치	이조궁정요리통고 1957	썰어담기	배추	무, 미나리, 갓, 표고, 석이, 배, 잣, 밤, 설탕, 간장, 청각, 파, 생강, 마늘, 실고추(정량)	간장	간장물	258

섞박지

김치명	문헌	특징	주재료	부재료	절임	담금	쪽
석박지	조선요리제법 1917	싱거운 젓국지식,김장	배추,오이,무	고추,파,마늘,미나리,갓,청각(비정량)	소금	조기젓국, 소금물	259
석박지	조선무쌍신식요리제법 1924	싱거운 젓국지식	무, 배추, 갓, 가지, 동아, 오이	전복, 소라, 낙지, 동전, 청각, 파, 마늘, 고추, 생강, 미나리, 조기젓, 준치젓, 밴댕이젓(비정량)	소금물	소금물, 조기젓, 굴젓국	259
섞박지	간편조선요리제법 1934	배추김치+싱거운 젓국지식	배추, 무	배추고명 : 무, 실고추, 마늘, 파, 생강, 배, 밤, 조기젓, 미나리, 갓, 청각 석박지고명 : 무, 배추, 미나리, 파, 마늘, 생강, 갓, 배, 밤, 조기젓, 낙지, 전복, 북어, 무청(정량)	소금	소금물조기젓국	260
섞박지	신영양요리법 1935 조선요리제법 1942		배추, 무	실고추, 미나리, 파, 마늘, 생강, 갓, 배, 밤, 낙지, 전복(정량)	소금	소금물, 조기젓	260
석박지	여성7권 1939.11	담금액 끓여 붓기	배추, 무	실고추, 고춧가루, 미나리, 파, 마늘, 생강, 갓, 북어, 조기젓(정량)		젓국 또는 멸치젓국	262
석박지 (雜沈菜)	조선요리(일본어) 1940 우리음식 1948		배추, 무	파, 마늘, 갓, 생강, 고춧가루, 실고추(정량)		소금물 조기젓	262
석박지 1	조선음식만드는법 1946	김장용	배추, 무	실고추, 미나리, 파, 마늘, 생갓, 배, 밤, 조기젓, 낙지, 전복(정량)		조기젓국	263
석박지 2	조선음식만드는법 1946	물 끓여 식혀 붓기	배추, 무, 오이, 동아, 가지	고추, 낙지, 전복, 소라, 청각, 파, 마늘, 생강(정량)		소금물+젓국	264
동과석박지	조선음식만드는법 1946	동아속에 담금	동아	생강, 파, 고추(비정량)		젓국	265
섞박지	이조궁정요리통고 1957	비늘김치 끼워 넣기	배추, 무	갓, 미나리, 배, 밤, 파, 마늘, 생강, 청각, 굴, 고추, 젓국(정량)		젓국	265

동치미

김치명	문헌	특징	주재료	부재료	절임	담금	쪽
동침이	부인필지 1915	동치미, 꿩김치, 냉면	가는무	배, 유자, 파, 생강, 고추, 꿀, 잣(꿩), (냉면)(비정량)	소금	소금물	266
동침이	조선요리제법 1917	김장 겨울용	가는무	마늘, 파, 고추, 생강(비정량)	소금	소금물	266
동침이별법	조선요리제법 1917	동치미, 꿩김치	가는무	오이지, 배, 유자, 파머리, 생강, 고추, 잣, (꿩, 꿀, 석류, 잣) (비정량)	소금	소금물	267
동침이 (冬葅, 冬沈)	조선무쌍신식요리제법 1924		가는무	고명, 생강, 연어알, 맨드라미(비정량)	소금	소금물	267
동침이 (冬葅, 冬沈)	조신무쌍신식요리세법 1924	평양식	가는무	고추, 생강, 청각, 오이지, 유자, 파머리, 고추(꿀, 석류, 잣)(비정량)	소금	소금물	267
동침이 (冬葅, 冬沈)	조선무쌍신식요리제법 1924		굵은무	고추, 파, 마늘, 청각(비정량)	소금	소금물	268
동침이	동아일보 1928.11.2	싱건무 김치 방식	무	고명, 설탕(비정량)		소금	268
동침이	동아일보 1931.11.17		통무	고추, 생강, 청각, 배, 유자, 파뿌리, 고추씨, 석류씨, 잣, 마늘, 죽순(비정량)	설탕 + 소금	멸치젓국 + 무 끓인 물+소금	268
동침이	간편조선요리제법 1934	겨울용	가는무	고명, 청각, 생강(정량)	소금	소금물	270
동침이특별법	간편조선요리제법 1934 동아일보1937. 11.12	동치미, 꿩김치	가는무	오이지, 배, 유자, 파머리, 생강, 고추, 석이, 잣, (꿩) (정량)	소금	소금물	271
배채동침이	동아일보 1935.11.12	백김치	배추	파, 마늘, 생강, 실고추, 밤, 쇠고기, 굴, 청각, 고추, 유자(비정량)	소금	소금물	271
배추동침이	동아일보 1935.11.13		배추	고추, 파, 마늘, 생강, 청각 (비정량)			272
전라도배추동침	여성9권 1940.11	살코기 사용	배추, 무	무, 마늘, 파, 생강, 살코기, 실고추, 청각(비정량)	소금물 +소금	젓국물 + 달인국물	272
전라도무동침	여성9권 1940.11		무	마늘, 생강, 홍고추씨, 유자 (비정량)	소금	무절인물	273
평양동침이	동아일보 1935.11.14		가는무	붉은고추, 마늘, 생강, 파 (비정량)	소금	소금물	273
동침이	조선요리법 1939		무	청각, 통고추, 마늘, 파머리, 생강, 갓(비정량)	소금	소금물	274
동침이(冬沈)	여성9권 1940.11	20일만에 먹음	무	갓, 마늘, 생강, 고추, 미나리, 파뿌리	소금	무절인물 +물	274
동침이특별법	동아일보 조선요리학 1940	통배추+ 무국물, 일주일숙성, 국물만먹음	무, 배추	마늘, 생강, 파, 배, 밤, 준치, 젓, 청각, 유자, 실고추 (비정량)	소금	소금물, 조기젓	275

김치명	문헌	특징	주재료	부재료	절임	담금	쪽
동김치 (동치미)	신영양요리법 1935 조선요리제법 1942	동치미, 겨울용, 국수 및 밥 말아 먹음	가는 무	고추, 생강, 청각(정량)	소금	소금물	276
동치미 (冬沈菜)	조선요리(일본어) 1940 우리음식 1948		무	생강, 파, 고추(정량)	소금	설탕+ 소금물	277
그날동침이 (一夜冬沈菜)	조선요리(일본어) 1940	하루 익힘	무 또는 다른 야채	고춧가루, 파(비정량)	소금	물	277
동치미 1	조선음식만드는법 1946	김장용	무	파뿌리, 고추, 생강, 청각 (정량)	소금	소금물	278
동치미 2	조선음식만드는법 1946	김장용	무	고추, 생강, 마늘, 파뿌리 (정량)	소금	소금물	278
동치미 3	조선음식만드는법 1946	재에 묻었다 사용	새끼 무	가지, 오이, 배, 잣, 유자, 석류, 생강, 고추(정량)		소금물	279
동치미 4	조선음식만드는법 1946	소나무재에 묻었다 사용	무	오이, 가지, 배, 유자, 석류, 생강, 고추(정량)		소금물	280
동치미별법	조선음식만드는법 1946	1~2주일 후 먹음, 국물위주	무, 배추	생강, 파, 준치젓, 마늘, 청각, 잣, 유자, 실고추(정량)		소금물+ 젓국	281
햇무우동치미	조선음식만드는법1946	2시간 담가먹음	무	고추, 마늘(정량)	소금	소금물	281
동치미	이조궁정요리통고 1957	썰어담기	무, 오이	배, 고추, 파, 마늘, 생강(정량)	소금	소금+설탕	282
동치미	동아일보 1957.11.1		중간 크기무	통호배추, 청각, 파, 갓, 배 (비정량)	소금	소금물 또는 면 삶은물	282

깍두기

김치명	문헌	특징	주재료	부재료	절임	담금	쪽
깍두기(紅組菜, 紅沈菜)	조선요리 1940 우리음식 1948	똑똑이, 젓무, 멧젓, 송송이 호칭	무, 오이, 양배추	고춧가루(비정량)			283
깍두기	조선요리제법 1917	김장용	무, 오이	고추, 마늘, 파(비정량)		새우젓국	284
깍뚝이(무젓, 젓무, 紅葅)	조선무쌍신식요리제법 1924		무, 배추, 오이	고춧가루, 마늘, 파뿌리, 조기, 실고추, 부추, 방어, 생선, 자반, 양지머리, 차돌박이, 제육(비정량)	젓국, 설탕	새우젓	284
깍뚝이	간편조선요리제법 1934	아무 때나 먹는 깍두기	무, 오이	고추(고춧가루), 파, 마늘, 생강(정량)	새우젓	젓국	285
깍뚝이	간편조선요리제법 1934	겨울용 및 묵히는 깍두기	무, 소금 절임배추	고춧가루,마늘, 생강, 청각, 미나리, 갓, 조기젓, 북어(정량)	새우젓 +소금	새우젓국	285
김치깍두기 잘만드는 비결	동아일보 1934.8.29		무	양념, 고추가루(비정량)	새우젓	재래법+ 설탕; 소금+새우젓(봄)	286
깍둑이	동아일보 1935.11.15	크게썰기	무	김치양념, 굴, 마늘, 생강, 미나리(정량)			287
깍둑이	여성 7권 1939.11		무	고춧가루, 미나리, 생강, 마늘, 파, 갓(정량)		새우젓+ 소금	288
전라도잔깍둑이	여성 9권 1940.11		무	파, 마늘, 생강, 실고추, 깨, 고추가루(비정량)		생멸치젓 +소금	289
전라도두쪽깍둑이	여성 1940. 11	소박이	무	파, 마늘, 생강, 깨, 고춧가루, 멸치젓(비정량)		소금	289
전라도 통깍둑이	여성 1940. 11	짜게 담가 여름에 먹음	무	파, 마늘, 생강, 깨, 고춧가루, 멸치젓(비정량)	소금	소금	289
전라도 토아젓 채깍두기	여성 1940. 11	채쳐담금	무	마늘, 파, 생강, 실고추, 깨, 고춧가루, 토하젓(비정량)		소금	289
깍두기	가정요리 1940		무	고춧가루(비정량)	소금물	소금물또는 새우젓	290
깍둑이	신영양요리법 1935 조선요리제법 1942	겨울나고먹기	무, 배추	고추, 파, 미나리, 마늘, 청각, 생강, 갓(정량)	소금	소금+ 새우젓국물	290
깍두기 (아무때나 담는)	조선요리제법 1942	겨울 일주일, 여름하루 이틀 익힘	무	파, 고추, 미나리, 마늘, 갓, 생강(정량)	새우젓	새우젓국물	291
무깍두기(大根紅沈菜, 蕪紅組)	조선요리(일본어) 1940 우리음식 1948	이틀 익힘	무	파, 마늘, 고춧가루(정량)		소금+새우젓	292
깍두기 (김장때)	조선음식만드는법 1946	김장용	무	마늘, 고추, 파, 미나리, 갓, 청각, 배추, 생강(정량)		새우젓, 젓국	292

김치명	문헌	특징	주재료	부재료	절임	담금	쪽
송송이(깍두기)	이조궁정요리통고 1957	잘라서 담금	무, 배추	미나리, 갓, 굴, 파, 마늘, 생강, 고춧가루(정량)	소금	젓국+소금+설탕물	293
깍두기	동아일보 1957.11.1		무		소금	소금물+젓갈	293
굴깍두기	조선무쌍신식요리제법 1924	무깍두기+굴(굴젓)	무, 굴				294
굴깍둑이 굴깍두기	신영양요리법 1935 조선요리제법 1942		무, 배추 굴	생강, 마늘, 파, 미나리, 고추(정량)		젓국	294
굴젓무	조선요리법 1939	굴깍두기	배추, 무, 굴	실고추, 소금, 파, 마늘, 생강, 배, 미나리, 새우젓(정량)	소금(배추만)	새우젓	294
굴깍두기	조선음식만드는법 1946	겨울용	무, 배추, 굴	파, 마늘, 생강, 고춧가루(정량)		젓국	295
굴깍두기(𧂭紅俎)	우리음식 1948	무깍두기와 같은 방법	무, 배추, 굴	미나리, 파, 마늘, 생강(정량)		새우젓	295
조개전무(깍두기)	조선요리법 1939	조개깍두기, 술안주	무, 배추, 무명조개	고춧가루, 소금, 파, 마늘, 생강, 미나리, 배, 실고추(정량)	소금(배추만)	새우젓+설탕	295
닭깍둑이	신영양요리법 1935 조선요리제법 1942	닭고기+오이깍두기 요리	닭, 오이	고추, 마늘, 생강, 파, 얼음(정량)			296
닭깍두기	조선음식만드는법 1946	오이깍두기+닭고기	닭, 오이	파, 마늘, 생강, 고춧가루(정량)			296
햇깍두기	조선무쌍신식요리제법 1924		무	익힌파, 익힌마늘, 고춧가루, 실고추, 배추, 미나리, 조개(비정량)	설탕	젓국	297
채깍둑기	조선무쌍신식요리제법 1924	노인용	무	일반깍두기와 동일(비정량)			297
채깍두기	조선음식만드는법 1946	노인용	무				297
숙깍둑이	조선무쌍신식요리제법 1924	삶은 무로 담근 노인용	삶은무	일반깍두기와 동일(비정량)			297
숙깍두기	신영양요리법 1935 조선요리제법 1942	삶은 무로 담근 노인용	삶은무	일반깍두기와 동일(비정량)			297
숙깍둑기	조선음식만드는법 1946	노인용	삶은무	고춧가루, 파, 마늘, 생강(정량)		새우젓국	297
배추통깍두기	조선요리법 1939		배추	무채, 미나리, 갓, 청각, 조기젓, 실고추, 파, 마늘, 생강, 실고추, 고춧가루, 조기젓(정량)	소금물	새우젓국	298
외깍두기	조선무쌍신식요리제법 1924	여름용, 금방먹기	오이	고춧가루, 파, 마늘생강(비정량)	설탕	젓국	298
오이깍둑이	신영양요리법 1935 조선요리제법 1942		오이	파, 생강, 미나리, 마늘,고춧가루(배추, 열무)(정량)	소금	새우젓국	299

김치명	문헌	특징	주재료	부재료	절임	담금	쪽
오이깍두기	조선요리법 1939	여름용, 술안주	오이	열무,고추가루, 파, 마늘, 실고추, 생강(정량)	소금	새우젓+설탕	299
오이깍둑기	조선음식만드는법 1946	여름, 가을용	오이	파, 생강, 미나리, 마늘, 고춧가루(정량)		새우젓	300
오이깍두기(胡瓜紅俎)	우리음식 1948		오이	고춧가루, 파, 마늘(정량)	소금	새우젓국	300
오이송이(오이깍두기)	이조궁정요리통고 1957	썰어 담기	오이,무	파, 마늘, 생강, 고추(정량)	소금	새우젓	301
오이통깍두기	이조궁정요리통고	소박이	오이	마늘, 파, 실고추(비정량)	소금	새우젓	301
메르치젓깍두기	우리음식 1948	이튿날 먹기	배추, 무	고춧가루, 무, 파, 갓, 마늘, 생강(정량)	무:소금, 배추:소금물	멸치젓	301
곤쟁이젓깍두기	우리음식 1948		배추, 무	고춧가루, 무, 파, 갓, 마늘, 생강(정량)	소금	곤쟁이젓	302
알무깍두기	우리음식 1948		무청무	파, 마늘, 생강, 고춧가루(비정량)	소금	새우젓(멸치젓)	302
무청깍두기	우리음식 1948	겨울통무	무청무	양념(비정량)			302
소금깍두기	우리음식 1948	봄에 먹기용(짠지)	무	고춧가루, 고추씨, 마늘, 파, 생강(비정량)	소금	새우젓(조기젓)	302
무시멧젓	중외일보 1929.11.5	크게 썰어 담기	무	고춧가루, 마늘, 산초(비정량)		멸치젓국	302
배추멧젓	중외일보 1929.11.5		배추	실고추, 생강, 마늘, 파(비정량)		멸치젓	303
멧젓	신영양요리법 1935 조선요리제법 1942	경상도식. 2~3일 익힘	무	고춧가루, 무청(정량)	소금	멸치젓	303
젓무	우리음식 1948	한겨울서 초봄에 먹음	무	고춧가루, 파, 마늘, 생강(정량)	소금	멸치젓 새우젓	304

짠지 및 싱건지

김치명	문헌	특징	주재료	부재료	절임	담금	쪽
짠지	조선요리제법 1917	무짠지 월동용	무	고추, 마늘(비정량)	소금	소금물	304
짠지(蘿富鹹菹)	조선무쌍신식요리제법 1924	무짠지 월동용	무	고추, 파, 마늘(비정량)	소금	소금물 또는 젓국물	305
짠지	동아일보 1928.11.3	봄에 먹음	무	고추, 풋고추, 파, 조기젓, 갓, 무청, 배추(비정량)	소금	소금물, 새우젓	305
짠지	간편조선요리제법 1934	무짠지 월동용	무	고추, 파, 마늘(비정량)	소금	소금물	306
짠김치	매일신보 1924.5.25	무짠지	무	고추, 파, 소금, 고명(정량)		소금, 소금물	306
배추짠지	조선요리법 1939	배추+무짠지, 이듬해 여름식용	배추,무	고춧가루, 생강(비정량)	소금	소금물	306
짠지	조선요리법 1939	무짠지	무	없음(비정량)	소금	소금물	307
짠지	신영양요리법 1935 조선요리제법 1942	무짠지 월동용	무	마늘, 파, 고추, 생강, 청각(정량)	소금	소금물	307
짠지	여성 7권 1939.11	무김치, 1년 동안 먹음	무	파, 마늘, 생강, 청각, 고추, 청각(정량)	소금	무절일때 나온물	307
짠지	조선음식만드는법 1946		무	마늘, 파, 고추, 생강, 청각(정량)	소금	소금물	308
짠지	이조궁정요리통고 1957	무짠지	무	마늘, 소금, 짚(정량)	소금	소금물	309
장짠지	부인필지 1915	데친 장김치	오이, 무, 배추	파, 생강, 생복, 전복, 청각, 고추(비정량)	장	고명+장 달인물	309
장짠지	조선요리제법 1917	데친 장김치	오이, 무, 배추	파, 생강, 전복, 청각, 고추(비정량)	장	쇠고기+장 달인 물	309
장짠지	간편조선요리제법 1934	장김치	오이, 무, 배추	파, 생강, 전복, 청각, 고추(비정량)	장	쇠고기+장 달인 물	310
짠무김치	조선요리법 1939	무짠지	무	없음(비정량)	소금	소금물	310
짠무김치(大根鹽漬,蕪鹽沈菜)	조선요리(일본어)1940 우리음식 1948	무짠지	무	없음(정량)	소금	소금물	310
무김치(무싱건지)	동아일보1928.11.2	싱건무김치	통무	무청, 고추, 파, 마늘, 생강	소금	젓국물	310
무싱거운지 무싱건지 (大根薄鹽漬)	조선요리(일본어) 1940 우리음식 1948		무	파, 고춧가루, 초(비정량)	소금	소금물	311

풋김치 및 열무김치

김치명	문헌	특징	주재료	부재료	절임	담금	쪽
풋김치(靑葅)	조선무쌍신식요리제법 1924	봄 가을 및 중가리 채소 용	솎음채소	고추, 마늘, 밀가루, 생강 (비정량)		보리뜨물 또는 젓국	311
풋김치 햇김치 (靑(菁)根沈菜)	조선요리(일본어) 1940 우리음식 1948	하루 익힘	배추, 무	파, 마늘, 생강, 실고추, 고춧가루(정량)	소금	간국	311
풋김치	신영양요리법 1935 조선요리제법 1942	여름은 하루나 반나절, 봄가을은 사오일 익힘	배추나 열무	파, 고추, 마늘, 생강(정량)	소금	소금물, 봄가을은 밀가루풀 첨가	312
풋김치 (當座漬)	할팽연구(일본어) 1937		배추, 무	파, 소금, 마늘, 고추가루, 실고추, 생강(정량)	소금	간장물+소금물	312
봄김치 1	조선음식만드는법 1946	온상 배추와 열무	배추, 열무	실고추, 파, 마늘, 생강 (정량)	소금물	소금물+밀가루풀	313
봄김치 2	조선음식만드는법 1946		배추, 열무	파, 마늘, 실고추, 생각, 미나리(정량)	소금물	소금물+밀가루풀	314
햇김치	이조궁정요리통고 1957		배추	무, 미나리, 실고추, 고추가루,생강, 파, 마늘, 설탕 (정량)		밀가루+소금	314
풋배추김치	동아일보 1959.3.26	바로 먹음	배추	오이, 달래, 고추가루(정량)	소금	식초, 간장, 설탕	315
열무김치 (細菁葅)	조선무쌍신식요리제법 1924	봄, 가을용	열무나 배추, 미나리	(비정량)		밀가루풀 또는 식은밥	315
열무김치	조선요리법 1939		배추, 열무	파, 마늘, 생강, 실고추 (비정량)	소금	소금+밀가루풀	315
열무김치	조선요리제법 1942		열무나 배추, 미나리	고추, 마늘, 파(정량)	소금	소금물+밀가루풀	316
열무김치	조선음식만드는법 1946		솎은 열무	고추, 미나리, 파(정량)	소금	소금물+밀가루풀	316
열무김치	이조궁정요리통고 1957	오이소박이를 열무와 겹겹담기	배추	오이, 미나리, 고추가루, 파, 마늘, 생강, 밀가루, 소금 (정량)	소금	소금물+밀가루풀	317

젓국지

김치명	문헌	특징	주재료	부재료	절임	담금	쪽
젓국지	조선요리제법 1917	김장용	배추, 무 오이지	고추, 파, 마늘, 미나리, 갓 (비정량)	소금	소금물 조기젓국	318
젓국지(醯菹)	조선무쌍신식요리제법 1924	나박김치법도씀	배추 오이지, 무	고추, 파, 마늘, 미나리, 갓, 청각(비정량)	소금	끓인 조기젓국	318
젓국지(醯菹)	조선무쌍신식요리제법 1924	옛날식 21일 담금	오이지, 가지, 동아, 배추, 갓	생복, 소라, 낙지, 굴, 청각, 생강, 천초, 고추(비정량)	오이소금절임	조기젓국	318
젓국지(동김치)	매일신보 1924.6.15	섞박지	배추	무, 실고추, 파, 생강, 배, 밤, 미나리, 갓, 청각(정량)	간장 또는 소금물	조기젓+간장	319
젓국지	간편조선요리제법 1934	배추통김치+섞박지	배추, 무	실고추, 미나리, 파, 마늘, 생강, 갓, 조기젓, 낙지, 전복, 고추, 파, 배, 밤, 청각(정량)	소금	끓인 조기젓국	320
젓국지	신영양요리법 1935 조선요리제법 1942	배추통김치		통김치(정량)		조기젓국	322
젓국지	여성 7권 1939.11	담금액 끓여 식혀붓기	배추	무, 실고추, 마늘, 생강, 파, 미나리, 갓, 조기젓, 북어, 청각(정량)	소금물	젓국+소금물	323
젓국지	조선음식만드는법 1946	김장용		일반김치와 같음 +명태, 낙지, 조기젓국, 멸치젓국, 기타젓국(비정량)		젓국	323
젓국지	이조궁정요리통고 1957	배추통김치와 같은 방법	배추, 무	갓, 미나리, 굴, 낙지, 조기, 젓국, 밤, 배, 파, 마늘, 청각, 생강, 고추(정량)	소금	양지머리국, 소금물, 멸치국	323

오이김치

김치명	문헌	특징	주재료	부재료	절임	담금	쪽
외김치	조선요리제법 1917 간편조선요리제법 1934	오이 김치	오이	고추, 파, 마늘(비정량)	소금	소금물	324
외김치(瓜菹)	조선무쌍신식요리제법 1924	오이 김치	오이	파, 고추, 마늘(비정량)	소금	끓인 소금물	324
외김치	농민 1-3,1930.7.1		오이	고추, 파, 마늘(비정량)	소금	끓인 소금물	324
외김치	동아일보 1931.6.16	비 소 박 이 형 막 김치	오이	실고추, 파, 마늘(비정량)			324
외김치	신영양요리법 1935 조선요리제법 1942	오이 김치	오이	파, 고추, 마늘(정량)	소금	소금물	325
오이김치	조선요리법 1939	오이 소박이	오이	열무, 파머리, 마늘, 생강, 고춧가루, 실고추(정량)	소금	소금물	325
오이김치	조선음식만드는법 1946		오이	파, 생강, 마늘, 고추(정량)	소금	소금물	326
외짠지	조선요리제법 1917	오이 짠지	오이	없음	소금	끓인 소금물	326
외짠지	농민, 1-3, 1930.7.1	자잘한 오이	오이	통고추, 생강(비정량)	소금	진장	327
외지(瓜醎漬)	조선무쌍신식요리제법 1924	오이 짠지	오이	고추, 생강(비정량)	소금	장	327
외지(瓜醎漬)	조선무쌍신식요리제법 1924	오이 짠지	오이	겨울용 : 삼록(비정량)	소금	끓인 소금물	327
외지	농민1-3, 1930. 7.1	4 ~ 5 일 후 먹기	오이	(비정량)	소금		327
외지	간편조선요리제법 1934	오 이 짠 지	오이	없음	소금	끓인 소금물	328
외지 오이지	신영양요리법 1935 조선요리제법 1942	오 이 짠 지	오이	없음(정량)	소금	끓인 소금물	328
오이지(胡瓜鹽沈菜, 胡瓜鹽漬)	조선요리(일본어) 1940 우리음식 1948	오 이 짠 지	오이	없음(정량)	-	소금물, 끓인 소금물	328
오이지	조선음식만드는법1946	소 금 물 끓 여 식 혀붓기	오이	(정량)	소금	소금물	329
외소김치	조선요리제법 1917 간편조선요리제법 1934	오이 소박이	오이	파, 마늘, 고추(비정량)	소금	소금물	329
외소김치 (외소박이)	조선무쌍신식요리제법 1924	오이 소박이	오이	파, 마늘, 고추, 고기(비정량)	소금	소 금 물 또는 장	330
외소김치 (외통지이)	농민 1-3, 1930.7.1	쇠 고 기 소 넣 어 이 틀 후 먹음	어린오이	고추, 파, 마늘, 쇠고기(비정량)	소금	진간장+ 절였던 물	331
외소박이김치	동아일보1931.6.16	배추가 주고명	오이	배추, 고추, 파, 마늘(비정량)	소금	소금물	331

김치명	문헌	특징	주재료	부재료	절임	담금	쪽
누른외소김치	동아일보 1931.6.16	하루만에 먹음	늙은오이	고춧가루, 파, 마늘(비정량)		소금물	332
외소김치	신영양요리법 1935 조선요리제법 1942	오이소박이	오이	고추, 파마늘(정량)	소금	소금 또는 간장	332
오이소백이(胡瓜丸漬) 오이속박이(胡瓜沈菜)	조선요리(일본어) 1940 우리음식 1948	오이소박이, 하루 익힘	오이	파, 고춧가루, 마늘, 생강(정량)	소금	소금물	332
오이소김치	조선음식만드는법 1946	소박이	오이	마늘, 고추, 배추, 열무(열무)	소금	소금물	333
오이소박이	이조궁정요리통고 1957		오이	파, 마늘, 고추가루, 열무(정량)	소금	소금물	333
용인외지법	부인필지 1915	쌀뜨물-소금물 17일 동안 17번 붓기	오이	(비정량)		쌀뜨물+소금물	333
용인외지	조선요리제법 1917	뜨물-소금물7일 동안7번 붓기	오이	(비정량)		쌀뜨물+소금물	334
용인외지	간편조선요리제법 1934	쌀뜨물-소금물 6,7일 동안6,7번 붓기	오이	(정량)		쌀뜨물+소금물	334
오이비늘김치	이조궁정요리통고 1957	비늘김치+통김치	오이	배춧잎, 파, 마늘, 고춧가루, 생강(비정량)		소금	334

갓김치

김치명	문헌	특징	주재료	부재료	절임	담금	쪽
갓김치 (芥葅)	조선무쌍신식요리제법 1924		갓	고추, 파, 마늘, 미나리 (비정량)	소금	소금물	334
갓김치	신영양요리법 1935 조선요리제법 1942		갓	일반파, 고추, 마늘, 미나리 (정량)		소금물	335
산갓김치 (山芥葅)	조선무쌍신식요리제법 1924	무, 순무 나박김치 (1달 익힘)+산갓	산갓	무, 순무, 파, 고추, 마늘 (비정량)	산갓+뜨거운물	장	335
산갓김치 (山芥葅)	조선무쌍신식요리제법 1924		산갓	무, 파뿌리(비정량)	산갓+뜨거운 물	간장	335
겨자김치 1	조선요리법 1939	데친배추 + 고명 + 겨자즙, 가을술안주용	배추, 겨자즙	배, 밤, 잣,밤, 갓, 표고, 석이, 미나리, 파머리, 마늘, 생강, 전복, 해삼, 무(정량)	뜨거운 물+배추	소금+겨자즙	336
겨자김치 2	조선요리법 1939	배추김치, 가을술안주용	배추속대, 겨자즙	배, 표고, 석이, 미나리, 생전복, 파, 마늘, 생강, 실고추(정량)	소금+배추	소금+설탕+겨자즙	336
전라도갓지	여성 9권 1940.11		갓	무, 마늘, 파, 생강, 실고추, 깨소금, 고추가루(비정량)	소금물	소금	337
갓김치	조선음식만드는법 1946	가을용	갓	파, 마늘, 고추, 미나리, 생강(정량)	소금	소금물	337

동아김치 및 박김치

김치명	문헌	특징	주재료	부재료	절임	담금	쪽
동아김치 (東瓜葅)	조선무쌍신식요리제법 1924	삶지 않은 동아도 사용	삶은동아	김치고명, 생강, 맨드라미꽃(비정량)	소금	소금물	338
박김치(瓠葅)	조선무쌍신식요리제법 1924	나박김치	박속	햇고추, 맨드라미꽃(비정량)			338
박김치	신영양요리법 1935 조선요리제법 1942	나박김치, 음력 7월에 담음	박속	고추, 미나리, 파, 마늘, 생강(비정량)	소금	소금물	338
박김치	조선요리제법 1942		박속	배, 실고추, 생강,흰파, 마늘, 잣, 설탕(정량)	소금	김칫국	339
박김치 (瓢沈菜)	조선요리(일본어) 1940 우리음식 1948		박속	미나리, 파, 마늘, 생강, 실고추(정량)	소금	소금물	339

어육류김치

김치명	문헌	종류	주재료	부재료	절임	담금	쪽
전복김치	조선요리제법 1917 간편조선요리제법 1934		전복	유자, 배, 무, 생강, 파(비정량)		소금물	340
전복김치	매일신보 1924.5.22		전복	유자, 배, 무, 생강, 파(비정량)		소금물	340
전복김치	조선요리제법 1942 신영양요리법 1935		전복	유자, 배, 생강, 무, 파(비정량)		소금물	340
전복김치	조선음식만드는법 1946	사철용	전복	차, 유자, 생강, 무, 배(저량)		소금물	340
굴김치 (石花菹)	조선무쌍신식요리제법 1924	하루 익힘	굴	실고추, 무, 파뿌리(비정량)	소금	끓여식힌소금물	341
굴김치	신영양요리법 1935 조선요리제법 1942	하루 익힘	굴 배추	파, 고추(정량)	소금	끓여식힌소금물	341
굴김치	조선요리법 1939	굴나박김치, 술안주	굴, 배추, (무)	실고추, 소금, 파, 마늘, 생강, 배, 미나리(정량)	소금	소금+설탕물	341
굴김치	조선음식만드는법 1946	겨울용	굴	무, 배추, 파, 마늘, 생강, 고추(정량)		소금물	342
생선김치	조선요리법 1939	나박김치+조기(민어)튀김, 술안주	조기, 무, 배추	실고추, 마늘, 파, 생강, 소금, 녹말, 잣, 표고, 미나리, 잣(비정량)	소금	소금물	342
닭김치(鷄菹)	조선요리제법 1917 조선무쌍신식요리제법 1924 간편조선요리제법 1934	오이깍두기+닭고기 요리	오이깍두기, 닭	얼음(비정량)			343
닭김치	매일신보 1925.5.25	오이깍두기+닭고기	오이깍두기, 닭	얼음(비정량)			343
닭김치	동아일보 1935.11.8	동치미무+닭고기요리	닭, 동치미	배, 죽순, 오이, 노른자부침, 설탕, 식초, 잣(비정량)			343
닭김치	조선요리법 1939	열무김치+닭고기 요리	닭, 열무김치	얼음, 정육, 고추장, 간장, 설탕, 단 것, 깨소금, 파(정량)			344
닭김치	동아일보 1939.8.10	열무김치+영계요리	영계, 열무김치	초간장, 설탕, 얼음, 잣(비정량)			345
영계과전지	조선음식만드는법 1946	닭고기+통김치	영계, 통김치	죽순, 느타리, 복어, 식초, 실고추, 오이, 기름, 표고, 석이, 잣, 고추장(정량)			345
닭김치	이조궁정요리통감 1957	햇김치+닭고기요리	햇김치, 닭고기	쇠고기, 표고, 석이, 두부, 편육, 얼음, 양념(비정량)			346
관전자(꿩김치)	조선요리법 1939	꿩고기+배추통김치(젓국지)요리, 술안주	꿩, 배추통김치	오이, 죽순, 표고, 전복, 해삼, 정육, 식초, 설탕, 실고추, 간장, 잣, 석이(정량)			346
생치과전지	조선음식만드는법 1946	꿩고기+김치	꿩, 김치	기름, 오이, 식초, 버섯(정량)			347

기타 김치

김치명	문헌	특징	주재료	부재료	절임	담금	쪽
전라도고춧잎지	여성9권 1940.11	간장만으로 담가도됨	고춧잎, 무	마늘, 파, 생강, 실고추, 깨 소금, 고추가루(비정량)	고춧잎: 맹물 무:소금	생멸치젓 또는 간장	349
전라도고추젓	여성9권 1940.11	삭힌다음젓국담기	고추	(비정량)		끓인소금물 생멸치젓	349
김치	우리음식 1948	여름하루, 겨울이틀익힘	썬배추	파, 고추, 마늘, 소금, 생강(정량)	소금		350
무김치 (蘿葍鹹葅)	조선무쌍신식요리제법 1924	절여놓았던 재료로 다시 담금	무, 무잎줄기, 동아	배, 고추, 청각, 오이, 호박, 천초, 부추, 마늘, 미나리(비정량)	소금	소금	350
얼가리김치 (초김치)	조선무쌍신식요리제법 1924	바로먹기	얼가리배추, 미나리	파, 마늘, 실고추, 갓(비정량)	소금, 식초, 설탕	장, 식초	351
삶은김치	동아일보1928.11.3	시루에쪄서 담아겨울에 먹기	배추, 무	갖가지 고명			351
비늘김치 (鱗沈菜)	우리음식 1948 조선요리(일본어) 1940	통김치에 끼워담기도함	무	통김치 고명(비정량)			352
무비늘김치	이조궁정요리통고 1957	배추통김치, 보쌈김치에 끼워담금	무	배추(비정량)			352
절임김치 지럼김치	조선무쌍신식요리제법 1924 신영양요리법 1935 조선요리제법 1942	김장김치 먹기전 보조용	배추				352
지럼김치	조선음식만드는법 1946	통김치법 보조용		통김치와 같음(비정량)			352
채김치	여성 7권 1939.11	노인과이나쁜사람용	배추	무, 마늘, 고추, 생강, 파, 미나리, 갓(정량)	소금	멸치젓국 또는 곤쟁이 조기젓국	353
채김치	조선요리제법 1942	겨울, 노인용	배추,무	실고추, 파, 갓, 마늘(비정량)		조기젓국	353
채김치	조선음식만드는법 1946	노인용	배추,무	갓, 마늘, 실고추(비정량)		조기젓국	353
채김치	우리음식 1948	하룻밤 익힘	무, 채소	고춧가루, 파(비정량)	소금	밀가루풀 또는 식은밥	354
가지김치 (茄子沈菜)	우리음식 1948 조선요리(일본어)1940	오이소박이형, 하루이틀 익힘	가지	고추, 마늘, 파, 생강(정량)	소금	소금물	354

김치명	문헌	특징	주재료	부재료	절임	담금	쪽
파김치 (蔥菹)	조선무쌍신식요리제법 1924	다른 것이 없을 때 만듬	파				354
깻잎김치	가정요리 1940	일주일 익히는 것은 간장, 오래둘 것은 우리장 사용	깻잎	생강, 마늘, 무(정량)	간장	간장 따라 끓여 붓기 4~5회	354
양배추김치 (洋白菜沈菜, 洋菜沈菜)	우리음식 1948 조선요리(일본어) 1940	하루이틀 익힘	양배추	실고추, 마늘, 생강, 파(정량)	소금	국물	355
돌나물김치	조선무쌍신식요리제법 1924	하룻밤익힘. 박김치에 넣기도함	돌나물	고추, 파, 마늘(비정량)	소금	소금물	355
돌나물김치	신영양요리법 1935 조선요리제법 1942	하루익힘	돌나물	고추, 마늘, 파(정량)	소금	소금물+밀가루풀	355
나물김치	조선음식만드는법 1946	봄철용	돌나물	파, 마늘, 고추(정량)	소금	소금물+멸치국물	355
곤쟁이젓김치	신영양요리법 1935 조선요리제법 1942	배추김치	배추	마늘, 무, 생강, 파, 고추(정량)	소금	곤쟁이젓	356
곤쟁이젓 김치	조선음식만드는법 1946	가을용	배추, 무	마늘, 생강, 고추가루, 파(정량)	소금	곤쟁이젓+소금	356
배추소 만드는 법	신영양요리법 1935		배추 100통	무, 실고추, 마늘, 파, 생강, 밤, 미나리, 갓, 청각, 소금(정량)			357
허드레김치	중외일보 1929.11.7	김장부스러기김치	김장부스러기, 고춧잎	무동강이, 배추 겉줄기, 토막배추(비정량)	소금	소금물	357
한련김치	동아일보 1931.6.16	하루익혀 먹음	한련잎과 줄기	고추, 파, 마늘(비정량)	소금		358
넝쿨김치	조선중앙일보 1935.6.4	깍두기 밑에 넣어 익힘	무청줄기				358

김치 관련 재료 및 용어

1. 가시나다
구더기 나다

2. 감송 *Nardostachys chinensis.*
마타리과 다년생. 뿌리를 쓴다. 근경은 짧고 송이냄새가 강하다. 해발 3,500m 이상에서 자란다. 헛배부름, 구토, 식욕부진, 소화불량, 치통에 좋다.

3. 감초(甘草) *Glycyrrhiza uralensis.*
장미목 콩과의 여러해살이풀. 뿌리는 달아서 감미료와 약재로 사용되며 한방에서는 '약방에 감초'라는 말이 있을 정도로 많이 쓰인다.

4. 갓 *Brassica juncea.*
십자화과 2년생초. 줄기와 잎으로 김치를 담가 먹는다.

5. 갓씨(겨자)
갓(*Brassica juncea*)의 씨를 갈면 겨자가 된다. 맵고 향기로우며 양념과 약재로 쓰고, 잎과 줄기도 먹는다. 흑겨자(동양겨자)는 갈색이나 흑색이고 향기는 세지만 매운 맛이 적고 쓴 맛이 세다. 백겨자(서양겨자)는 연노란색으로 매운 맛이 세다. 흑겨자는 시니그린, 백겨자는 시날빈이 분해되어 매운 맛이 생긴다. 갓의 씨를 갈아서 따뜻한 물에 개어 양념으로 쓰는데 노란색을 띠며 냉면, 양장피 등에 사용한다.

6. 강아지풀

7. 거적

짚을 가로 세로 나란히 엮은 것. 나뭇가지로 골격을 만들어 담이나 벽을 둘러 치거나, 쌀가마나 볏가마 등을 바닥에 놓을 때 깐다.

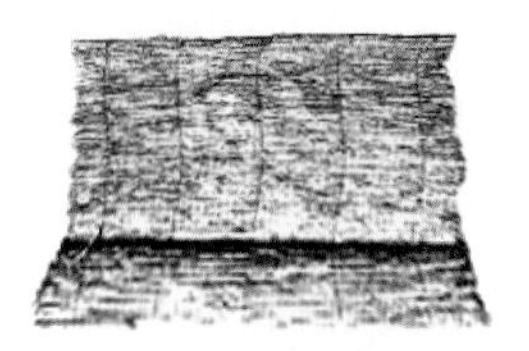

8. 격자 넣기

가로로 한 층, 세로로 한 층 번갈아 넣기.

9. 격지 넣기

사이사이에 끼워넣기.

10. 경지(瓊芝)

경지라는 이름은 없고 기화요초(琪花瑤草, 아름다운 꽃과 풀)라는 의미로 경지요초(瓊芝瑤草)라는 표현이 있다. 지[芝]에 해당되는 식물은 목화, 지치, 지채인데, 지채를 나물로 먹으므로 김치는 지채로 담근다고 보아야 할 것이다.

① 목화(木花): 섬유질인 솜성분이 피기 전의 열매(다래)는 사람이 먹을 수 있을 정도로 연하고 달다.

② 자초(紫草) : 지치를 말하며 뿌리를 약으로 쓰거나 빨간 물감 내는데 쓴다.

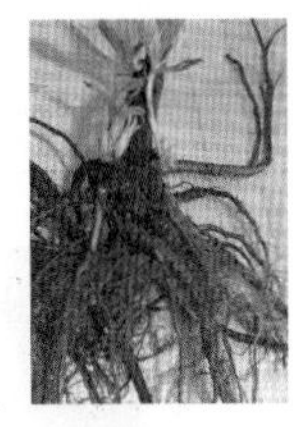

③ 지채(芝菜) : 바닷물이 닿는 곳에 나는데 30cm 정도 큰다. 뿌리에서 가늘고 긴 잎이 무더기로 나는 데 연한 잎을 나물로 먹는다.

11. 고수 *Coriandrum sativum.*

호유, 향유(香薷), 향채라고도 한다. 미나리과의 한해살이풀. 역한 노린내가 난다고 빈대풀이라고도 하며, 열매의 정유성분으로 카르핀알데히드, 리네올이 있다. 살균, 구충, 해열, 가래, 치질, 진통, 건위에 쓰이며 줄기와 잎은 강회, 김치, 쌈으로 먹는다.

12. 고채(菰菜)

줄풀 참조

13. 곤쟁이 *Opossum shrimp.*
자하(紫蝦)라고도 하며, 추운 곳에 살며 한국 연안에 20여 종이 있다. 부새우(*Neomysis intermedia*)와 곤쟁이(*Neomysis awatschensis*)가 있는데 곤쟁이로 젓을 만든다.

14. 골마지
김칫독 표면에 하얗게 끼는 막으로 효모이다.

15. 골패(骨牌)
납작하고 네모진 검은 나무 바탕에 흰 뼈를 붙여, 여러 가지 수효의 구멍을 새긴 노름 기구.

16. 곰취 *Ligularia fischeri.*
초롱꽃목 국화과의 쌍떡잎 여러해살이풀. 높이 1~2m. 잎 뒤에 흰 잔털이 있으며 앞부분에는 짧은 털이 있다. 나물로 먹는다.

17. 구럭
성긴 그물 같은 망태기.

18. 귤홍(橘紅)
황귤(黃橘)의 안껍질의 흰 부분만 긁어낸 것으로 홍피(紅皮), 귤락(橘絡)이라고도 하며, 용도는 귤피와 마찬가지인데 효능은 더 크다.

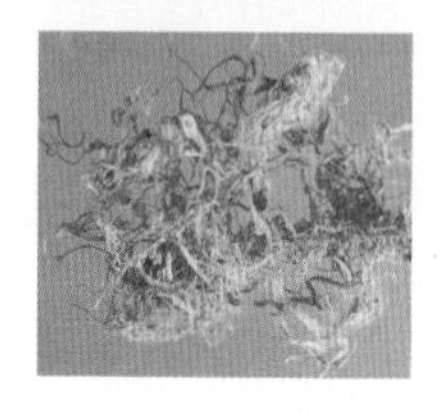

19. 금봉화 *Ranunculus japonicus.*
50㎝ 정도 크기. 습기 있는 양지에서 잘 자라며 어릴 때 먹지만 독이 있다. 잎은 생약에 사용하며 민간에서는 살충제로 쓴다.

20. 기장 *Poaceae panicum*
벼과 기장속. 서양에서는 사료로 사용하며 우리나라에서는 떡 등을 해 먹는다.

21. 꿩

22. 나라쓰케(奈良漬)

일본의 술지게미 오이 절임 및 무절임.

23. 느릅나무 *Ulmus davidiana.*

낙엽활엽교목. 열매는 동전같이 생겨서 유전이라고 한다. 나무껍질은 치습, 이뇨, 완하제로 쓰인다. 어린잎은 떡을 만들어 먹는다.

24. 닥나무(楮樹) *Broussonetia papyrifera*

뽕나무과의 쌍떡잎식물로 약 3m. 껍질로 한지를 만들며 열매는 약용, 어린잎은 식용한다.

25. 단말(檀末)

직접적인 의미는 박달나무가루이다. 단(檀)은 향나무라는 뜻도 있으므로 향기있는 가루, 혹은 계피를 말하기도 한다.

26. 단사(丹砂)

주사(朱砂)라고도 하며 황화수은이 주성분인 광물이다. 붉은 색 안료로 사용한다.

27. 도치 *Eumicrotremus orbis.*

타원형이며 골질의 혹 모양 돌기가 싸고 있고 돌기의 표면에 작은 가시가 있다. 동해에 있다.

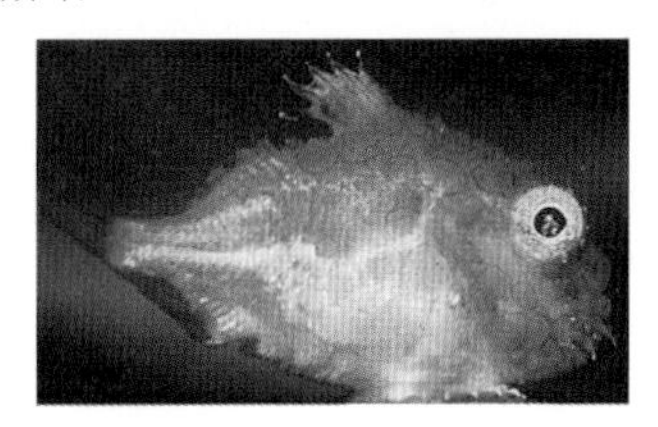

28. 돌나물 *Sedum sarmentosum.*

여러해살이풀로 15cm 정도 큰다. 화건초, 수푼초, 돈나물이라고도 하며 집 근처 돌담 밑, 냇가 습기 있는 바위, 길가 풀밭에 살며 나물로 먹는다.

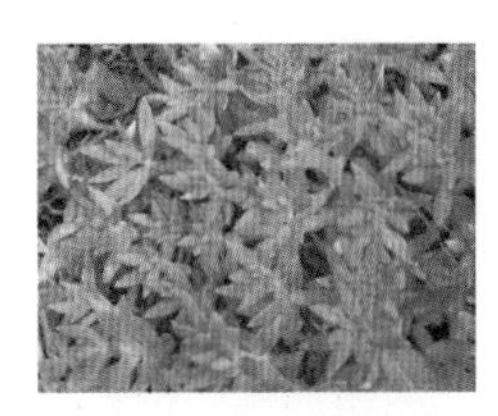

29. 돌피 *Echinochloa crusgalli.*
벼과로 잎과 줄기는 벼와 구분이 가지 않으며 씨는 잘다. 볏논의 피를 뽑는 것을 피사리라고 한다. 피를 수확하여 먹기도 한다. 물가에도 나서 자란다.

30. 동아(冬瓜) *Benincasa hispida*
동과자(冬瓜子), 과자(瓜子), 백과(白瓜)라고도 하며, 박과에 속하며 날로 먹는다. 보통 10kg 이하이다. 익으면 껍질에 하얀 과분이 붙는다.

31. 두초(頭醋)
식초를 담가 첫 번째 떠낸 식초.

32. 마근(馬芹) *Cuminum cyminum.*
산형과 한해살이풀. 열매를 향신료로 쓰며, 카레의 노란색은 이 색이다.

33. 마름 *Trapa japonica.*
진흙 속에 뿌리를 박고 잎은 수면에 떠 있다. 열매는 까맣고 윤이 나며 마징가제트 머리 같이 좌우로 뿔이 나 있고 속에 전분이 들어 있는데 식용하며, 해독제로도 사용한다. 제민요술에서는 노랑어리연꽃(*Nymphoides peltatum*)을 말하기도 한다.

마름

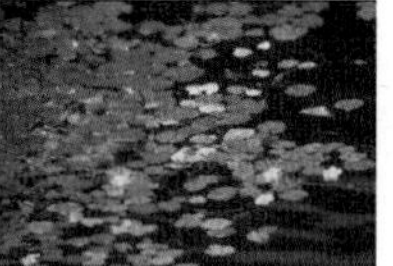
노랑어리 연꽃

34. 마비탕(麻沸湯)
마의 씨 같이 작은 기포가 생기기 시작할 정도로 끓기 시작한 물.

35. 맨드라미 *Celosia cristata*
비름과 맨드라미속. 꽃은 커튼과 같이 주름잡힌 형태로 붉은 색이 많다. 어린잎은 나물로 먹기도 하며 씨와 꽃을 말려 내장출혈 치료에 쓰기도 한다.

36. 메밀 *Fagopyrum esculentum.*
마디풀과 1년생으로 흰꽃이 핀다. 가뭄이 들어서 벼를 못 심었을 경우 대신 심는다. 재배 수확기가 짧기 때문이다. 열매는 가루로 빻아서 묵, 냉면, 떡 등을 만들어 먹는다.

37. 모말(方斗)
곡식의 양을 재던 네모난 말. 18리터이다.

38. 목이 버섯 *Auricularia auricula.*
사람 귀와 같이 생겼다. 음습하거나 썩은 나무줄기 위에 기생한다. 뽕나무, 물푸레나무, 닥나무, 느릅나무, 버드나무 고목에서 핀 것이 가장 좋다. 재배는 참나무에 한다.

39. 무이
참느릅나무 열매의 씨. 구충작용, 항균작용, 약한 설사작용이 있고 썩은 내가 강하다. 엽전과 비슷하여 유전(楡錢)이라고도 하며 장을 담그면 맛이 독특하고 술도 담는다.

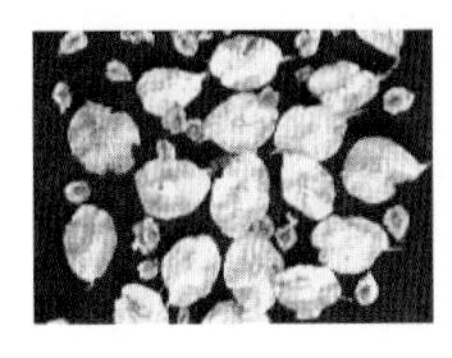

40. 바리
소나 말 한 마리에 싣는 양. 등에 길마를 얹고 그 위에 짐을 올리고 끈으로 묶는다.

41. 바탱이
중두리와 같이 생겼으나 배가 더 나오고 아가리가 좁고 작은 오지그릇. 임원십육지에서는 중두리(中圓伊)보다 작은 그릇을 밧항이(田缺伊)라 하였다.

42. 박 *Lagenaria siceraria.*
일년생 덩굴식물로 흰꽃이 피며 지붕이나 나무를 타고 오른다. 열매는 큰 것은 30cm 이상이며 조롱박 같이 작은 것도 있다. 익은 껍질은 그릇을 만들었다. 익기 전의 박속은 깎아 말려서 고지를 만들거나 김치를 만들어 먹었다.

43. 박초(朴草)
김치를 눌러 놓는 우거지용 풀 뭉치

44. 발
대나무를 나란히 엮은 것

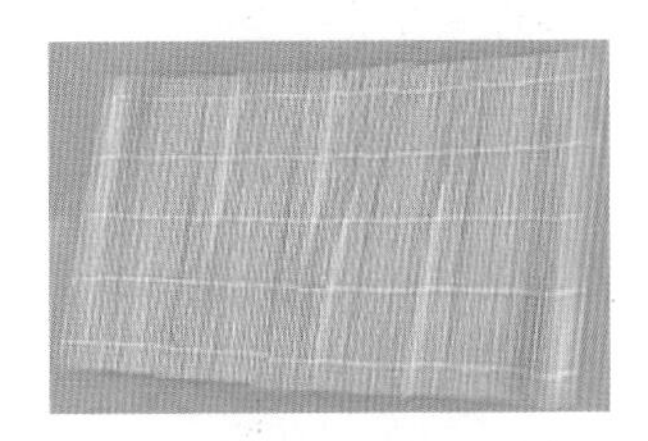

45. 백매(白梅)

매화나무 열매가 익어서 떨어질 무렵 소금에 절인 것. 설사 · 곽란 · 중풍 · 경간 · 유종에 쓴다.

46. 백반(白礬)

황산알루미늄, 여러 원소의 황산염으로 구성된 수화된 복염(複鹽). 손톱을 봉숭아로 물들일 때 쓴다. 의약품, 식품, 화학제품 정수처리 등에 쓰인다.

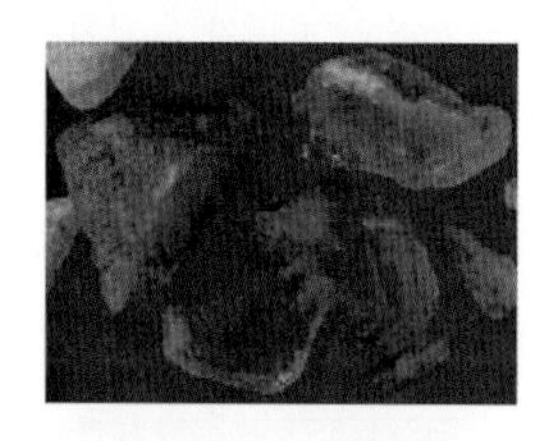

47. 백지(白芷) *Angelica dahurica.*

미나리과의 여러해살이풀. 구릿대라고도 하며 뿌리는 약재로 쓴다. 항균작용과, 혈관운동중추 · 호흡중추 · 미주신경에 흥분작용을 한다.

48. 보시기

사발보다 작은 사기그릇.

49. 부들 *Typha orientalis*

부득이, 잘포리고도 한다. 지수지 물가에서 2m 정도로 곧게 크고 열매는 아이스 바와 같다. 줄기와 잎으로 도롱이, 돗자리, 방석 등을 만든다.

50. 부추꽃

51. 부추줄기

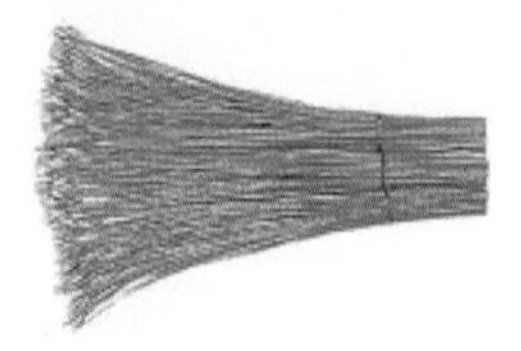

52. 사일(社日)

입춘 지난 후 5번째 술일(戌日)을 춘사(春社), 입추 후의 5번째 술일(戌日)을 추사(秋社)라고 한다. 춘사일에는 곡식이 잘 자라기를 빌고 추사일에는 곡식의 수확을 감사한다.

53. 산자(算子, 算木)

① 역(易)의 괘를 나타내는 사각 봉. 길이 9cm 짜리 6개인데, 두 면은 효(爻), 두 면은 양(陽)을 나타낸다. ② 계산용구. 길이 4cm의 나무봉. 빨강은 +의 수, 검정은 -의 수를 나타낸다.

54. 삼록(三綠)

단청에 쓰이는 안료인데, 구리가 산화된 형태로 함유되어 백록색을 띈다.

55. 삼백초 *Saururus chinensis.*

여러해살이 풀. 위쪽의 잎 세 장이 하얘서 삼백초라 한다. 물가에서 크며 제주도에 있다. 해독제, 이뇨제로 쓴다.

56. 상갓(香芥) *Brassica alba.*

백개(白芥), 호개(胡芥)라고도 하며 십자화과로 일년 또는 이년생이다.

57. 생강(生薑) *Zingiberaceae.*

다년생이며 뿌리를 요리에 사용하며 조미료, 향신료로 쓴다. 편이나 차를 만들어 먹는다.

58. 석류 *Punica granatum.*

석류나무의 열매로 익으면 알이 터진다. 씨가 많으며 씨를 육질이 둥굴둥굴 감싸고 있는데 매우 시다.

59. 석비레(白土)

빛깔이 하얗고 잔모래가 많이 섞인 흙으로 고령토(kaolin)를 말하기도 한다.

60. 소라기
꼭지가 없는 장독 덮개.

61. 소회향(小茴香) *Fructus foeniculi.*
시라. 회향의 하나로 산증·요통 등에 쓰인다.

62. 수수 *Sorghum vulgare.*
벼과. 밭에 심으며 2~3m 정도로 큰다. 열매는 둥글고 맛이 차지다. 수숫대는 집을 짓는데 엮어서 흙을 붙여서 벽체를 만드는데 사용하고, 수수목은 빗자락을 만든다.

63. 순채 수련과 *Brasenia schreberi.*
부규, 순나물이라고도 한다. 저수지나 못에 자라며, 속의 진흙에 뿌리를 뻗고 줄기는 수면까지 뻗어서 잎은 수면에 떠 있다. 옛날에는 잎과 싹을 먹기 위해 논에서도 재배하였다. 잎은 살짝 데쳐서 쌈으로 먹는다.

64. 시렁
물건을 얹어 두기 위하여 방이나 마루의 벽에 건너 질러 놓은 두 개의 가래.

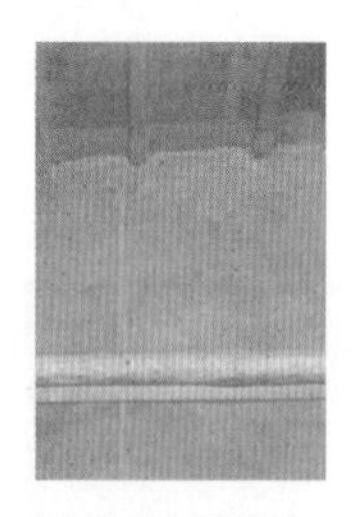

65. 시루
떡을 찌는 옹기. 떡가루를 넣어 솥에 올려놓으면 밑의 여러 구멍에서 수증기가 올라 와서 떡을 찐다.

66. 시루방석
짚으로 만든 방석. 시루를 올려 놓거나 김칫독 뚜껑을 한다.

67. 신검초 ① *Rumex acetosa.*

여뀌과 다년생초. 수영, 승아, 산모(酸模)라고도 한다. 시금치와 비슷하고, 시다고 하여 시금초 또는 신검초라고 한다. 소루쟁이와 비슷하나 잎이 가늘고 작다. 초여름에 담홍색 꽃이 피며 뿌리의 즙액을 옴약으로 쓴다.

68. 신검초 ②

승검초. 당귀순, 나물로 먹는다.

69. 알초단지

단지의 하나, 또는 알맞은 단지

70. 양하(蘘荷) *Zingiber mioga*

아시아 원산의 생강과 여러해살이풀. 7~8월에 누르스름한 꽃이 피고 특이한 향기가 있다. 야채로 재배하며 어린 잎과 땅속줄기·꽃 이삭을 향미료로 먹는다.

71. 여국(女麴)

원래는 보리누룩이지만 제민요술에서는 찹쌀 누룩을 의미하기도 한다.

72. 여뀌 *Polygonum hydropiper.*

마디풀과. 물가에 살며 어린순은 김치 등을 담가 먹는다. 잎의 매운 맛을 향신료에 이용한다. 짓찧어서 물에 풀면 물고기가 떠오르므로 이를 이용하여 물고기를 잡는다.

73. 염강(廉薑) *Kaempferia galanga.*

생강과 비슷하지만 크고 향기가 강하다.

74. 염교 *Allium chinense.*

백합과 다년생초. 잎은 부추와 비슷하고 뿌리는 골파처럼 생겼는데 일본에서 초절임으로 많이 사용한다.

75. 영릉향(零陵香) *Lysimachiae foenumgraeci.*
잎은 삼잎(麻葉) 비슷하고 궁궁이싹 같은 냄새가 난다. 제주도에서만 나며 술과 같이 사용하면 좋다. 명치 아래와 복통을 낫게 하며 몸에서 향기가 나게 한다.

76. 오매
매실열매를 훈제한 것인데 산매(酸梅)라고도 한다. 색이 검은 매실 품종을 말하기도 한다.

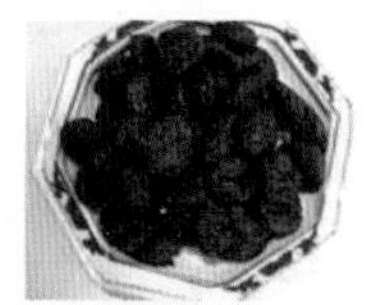

77. 왕골 *Cyperus exaltatus.*
사초과로, 논이나 웅덩이 얕은 곳에서 큰다. 줄기가 1.5m로 곧게 크므로 껍질을 벗겨서 돗자리, 자리, 미투리 등을 짠다. 여기서는 끈으로 사용하였다.

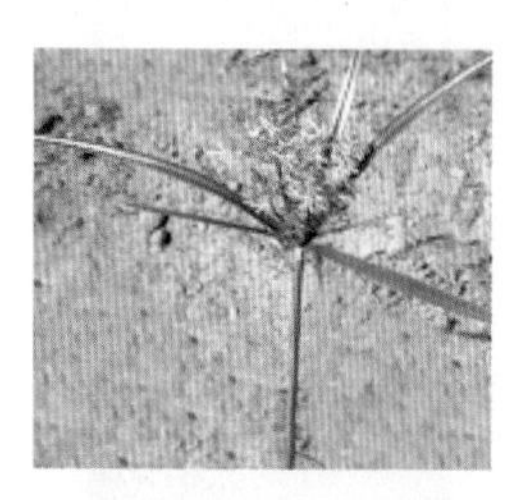

78. 원추리 *Hemerocallis fulva.*
백합과 여러해살이 풀. 꽃이 백합과 비슷하다. 노랑원추리 어린순은 나물로 먹는다. 왕원추리 꽃 말린 것은 중국요리에 쓰인다. 뿌리는 이뇨제 · 지혈제 · 소염제로 쓰인다.

79. 월과(越瓜) *Cucumis melo.*
조롱박과. 오이와 같이 덩굴로 크며 열매를 여름 가을에 수확하여 장아찌를 담는다.

80. 유자 *Citrus junos.*
운향과 상록관목으로 내한성이 높다. 열매는 귤보다 크고, 조직이 단단하고 맛있다. 꿀이나 설탕에 재어서 차를 만들어 마신다.

81. 자소(蘇葉) *Limnophila aromatica.*

차조기라고 한다. 들깨와 똑같이 생겼으나 잎이 까만 자주빛으로 반짝거리며 향기가 독특하다. 향신료, 약으로 사용하고 개고기 삶는 데 넣으면 개냄새를 없앤다.

82. 적

굴에 붙어 있는 굴껍질 조각.

83. 적로(滴露) *Stachys riederi.*

초석잠(草石蠶), 감로자(甘露子), 지잠(地蠶), 토충초(土蟲草)라 하며, 꿀풀과 여러해살이 풀이다. 감로(甘露), 석잠풀이라고도 한다. 산림경제에서 3월에 종자를 뿌렸다가 9월에 뿌리를 캐어 무와 함께 겨울 김치를 담근다고 하였다. 지봉유설에서 '적로는 나물의 이름인데 꽃도 없고 열매도 없고 잎 위에 고인 이슬이 땅에 떨어져서 났기 때문에 적로라고 하며 가지와 잎이 영롱하여 구슬 같고 나물로 만들어 먹으면 맛있는데 본초강목이나 의방(醫方)에는 실려 있지 않다'고 하였다. 어린 순을 나물로 먹는다.

84. 전젓

달이지 않은 젓국.

85. 젓국

달인 젓국.

86. 정가

명아주과 일년생초로 1m 정도 큰다. 독특한 냄새가 나고 여름에 연분홍 꽃이 핀다. 말려서 약으로 쓰는데 형개(荊芥)라고 한다.

87. 정화수(井華水)

이른 새벽에 기른 우물물. 약을 달이거나 정성을 드릴 때 쓴다.

88. 족장아찌(醬足片)

소의 족·가죽·꼬리 따위를 푹 고아 고명을 뿌려 식혀서 묵처럼 만든 것.

89. 죽여

대나무의 겉껍질.

90. 죽채 *Chamaele decumbens.*
선동초(仙洞草)라고도 하며 미나리과 다년생 초이다. 음지에서 크며 30cm 정도 자란다.

91. 준치 *Ilisha elongata.*
청어목 청어과 50cm 정도. 살에 가시가 많고 썩어도 준치라는 말이 있을 정도로 맛있다.

92. 줄풀 *Zizania latifolia Turcz*
고채(菰菜), 장초(蔣草)라고도 하며 중남부 및 제주도 연못이나 늪에 크는데 줄기를 먹는다. 잎을 고엽(菰葉), 열매를 교미(茭米), 뿌리를 고근(菰根), 줄기를 교백(茭白)이라고 한다. 열매는 구황식품으로 먹었다.

93. 중두리
독보다 좀 작고 배가 부른 오지그릇. 임원십육지에서는 항아리 중에 물 1말 2~3되 들어가는 그릇을 중두리(中圓伊)라 하였다.

94. 중백하(中白蝦)
중간 크기의 쌀새우. 돗대기새우과. 7cm가량. 투명한 붉은색을 띰. 깊은 바다에 사는데, 우리나라, 중국, 일본의 연해에 분포.

95. 지럼김치
김장김치가 익기 전에 먹으려고 담그는 김치

96. 진두발 *Chondrus ocellatus.*
홍조식물 돌가사리과의 바닷말. 조간대 중부 이하에 많다. 7~8종이 생육하는데 호료(糊料)로도 사용한다. 한국의 전연안 및 일본에 분포한다.

97. 참당귀 *Angelica gigas.*
산형과의 두세해살이풀. 뿌리를 약재로 쓰며 방향성 정유와 설탕 · 비타민 E가 들어 있다. 월경통, 빈혈, 만성화농증, 변비에 좋다.

98. **창포** *Acorus calamus.*
하천과. 연못이나 습지에서 자란다. 머리를 감거나 한방에서 여러 질환의 치료에 사용한다.

99. **채반**
싸리나무나 댕댕이나무 줄기로 쟁반 형태로 엮어서 만든 것.

100. **천초**(川椒, 초피) *Zanthoxylum schinifolium.*
중국의 촉나라 지방이었던 사천성에서 나는 것이 가장 좋아서 천초(川椒), 촉초(蜀椒)라고 하며 화초(花椒)라고도 한다. 화초는 고추를 의미하기도 한다. 일본에서는 산초(山椒)라고 하며 우리나라는 왜개자(倭芥子), 번초(蕃椒), 왜초(倭椒), 남초(南椒)라고 하였다. 열매는 들깨와 같고, 검은 윤이 나며 하늘을 향해 다발을 맺고, 자극적인 맛으로 향미료로 쓴다. 건위 · 치통 · 이질 등에도 쓰인다.

101. **청각**(靑角) *Codium fragile.*
바다의 녹조식물로 10~30cm 크기로 융처럼 부드러운데 사슴뿔 모양으로 갈라진다. 물에 불려서 식초로 무쳐 먹거나 김치에 넣어 먹기도 한다.

102. **초장수**(酢漿水)
옥수수, 메기장등의 가루로 풀을 쑤어 신맛이 나게 한 것.

103. 축사(縮砂) *Amomum xanthioides.*

생강과의 다년초로 1m 정도. 열매에 들어 있는 씨를 사인(砂仁)이라고 하며 약으로 쓴다.

104. 치자나무 *Gardenia jasminoides.*

꼭두서니과 상록관목. 2m정도. 흰꽃이 6~7월에 핀다. 열매는 구월에 황홍색으로 익는 데 약이나 염료로 쓴다.

105. 켜

층.

106. 키

대나무로 엮어서 만든 것으로 까불어서 쌀이나 보리에 들어 있는 티검불이나 돌을 제거하는 기구.

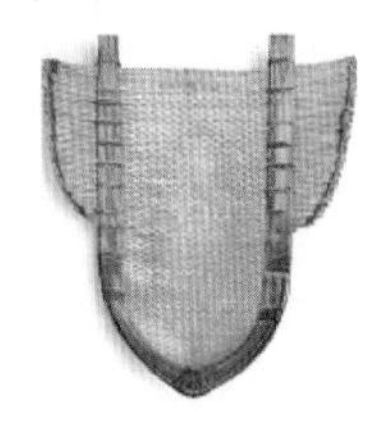

107. 토하(土蝦)

민물새우, 새뱅이. 생이. 이것으로 만든 젓을 토하젓이라고 한다.

108. 톳 *Hizikia fusiform.*

모자반과 갈조. 녹미채라고도 한다. 높이는 20㎝~1m. 요오드가 많고 다른 해조보다 비타민 A · 철 · 칼슘이 많다.

109. 한련(旱蓮) *Tropaolum nasturtium*

금련화라고도 하며, 물에서 큰다. 십자화과에 속하며 잎은 매운맛이 나서 물냉이라고 하며 먹는다. 꽃봉오리와 열매는 조미료로 쓴다.

110. 한채(漢菜)

우뭇가사리. 한천을 만드는 원료로 쓰이는 바닷말.

111. 할미꽃 *Pulsatilla koreana.*
미나리아재비과 다년생초로 무덤에서 자란다. 꽃잎 뒷면에는 가는 털이 있다. 뿌리는 백두옹((白頭翁)이라고 하며 건위제 · 소염제 · 지혈제 · 진통제 등으로 사용한다.

112. 항피(杭皮)
원피(杬皮)를 말하며 원(杬)은 예장(豫章, 지금의 중국 南昌 지방) 지방에 나는 큰 망그로브류 나무이다. 껍질의 맛은 쓰고 떫은데 삶은 즙으로 과일을 보관하면 썩지 않으므로 달걀을 담고, 그물을 염색하기도 한다.

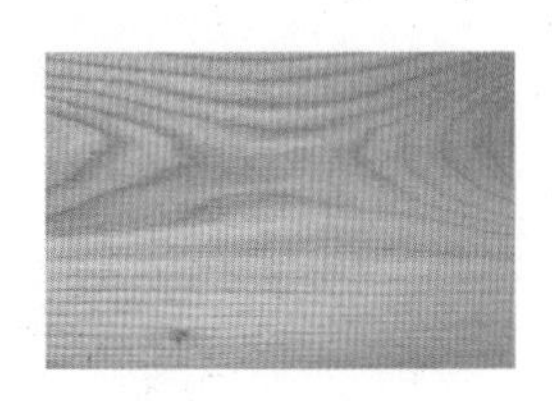

113. 해안탕(蟹眼湯)
마비탕과 마찬가지로 게눈과 같이 작은 기포가 생기기 시작할 정도로 끓기 시작한 물.

114. 행인(杏仁)
살구씨 속. 변비나 기침 따위의 약으로 씀.

115. 향초(香草)
풀, 향기로운 풀, 또는 담배.

116. 현구자(懸鉤子) *Rubus palmatus.*
단풍딸기를 말하며 가시가 많다. 열매는 둥글며 황색으로 익는다. 안면도에 있다.

117. 호박(琥珀)
고대의 식물 나무진이 화석으로 굳어서 된 보석.

118. 호염

호염(胡鹽) 1. 중국에서 나는, 굵고 거친 덩어리 소금. 청염(淸鹽). 2. 알이 굵은 천일염

본염(本鹽) 바닷소금으로 바닷물을 끓여서 만든 소금

재염(再鹽) 호염을 끓여서 정제하여 만든 소금.

119. 홍국(紅麯, 紅麴)

쌀을 *Monascus*속 곰팡이로 띄운 코지.

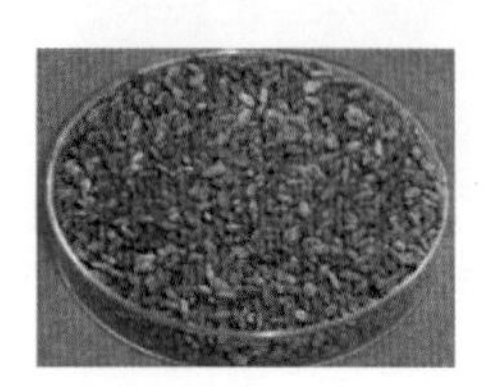

120. 홍두(紅豆) *Abrus precatorius*

① 장미목 콩과 덩굴성. 2.5m 뻗는다. 씨에는 아브린(abrin), 효소, 알칼로이드 등이 있는데 독성을 나타낸다. 씨를 상사자(相思子)라 하며, 피부병 · 최토(催土) · 거담 · 구충 등에 쓴다. ② 팥

121. 화염(火鹽)

포화농도의 소금물.

122. 화인(火印)

① 장에서 곡식을 되던 공인된 되(1.8리터)의 단위. 시승(市升).

② 화염인(火鹽印鹽) 포화농도의 소금물. 물 한 섬에 소금 8말을 녹인 것.

123. 회향(茴香) *Foeniculum vulgare.*

미나리과 여러해살이풀. 특유의 향기가 있다. 잎이 실처럼 가늘고 꽃은 노란색이다. 열매는 건위 · 구충 및 거담제로 쓴다. 회향유는 육류나 생선요리에 쓴다.

124. 후추(胡椒) *Fructus piperis.*

다년생 덩굴식물로 열매를 향신료로 사용한다. 열매의 크기는 5mm 정도인데 가루를 내어서 사용한다. 흰후추는 껍질을 벗겨서 갈아서 만든다.

문헌별 김치 찾아보기

가정요리(家庭料理) 고려대 소장, 1940년대 말

깍두기 290
깻잎김치 354
배추김치 213
보쌈김치 243
장김치 255

간편요리제법(簡便朝鮮料理製法) 이석만(李奭萬)
삼문사(三文社) 1934

김장준비, 무 배추씻는법 190
깍뚝이 285
나박김치 247
닭김치(鷄葅) 343
동침이 별법 271
동침이 270
배추(배채)김치 199
섞박지 261
외김치 324
외소김치 330
외지 328
용인외지 334
장김치 253
장짠지 310
전복김치 340
젓국지 320
짠지 306

거가필용(居家必用) 저자미상 13세기 말

가상추법 假萵筍法 158
가지겨자김치 芥末茄(兒) 126
가지김치 食香茄兒 122
가지마늘김치 蒜茄兒法 127
가지술지게미김치 糟茄兒法 127
금봉화줄기 술지게미절임 假萵筍法 155
김치 담는 법 造菜虀法 86
당근김치 湖蘿蔔鮓 107
데친죽순김치 造熟筍鮓 150
동아마늘김치 冬苽蒜法(蒜冬瓜) 138
무김치 食香蘿蔔 98
무싹김치 蘿菖黃芽葅 100
부들순김치 造蒲笋鮓 142
부추김치 醃鹽韭方 144
부추꽃김치 醃韭花法 144
산갓김치 山芥沈菜(山芥葅方) 131
상공의 김치 담는 법 相公虀法 97
생강술지게미김치 다른 법 糟薑方 146
생강오미절임 五味薑法 145
생강절임 造脆薑法 145
생강초절임 造醋薑法 147
연근절임 造藕稍鮓 148
오이가지 장김치 醬瓜茄方 129
오이김치 瓜虀方(造瓜虀法) 110
오이김치 食香瓜兒 112
오이마늘김치 黃瓜蒜(蒜黃瓜法) 118
오이술지게미김치 糟黃苽法 120
오이술지게미김치 糟瓜菜法 120
채소절임 造菜白鮓 86

고사신서(攷事新書) 서명응(徐命膺) 1771년

가지겨자김치 芥末茄(兒) 126
가지마늘김치 茄子蒜(蒜茄法) 127
가지술지게미김치 糟茄法 127
가지집장김치 沈汁葅茄 125
곰취(무르게 하는 법) 熊蔬(軟法) 156
굴김치 石花沈菜(石花葅方) 153
데친죽순김치 造熟筍鮓 150
동아마늘김치 冬苽蒜法(蒜冬瓜) 138
배추김치 菘沉葅法(菘葅方) 91
부들김치 香蒲葅法 143
부들순김치 蒲笋鮓(造浦筍鮓) 142
부추김치 韮草沈菜(淹韮菜) 144
부추꽃김치 淹韮花 144
산갓김치 山芥沈菜(山芥葅方) 131
생강 술지게미 김치 다른법 糟薑方(造糟薑法) 又法 146
생강오미절임 五味薑法 145

생강절임 造脆薑法 145
생강초절임 醋薑 147
연근절임 藕梢酢法 148
오이 가지 장김치 醬瓜茄方 129
오이김치 瓜虀方(造瓜虀法) 110
오이김치 食香瓜兒 112
오이마늘김치 黃瓜蒜(蒜黃瓜法) 118
오이술지게미김치 糟瓜菜法 120
오이 술지게미김치 糟瓜菜法 120
원추리꽃김치 黃花菜法 黃花菜 156
채소절임 造菜白鮓 86

고사십이집(攷事十二集) 서유구(徐有榘) 1787

가지겨자김치 芥末茄(兒) 126
가지마늘김치 茄子蒜(蒜茄法) 127
가지술지게미김치 糟茄法 127
가지집장김치 沈汁菹茄 125
곰취(무르게 하는 법) 熊蔬(軟法) 156
굴김치 石花沈菜(石花菹方) 153
동아마늘김치 冬苽蒜法(蒜冬瓜) 138
부들김치 香蒲菹法 143
부들순김치 蒲笋鮓(造浦筍鮓) 142
부추꽃김치 淹韮花 144
산갓김치 山芥沈菜(山芥菹方) 131
생강 술지게미김치 다른법 糟薑方(造糟薑法) 又法 146
생강초절임 醋薑 148
연근절임 藕梢酢法 148
오이마늘김치 黃瓜蒜(蒜黃瓜法) 118
오이술지게미김치 糟瓜菜法 120
원추리꽃 김치 黃花菜法 黃花菜 156
집장김치 沈汁菹 116
치자꽃김치 薝葍鮓(梔子花) 154

구선신은서(衢仙神隱書) 주권(朱權~1448) 1400년대초

가지겨자 김치 芥末茄(兒) 126
가지마늘김치 茄子蒜(蒜茄法) 127
가지술지게미김치 糟茄法 127
데친죽순김치 造熟筍鮓 150
동아마늘김치 冬苽蒜法(蒜冬瓜) 138
부들김치 香蒲菹法 143
부들순김치 蒲笋鮓(造浦筍鮓) 142
부추김치 韮草沈菜(淹韮菜) 144
부추꽃김치 淹韮花 144
산갓김치 山芥沈菜(山芥菹方) 131
생강 술지게미김치 다른법 糟薑方(造糟薑法) 又法 146
생강초절임 醋薑 148

식해형 죽순김치 竹筍鮓法 149
식해형 치자꽃김치 薝蔔鮓方 154
연근절임 藕梢酢法 148
오이 술지게미김치 糟黃苽法 120
오이마늘김치 黃瓜蒜(蒜黃瓜法) 118
오이술지게미김치 糟瓜菜法 120
죽순김치 竹笋鮓 149
치자꽃김치 薝葍鮓(梔子花) 154

국민보

김치상점(광고) 1948. 9. 1 183
(광고) 1942. 10. 28 183
따이몬 김치회사(광고) 1948. 3. 10 184
맛 좋은 김치(광고) 1942. 4. 15 183
성탄과 설김치 (광고) 1942. 12. 9 183

군방보(群芳譜) 왕상진(王象晋) 1621년

가지 술지게미 김치 糟茄法 128
갓김치 芥菜虀(芥虀方) 133
갓김치 藏芥方 134
검은김치 黑醃虀 95
마늘 술지게미 김치 糟蒜法 142
무물김치 水醃蘿葍法 101
배추김치 菘虀方 92
배추김치 醃菘法 92
배추 술지게미김치 糟菘法 94
부추꽃김치 醃韭花法 144
부추술지게미김치 糟韭法 145
생강술지게미 김치 또 다른 법 糟薑方又法 147
술지게미김치 糟藏菜方 90
술지게미법 糟法 121
오이김치 醃瓜法 118
오이김치 菜瓜虀 113
오이술지게미김치 糟菜瓜法 121
오이장김치 醬菜瓜法 115
오이초절임김치 醋瓜方 121
쟁반 오이김치 盤醬瓜法 115

군학회등(群學會騰) 1800년대 중반

가지겨자 김치 芥末茄(兒) 126
곰취(무르게 하는 법) 熊蔬(軟法) 156
동아마늘김치 冬苽蒜法(蒜冬瓜) 138
배추김치 菘沉菹法(菘菹方) 91
부들순김치 蒲笋鮓(造浦筍鮓) 142
오이마늘김치 黃瓜蒜(蒜黃瓜法) 118
원추리꽃김치 黃花菜法 黃花菜 156

규합총서(閨閤叢書) 빙허각(憑虛閣) 이씨(李氏) 1815년경
김치 87
꿩김치 151
동가(冬茄)김치 124
동아 섞박지(冬苽沈菜) 137
동저 106
동침이 105
산갓김치 132
섞박지 95
어육김치 152
용인 오이지법 122
장짠지 117
장짠지 다른 법 117
전복김치 154

농민 1-3, 23, 조선농민사 1930. 7. 1
외김치 325
외소김치(외통지이) 331
외지 328
외짠지 327

농상촬요(農桑撮要) 노명선(魯明善) 1330
배추김치 醃糟白菜方 94

농정회요(農政會要) 최한기(崔漢綺) 1830년경
가지겨자김치 芥末茄(兒) 126
가지마늘김치 茄子蒜(蒜茄法) 127
가지술지게미김치 糟茄法 127
가지장담금 醬茄法 126
겨울가지김치 沉冬月茄菹法 123
겨울가지김치 다른 법 沉冬月茄菹法 又法 123
동아김치 冬苽菹 137
동아마늘김치 冬苽蒜法(蒜冬瓜) 138
동아마늘김치 다른 법 冬苽蒜法 又法 138
동아마늘김치 세속법 冬苽蒜法 俗方 138
마늘 술지게미 김치 糟蒜法 142
마늘초절임 醋蒜法 141
무동치미 蘿葍凍沉菹法 105
무싹김치 蘿葍黃芽菹 100
무짠지 沈蘿葍醎菹法 99
배추겨자김치 菘芥法 93
부들김치 香蒲菹法 143
부추김치 韮草沈菜(淹韮菜) 144
부추꽃김치 淹韮花 144
산갓김치 山芥菹法 132
생강 술지게미 김치 다른법 糟薑方(造糟薑法) 又法 146
생강 잔뿌리김치 薑鬚菹法 146
생강초절임 醋薑 148
순무김치 蔓菁菹 109
여름 가지김치 夏月沉茄菹法 124
오이겨자김치 黃苽芥菜法 119
오이술지게미김치 糟黃苽法 120
오이술지게미김치 糟瓜菜法 120
오이싱건지 黃苽淡菹法 114
오이짠지 黃苽醎菹法 113
용인 오이싱건지 龍仁淡苽菹法 121
익힌 오이김치 黃苽熟菹法 120
죽순김치 竹笋鮓 149
죽순소금절임 菜蔬諸品 149

도문대작(屠門大嚼) 허균(許筠) 1611
죽순짠지 竹筍鹽 149

동아일보(東亞日報)
가정의 큰일 김장 때를 당하여 1925. 11. 12 163
개성보김치 1937. 11. 13 174
개성쌈김치 1935. 11. 15 239
공주깍두기 1937. 11. 10 283
김장 1937. 11. 10 171
김장 1957. 11. 1 174
김장과 김치 1937. 11. 9 170
김장 때를 맞는 가난한 사람의 고통 1926. 11. 12 165
김장소금 걱정없다. 한 사람에 7근배급 1949. 9. 17 182
김장 시기 1937. 11. 10 173
김장 시세 1923. 11. 9 176
김장용 소금배급 1946. 10. 24 182
김장용 채소확보 1950. 11. 18 181
김장으로 없어진 돈 약 20만원 1927. 11. 25 178
김치깍두기 만드는 것은 가정입문의 ABC! 1938. 11. 27 173
김치깍두기 잘 담는 비결 1934. 8. 29 286
김치 비법 1937. 11. 13 189
김칫독 1937. 11. 10 186
깍두기 1957. 11. 1 294
깍둑이 1935. 11. 15 287
나머지 일 1928. 11. 3 166
나박김치와 냉잇국 1959. 3. 19 250
누른외소 김치 1931. 6. 16 332
닭김치 1935. 11. 8 343
닭김치 1939. 8. 10 345
동침이 1928. 11. 2 268
동침이 1931. 11. 17 269
동침이 특별법 1931. 11. 17 276

메루치젓으로 담그는 맛좋은 전라도 김치 1934. 11. 12 200
무김치 1928. 11. 2 311
방어다리 배추 1937. 11. 9 172
배채 동침이 1935. 11. 12 271
배추김치 1957. 11. 1 233
배추동침이 1931. 11. 13 272
보쌈김치 1959. 11. 21 246
삶은김치 1928. 11. 3 355
서울김장 1935. 11. 13 203
소금의 작용 1937. 11. 11 188
쌈김치 1928. 11. 1 234
외소박이 김치 1931. 6. 16 331
입동과 김장 준비 1922. 11. 6 175
장김치 1928. 11. 2 252
전라도김치 1937. 11. 13 206
전라도지 1935. 11. 12 202
짠지 1928. 11. 3 306
통김치 1928. 11. 12 198
통김치 (1) 1931. 11. 11 221
통김치 (2) 1931. 11. 12 222
통김치 (3) 1931. 11. 13 223
통김치 속 1937. 11. 10 225
평안도 김장법 1935. 11. 14 192
평안동침이 1935. 11. 14 274
풋배추 김치 1959. 3. 26 315
한련김치 1931. 6. 16. 358
한창 김장할 때 주부의 명심할 일(가) 1935. 11. 10 167
한창 김장할 때 주부의 명심할 일(나) 1931. 11. 11 169

매일신보(每日新報)
닭김치 1924. 5. 25 343
장김치 1924. 5. 25 252
전복김치 1924. 5. 25 340
젓국지 즉 동김치 1924. 6. 15 319
짠김치 1924. 5. 25 307

물류상감지(物類相感志) 소식(蘇軾; 소동파) 1690
생강술지게미김치 별도로 소금 두냥(75g)을 쓰는 법 別用鹽二兩法 147
한두 가지 저울질 하는 법 秤一兩法 90

별건곤(別乾坤) 제12 · 13호
잊혀 지지 않던 기후와 김치 김준연(金俊淵) 1928. 5. 1 190
온돌과 김치 유영준(劉英俊) 1928. 5. 1 195
조선김치예찬 유춘섭(柳春燮) 1928. 5. 1 193
조선의 달과 꽃, 음식으로는 김치, 갈비, 냉면도 이정섭(李晶燮) 1928. 5. 1 195

부인필지 빙허각이씨(夫人必知, 憑虛閣李氏) 1915
김치(침채)제품 233
동침이 266
용인외지법 333
장짠지 310

사시찬요(四時纂要) 800~900년
집장김치 沈汁菹 130

사시찬요초(四時纂要抄) 강희맹(姜希孟) 1483
집장김치 沈汁菹 116

산가요록(山家要錄) 전순의(全循義) 1450
가지김치 茄子菹 123
급히 담그는 김치 旋用沈菜 161
나박김치 蘿薄 108
동아김치 冬瓜沈菜 136
동아담기 沈冬瓜 136
동아짠김치 冬瓜辣菜 136
동치미 凍沈 104
동치미 土邑沈菜 103
마늘담기 沈蒜 141
무염김치 無鹽沈菜法 108
배추김치 沈白菜 91
복숭아담기 沈桃 160
살구담기 沈杏 161
생강김치 沈薑法 146
수박담기 沈西瓜 160
순무김치 菁沈菜 108
오이김치 瓜菹 110
청태콩 담기 沈靑太 160
토란줄기김치 芋沈菜 157
파김치 生蔥沈菜 158

산가청공(山家淸供) 1241~1252
경지김치 瓊芝虀方 157
배추불한김치 不寒虀方 91
원추리 김치 忘憂虀方 157

산림경제(山林經濟) 홍만선(洪萬選) 1715
가지겨자김치 芥末茄(兒) 126
가지마늘김치 茄子蒜(蒜茄法) 127
가지술지게미김치 糟茄法 127
가지집장김치 沈汁菹茄 125
곰취(무르게 하는 법) 熊蔬(軟法) 156

굴김치 石花沈菜(石花葅方) 153
데친죽순김치 造熟筍鮓 150
동아마늘김치 冬苽蒜法(蒜冬瓜) 138
부들김치 香蒲沈菜 143
부들김치 香蒲葅法 143
부들순김치 蒲笋鮓(造浦筍鮓) 142
부추김치 韮草沈菜(淹韮菜) 144
부추꽃김치 淹韮花 144
산갓김치 山芥沈菜(山芥葅方) 131
생강 술지게미김치 다른법 糟薑方(造糟薑法) 又法 146
생강초절임 醋薑 148
양하(蘘荷) 161
연근절임 藕梢酢法 148
오이술지게미김치 糟黃苽法 120
오이술지게미김치 糟瓜菜法 120
오이마늘김치 黃瓜蒜(蒜黃瓜法) 118
원추리꽃 김치 黃花菜法 黃花菜 156
적로 滴露 160
죽순김치 竹笋鮓 149
집장김치 沈汁葅 116
집장김치 沈汁葅 130
치자꽃김치 簷葍鮓(梔子花) 154

색경(穡經) 박세당(朴世堂) 1676년
여뀌김치 蓼 159
집장김치 養汁葅法 125

서울신문
서울시 김장철 상황 1949. 11. 9 180

수문사설(謏聞事說) 이표(李杓) 1740년대
마늘초절임 醋蒜 141
오이장아찌 醬瓜法 170

수운잡방(需雲雜方) 김수(金綏) 1500년대초
겨울나기겨자김치 過冬芥葉沈菜 133
꿩김치 雉葅 150
납일주 술지게미김치 臘糟葅 130
늙은오이김치 老苽葅 112
동아 담가 오래 저장하는 법 沈東瓜久藏法 136
동치미 土邑沈菜 104
무김치 沈蘿葡 103
배추김치 沈白菜 91
오이김치 苽葅 111
오이김치 다른 법 苽葅又法 111
오이물김치 水苽葅 111
오이향유김치 香苽葅 119
집장김치 汁葅 125
집장김치 다른 법 汁葅又法 130
청교의 김치 담는 법 青郊沈菜法 109
토란줄기(고은대) 김치 土卵莖沈造 157
파김치 蔥沈葉 158

술빚는법 1800년대말
장김치법 118

시의전서(是議全書) 1800년대말
가지김치 茄沈菜 124
가지짠지 125
굴김치법 153
동아 섞박지 冬苽沈菜 137
동침이(冬沈伊) 196
박김치(匏沈菜) 140
배추통김치(菘沈菜) 93
상갓김치(香芥沈菜) 135
섞박지 97
속대짠지 93
어육김치(魚肉沈菜) 152
열젓국지 102
오이김치(胡苽沈菜) 115
오이지 113
오이지 푸르게 하는 법 113
장김치(醬沈菜) 94
장짠지 117
젓무 102
제사김치 90

여성(女性), 김장교과서, 방신영, 7, 50-54, 1939. 11
깍둑이 288
동침이(冬沉) 275
배채김치 207
석박지 262
쌈김치(보쌈김치) 240
젓국지 323
짠지 308
채김치 353

여성(女性), 평안 경기 전라 3도 대표 김장 소개판, 방신영, 9, 30-35, 1940. 11
서울 솜씨로는(배추통김치) 趙慈鎬 211
전라도 갓지 金惠媛 337
전라도 고추젓 金惠媛 349
전라도 고춧잎지 金惠媛 349
전라도 두쪽 깍둑이 金惠媛 289
전라도 무동침 金惠媛 273

전라도 배추김치 金惠媛 208
전라도 배추동침 金惠媛 272
전라도 잔깍두기 金惠媛 289
전라도 토아젓 채깍두기 金惠媛 290
전라도 통깍둑이 金惠媛 289
평안도에서는 李順福 210

역주방문(曆酒方文) 1800년대중반
집장김치 汁葅 116

오주연문장전산고(五洲衍文長箋散稿) 이규경(李圭景) 1850년경
가지겨자 김치 芥末茄(兒) 126
가지김치 食香茄兒 122
가지마늘김치 蒜茄兒法 127
가지술지게미김치 糟茄兒法 127
갓김치 根芥沈葅 135
금봉화줄기 술지게미절임 假萵笋法 155
김치 담그는 법 造虀菜法 86, 143
당근절임 湖蘿蔔鮓 107
동아마늘김치 冬苽蒜法(蒜冬瓜) 138
동아장김치 冬瓜醬葅 140
동아젓갈김치 冬瓜醢汁醃葅 138
무김치 食香蘿蔔 98
부들순김치 造蒲笋鮓 142
부추김치 醃鹽韭方 144
부추꽃김치 淹韮花法 145
상공의 김치 담는 법 相公虀法 99
생강 술지게미 김치 다른법 糟薑方(造糟薑法) 又法 146
생강오미절임 五味薑法 145
생강절임 糟脆薑法 145
생강초절임 造醋薑法 147
연근절임 造藕稍鮓 148
오이김치 瓜虀方(造瓜虀法) 112
오이김치 食香瓜兒 110
오이마늘김치 黃瓜蒜(蒜黃瓜法) 118
오이술지게미김치 糟瓜菜法 120
채소절임(糟菜白鮓) 86
호나복(당근)김치 胡蘿蔔菜 107

옹희잡지 (饔饎雜志) 서유구(徐有榘) 1800년대초
김치담기와 저장법 醃藏菜 87
동아 젓갈김치 醢汁冬瓜方 139
무젓갈김치 醢葅法 102
오이장김치 醬黃瓜法 116
참외 장김치 醬甛瓜法 160

요록(要錄) 1680년경
고사리담기 沈蕨 159
동아김치 沈冬果 137
동아마늘김치 冬苽蒜法(蒜冬瓜) 138
동치미 凍沈 104
동치미(순무) 過冬沈菜 104
마늘김치 蒜菜 137
무염김치 無鹽沈采 100
배추김치 沈白菜 91
오이김치 淹黃苽 112

우리음식 손정규(孫貞圭) 삼중당(三中堂) 1948
가지김치 茄子沈菜 354
곤쟁이젓 깍두기 302
굴깍두기 牡蛎紅俎 296
김장준비 174
김치 350
김치 국물 마련 189
김치 一時漬 198
김치류 沈菜類 186
깍두기 紅俎菜 284
나박김치 片沈菜, 蘿蔔沈菜 249
동치미 冬沈菜 277
메르치젓 깍두기 302
무깍두기 蕪紅俎 202
무싱건지 311
무청깍두기 303
박김치 瓢沈菜 339
보김치 褓沈菜 241
비늘김치 鱗沈菜 352
석박지 雜沈菜 263
소금깍두기 303
알무 깍두기 302
양배추김치 洋白菜沈菜 355
오이깍두기 胡瓜紅俎 301
오이속박이 胡瓜丸漬 332
오이지 胡瓜鹽沈菜 329
장김치 醬沈菜 256
젓무 304
짠무김치 蕪鹽沈菜 311
채김치 354
통김치 筒沈菜 226
풋김치 靑根沈菜 312

월사집(月沙集) 이정구(李廷龜) 1636
원추리김치 忘憂虀方 157
원추리꽃김치 黃花菜法 黃花菜 156

음식디미방 석계부인(石溪夫人) 안동장씨(安東張氏) 1670년경
고사리 담기 159
꿩김치법 生稚沈菜法 150
꿩지(생치지히) 151
꿩짠지(생치짠지) 151
동아 담는법 136
마늘 담기141
산갓김치 131

음식법 저자미상 1854
침채 109

음식보(飮食輔) 숙부인 진주정씨(淑夫人 晉州鄭氏) 1700년대초
가지약지법 126
동침이법 105

이조궁중요리통고(李朝宮廷料理通攷) 한희순 황혜성 이혜경(韓熙順, 黃慧性, 李惠卿) 학총사(學叢社) 1957
나박김치 250
닭김치 346
동치미 282
무비늘김치 352
배추 통김치 232
보쌈김치 245
섞박지 266
송송이(깍두기) 293
열무김치 318
오이 비늘김치 334
오이소박이 333
오이송이(오이깍두기) 301
오이통깍두기 301
장김치 259
젓국지 324
짠지 310
햇김치 315

일일생활신영양요리법(日日生活 新榮養料理法) 이석만(李奭萬) 신국서림(新舊書林) 1935
갓김치 335
곤쟁이젓 김치 356
굴김치 341
굴깍둑이 294
깍뚝이 285, 291
나백김치 248
닭깍둑이 296
돌나물김치 355
동김치 배추 소 버무리는 법 224
동김치(동치미) 223, 277
멧젓 304
박김치(음력 칠월에 담그는 것) 338
배추 소 만드는 법 357
섞박지 261
숙깍두기(익힌 깍두기) 298
쌈김치 241
오이깍두기 299
외김치 325
외소김치 332
외지 328
장김치 255
전복김치 340
젓국지 323
지럼김치 352
짠지 327
풋김치 312

임원십육지(林園十六志) 서유구(徐有榘) 1827
가지 술지게미 김치 糟茄法 128
가지겨자 김치 芥末茄(兒) 126
가지마늘김치 蒜茄兒法 126
가지장담금 醬茄法 126
갓김치 芥菹 133
갓김치 芥菜虀(芥虀方) 134
갓김치 藏芥方 133
검은김치 黑醃虀 95
겨울가지김치 沉冬月茄菹法 123
겨울가지김치 다른 법 沉冬月茄菹法 又法 123
겨울김치 醃冬菜方 88
경지김치 瓊芝虀方 157
고수김치 胡荽虀方 155
곰취(무르게 하는 법) 熊蔬(軟法) 156
굴김치 石花沈菜(石花菹方) 153
김치담기와 저장법 醃藏菜 87
김치담는법 糟虀菜法 86
당근김치 胡蘿葍虀方 107
동아겨자장김치 芥子醬冬瓜方 138
동아마늘김치 冬苽蒜法(蒜冬瓜) 138
동아젓갈김치 醯汁冬瓜方 138
마늘 술지게미 김치 糟蒜法 142
마늘오이김치 蒜瓜方 119
마늘초절임 醋蒜法 140
마늘초절임 醋蒜方 137
마른 항아리에 김치 담는 법 乾閉瓮菜方 89

매실마늘김치 蒜梅方 140
무김치 食香蘿葍 98
무동치미 蘿葍淡葅法 101
무물김치 水醃蘿葍法 101
무술지게미 김치 糟蘿葍方 101
무싹김치 蘿葍黃芽葅 100
무염김치 無鹽菹法 101
무젓갈김치 醢菹法 102
무짠지 沈蘿葍醎葅法 99
배추겨자김치 菘芥法 93
배추김치 菘沉葅法(菘菹方) 91
배추김치 菘虀方 92
배추김치 醃菘法 92
배추김치 醃糟白菜方 94
배추불한김치 不寒虀方 91
배추술지게미김치 糟菘法 94
부들김치 香蒲葅法 143
부추김치 醃鹽韭方 144
부추꽃김치 醃韭花法 144
부추술지게미김치 糟韭法 145
산갓김치 山芥沈菜(山芥菹方) 131
상공의 김치 담는 법 相公虀法 99
상추김치 醃萵苣方 158
생강 술지게미 김치 다른법 糟薑方(造糟薑法) 又法 146
생강술지게미 김치 糟薑方 146
생강술지게미 김치 또 다른 법 糟薑方又法 146
생강술지게미김치 별도로 소금 두냥(75g)을 쓰는 법 別用鹽二兩法 146
생강초절임 醋薑 148
3번 삶은 오이김치 三煮瓜法 120
술지게미김치 糟藏菜方 90
술지게미법 糟法 121
식해형 당근김치 胡蘿蔔鮓方 108
식해형 부들순김치 造蒲筍鮓 142
식해형 삼백김치 三白鮓方 102
식해형 연근김치 藕稍酢法 148
식해형 죽순김치 竹筍鮓方 149
식해형 죽순김치 竹筍鮓法 149
식해형 줄풀김치 茭白鮓方 159
식해형 치자꽃김치 鮓薝葍 154
여름 가지김치 夏月沉茄葅法 124
연근절임 造藕稍鮓 148
오이가지 술지게미 김치 糟瓜茄方 121, 131
오이가지 집장김치 假汁醬法 129
오이가지장김치 醬瓜茄方 129
오이겨자김치 黃苽芥菜法 119
오이김치 瓜虀方(造瓜虀法) 112
오이김치 醃瓜法 118
오이김치 菜瓜虀 113
오이술지게미김치 糟瓜菜法 120
오이술지게미김치 糟菜瓜法 120
오이싱건지 黃苽淡葅法 114
오이장김치 醬菜瓜法 115
오이장김치 醬黃瓜法 116
오이초절임김치 醋瓜方 121
오향김치 醃五享菜方 155
용인 오이싱건지 龍仁淡苽葅法 121
원추리김치 忘憂虀方 157
원추리꽃김치 黃花菜法 156
쟁반 오이김치 盤醬瓜法 115
전복김치 鰒菹方 154
죽순김치 竹筍鮓 149
짠지 葅藏菜方 89
참외 장김치 醬甛瓜法 160
한 두가지 저울질 하는 법 秤一兩法 90

제민요술(齊民要術) 가사협(賈思勰) 북위(北魏) 530~550

고사리김치 蕨菹 85
김김치 紫菜菹法 82
데친김치 作湯葅法 74
데침김치 湯菹法 80
동아겨자김치 瓜芥菹 79
따뜻한 무 김치 煐菹法 81
마름김치 荇(莕이라고도 쓴다)菹 85
매실동아법 梅瓜法 82
목이김치 木耳菹 84
배김치 梨菹法 83
배추뿌리무김치 菘根蘿蔔菹法 82
배추뿌리통초절임 菘根㴩菹法 81
배추짠지 作菘鹹葅法 76
부들김치 蒲菹 76
삼백초김치 蕺菹法 80
상추김치 藘菹法 84
생강꿀절임 蜜薑法 82
순무, 배추, 아욱, 갓짠지 蕪菁菘葵蜀芥鹹葅法 74
식경의 고사리 저장법 食經曰藏蕨法 84
식경의 낙안현(樂安縣) 지사 서숙(徐肅)에 의한 오이 담기 食經曰 樂安令徐肅 藏瓜法 78
식경의 매실-동아 담기 食經藏梅瓜法 78
식경(食經)의 아욱김치 食經作葵葅法 75
식경의 오이담기 食經曰藏瓜法 77
식경의 월과(越瓜) 담기 食經曰藏越瓜法 77
아욱김치 葵菹 76
아욱즉석절임 作卒葅法 75

오이 술절임김치 醃瓜菹酒法 78
오이김치 瓜菹法 79
죽순김김치 苦笋紫菜菹法 80
죽채김치 竹菜菹法 80
초김치 作酢菹法 76
통김치 釀菹法 75
회향달래김치 胡芹小蒜菹法 81

조선무쌍신식요리제법(朝鮮無雙新式料理製法) 이용기(李用基) 영창서관(永昌書館) 한흥서림(韓興書林) 1924
갓김치(芥菹) 334, 341
굴김치(石花菹) 341
굴깍뚝이 294
김치(菹菜, 沈菜) 184
깍뚝이(무젓, 젓무, 紅菹) 284
나박김치(나백김치, 蘿葍淡菹) 247
닭김치(鷄菹) 343
돌나물김치 355
동아김치(東瓜菹) 338
동침이(冬菹, 冬沈) 267
무김치(蘿葍醎菹) 350
박김치(匏菹) 338
산갓김치(산겨자김치, 山芥菹) 335
석박지 260
숙깍뚝이 298
얼가리김치(초김치) 351
열무김치(細菁菹) 316
외김치(瓜菹) 325
외깍둑이 299
외소김치(외소박이) 330
외지(瓜醎漬) 327
외짠지 330
장김치(醬菹) 251
절임김치 350
젓국지(醢菹) 318
짠지(蘿葍醎菹) 305
채깍뚝이 297
통김치 220
통김치(簡菹) 217
파김치(蔥菹) 354
풋김치(青菹) 311
햇깍뚝이 297

조선식물개론(朝鮮食物槪論) 김호식(豊山泰次) 생활과학사(生活科學社) 1945 (일본어)
통김치 228

조선요리(朝鮮料理) 손정규(伊原圭(孫貞圭)) 일한서방(日韓書房) 1940(일본어)
가지김치 茄子沈菜 354
그날 동침이 一夜冬沈菜 278
김치 국물 마련 189
김치 一時漬 198
김치류 沈菜類 186
깍두기 大根紅沈菜 284
나박김치 片沈菜, 蘿葡沈菜 249
동치미 277
무싱거운지 大根薄鹽漬 311
무짠지 大根鹽漬 311
박김치 瓢沈菜 339
보김치 褓沈菜 241
비늘김치 鱗沈菜 352
석박지 雜沈菜 263
양배추김치 洋菜沈菜 355
오이소백이 胡瓜沈菜 332
오이지 胡瓜鹽漬 329
장김치 醬沈菜 256
통김치 筒沈菜 226
햇김치 菁根沈菜 312

조선요리법(朝鮮料理法) 조자호(趙慈鎬) 광한서림(廣韓書林) 1939
겨자김치-1 336
겨자김치-2 336
관전자(꿩김치) 346
굴김치 341
굴젓무(굴깍두기) 295
나박김치 248
닭김치 344
동침이 274
배추짠지 307
배추통김치 227
배추통깍두기 298
보쌈김치 243
생선김치 342
열무김치 316
오이김치 326
오이깍두기 300
장김치 254
조개전무(조개깍두기) 296
짠무김치 310
짠지 307

조선요리법(朝鮮料理製法) 방신영(方信榮) 신문관(新文館) 1917 한성도서 1942
갓김치 335
곤쟁이젓 김치 335
굴김치 341
굴깍두기 294
김통지 232
깍두기 284, 291
깍두기(아무 때나 담는) 291
나박김치 247
닭김치(鷄葅) 343
닭깍둑이 296
돌나물김치 355
동김치(동치미) 277
동침이 267
동침이 별법 267
멧젓 304
박김치 339
박김치(음력 칠월에 담그는 것) 338
배추(배채)김치 199
섞박지 260, 261
숙깍두기(익힌 깍두기) 298
쌈김치 241
열무김치 317
오이깍두기 299
외김치 324, 325
외소김치 330, 332
외지 328
외짠지 327
용인외지 334
장김치 251, 255
장짠지 310
전복김치 340
젓국지 318, 323
지렴김치 352
짠지 305, 307
채김치 353
통김치 216, 223
통김치 배추 소 버무리는 법 224
풋김치 312

조선요리학(朝鮮料理學) 홍선표(洪善杓) 조광사(朝光社) 1940
개성보김치 242
공주깍두기 283
김장 171
김장과 김치 170
김장 시기 173
김치 비법 189
김칫독 186
동침이 특별법 276
방어다리 배추 171
소금의 작용 188
전라도김치 206
통김치 속 225

조선음식 만드는 법 방신영 대양공사 1946
갓김치 (가을) 337
곤쟁이젓 김치 (가을철) 356
굴김치 (겨울철) 342
굴깍두기 (겨울철) 295
김장김치 담그는 법 214
깍두기 (김장때 깍두기) 292
나물김치 (봄철) 355
나박김치 (봄철) 249
닭깍둑기 297
동과 석박지 (김장김치) 265
동치미 (1) (김장김치) 278
동치미 (2) (김장김치) 279
동치미 (3) (김장김치) 279
동치미 (4) (김장김치) 280
동치미 별법 (김장김치) 281
배추김치 (봄가을) 215
배추통김치 (김장김치) 230
봄김치 (1) 213
봄김치 (2) 314
생치과전지 (꿩김치) (여름철) 347
석박지 1 (김장김치) 263
석박지 2 (김장김치) 264
숙깍둑기 (겨울철) 298
쌈김치 (김장김치) 244
열무김치 (솎음열무, 음력 5~8월) 317
영계 과전지 (영계김치) (여름철) 345
오이김치 (여름철) 326
오이깍둑기 (여름, 가을철) 300
오이소김치 (여름철) 333
오이지 (여름철) 329
장김치 (사철용) 257
전복김치 (사철) 340
젓국지 (김장김치) 324
지렴김치 (김장김치) 352
짠지 (김장김치) 309
채김치 (김장김치) 353
채깍뚜기 (김장김치) 297
햇무우 동치미 (가을철) 282

조선의 연구 야마구치도요마사(山口豊正) 東京巖松堂 1911 (일본어)
제6염세법 182

조선이란 어떤 곳 다카마쓰겐타로(高松健太郎) 京城大阪屋號書店 1941 (일본어)
조선요리와 김치 197

조선중앙일보(朝鮮中央日報)
김치와 장조림-손군(孫君)을 위하여 백림까지 응원-친구 어머니의 사랑의 선물 1936.7.23 196
넝쿨김치 1935. 6. 4 358
보쌈김치 담그는 법 1934. 11. 9(上), 10(下), 1935. 6. 4 236
장김치 1934. 11. 11. 4면 253

주방문(酒方文) 하생원(河生員) 1600년대말
고사리담기(沈蕨法) 159
생강김치(沈薑法) 147
약김치(藥沈菜) 128
오이가지김치(苽茄菜, 苽茄菁沈菜) 128

주식방(酒食方)
가지(오이)김치 담그는 법 129

주찬(酒饌) 1800년대 초
가을김치 秋沈法 92
김치담는 법 沈菹方 88
꿩(닭)짠지 生雉醎菹(生鷄醎菹) 150
꿩김치 生雉沈菜 151
담족김치 淡足沈菜 101
무동치미 童沈菹 106
섞박지 胥薄菹 97
싱건지 淡菹 100
오이싱건지 苽淡沈菜 114
오이짠지 苽醎菹 114
이른 섞박지 早胥薄菹 97
짠지 醎菹 100

중궤록(中饋錄) 송대(宋代) 송대(宋代) 오씨(吳氏)가 지은 것과 청대(靑代) 증의(曾懿)가 지은 것
가지장담금 醬茄法 126
갓김치 藏芥方 133
동아마늘김치 冬苽蒜法 138
마늘오이김치 蒜瓜方 119
마늘초절임 醋蒜法 140
마늘초절임법 醋蒜方 140
마른 항아리에 김치 담는 법 乾閉瓮菜方 89
매실마늘김치 蒜梅方 140
무술지게미 김치 糟蘿葍方 101
부추김치 醃鹽韮方 144
생강술지게미 김치 糟薑方 146
세번 삶은 오이김치 三煮瓜法 120
식해형 삼백김치 三白鮓方 102
식해형 죽순김치 竹筍鮓方 149
식해형 줄풀김치 茭白鮓方 159
식해형 당근김치 胡蘿蔔鮓方 108
오이가지 술지게미 김치 糟瓜茄方 131

중외일보(中外日報)
개성보쌈김치 1929. 11. 4 236
금년의 김장시세 1928. 11. 12 179
무시멧젓 1929. 11. 5 303
배추멧젓 1929. 11. 5 304
부산멸치젓 김치 1929. 11. 5 191
서울 장김치 1929. 11. 4 253
입동철이 되었는데 김장시세는 어떤가 1929. 11. 9 179
허드레김치 1929. 11. 7 357

증보산림경제(增補山林經濟) 유중림(柳重臨) 1767년
가지겨자김치 芥末茄(兒) 126
가지마늘김치 茄子蒜(蒜茄法) 126
가지술지게미김치 糟茄法 126
가지장담금 醬茄法 126
갓김치 芥菹 132
겨울가지김치 沉冬月茄菹法 123
겨울가지김치 다른 법 沉冬月茄菹法 又法 123
굴김치 石花沈菜(石花菹方) 153
당귀줄기 當歸莖 156
동아겨자장김치 芥子醬冬瓜方 138
동아김치 冬苽菹 137
동아마늘김치 冬苽蒜法(蒜冬瓜) 138
동아마늘김치 다른법 冬苽蒜法 又法 138
동아마늘김치 세속법 冬苽蒜法 俗方 138
마늘 술지게미김치 糟蒜法 142
마늘초절임 醋蒜法 141
무동치미 蘿葍凍沉菹法 105
무싹김치 蘿葍黃芽菹 100
무짠지 沈蘿葍醎菹法 99
미나리 짠지 芹醎菹 155
배추겨자김치 菘芥法 93
배추김치 菘沉菹法(菘菹方) 91
부들김치 香蒲菹法 143
부들순김치 蒲笋鮓(造浦筍鮓) 142

부추김치 韮草沈菜(淹韮菜) 144
부추꽃김치 淹韮 144
산갓김치 山芥葅法 132
생강 술지게미 김치 다른 법 糟薑方(造糟薑法) 又法 146
생강 잔뿌리김치 薑鬚葅法 146
생강초절임 醋薑 148
순무김치 蔓菁葅 109
여름 가지김치 夏月沉茄葅法 124
연근절임 藕梢酢法 148
오이겨자김치 黃苽芥菜法 119
오이마늘김치 黃瓜蒜(蒜黃瓜法) 118
오이술지게미김치 糟黃苽法 120
오이술지게미김치 糟瓜菜法 120
오이싱건지 黃苽淡葅法 114
오이짠지 黃苽鹹葅 114
오이짠지 黃苽鹹菹法 113
용인 오이싱건지 龍仁淡苽葅法 121
익힌 오이김치 黃苽熟葅法 120
전복김치 鰒菹方 154
죽순김치 竹笋鮓 149
죽순소금절임 菜蔬諸品 149
치자꽃김치 簷葍鮓(梔子花) 154

지봉유설(芝峯類說) 이수광(李睟光) 1613
부들김치 香蒲葅法 143

치생요람(治生要覽) 강와(强窩) 1691
김치담기 作葅 130

태상지(太常志) 이근명(李根命) 1873
김치 沈葅 87

할팽연구(割烹研究) 경성여자사범대학 가사연구회 (京城女子師範大學 家事研究會) 1937 (일본어)
통김치(冬漬) 225
풋김치(當座漬) 313

해동농서(海東農書) 서호수(徐浩修) 1799
가지겨자김치 芥末茄(兒) 126
가지마늘김치 茄子蒜(蒜茄法) 127
가지술지게미김치 糟茄法 127
곰취(무르게 하는 법) 熊蔬(軟法) 156
동아마늘김치 冬苽蒜法(蒜冬瓜) 138
부들순김치 造蒲笋鮓 142
부들순김치 蒲笋鮓(造浦筍鮓) 142
부추김치 韮草沈菜(淹韮菜) 144
부추꽃김치 淹韮花 144
산갓김치 山芥沈菜(山芥菹方) 131
생강 술지게미 김치 다른법 糟薑方(造糟薑法) 又法 146
연근절임 藕梢酢法 148
오이마늘김치 黃瓜蒜(蒜黃瓜法) 118
오이술지게미김치 糟瓜菜法 120
원추리김치 黃花菜法 黃花菜 156
원추리꽃김치 黃花菜法 156
치자꽃김치 簷葍鮓(梔子花) 154

참고문헌

고사촬요(攷事撮要) 1554년(明宗 9)부터 여러 차례 개찬. 어숙권(魚叔權)이 조선시대의 사대교린(事大交隣) 등 일상생활에 필요한 사항을 뽑아 엮어놓은 책. 3권 3책. 12차례 간행되었다.

고사촬요, 증보산림경제, 고사신서(攷事撮要, 增補山林經濟, 攷事新書, 한국전통의 약번역총서) 서울대학교 천연물과학연구소편, 오롬시스템, 1988

청파극담(靑坡劇談) 1852(哲宗 3년), 이륙(李陸, 1438～1498). 산갓김치(山芥沈菜)가 있다.

농가십이월속(農家十二月俗詩) 1861(哲宗 12), 김형수(金逈洙), 3월에 제(虀)가 있다.

농가월령가(農家月令歌) 1816(純祖 16년), 정학유(丁學游, 정다산의 아들), 달마다 해야 할 농가의 일, 풍속, 범절을 노래한 것. 시월에 김장이 있다.

동국이상국집(東國李相國集) 1241, 고려 이규보(李奎報:1168~1241)의 시문집. 5의 3권 13책. 가포육영(家圃六詠), 순무를 절이는 방법이 있다.

만언사(萬言詞) 안조원(安肇源, 正祖代, 1777～1800), 대전별감(大殿別監)으로, 추자도(楸子島)에 유배되어 쓴 유배기(流配記) 가사(歌辭). 장김치가 나온다.

매월당집(梅月堂集) 1602(宣祖 35). 김시습(金時習 : 1435~1493). 23권 6책. 1~15권까지는 시집이고, 나머지는 문집.

명물기략(名物紀略) 1870년경, 황필수(黃泌秀), 음식부에 침채(沈菜)가 있다. 황필수는 방약합편(方藥合編)을 지었다.

본초강목(本草綱目) 1578(명대 萬曆 6년), 이시진(李時珍: 1518~1593) 52권. 신농본초경(神農本草經) 등의 중국 역대 약학서를 취하여 썼다. 16부(部) 60종류로, 약물(藥物)은 1,892종이 있다.

본초연의(本草衍儀) 1119(북송말기) 구종석(寇宗奭). 의서로 약리에 대하여 처음 서술

북학의(北學議) 1778년(정조 2) 박제가(朴齊家 1750(英祖 26-)) 내편(內篇)과 외편(外篇). 중국의 문물과 제도에서 배워야 할 점을 문물별로 기록했으며 제도상의 모순과 개혁할 점을 항목별로 제시했다.

사류박해(事類博解) 1885(高宗 22年). 김병규(金炳圭), 저채(菹菜)와 엄채(淹菜)가 있다.

산가요록(山家要錄) 1450. 전순의(全循義). 고농서국역 발간추진위원회 번역, 농촌진흥청 고농서국역총서 8. 2004. 12.

산림경제(山林經濟, 고전국역총서) I, II. 민족문화추진회, 한국문화문고 간행회, 1983

산촌잡영(山村雜泳) 고려말 이달충(李達衷)(?~1385), 소금절임 김치(염지, 鹽漬) (여뀌에 마름을 섞은 김치(鹽漬蓼和萍))

색경(穡經, 고농서국역총서) 1676(肅宗 2년) 朴世堂(1629~1703) 지음, 2권2책 가지로 치 만드는 법이 있다. 농촌진흥청, 2002

삼국위지동이전(三國志魏志東夷傳) 서진(西晉)의 진수(陳壽, 233~297), 한(韓)과 주서이역전(周書異域傳)에 김치 관련 내용이 있다.

석명(釋名) 후한의 유희가 2세기경에 지은 사전으로 기원전 1세기경의 가장 오래 된 자전 이아(爾雅)처럼 부분별로 정리하였다.

선화봉사고려도경(宣和奉使高麗圖經, 고려도경) 1123년(인종 1), 송나라 사절인 서긍(徐兢)이 지음. 조예(皁隸)와 연례(燕禮)에서 채소를 언급하였다.

수운잡방 주찬(需雲雜方 酒饌) 윤숙경 편저, 신광출판사, 1998

시경(詩經) 중국에서 가장 오래 된 시집. 주나라때부터 기원전 506년까지의 시 305편을 수록하였다. 황하하류의 음식을 가르키는 귀절이 많다.

시의전서 이효지, 조신호, 정낙원, 김현숙, 유애령, 최영진, 김은미, 백숙은, 원선님, 김상연, 차경희, 백현남 엮음 신광출판사 2004

신이행역어류해(愼以行譯語類解) 1682(肅宗 8년). 김경준(金敬俊), 김지남(金指南). 침채(沈菜)와 함채(醎菜)가 있다.

아언각비(雅言覺非) 1819(純祖 19년), 백성들이 잘못 사용하는 글을 골라 어원을 밝힌 책. 혜(醯)와 해(醢)의 차이, 제(虀)와 저(菹)를 설명

약천집(藥泉集) 조선 후기 문신인 남구만(南九萬)의 시문집. 1723년(경종 3) 간행하였다. 34권으로 되어 있고 소차와 서계(書啓)에 농정(農政)에 관한 것이 있다.

양촌집(陽村集) 권근(權近, 1352~1409)의 시문. 김장을 축채(蓄菜)라 하였다.

여씨춘추(呂氏春秋) 전국시대 말의 여불위(呂不韋)가 3,000여 명이나 되는 식객의 견문을 정리하여 편찬한 책. 14편에 이윤(伊尹)이 펴낸 조리서 본미론(本味論)이 있다.

역주 제민요술(齊民要術) 구자옥, 홍기용, 김영진 역주, 농촌진흥청, 2006

예기(禮記) 공자(BC 551~479) 중국 유가 5경(五經) 중의 하나. 원래 이름은 〈예경〉 유교 입문서로 사용되고 있다.

음식디미방(다시보고 배우는) 안동장씨부인 지음, 한복려, 한복선, 한복진 엮음, 궁중음식연구원 2000.

임원십육지 정조지(林園十六志 鼎俎志) 서유구(徐有榘 1764~1845) 지음. 이효지, 조신호, 정낙원, 차경희 편역, 교여지류(咬茹之類)에 엄장채(醃醬菜), 자채(鮓菜), 제채(虀菜), 저채(菹菜)가 있다. 교문사 2007

재물보(才物譜) 1807(純祖 7년), 이만영(李晩永). 천지인(天地人) 삼재(三才)와 만물의

고명(古名)과 별명을 모았다. 식음(食飮)에 저(菹)와 함채(鹹菜)가 있다.

제민요술(齊民要術) 윤서석, 윤숙경, 조후종, 이효지, 안명수, 안숙자, 서혜경, 윤덕인, 임희수 옮김, 민음사, 1993

제민요술(齊民要術, 일본어) 田中靜一, 小島麗逸, 太田泰弘, 雄山閣, 1997

조선왕조실록(朝鮮王朝實錄) 국보 151호 조선 태조(太祖)에서 철종(哲宗)에 이르는 25대 472년간의 역사적 사실을 각 왕별로 편찬·기록한 책. 1893권 888책

주례(周禮) 주나라 문왕의 아들인 주공단(周公旦)이 지은 것이라고 하나 실제로는 전국시대 것으로 주나라 정부 조직을 기록한 것이다. 조리하는 사람 등의 직책과 역할, 식품의 이름이 있다. 지재희와 이준영이 자유문고(2002)에서 펴 낸 번역본이 있다.

증보산림경제(增補山林經濟, 국역) 이강자, 김을상, 김성미, 이영남, 한복려, 이영근, 박혜원, 이춘자, 한복진, 허채옥, 김귀영, 이미숙, 김복남, 안빈, 신광출판사, 2003

지봉류설(芝峰類設) 1613(광해군 5년), 이수광(李睟光, 1563~1628), 백과전서. 20권 10책. 총 3,435항목으로 식품부가 있다. 정해렴(丁海廉)이 현대실학사에서 펴낸 번역본이 있다.

한국고식문헌집성집 고요리서 1~7, 이성우, 수학사, 1992

한국식경대전 이성우, 향문사 1981

한국식품문화사 이성우, 교문사, 1984

한국식품사 연구 윤서석, 신광출판사, 1993

해동역사(海東繹史) 순조연간 한치윤(韓致奫;1765~1814). 한국통사. 한치윤이 지은 본편(本篇) 70권과 그의 조카 진서(鎭書)가 보충한 속편(續篇) 15권을 합쳐 모두 85권이다.

향약구급방(鄕藥救急方) 1214~1259(고려 고종(高宗)), 강화도의 대장도감(大藏都監)간행. 민간활용구급방(民間活用救急方). 3권 1책 배추에 관한 기록 등장 순무장아찌(여름)와 순무소금절이(김치류)가 있다.

후한서(後漢書) 후한의 역사책으로 5세기 때 지은 것이다. 요동군지와 동이전이 있다.

훈몽자회(訓蒙字會) 1527(中宗 22년), 최세진(崔世珍), 어린이용 한자 초학서 3권 1책. 김치의 어원을 설명하고 있다.

1900년도 이후 김치 인용문헌

가정요리(家庭料理), 고려대 소장, 1940년대 말

간편조선요리제법(簡便朝鮮料理製法), 이석만(李奭萬), 삼문사(三文社), 1934

국민보, 1942. 4. 15~1948. 9. 1

농민(農民) 1권3호, 23쪽, 조선농민사, 1930. 7. 1

매일신보(每日新報), 1924. 5. 25~1924. 6. 15.

동아일보(東亞日報), 1922.11.6~1959.11.21

별건곤(別乾坤), 유춘섭(柳春燮) 제12・13호 1928. 5. 1.

부인필지(夫人必知), 빙허각이씨(憑虛閣李氏), 1915

신영양요리법(新榮養料理法), 이석만(李奭萬), 1935

여성(女性), 7권11월호, 김장교과서, 50~54, 방신영(方信榮), 1939.

여성(女性), 9권11월호, 평안경기전라 삼도대표 김장 소개판, 30~35, 방신영(方信榮), 1940.

전라도(全羅道) 김혜원(金惠媛)

평안도(平安道) 이순복(李順福)

서울 조자호(趙慈鎬)

우리음식, 손정규(孫貞圭), 삼중당(三中堂) 1948

이조궁정요리통고(李朝宮廷料理通攷) 한희순(韓熙順), 황혜성(黃慧性), 이혜경(李惠卿), 1957 학총사(學叢社)

일일생활 신영양요리법(日日生活 新榮養料理法), 이석만(李奭萬) 신구서림新舊書林), 1935

조선무쌍신식요리제법(朝鮮無雙新式料理製法), 이기용(李用基), 영창서관(永昌書館), 신흥서림(韓興書林), 1924

조선식물개론(朝鮮食物概論) 김호식(豊山泰次) 생활과학사(生活科學社) 1945 (일본어)

조선요리(朝鮮料理), 伊原圭(손정규, 孫貞圭), 일한서방(日韓書房), 1940(일본어)

조선요리법(朝鮮料理法), 조자호(趙慈鎬), 광한서림(廣韓書林) 1939

조선요리제법(朝鮮料理製法), 방신영(方信榮), 신문관(新文館) 1917, 한성도서 1942

조선요리학(朝鮮料理學), 홍선표(洪善杓), 조광사(朝光社), 1940

조선음식 만드는 법 방신영(方信榮), 대양공사(大洋公社) 1946

조선중앙일보(朝鮮中央日報) 1934. 11. 9(上), 10(下), 1935. 6. 4

朝鮮の研究, 山口豊正 東京巖松堂 1911

朝鮮ってとんなところ. 高松健太. 京城大阪屋號書店 1941

중외일보(中外日報), 1929. 11. 4~1929. 11. 7.

割烹研究 京城女子師範學校 家事研究會 1937

찾아보기

ㄱ

茄茋寒菹 47
假萵筍法 410
가래와 기침 105
가뭄오이 169
가사협(賈思勰) 26, 72
가상추법(假萵笋法) 158
가숙사친 88
가시(구더기) 285
假萵筝法 410
가을김치(秋沈法) 92
가자미(鰈魚) 8
茄子蒜 400
茄子葅 398
가정요리(家庭料理) 39, 213, 243, 255, 290, 354
假汁醬法 401
가지 술지게미 김치(糟茄法) 128
가지 장담금 65
가지 집장김치 65
가지 짠지 64
가지(오이) 김치 66, 129
가지 11, 17, 24, 25, 32, 54, 60, 65, 90, 92, 93, 96, 97, 99, 102, 105, 106, 111, 115, 116, 119, 122~131, 133, 136, 144, 145, 152, 161, 264, 279, 354
가지겨자 김치(芥末茄(兒)) 65, 126
가지김치 18, 19, 32, 59, 64, 65, 122, 123
가지김치(茄子菹) 123
가지김치(茄子沈菜) 354
가지김치(食香茄兒) 122
가지김치(茄沈菜) 124
가지마늘김치(茄子蒜(蒜茄法)) 65, 126, 127
가지마늘김치(蒜茄兒法) 126, 127
가지술지게미김치(糟茄法) 65, 126, 127
가지술지게미김치(糟茄兒法) 127
가지약지 65, 126
가지오이김치 128
가지장김치(茄子醬菹) 31
가지장담금(醬茄法) 70, 126
가지집장김치(沈汁菹茄) 65, 125
가지짠지 65, 70, 125
가천(嘉薦) 12
가포육영(家圃六詠) 11, 17, 28
각독기(刻毒氣) 283
간장 54, 60, 63~65, 93, 95, 111, 114, 119, 123, 125, 128, 129, 137, 150, 151, 251, 255, 256, 258, 259, 349, 351, 355
간편조선요리제법(簡便朝鮮料理製法) 39, 190, 199, 247, 253, 261, 270, 271, 285, 306, 310, 320, 324, 328, 330, 334, 340, 343
감로(甘露) 160
감송 146
감장 130
감채(사탕무) 132
감천 102
감초(甘焦) 16
감초(甘草) 94, 113, 120, 143, 145, 146, 155
갓 24, 32, 60, 62, 66, 74, 89, 93, 96, 97, 102, 107, 133, 134, 135, 152, 178, 180, 181, 186, 335, 337
갓 줄기와 잎사귀 99
갓김치 32, 34, 54, 66, 70, 71, 131, 194, 335, 335, 337
갓김치(芥菹) 132, 133, 334, 341
갓김치(芥菜虀(芥虀方)) 133
갓김치(根芥沈葅) 135

갓김치(藏芥方) 133
갓김치를 이수에게 보냄 36
갓김치종 34
갓꽃 134
갓짠지 73
강물 131
薑髮菹 44
薑鬚葅法 407
강아지풀 327
강절김치(江浙虀) 87, 386
薑沈菹 44
薑葅 44
芥末茄(兒) 400
개미알젓(蚔蚳醢) 4, 22, 23
개성배추 172, 177, 222, 242
개성보(開城褓)김치 172, 237, 239, 242
芥子醬冬瓜方 405
芥菹 402
芥菜虀 403
芥沈菜 47
芥虀方 403
거(籧菹法) 84, 366
거가필용(居家必用) 38, 39, 43, 61~65, 67~69, 71, 86, 97, 98, 100, 107, 110, 112, 118, 120, 122, 126, 127, 129, 131, 138, 142, 144, 145, 146, 147, 148, 150, 155, 158
거품 101, 109, 111
건조 73
乾閉瓮菜方 387
검은 장 66, 133, 135, 136
검은김치(黑醃虀) 54, 60, 95
겉절이 20, 64
겨울가지김치 다른 법(沉冬月茄葅法又法) 65, 123
겨울가지김치(沉冬月茄葅法) 123
겨울김치(醃冬菜方) 88, 189
겨울나기겨자김치(過冬芥葉沈菜) 133
겨울철 반양식 181
겨자가루 65, 67, 79, 126, 133, 136, 137
겨자김치 336
겨자냄새 66
겨자장(芥醬) 119, 129, 140
겨자즙 60, 63, 67, 93, 119, 138, 336, 337
결구 28, 56
경기도 배추통김치 211
경성(서울)김장 192
경성김치 192
경우궁(景祐宮) 된장찌개 283
경지김치 瓊芝虀方 54, 71, 157, 411
계란 채 151
계절김치 29
고갱이 56
고구려 25, 26, 72
고기 116, 118, 193, 202, 206
고기 삶은 물 152, 153
고기 소 118
고기육수 70
苽淡沈菜 396
고대의 김치 21, 23
고동젓갈(蠃醢) 3, 4, 22
고두밥 78
고라니고기 5
고려 28, 33
고려사절요(高麗史節要) 11
고려사제 60권 예지(禮志) 27
고려시대 28, 33
고려시대의 김치 27
고명 67, 98, 186, 190, 192, 199, 262,
고명시세 178, 181
고사리 71, 84, 85, 159
고사리 저장법 73
고사리김치(蕨菹) 73, 85
고사리담기(沈蕨) 159
고사리대 159
고사신서(攷事新書) 38, 39, 91, 116, 118, 120, 125~127, 131, 138, 142~144, 146, 148, 150, 153, 154, 156

고사십이집(攷事十二集) 38, 39, 87, 118, 120, 125, 126, 127, 131, 138, 142~144, 146, 148, 149, 153, 154
고사촬요(攷事撮要) 38, 39
고수김치(胡荽虀方) 155
고수풀 84, 155, 220
苽子沈菜 45
고초(苦椒) 48
고초(苦草) 48
고추(蠻椒) 99, 113
고추(花椒) 48
고추 32, 33, 48, 49, 90, 92, 93, 96, 97, 100~103, 106, 107, 109, 117, 129, 137, 139, 152, 153, 174, 176, 178, 179, 180, 181, 186, 190, 193, 350
고추껍질 114
고추의 도입 48
고춧잎 92, 93, 152, 349, 357
고춧가루 103, 115, 197
苦笋紫菜葅法 364
苽葅 394
苽葅又法 394
苽醎葅 395
곡류 74
곡물 33, 52, 53, 57, 58, 68, 73
곤쟁이젓 302
곤쟁이젓 김치 355, 356
곤쟁이젓 깍두기 302
골마지(醭) 51, 53, 90, 117, 118
골패(骨牌) 90, 289, 309
곰취 54, 71, 156
곰취(무르게 하는 법) 熊蔬(軟法) 156
곰팡이 52
공사견문록(公私見聞錄) 10
공주깍두기 283
瓜芥葅 364
過冬芥葉沈菜 402
過冬沈菜 392
과장김치(科場沈菜)
瓜葅 45, 394
瓜葅法 364
瓜虀方 395
곽박(郭璞) 85
관전자(꿩김치) 346
관제 진공식 재염 189
광아(廣雅) 9
광주무 177, 178, 179
광주소내(廣州牛川) 175
광채(廣菜) 156
茭白鮓方 412
交沈葅 15
교침제(交沈虀) 10, 15
구럭 176
구리안들 51, 175, 176, 177
구선신은서(衢仙神隱書) 38, 43, 118, 120, 126, 127, 131, 138, 142~144, 146, 148, 149, 150, 154
韭葅 46
韭草沈菜 406
韭虀 47
국물 98, 186
국민보 183, 184
국수 151, 155, 266
국수물 91
군내 98
군방보(群芳譜) 38, 43, 90, 92, 94, 95, 101, 113, 115, 118, 121, 128, 129, 133, 134, 142, 144, 145, 147
군학회등(群學會騰) 39, 40, 91, 118, 126, 138, 142, 156
굴(石花) 19, 70, 97, 153, 186, 197, 294, 295, 341, 342
굴김치 石花沈菜(石花葅方) 153
굴김치(石花葅) 70, 341, 342
굴깍두기 294, 295
굴깍두기(牡蛎紅俎) 296
굴깍둑이 294
굴껍질 189
굴젓 70, 96, 97, 98, 153

굴젓무(굴깍두기) 295
궁궐용 배추 170
蕨菹 366
葵菹 47, 363
규합총서(閨閤叢書) 39, 40, 48, 50, 59~64, 66, 67, 70, 105, 106, 117, 122, 124, 132, 137, 151, 152, 154
균(麇) 7
귤 83, 99, 107, 108, 122, 142, 157, 168
귤껍질 81, 82, 102, 107
귤홍(橘紅) 148
그날 동침이(一夜冬沈菜) 278
그릇닦은 수세미 113
根芥沈菹 47
根芥沈葅 403
근대의 김치 71
芹菹 45
芹醎葅 410
김장시세 179
금봉화김치 71
금봉화줄기 술지게미절임(假蒿笋法) 155
김치국물 186
급히 담그는 김치(旋用沈菜) 161
기(芑) 84
기구 190
기러기젓(雁醢) 4
기름 93, 125, 136~138, 142, 149, 150, 151, 156
기름간장 126
기름장(油醬) 117
기름종이 126
기장 58, 72
기타 김치 70
김 9, 82
김김치(紫菜菹法) 82
김김치(箈菹) 22, 82
김상보 27
김시습(金時習) 37
김장 17~20, 28, 106, 163, 165, 170, 171, 173, 174, 178, 181,
김장 때를 맞는 가난한 사람의 고통 165
김장 시기 173
김장(蓄菜) 18
김장과 김치 170
김장국물 189
김장김치 133, 169
김장김치 담그는 법 214
김장배추 173
김장소금 걱정없다. 한 사람에 7근 배급 182
김장시기 173, 174, 175, 176, 180
김장실습 173
김장용 소금 배급 182
김장용 채소확보 181
김장용 소금배급양 183
김장으로 없어진 돈 약 20만원 178
김장은 입동전 175
김장전문회사 165
김장준비 174, 190
김장준비, 무 배추씻는법 190
김치 4, 5, 11, 12, 23~28, 31, 35, 37, 57, 58, 63, 66, 70, 76, 87, 89, 143, 163, 166, 167, 169, 171, 186, 187, 195, 196, 350
김치 고문헌 38, 39
김치 광고 183
김치 국물 마련 189
김치 깍두기 만드는 것은 가정입문의 ABC! 173
김치 담그는 그릇 88
김치 담기와 저장법(醃藏菜) 87
김치 만드는법 69
김치 비법 189
김치 이야기 34
김치(一時漬) 198
김치 장독대 25
김치(沈葅) 87
김치(交沈菜) 31
김치(醃, 절임) 72

김치(菹) 24
김치(沈菹) 29, 30
김치(沈菜) 10, 28, 30, 31, 33
김치(침채)제품 233
김치(葅菜, 沈菜) 184
김치(虀) 91
김치국 348
김치국물 98, 194
김치깍두기 186
김치깍두기 잘 담는 비결 8, 29, 286
김치담그는 날 170
김치담그는 법(造菜羹法) 86
김치담그는 법(造虀菜法) 86, 143
김치담그는 소금 30
김치담글 때 온도 175
김치담기 66
김치담기(作葅) 130
김치담기와 저장법(醃藏菜) 87
김치담는 법(淹菜造法) 87
김치담는 법(沈葅方) 88
김치담는법(糟虀菜法) 86
김치도매 183
김치류(沈菜類) 186
김치맛 73, 193
김치무리 57
김치상점(광고) 184
김치소금(沈菜鹽) 30
김치와 장조림-손군(孫君)을 위하여 백림까지 응원-친구 어머니의 사랑의 선물 196
김치의 어원 3
김치의 역사 2
김치일반 86
김치재료 186
김치저(菹) 184
김칫독 26, 165, 186, 187
김칫독 뚜껑 187
김통지 232
깍두기 61, 168, 169, 171, 185, 186, 190, 284, 290, 291, 292, 293
깍두기(大根紅沈菜) 292
깍두기(紅沈菜) 284
깍두기(紅俎菜) 284
깍둑이 287, 288
깍뚝이 285, 291
깍뚝이(무젓, 젓무, 紅葅) 284
깨소금 83, 83, 125
깻잎김치 354
꾸미(소) 117
꿀 78, 79, 82, 95, 106, 109, 114, 123, 124
꿩 54, 70, 150, 151, 190, 267
꿩(닭)짠지(生雉醎菹(生鷄醎菹)) 150
꿩고기 70, 128, 151, 266, 267, 346
꿩김치 54, 70
꿩김치(生雉沈菜) 151
꿩김치(雉葅) 150
꿩김치(생치채) 271
꿩김치법(生稚沈菜法) 150
꿩오이김치 150
꿩지(생치지히) 151
꿩짠지(생치짠지) 151
끝물참외 160

ㄴ

나라쓰케(오이절임) 195
나머지일 166
나물김치(봄철) 355
나물을 김치담는 것(저채,菹菜) 184
나물을 양념하는 것(虀) 184
나물을 절이는 것(엄채, 醃菜) 184
蘿薄 393
닭김치(鷄葅) 343
나박김치 28, 60, 61, 66, 67, 69, 70, 71, 90, 108, 132, 146, 151, 247, 248, 249, 250, 338, 339, 341
나박김치(蘿薄) 108
나박김치(片沈菜, 蘿葡沈菜) 249
나박김치(나백김치, 蘿菖淡葅) 247

나박김치와 냉잇국 250
나박김치형 62
蘿薄沈菜 46
나백김치 247, 248
나트륨 188
蘿葍凍沉葅法 392
蘿葍菹 46
蘿葍沈菜 46
蘿葍黃芽葅 391
낙안현지사 서숙의 오이담기 73
낙지 93, 96, 97, 102, 187, 197
날무 306
날씨 174
南苽雜菹 45
남과(호박) 99
남번초(南蠻草) 48
남승룡 196
남양(南陽)소금 188
남초(南椒) 48
납월(섣달) 99
납일(臘日, 12월) 123, 130
납일주 술지게미김치(臘糟葅) 130, 401
내선일체(內鮮一體) 198
냉면추렴 196
냉이 134
冷菹 16
넝쿨김치 358
老苽葅 395
노구 139
노루고기 5
노루고기육장(麇醢) 3, 4, 7, 22
노인용 64
녹(鹿) 7, 8
녹슨 구리돈 113
녹총(鹿蔥) 157
놋그릇 닦은 수세미 96
농가십이월속(農家十二月俗詩) 55
농가월령가(農家月令歌) 18, 19
농가집성(農家集成) 18, 40, 87, 95
농민 325, 327, 328, 331
농상촬요(農桑撮要) 43, 94
농정회요(農政會要) 39, 40, 50, 61, 93, 94, 100, 105, 109, 113, 114, 119, 120, 121, 123, 124, 126, 127, 132, 137, 138, 141, 142~144, 146, 148, 149
누런곰팡이 129
누룩 26, 52, 53, 57, 58, 63, 64, 72, 73, 89, 118
누룩가루 70, 74, 75, 89, 90, 149
누룩장 113
누른외소 김치 332
누에 156
느릅나무 84
늙은 오이 112, 116, 119, 332, 334
늙은오이김치(老苽葅) 112
늦오이 114, 120
니(臡) 7, 8

ㄷ

다꾸앙(단무지) 195
다능집 88, 158
다림방(푸줏간, 또는 곰탕집) 152, 153, 223
다모떡 109
다시마 197
다진 고기 70
다진 양념 150
닥나무 잎 53, 113, 116, 123
단극(丹棘) 157
단말(檀末) 146
단백질 49, 52, 53
단백질가수분해효소(protease) 5, 49, 52, 53
단사(丹砂, 朱砂) 124
단추무 179
달래 81, 85
달래김치 18, 19
닭 190, 296, 297, 345, 346
닭고기 297
닭김치(鷄葅) 343, 344, 345, 346

닭깍둑기 296, 297
닭깍둑이 296
닭짠지 150
담그는 법 50
담금 61
담금액 54
담금액을 끓여서 붓는 법 50
蘿蔔鮓方 410
淡菹 15
담제(淡虀) 10
담족김치(淡足沈菜) 101, 391
淡葅 390
당 73
당귀 156
當歸莖菹 45
當歸菹 45
당귀줄기(當歸莖) 71, 156, 410
당근 62, 197
당근 및 순무김치 107
당근김치(胡蘿葍虀方) 62
당근김치(湖蘿蔔鮓) 107
당무(唐蘿葍) 103
당서(唐書) 24
당초(단 식초) 122
당초(唐椒) 48, 65
당파 93
대관서(大官署) 28
대구 70, 152
대나무 껍질 120, 121, 127, 147, 148
대나무 체 116
대나무잎 53, 127, 147, 148, 201
대주(大酒, 겨울에 빚은 술,청주) 79
대초(고추) 135
대추 83
대추나무 84
대하 97
대합 22
대합깍두기 294
대합젓갈(蜃醢) 4, 8
대회향 102, 154
더블류비 김치회사 183, 184
데쳐 담는 법 50
데친김치(作湯葅法) 73, 74
데친죽순김치(造熟筍鮓) 70, 150
데침 김치(湯菹法) 80
도라지김치(桔梗沈菜) 31
도문대작(屠門大嚼) 40, 149
도미젓 218, 222
桃菹 47
도치 190
독(甕) 168, 185, 187, 190
독서기(讀書記) 23
돌나물김치 355
돌쑥 137
돌피 28
동가(冬茄)김치 124
冬苽辣菜 403
冬苽蒜法 404
冬苽蒜法 俗方 404
冬苽蒜法 又法 404
冬苽沈菜 403
冬苽醢汁醃菹 404
冬苽葅 404
동과 석박지(김장김치) 265
동과(冬果 동아) 137
冬瓜醬菹 405
동국세시기(東國歲時記) 19
동국이상국집(東國李相國集) 11, 17, 288
동김치 배추 소 버무리는 법 224
동김치(동치미) 223, 277
동사록(東槎錄) 7
동아 264, 265, 338, 351
동아 담가 오래 저장하는 법(沈東瓜久藏法) 136
동아 담는 법 67, 136
동아 및 박김치 136
동아 석박지(冬苽沈菜) 137

동아 젓갈김치(醯汁冬瓜方) 138, 139
동아(冬瓜) 32, 54, 60, 78, 79, 82, 83, 93, 96, 97, 99, 102, 111, 116, 119, 133, 136~140
동아겨자김치(瓜芥菹) 70, 73, 79, 139
동아겨자장김치(芥子醬冬瓜方) 138
동아김치 32, 67, 67, 136
동아김치(冬苽菹) 137
동아김치(冬瓜沈菜) 136
동아김치(沈冬果) 137
동아김치(東瓜菹) 338
동아담가 오래 저장하는 법 67
동아담기(沈冬瓜) 67, 136
동아마늘김치 다른 법(冬苽蒜法又法) 67, 138
동아마늘김치(冬苽蒜法(蒜冬瓜)) 67, 138
동아마늘김치 세속법(冬苽蒜法俗方) 138
동아섞박지 67
동아일보(東亞日報) 163, 165, 166, 167, 169~176, 178, 181, 182, 186, 188, 189, 192, 198, 200, 202, 203, 206, 221~223, 225, 233, 234, 239, 242, 246, 250, 252, 268, 269, 271, 272, 274, 276, 283, 286, 287, 294, 306, 311, 315, 325, 331, 332, 343, 345, 355, 358
동아장김치(冬瓜醬菹) 140
동아젓갈김치(冬瓜醢汁醃菹) 67, 138, 140
동아짠김치(冬瓜辣菜) 67, 136
동이 190
동이족(東夷族) 72
동저 106
冬菹 44
凍菹 44
東菹 44
동전 51, 121, 131, 144, 145
동청물 110
동치미 12, 28, 32, 61, 62, 70, 99, 104, 132, 154, 189, 274, 277, 278, 279, 280, 282, 283
동치미(凍沈) 104
동치미 별법(김장김치) 281
동치미(土邑沈菜) 103, 104
동치미(冬沈菜) 277
동치미(순무, 過冬沈菜) 104
동치미국물 104
동치미법 100
凍沈 392
동침이 105, 266, 267, 268, 269, 270, 274
동침이 국물 151
동침이 별법 267, 271
동침이 특별법 276
동침이(冬沈) 19
동침이(冬沉) 275
동침이(冬沈伊) 196
동침이(冬葅, 冬沈) 267
동침이법 105
冬沈菹 44
童沈葅 393
돼지갈비(豚拍, 또는 어깨고기) 4, 8, 22
돼지고기 8, 23, 151
된장 63, 64, 101
두부 116, 155
두초(頭醋) 141
따뜻한 무 김치(燠菹法) 81
따뜻한 김치 73
따이몬 김치회사(광고) 184
땅(움) 100
똑똑이 284
뚝섬 175, 181
뜨물 53, 64

ㄹ

랄가(辣茄) 48

ㅁ

마굿간의 거름풀 130
마그네슘 51
마근(馬芹) 113
마늘 19, 24, 32, 65, 67, 68, 80, 85, 90, 92, 93, 95, 96, 97, 99, 102, 103, 110, 113~115, 118, 119,

123, 127~129, 138~140, 142, 150, 152, 153, 176, 179, 181, 186, 193, 197
마늘 냄새 141
마늘 술지게미 김치(糟蒜法) 142
마늘 초절임법(醋蒜方) 140
마늘가지법 119
마늘김치(蒜菜) 67, 68, 137
마늘담기(沈蒜) 68, 141
마늘술지게미김치 68
마늘오이김치(蒜瓜方) 119
마늘즙 61, 65, 93, 99, 124
마늘초절임(醋蒜) 68, 137, 140, 141
마늘편 124
마라톤 196, 197
마른 김치 135
마른 재 105
마른 항아리에 김치 담는 법(乾閉瓮菜方) 89
마른고기볶음 70
마름 28, 63, 85
마름김치 荇(莕이라고도 쓴다)菹 73, 85
마비탕(麻沸湯) 76
마장안들 무밭 177
막을저(沮) 184
만기요람(萬機要覽) 30
蔓菁菹 46
蔓菁葅 394
蠻椒沈淡菹 47
말똥 54, 64, 65, 66, 116, 117, 125, 126, 128, 130
말린 순무 75
말린 오이 115
말린굴가루 185
말장 130
맛 좋은 김치(광고) 183
망우 157
忘憂菹 47
忘憂虀方 411
매괴(해당화) 158
매실 140
매실동아법(梅瓜法) 72, 82, 365
매실마늘김치(蒜梅方) 140
매월당시집(梅月堂詩集) 12, 56
매일신보(每日新報) 252, 307, 319, 340, 343
梅菹 47
매화 157
맨드라미꽃 48, 123, 124, 137, 189, 269, 338
맷돌 123
머위김치 60
메기장 맑은죽즙 74, 75, 89
메루치젓으로 담그는 맛좋은 전라도 김치 200
메르치젓 깍두기 302
메밀꽃 91
메주 64, 84, 113
멥쌀 65, 68, 123, 144
멥쌀밥 58, 69, 142, 148
멧젓 284, 304
멸치 186
멸치국물 213`
멸치젓 186, 190,~192, 200~202, 209, 302, 324
명월생치채(명월꿩김치) 266
명주자루 159
명태 186,197
멸치젓국 만드는 법 191
목은집(牧隱集) 12,28
목이김치(木耳菹) 73, 84, 84, 366
무 11, 19, 25, 30, 32, 35, 56~58, 60~62, 73, 81, 87, 89, 90, 92, 93, 95~97, 99, 100~103, 105, 106, 110, 117, 118, 132, 146, 151~153, 155, 167~169, 174, 176~178, 180~182, 197, 210, 221, 224, 230, 245, 247~253, 257, 261~264, 266, 267, 269~271, 273~299, 302~313, 318, 321~323, 340, 341, 342, 349~354, 356, 357
무김치 19, 31, 38, 54, 59, 61, 98, 132, 189, 311
무김치(食香蘿蔔) 98
무김치(沈蘿葍) 103
무김치(蘿葍醎葅) 350
무김치(菁根沈菜) 31

무김치(菁菹) 27, 29
무깍두기(蕪紅俎) 202
무껍질 53, 96, 97
무동치미 105, 120, 146, 149
무동치미(蘿葍淡菹法) 101
무동치미(蘿葍凍沉菹法) 105
무동치미(童沈菹) 106
무명조개 296
무물김치(水醃蘿葍法) 61, 101
무배추 섞어하는 김치 210
무배추생산지 180
무비늘김치 352
무수 20
무순 135
무술지게미 김치(糟蘿葍方) 61, 101
무시루떡 167
무시멧젓 303
무 시세 179
무싱거운지(大根薄鹽漬) 311
무싹김치(蘿葍黃芽菹) 61, 100, 132
무염김치(無鹽菹法) 54, 59, 61, 100, 101, 108, 391
무염김치(無鹽沈菜法) 108, 391, 393
무이 113
무잎 53
무장김치(菁根醬菹) 31
무절인 국 153
무젓갈김치(醢菹法) 102
무줄기김치 54
무짠지(大根鹽漬) 311
무짠지(沈蘿葍醎菹法) 61, 190, 199
무채 207
무청 19, 80, 157, 303, 358
무청깍두기 303
蕪菁菘葵蜀芥鹹菹法 362
묵은 김치 194
묵은 장 116
문견별록(聞見別錄) 7
문동(文仝) 35
문어 186
문효세자(文孝世子) 29, 30
물 61, 87
물류상감지(物類相感志) 43, 90, 147
미(糜) 7, 8
미나리 9, 35, 87, 90, 93, 99, 102, 135, 153, 176, 178, 179, 181, 186, 193, 194, 197
미나리 짠지(芹醎菹) 70, 155
미나리김치(芹菹) 4, 22, 23, 27, 29
미나리김치(水芹沈菜) 31
미생물 번식 73
민간재래 전격염(煎激鹽) 189
민어 70, 152
밀가루 115, 129, 316
蜜薑法 365
밀기울 53, 63, 64, 65, 116, 125, 128, 130
밀누룩(女麴) 79
밀로 만든 누룩(黃依) 79
밑동오이 169
바닷소금 88

ㅂ

바리 29, 163
바탱이(甀) 168, 185
박(瓠) 11, 18, 20, 140, 339
박김치(瓢沈菜) 67, 140, 189, 339
박김치(匏菹) 338
박초(朴草) 53, 111, 112, 158
반결구형 배추 56
반소박이형 64
盤醬瓜法 396
발 103, 104, 109
발효 25, 68
발효기질 72
발효김치 33
발효김치무리(醱酵菹) 72, 73
밤 93, 95, 186, 194
밤가루 147

방석 96
방아다리 175~177
방아다리 배추 170~172, 177, 179, 222
방어 223
방어젓 218, 222
배 83, 93, 95, 106, 109, 151, 154, 186, 197
배김치(梨菹法) 73, 83
배김치(生梨沈菜) 31
배래초 118
배차 55
배채 55
배채 동침이 271
배채김치 207
배초(拜草) 55
배추 100통에 대한 고명량 322
배추 19, 20, 24, 28, 32~34, 54, 55~57, 60, 63, 70, 73, 74, 76, 81, 82, 87~89, 91~97, 99, 102, 109, 117, 118, 152, 153, 155, 166, 168, 173, 174, 176~178, 180~182, 186, 193, 197, 198, 199, 200, 202~211, 213, 216~219, 221, 225, 226~230, 232, 236, 239, 240, 241, 243, 244~246, 251~256, 259, 260~264, 266, 270, 272, 276, 281, 284, 288, 291, 293~296, 299, 302, 304, 310, 312~316, 318, 319, 320~324, 332, 333, 336, 341, 342, 350, 351, 353, 356
배추 소 만드는 법 357
배추 술지게미김치(糟菘法) 94
배추 싱건지(무나박김치) 156
배추 절이기 191
배추 통김치 232
배추(배채)김치 199
배추겨자김치(菘芥法) 60, 93
배추김치 19, 32, 37, 38, 59, 60, 91, 98, 171, 194, 213, 215, 223, 233
배추김치(菘沉葅法(菘菹方)) 91
배추김치(菘虀方) 92
배추김치(醃糟白菜方) 94
배추김치(沈白菜) 91
배추동치미 271
배추동침이 272
배추멧젓 304
배추불한김치(不寒虀方) 91
배추뿌리김치 55, 73
배추뿌리무김치(菘根蘿蔔菹法) 82
배추뿌리통초절임(菘根溘菹法) 81
배추속대 93, 103, 255, 336
배추술지게미김치(糟菘法) 60, 94
배추시세 179
배추씻기 191
배추의 개량 55
배추잎 96, 97, 118
배추줄거리 166
배추짠지(作菘鹹葅法) 73, 76, 307
배추통 222, 223
배추통김치 60, 198, 227, 230, 347
배추통김치(菘沈菜) 93
배추통깍두기 298
배춧잎 53, 91
백김치 252, 271
백림(伯林, 베를린) 196
백매(白梅) 145
백미 77, 120
백반(白礬) 51, 46, 64, 65, 67, 115, 121, 128, 138
백봉(伯封) 7
백비탕(맹물탕) 135
백숙 151
백숭(白崇) 55
백제 사람 25
백제의 채소 25
백제의 효찬(餚饌) 25
백지(白芷) 145
백채(白菜) 55, 60
白菜菹 44
白菜沈菜 44
밴댕이 97
밴댕이젓 260
버드나무 84

버섯 118
번철 126, 129, 150
번초(番椒) 48
벌레 130
법주사 돌항아리 26
법초 141
벙거지 109
베를린 197
벽계(辟雞) 5
별건곤(別乾坤) 190, 193, 195
별난 방법 54
별난김치 351
別用鹽二兩法 408
볏짚 53
보김치(褓沈菜) 241
보리누룩 58, 74, 78
보리누룩가루 75
보리밥 72, 75
보쌈김치 243, 245, 246
보쌈김치 담그는 법 236
보춘저(報春菹) 133
복숭아담기(沈桃) 160
복어 102
鰒菹方 410
볶은 마른고기 134
볶은 소금 115, 134, 140, 146, 148
본염 204
본초강목(本草綱目) 556
본초연의(本草衍儀) 26
봄김치 213, 314
봄독 187
봉산배추 178
부들 8, 74, 76, 89, 142, 143
부들김치 68, 73, 76, 142
부들김치(蒲菹) 76
부들김치(香蒲沈菜) 143
부들순 58, 76, 142
부들순김치 4, 9, 22, 68
부들순김치(造蒲筍鮓) 142
부들순김치(蒲筍鮓(造浦筍鮓)) 142
부들순초법 143
부들싹 76, 143
부산멸치젓 김치 191
부상록(扶桑錄) 7
부인필지(夫人必知) 39, 233, 266, 310, 333
부재료 61, 62, 65, 66, 69, 70
부추 8, 9, 23, 24, 32, 35, 76, 117, 129, 143, 144, 145
부추김치(韮草沈菜(淹韮菜)) 142, 144
부추김치(醃鹽韭方) 144
부추김치(韭菹) 3, 4, 7, 21~23, 27, 29, 33, 68, 143
부추꽃김치(淹韮花) 68, 144
부추꽃김치(醃韭花法) 144
부추술지게미김치(糟韭法) 69,145
부춧잎 99, 113, 114, 117
부패 73
不寒虀方 387
북어 70, 93, 152
북위 72
북학의(北學議) 56
비늘김치 199
비늘김치(鱗沈菜) 352
비늘무(비늘김치) 219
뽕나무 84
빈례총람(儐禮總覽) 31

ㅅ

사람육장(肉醬) 7
사류박해(事類博解) 10
사선서(司膳署) 28
사슴 9
사슴고기 5
사슴고기육장(鹿臡) 3, 4, 22
사시찬요(四時纂要) 40, 43, 130
사시찬요초(四時纂要抄) 18, 116, 128
사약방(司鑰房) 30
사옹원(司饔院) 29

사일(社日) 76, 146
사장(謝長)의 처 141
사포서(司圃署) 30, 32
산(蒜, 마늘) 119
蒜茄法 400
蒜茄兒法 400
산가요록(山家要錄) 38~40, 43, 54, 60, 64, 67, 91, 103, 104, 108, 110, 123, 136, 141, 146, 157, 158, 160, 161
산가청공(山家淸供) 91,157
산갓(山芥) 131~133, 335, 336
산갓김치 29, 30, 54, 66, 131, 132
산갓김치 山芥沈菜(山芥菹方) 31, 47, 131, 402
산갓김치 山芥葅法 132,402
산갓김치(산겨자김치, 山芥葅) 47, 335
산고사리 159
蒜瓜方 397
蒜冬瓜 404
산동성(山東省) 치박(淄博) 72
산림경제(山林經濟) 38~40, 48, 54, 61, 63, 64, 65, 68~71, 116, 118, 120, 125, 126, 127, 130, 131, 138, 142~144, 146, 148~150, 153, 154, 156, 160, 161
蒜梅方 405
산미료 72
산삼장김치(山蔘醬菹) 31
산자(算子, 算木) 81, 82
酸菹 16
蒜菹 44
산채 26
蒜菜 404
酸菜沈菹 16
산초(山椒) 48, 89, 110~112
산초잎 303
산촌잡영(山忖雜泳) 28
蒜沈菹 44
蒜黃瓜法
살구 161
살구담기(沈杏) 161
살구씨 116, 161
살코기 213
삶은 고기 155
삶은 무 101
삶은김치 355
삼국사기(三國史記) 24, 25
삼국시대의 김치 24
삼국유사(三國遺事) 11, 24
삼국지위지동이전(三國志魏志東夷傳) 25
삼니(三臡) 22
삼록 327
삼백(三白) 34
三白鮓方 391
삼백초김치(蕺菹法) 73, 80
삼봉집(三峯集) 28
삼산방 129
三煮瓜法 398
삼재도회(三才圖會) 8
삼조북맹회편(三朝北盟會編) 11
상갓김치(香芥沈菜) 66, 135
상공의 김치 담는 법(相公虀法) 47, 61, 97
相公沈菜 47
相公虀法 390
상수리나무잎 53, 84, 159
霜菹 16
상촌고(象村稿) 12
상추 35, 99, 134, 158
상추김치(㦤菹法) 84, 158
상추김치(醃萵苣方) 158
새우 186,189
새우젓 19, 50, 103, 121, 165, 174, 181, 190, 240
새우젓깍두기 4
새우젓독 165
새우젓용 새우 189
색경(穡經) 39,40,125,159
생강 술지게미 김치 다른법 糟薑方(造糟薑法)又法 146

생강 잔뿌리김치(薑鬚菹法) 69, 146
생강 24, 32, 35, 69, 82, 84, 86, 90~93, 95, 97, 98, 100, 102, 105~110, 113, 114, 117, 118, 119, 121, 122, 126, 129, 137, 139, 142, 145~148, 150, 152, 153, 157, 161, 176, 178~181, 193, 197
생강김치 32, 69, 145, 146
생강김치(沈薑法) 146, 147
생강꿀절임(蜜薑法) 73
생강순(笋) 146
생강술지게미 김치 또 다른 법(糟薑方又法) 146
생강술지게미 김치(糟薑方) 69, 146
생강술지게미김치 별도로 소금 두냥(75g) 쓰는 법(別用鹽二兩法) 146, 147
생강오미절임(五味薑法) 69, 145
생강절임(糟脆薑法) 69, 145
생강초절임(造醋薑法) 69, 147
생강초절임(醋薑) 143, 148
生鷄醎菹 409
생굴 193
생낙지 깍두기 294
생복 96, 97, 117
생선(魚) 58, 61, 153, 169, 189
생선 머리와 껍질 153
생선김치 342
생선식해(魚醢) 8
생선육수 70
생선젓(魚醢) 4, 22
생채소 73
生葱沈葉 411
생치(꿩) 266, 347
생치과전지(꿩김치) 347
생치김치(꿩김치) 151
生雉沈菜 409
生雉醎菹 409
서거정(徐居正) 35
胥薄菹 389
서양음식 195
서울김장 203
서울 솜씨로는(배추통김치) 211
서울시 김장철 상황 180
서울신문 180
서울 장김치 253
석굴 210
석류 78, 83, 106, 109
석류즙 73
석명(釋名) 6
석미무 177
석박지 360, 262~264
석박지(雜沈菜) 263
석비레(白土) 168, 185
석수어(조기)젓 225
석의(石衣)버섯 186
석이버섯 95, 97
石菹 45
石花菹方 409
石花沈菜 409
석회 51, 64, 115, 120, 121, 138, 139, 141, 142
석회물 64, 67, 68, 119
섞박지 168
섞박지 60, 61, 95~97, 186, 190, 260, 261, 266
섞박지 버무린 것 320, 321
섞박지(胥薄菹) 97
섞박지(雜菹) 19
섞박지형 32
선(膳) 119
선비계(鮮卑系) 72
旋用沈菜 412
熯菹法 365
선화봉사고려도경(宣和奉使高麗圖經, 고려도경) 27
설렁탕 220
설문해자(說文解字) 4, 5, 8
설문해자주(說文解字注) 3, 9
설탕 110, 112, 147
섬 108
섬말배추밭 177

성탄과 설김치(광고) 183
성현(成俔) 37
성호전집(星湖全集) 6
세번 삶은 오이김치(三煮瓜法) 54, 64, 120
세포벽 파괴 50
소 64, 103, 117, 118, 119, 125
소금 6, 19, 26, 32, 49~71, 84, 86, 92, 94, 99~116, 118~121, 123~131, 133, 134, 136~139, 141~147, 151~153, 155, 157~160, 168, 179, 180, 186, 188, 191, 193, 303, 307~310, 327
소금 농도 59
소금(육념) 210
소금간 77
소금김치 186
소금깍두기 303
소금물 62, 64, 66, 67, 69, 71~73, 88, 89, 96, 99~101, 105, 106, 111~115, 118, 122~124, 128, 134, 140, 144, 147, 148, 154, 155, 158, 191, 204
소금배급 182
소금생산 182
소금의 작용 188
소금절임 11, 33, 59, 73
소금절임(鹽漬) 25
소금절임(醬淹) 129
소금절임김치 33, 57
소금제조면허 182
소라 93, 96, 97, 102
소라기 96
소박이 64, 65
소박이형 32
소백이 186
소어(준치, 밴댕이) 95
소이간(蘇易簡) 35
소천엽(脾析) 3, 4, 8, 22
소회향(小茴香) 89, 102, 154
속곱배추 319
속대짠지 60, 93
손기정 196
송송이(깍두기) 284, 293
송양공(宋襄公) 23
송우(宋宇)의 조정조(助鼎俎) 87
송이 105, 117
송자대전(宋子大全) 5, 9
쇠고기 70, 116, 125, 128, 152, 153, 186
쇠고기 달인 물 153
쇠냄새 270
水苽菹 394
수문사설(謏聞事說) 39, 41, 63, 68, 141, 170
수박담기(沈西瓜) 160
수수가루 90
수수보리절임(須須保利漬) 25
수수잎 113, 124
水醃蘿葍法 391
수운잡방(需雲雜方) 38, 39, 41, 60, 62, 63, 65, 66, 67, 71, 91, 103, 104, 109, 111, 112, 119, 125, 130, 133, 136, 150, 157, 158
수입이등염 189
수입일등염 189
水草菹 47
숙깍두기(익힌 깍두기) 298
숙깍둑기 298
숙깍뚝이 298
淑善翁主 283
숙종대왕국휼등록(肅宗大王國恤謄錄) 31
숙주나물김치(綠豆長音沈菜) 31
筍菹 46
순록고기육장(麋臡) 4, 7, 22
순무(蔓菁根) 30
순무(菁) 9, 11, 17, 28, 55, 56, 57, 61, 73, 74, 80, 82, 87, 89, 99, 104, 108, 109, 132, 133, 136, 146
순무, 배추, 아욱, 갓짠지(蕪菁菘葵蜀芥鹹菹法) 74
순무김치 19, 22, 31, 62, 108
순무김치(蔓菁菹) 109
순무김치(菁沈菜) 108
순무김치(蔓菁沈菜) 31
순무김치(菁菹) 3, 4

순무움 135
순무형 배추 57
순암집(順菴集) 8
순채김치(蓴菹) 3, 4, 7, 22, 23
술 25, 58, 67, 72, 73, 78, 79, 89, 92, 120, 146, 147
술거품 120
술빚는 법 39, 41, 50, 63, 70, 118
술안주 150, 220, 337, 342, 344
술지게미 26, 32, 33, 57, 58, 60, 61, 64~66, 68, 69, 71, 73, 77, 78, 82, 84, 88, 90, 94, 101, 120, 121, 127, 130, 131, 142, 145, 146, 147, 155
술지게미김치(糟藏菜方) 54, 90
술지게미법(糟法) 121
술지게미절임(糟漬) 25, 73
술지게미절임김치 33, 57
숭(菘) 54, 60
菘芥法 389
菘根蘿葍菹法 365
菘根溘菹法 365
菘菹 44
菘沈菜 44
菘沉菹法(菘菹方) 388
菘虀方 388
승정원일기 30
시(豉, 콩메주) 25, 77
시경(詩經) 21, 76, 84, 85
시금치 32
시라 62, 91, 94, 99, 107, 110, 143, 148, 155, 159
시렁 95, 134
시루 95, 116, 120, 149, 240, 279, 303, 351
시루짚방석 168, 187
시의전서(是議全書) 39, 41, 48, 50, 59, 60, 61, 63~66, 70, 90, 93, 94, 97, 102, 113, 115, 117, 124, 125, 135, 137, 140, 152, 153, 196
식경(食經) 39, 41, 73
식경의 아욱김치 75, 362
식경의 고사리 저장법(食經曰藏蕨法) 84, 366
식경의 낙안현지사 서숙에 의한 오이 담기(食經曰樂安令徐肅 藏瓜法) 78, 363
식경의 매실-동아 담기(食經藏梅瓜法) 78, 363
식경의 아욱김치(食經作葵菹法) 75
식경의 오이담기(食經曰藏瓜法) 77, 363
식경의 월과담기(食經曰藏越瓜法) 77, 363
식보(食譜) 129
식초(酢, 醋) 6, 26, 32, 59
식초 61~69, 71~76, 79, 80~82, 84, 85, 90, 92, 99, 107, 110, 112, 113, 118, 121, 127, 138, 140, 141, 143, 147, 148, 151, 155, 156, 351
식초물 99
식초절임 73
식초찌꺼기 146
식해(食醢) 8, 19, 25
식해형 김치 32, 33, 52, 57, 154
식해형 김치(鮓菜) 58
식해형 부들김치 142
식해형 부들순김치(造蒲筍鮓) 142
식해형 삼백김치(三白鮓方) 102
식해형 연근김치(藕稍鮓方) 148
식해형 죽순김치(竹筍鮓方) 149
식해형 줄풀김치(茭白鮓方) 159
식해형 치자꽃김치((梔子花)薝蔔鮓) 154
식해형 치자꽃김치(薝蔔鮓方) 154
식해형김치담는 법 108
식해형당근김치(胡蘿葍虀方) 108
食香笳兒 398
食香瓜兒 394
食香蘿蔔 390
식혜(食醯) 9
신검초 109,135
신라시대 33
신라의 가지26
신은지 39
신증동국여지승람(新增東國輿地勝覽) 34
신흠(申欽) 37
실고추 93, 124, 140, 153
실백(잣) 342

실파 155
심포(深蒲) 76
싱건무김치 268, 311
싱건지 31, 32, 61, 64, 71, 74, 90, 109, 135, 137, 186
싱건지(淡葅) 100, 132
싱건지(나박김치) 91, 100, 133
쌀 53, 58, 76
쌀가루 68, 143, 144
쌀가루(糝) 129
쌀가루즙 81
쌀뜨물 71, 87, 104, 157
쌀밥 156
쌈김치 234, 241, 240, 244
쌈김치 고명 199
쑥 129
쑥갓 153

ㅇ

아미노산 49, 52, 53
아밀라아제(amylase) 52, 53, 73
아언각비(雅言覺非) 9
아욱 9, 11, 17, 73, 75~77, 89
아욱김치 22, 73, 76, 77
아욱김치(葵菹) 3, 4, 76
아욱즉석절임(作卒葅法) 73, 75
안악고분 벽화 25
안질뱅이배추 176, 222
알무 깍두기 302
알초단지 128
알코올 53
알코올발효 53
암모니아 가스 49, 52, 53
애오이 300, 326
야채구입자금 182
야채소요량 181
약김치(藥沈菜) 65, 66, 128
약천집(藥泉集) 154
釀瓜菹酒法 364
양념 58, 64, 193
양념김치 10, 33, 58
양념김치(虀菜) 57
양념채 61
양배추김치(洋菜沈菜) 355
양생서 143
양저(통김치) 75
養汁葅法 400
양지머리(소가슴살) 95, 190, 213, 223
양촌집(陽村集) 17, 28
양하(蘘荷) 161
蘘荷菹 45
釀葅法 362
어류 70, 186
어류 김치 70
어린 오이 117, 119
어린오이김치(青苽沈菜) 31
어육 달인 물 152, 220
어육김치(魚肉沈菜) 70, 150, 152
어패류 197
얼가리김치(초김치) 351
얼가리배추 351
얼음 117
얼음물 104
엄(醃) 3, 10, 57, 88
醃瓜法 397
淹韮菜 406
淹韮花 407
醃韭花法 406
淹韮花法 407
醃冬菜方 387
醃菘法 388
醃鹽韭方 406
醃五享菜方 410
醃萵苣方 412
醃藏菜 386
엄장채(醃藏菜) 33, 34, 57
淹菹 16

엄저(醃菹) 9, 12, 13, 16, 89
醃糟白菜方 389
엄채(醃菜) 10, 11, 12, 59
엄채(淹菜) 10, 12, 13, 16, 31, 87
淹菜造法 386
淹鹹菹 15
淹黃苽 395
엇지 186
에탄올 52
여국(女麴) 79
여뀌 23, 28, 35, 159
여뀌김치(蓼) 159
여뀌잎 110, 111
여름 가지김치(夏月沉茄菹法) 65, 124
여름오이 189
여성(女性) 207, 208, 210, 211, 240, 262, 272, 273, 275, 288, 289, 290, 308, 323, 337, 349, 353
여씨춘추(呂氏春秋) 23
여행길 식량김치 60
여행길용 채소 134
역주방문(曆酒方文) 39, 41, 63, 64, 116
연근 148
연근김치 69, 148
연근절임(藕梢酢法) 148
연근절임(造藕稍鮓) 148
연뿌리 58, 148
연시(荷詩) 37
연어젓 222
연잎 148
연한김치(雌沈菜) 31
열무 124, 194, 299, 300, 312~319, 326, 332, 333, 344, 345
열무김치(細菁菹) 316
열무김치(솎음열무) 317
열젓국지 61, 62, 102
염강(廉薑) 83
염교 23, 76
염소 188
鹽菹 15
鹽菹交沈 15
염전 182
염지(鹽漬) 11, 12, 15, 16, 28
釃醋菹 13
엽록소 51
엿 121
엿기름 142, 148
영계 343~346
영계 과전지(영계김치) 345
영릉향(零陵香) 145
영명위(永明慰) 홍현주(洪顯周) 283
영천배추 178
예기(禮記) 3, 4, 23
오매 83
오매즙 73, 78
五味薑法 407
오이 11, 17, 21, 24, 32, 54, 60, 73, 77~79, 87, 92, 93, 95, 96, 97, 99, 102, 105~107, 110~122, 128~131, 144, 145, 150~152, 264, 279, 280, 292, 284, 285, 296, 297, 299~301, 310, 315, 318, 319, 323, 325, 327~332, 334, 343
오이 가지 장김치(醬瓜茄方) 129
오이 비늘김치 334
오이 소 115
오이 술절임김치(釀瓜菹酒法) 78
오이 술지게미김치(糟瓜菜法) 120
오이 술지게미김치(糟黃苽法) 119, 120
오이(가지)김치 담는 법 65
오이(瓜菜) 119
오이가지 술지게미 김치(糟瓜茄方) 121, 131
오이가지 집장김치(假汁醬法) 129
오이가지김치 32, 65
오이가지김치(苽茄菜, 苽茄菁沈菜) 128
오이가지장김치(醬瓜茄方) 129
오이겨자김치 63, 64
오이겨자김치(黃苽芥菜法) 119
오이김치 21, 32, 59, 63, 64, 73, 79, 95, 110, 111,

117, 118, 150, 189, 324, 326
오이김치(苽葅) 111
오이김치(瓜菹法) 79
오이김치(瓜虀方(造瓜虀法)) 110, 112
오이김치 다른 법(苽葅又法) 63, 111
오이김치 속 124
오이김치(食香瓜兒) 110, 112
오이김치(醃瓜法) 118
오이김치(淹黃苽) 112
오이김치(菜瓜虀) 113
오이김치(苽子沈菜) 30
오이김치(瓜菹) 18, 31, 110
오이김치(여름철) 326
오이김치(胡苽沈菜) 115
오이깍두기 299, 300, 343
오이깍두기(胡瓜紅俎) 301
오이깍둑기(여름, 가을철) 300
오이담기 73
오이마늘김치(黃瓜蒜(蒜黃瓜法)) 63, 118
오이물김치(水苽葅) 111
오이소김치(여름철) 333
오이소박이 326, 333
오이소박이깍두기 301
오이소백이(胡瓜沈菜) 332
오이속박이(胡瓜丸漬) 332
오이송이(오이깍두기) 301
오이술절임김치 73
오이술지게미김치(糟瓜菜法) 64, 66, 120
오이술지게미김치(糟菜瓜法) 121
오이술지게미김치(糟黃苽法) 120
오이싱건지 54, 63, 64
오이싱건지(苽淡沈菜) 114
오이싱건지(黃苽淡葅法) 114
오이장김치(苽子醬菹) 31
오이장김치(醬黃瓜法) 116
오이장김치(醬菜瓜法) 115
오이장김치(醬瓜兒) 31
오이장담금 63
오이장아찌(醬瓜法) 170
오이장아찌(醬瓜) 28
오이젓무 103
오이지 63, 93, 103, 113, 150, 151, 169, 266, 267, 268
오이지 푸르게 하는 법 113
오이지(胡瓜鹽漬) 329
오이지(여름철) 329
오이지(胡瓜鹽沈菜) 329
오이짠지 64
오이짠지(苽醎菹) 114
오이짠지(黃苽醎菹法) 113
오이짠지(黃苽醎葅) 114
오이짠지(소박이) 114
오이초절임김치(醋瓜方) 121
오이통깍두기 301
오이향유김치(香苽菹) 63, 119
오제(五虀) 4, 22
오제칠저(五虀七菹) 22
오주연문장전산고(五洲衍文長箋散稿) 6, 7, 10, 38, 39, 41, 71, 86, 98, 99, 107, 110, 112, 118, 120, 122, 126, 127, 135, 138, 140, 142~148, 155
오향김치(醃五享菜方) 155
온돌과 김치 195
올리고당 53
올림픽 196
甕菹 45
옹희잡지(饔餼雜志) 39, 41, 87, 102, 116, 139, 160
완비(宛脾) 5
완자 109
왕골 74, 89
왕군영(王君榮) 157
왕십리(往十里) 175
왜간장 253
왜개자(倭芥子) 48
왜초(倭椒) 48
외가지 19
외김치 63, 324, 325

외김치(瓜菹) 325
외깍두기 343
외깍둑이 299
외소김치 330, 332
외소김치(외소박이) 330
외소김치(외통지이) 331
외소박이 김치 331
외지 328
외지(瓜醎漬) 327
외짠지 327, 330
蓼 412
요령위(寧遠衛) 141
요록(要錄) 39, 41, 48, 54, 61~63, 67, 71, 91, 100, 104, 112, 137, 138, 159
용인 오이싱건지(龍仁淡苽菹法) 121, 398
용인 오이지법 64, 122
龍仁水苽菹 45
용인외지 334
용인외지법 333
우거지 53, 167
우두숭(牛肚崇) 55
우리음식 39, 174, 186, 189, 198, 202, 226, 241, 249, 256, 263, 277, 284, 296, 301~304, 311, 312, 329, 332, 339, 350, 352, 354, 355
우뭇가사리(漢菜) 136
藕梢酢法 408
芋沈菜 411
움(土室) 19, 20, 168, 185
熊蔬(軟法) 411
웅어(鱭魚) 8
원즙(杬汁, 항피즙) 82, 83
원추리 156, 157
원추리 김치(忘憂虀方) 157
원추리 김치(黃花菜法 黃花菜) 156
원추리김치 71
원추리꽃 김치(黃花菜法 黃花菜) 71, 156
원행을묘정리의궤(園幸乙卯整理儀軌) 31
월과(越瓜) 77
월과담기 73
월사집(月沙集) 41, 156, 157
유기그릇 수세미 51
유방(劉邦) 7
유산(乳酸) 6, 53, 73
유산균 50, 51, 53
유산발효 6, 10, 11, 52, 53, 59
유순(柳洵) 36
유자 106, 109, 151, 154, 266, 276, 281
지럼 274
유자김치(柚子沈菜) 31
유자껍질 154
유전자조합 163
유채 57
육류 김치 70
육상궁(毓祥宮) 통김치 283
육수 190, 220, 348
육장(肉醬) 3, 5, 7~9, 22
육장(醓醢) 3, 4, 7
육젓 3, 5
은평면 181
은행 197
음식뉴취 39
음식디미방 39, 41, 54, 67, 68, 70, 71, 131, 136, 141, 150, 151, 159
음식법 41, 109
음식보(飮食輔) 39, 42, 65, 105, 126
의례(儀禮) 3, 4, 21
의영고 30
이른 섞박지(早胥薄菹) 97
이아(爾雅) 85
梨菹法 365
이조궁중요리통고(李朝宮廷料理通攷) 232, 245, 250, 259, 266, 282, 293, 301, 310, 315, 318, 324, 333, 334, 346, 352
익힌 오이김치(黃苽熟菹法) 54, 64, 120
인번(仁番) 25
인경왕후국휼등록(仁敬王后國恤謄錄) 31

일반 김치 32
일본 25, 195
일본 나라시대(奈良時代) 25
일본인 195
일성록(日省錄) 29, 30
일일생활신영양요리법(日日生活新榮養料理法) 39, 223, 224, 241, 248, 255, 261, 277, 285, 291, 294, 296, 298, 299, 304, 312, 323, 325, 327, 328, 332, 335, 338, 340, 341, 352, 355~357
임원십육지(林園十六志) 10, 38, 39, 42, 54, 57, 58, 59, 33, 60, 61, 63, 64~67, 69~71, 86~95, 98, 99~102, 105, 107, 108, 112~116, 118~121, 123, 124, 126, 128, 129, 131, 133, 134, 137~139, 140, 142~146, 148, 149, 153~160
입동 20, 173, 175, 179
입동과 김장 준비 175
입동철이 되었는데 김장시세는 어떤가 179
잊혀지지 않던 기후와 김치 190

ㅈ

자(鮓) 8, 58, 119
자로(子路) 7
자류주석(字類註釋) 10
자반 305
자소(蘇葉) 35, 110, 120, 122
자소잎 161
紫蘇沈菹 44
자전(字典) 5
자채(鮓菜) 10, 33, 57
紫菜菹法 365
作菘鹹葅法 362
作卒葅法 362
作酢葅法 363
作湯葅法 362
作葅 401
잡균 51
雜菹 47
잡채상서(雜菜尙書) 34
잣 106, 109, 151, 186, 194, 197
잣가루 117, 118, 150
醬菹 47
장(醬) 3, 4, 9, 23, 25, 26, 32, 58, 59, 61, 63~66, 71~73, 112, 115~118, 120, 125, 130, 132, 157, 160, 186, 310, 331
醬茄法 400
藏芥方 402
醬瓜茄方 401
醬瓜法 396
장국 117, 118, 150
장김치 31, 33, 53, 54, 59, 60, 63, 70, 118, 251~255, 257, 259, 331
장김치(醬沈菜) 94, 256
장김치(醬葅) 251
장단무 178
장달인 물 63, 65
장독 121, 159
장물 110
장수 156
장아찌 32, 33, 59
장아찌와 장김치 51, 52
장위무 177
장절임(醬漬) 25, 33
장제체(醬虀菜) 58
장짠지 63, 64, 70, 117, 310
장짠지 다른 법 117
醬菜瓜法 396
醬甛瓜法 412
장한(張翰) 35
장황(醬黃) 115, 129
醬黃瓜法 396
재 167
재령무 178
재염(再鹽) 169, 188, 208, 275, 278~280, 323
잿물 51
잿물 받고 난 재 96
쟁반 오이김치(盤醬瓜法) 115

저(菹) 3~6, 9~11, 16, 22, 23, 28, 29, 33, 58, 59, 87
저(葅) 5, 9, 24
菹韭 46
葅蔬 13
菹淹 13, 16
葅藏菜方 387
菹饌 13
저채(菹菜) 10, 12, 13, 16, 33, 59
저해(菹醢) 4, 7, 11
저혜(菹醯) 4, 5
적 212, 341
적로(滴露) 105, 248, 160, 412
전라도 194
전라도 갓지 337
전라도 고추젓 349
전라도 고춧잎지 349
전라도 두쪽 깍둑이 289
전라도 무동침 273
전라도 배추김치 208
전라도 배추동침 272
전라도 잔깍두기 289
전라도 토아젓 채깍두기 290
전라도 통깍둑이 289
전라도지 193, 202, 206
전라도김치 200, 206
전라도김치 이야기 193
전무 109
전복 70, 95, 117, 154, 208, 340
전복김치 70, 154, 340
전복김치(鰒菹方) 154
전분 52, 69, 73
전원사시가(田園四時歌) 63
전젓 236, 304
전주 125
전통김치의 특징 48
전통김치의 발달 33
전통김치의 분류 57
절구 116
절인 가지 68
절인 무 61
절인 오이 68
절인통무 311
절임김치 350
절임류 25
절임형 김치 32
접여(接余) 85
젓 8, 61, 97, 143
젓갈(菹) 3~6, 9, 11, 22~25, 32, 33, 49, 50, 52, 61, 62, 96, 98, 117
젓갈(菹醢) 7
젓갈(醢) 7, 23
젓갈김치 31
젓갈의 도입 49
젓갈즙 102
젓국 61, 67, 102, 165, 169, 186, 190~193, 304, 323
젓국국물 194
젓국김치 168, 185
젓국지 19, 186, 190, 260, 318, 320, 323, 324
젓국지 즉 동김치 319
젓국지(醢葅) 318
젓무 61, 62, 102, 284, 304
정가(비름, 명아주) 110, 111, 128
정약용(丁若鏞) 37
정창원(正倉院) 25
정화수(井華水) 111, 160
정회장(町會長=동장) 182
제(虀) 3, 4, 6~11, 22, 33, 58, 59
염세법 182
제민요술(齊民要術) 1, 26, 38, 39, 43, 55, 70, 74~85, 155, 172, 173
제민요술형 김치 27
제사 87
제사김치 90
제육 223

제채(虀菜) 33, 57, 59
제해(虀醢) 22
제향(祭享)김치 28, 29
糟茄法 400, 401
糟茄兒法 400
糟薑方 407
糟薑方 又法 408
조개 118
조개전무(조개깍두기) 296
조갯살 117
糟瓜茄方 402
糟瓜菜法 398
造瓜虀法 395
糟韭法 407
조기 19, 117, 186, 189, 192, 342
조기젓 50, 93, 95, 97, 102, 174, 186, 190, 193, 323
조기젓 김치183
조기젓국 60, 93, 96, 97, 137, 139, 189, 192, 193, 324
조기젓독 165
糟蘿葍方 391
조롱 143
조미료(소금) 181
糟法 398
糟蒜法 405
早胥薄菹 390
조선 33
조선김치 196
조선김치예찬 193
조선무쌍신식요리제법(朝鮮無雙新式料理製法) 39, 184, 217, 220, 247, 251, 260, 267, 284, 294, 297~299, 305, 311, 316, 318, 325, 327, 330, 334, 335, 338, 341, 343, 350, 351, 354, 355
조선소금 169
조선시대의 김치 29, 32, 86
조선식물개론(朝鮮食物槪論) 228
조선왕조실록(朝鮮王朝實錄) 12, 18, 29, 32, 56
조선요리(朝鮮料理) 39, 186, 189, 198, 226, 241, 249, 256, 263, 277, 278, 284, 292, 311, 312, 329, 332, 339, 352, 354, 355
조선요리법(朝鮮料理法) 39, 227, 243, 248, 254, 274, 295, 296, 298, 300, 307, 310, 316, 326, 336, 341, 342, 344
조선요리와 김치 197
조선요리제법(朝鮮料理製法) 39, 199, 216, 223, 224, 232, 241, 247, 343, 251, 255, 260, 261, 267, 277, 284, 291, 294, 296, 298, 299, 304, 305, 307, 310, 312, 317, 318, 323~325, 327, 328, 330, 332, 334, 335, 338~341, 352, 353, 355
조선요리학(朝鮮料理學) 39, 170, 171, 173, 186, 188, 189, 206, 225, 242, 276, 283
조선음식 만드는 법 39, 213~215, 230, 244, 249, 257, 263~265, 278, 279~282, 292, 295, 297, 298, 300, 309, 314, 317, 324, 326, 329, 333, 337, 340, 342, 345, 347, 352, 353, 355, 356
조선음식물개론(일본어) 39
조선의 김치(漬物) 195, 197
조선의 달과 꽃, 음식으로는 김치, 갈비, 냉면도 195
조선의 연구(일본어) 182
조선의 일반김치 32
조선이등염 189
조선이란 어떤 곳(일본어) 197
조선일등염 189
조선중앙일보(朝鮮中央日報) 196, 236, 253, 358
造熟筍鮓 409
糟菘法 389
造藕稍鮓 408
糟藏菜方 387
造糟薑法 407
糟菜瓜法 398
造菜白鮓 386
造菜虀法 406
造醋薑法 408
造脆薑法 407

造浦筍鮓 406
造蒲笋鮓 405
糟黃苽法 398
造韲菜法 386
족장아찌(醬足片) 285
종로 중앙시장 179
좋은 소금 79
주례(周禮) 3, 5, 9, 22, 29, 58, 76
주문왕(周文王) 23
주박 78
주방문(酒方文) 39, 42, 65, 66, 69, 71, 128, 147, 159
주서(周書) 25
주식방(酒食方, 규곤요람) 39, 42, 48, 65, 66, 129
주옹(周顒) 35, 87
주왕(紂王) 7
주찬(酒饌) 39, 42, 48, 50, 60, 61, 63, 64, 88, 92, 97, 100, 101, 106, 114, 150, 151
竹韭菹 46
죽순 9, 25, 35, 58, 80, 93, 102, 149, 150, 221
죽순김김치(苦笋紫菜菹法) 80
죽순김치 22, 70, 73, 149
죽순김치(竹笋鮓) 149, 409
죽순김치(筍菹) 28
죽순김치(笋菹) 4, 29
죽순소금절임(菜蔬諸品) 70, 149
竹筍鮓方 408
竹筍鮓法 408
죽순짠지(竹筍鹽) 149,409
죽여(竹茹) 221, 232
竹菹 47
죽채김치(竹菜菹法) 73, 80, 364
준치 97
준치젓 50, 98, 218, 222, 223, 260, 276
줄풀 35, 58, 102, 159
중가리 312
중국 고대의 김치 27
중국산 163
중국식 향신료 62, 68, 69
중국의 저채법(菹菜法) 26
중궤록(中饋錄) 43, 89, 101, 102, 107, 108~120, 126, 131, 133, 138, 140, 144, 146, 149, 159
중두리(罌) 168, 185, 190
중백하(中白蝦) 189
중외일보(中外日報) 179, 191, 236, 253, 303, 304, 357
汁菹 44, 396, 399
戢菹法 364
汁葅又法 401
증류본초 156, 161
증보도주공서 154
증보산림경제(增補山林經濟) 38, 39, 42, 48, 50, 54, 60~67, 69~71, 91, 93, 99, 100, 105, 109, 113, 114, 118~124, 126, 132, 137, 138, 139, 141~144, 146, 148, 149, 153~156, 388
지(漬) 4, 11, 12, 88
지게미 79
지럼김치 166, 167, 176, 228, 352
지리산산갓 336
지마(참깨) 134
지봉유설(芝峯類說) 27, 42, 143
지염(漬鹽) 17, 28
진간장 254, 255
진달래꽃 195
진두발(つのまた) 228
진밥 146
진어(眞魚, 준칫과) 95, 97
진연의궤(進宴儀軌) 31
진위(振威) 영계닭찜 283
진장(묵은간장) 95, 285, 251~253, 255, 257, 327
진장(珍藏) 167, 185
진주배추 220
진찬의궤(進饌儀軌) 31
진피(귤껍질) 113, 143
진흑무 178

진흙 53
집장 54
집장(汁醬) 121
집장김치 54, 63~66, 116
집장김치 다른 법(汁葅又法) 130
집장김치(養汁葅法) 125
집장김치(汁葅) 116, 125
집장김치(沈汁菹) 116, 130
짚 187
짚거적 104
짜지 않은 김치 59
짠김치 307
짠무김치(蕪鹽沈菜) 310, 311
짠지 61, 89, 100, 133, 186, 209, 305~308, 310, 327
짠지(葅藏菜方) 89
짠지(醎葅) 100
짠지(김장김치) 309
짠지(蘿葍醎葅) 305
짠지형 나박김치 66

ㅊ

차(醠) 8
차기장밥 77
차돌박이(양지머리 복판의 살) 95, 223
참기름 64, 67, 74, 94, 110, 118, 123, 126, 130, 133, 134, 136, 142, 144, 148, 150, 155, 160
참깨가루 156
참무(眞菁根) 104
참외 113, 160
참외 장김치(醬甛瓜法) 160
찹쌀 72, 78, 146
찹쌀누룩(女麴) 76, 78, 79
찹쌀풀 202, 206
昌菹 47
창포 8, 170
창포김치(昌本) 3, 4, 7, 8, 21, 22, 170
菖蒲菹 47
菜瓜虀 395
채김치 353, 354
채깍두기 297, 306
채깍뚝이 297
채마밭을 돌아보며(巡菜圃有作) 35
채반 97
채소 5, 24, 27, 30, 57, 59, 73~76, 86, 88~92, 97, 137, 155
채소 발효시키기 25
채소김치(菜菹) 9
채소절임(造菜白鮓) 86
채소절임(造虀菜法) 86
菜蔬諸品 409
채저(菜菹) 12, 13, 16
천초(산초) 62, 68, 84, 91, 93, 97, 99, 100~102, 105~107, 113, 114, 116, 129, 139, 149, 150, 151, 220, 248
천초(天椒) 48
천초(川椒, 초피) 48, 49, 112
簷葍鮓 410
첫물오이 169
청각(青角) 19, 92, 93, 96, 97, 99, 102, 105, 107, 117, 135, 137, 152, 153, 176~179, 181, 186, 192, 248
青瓜菹 45
청관물명고(青館物名攷) 55
청교의 김치 담는 법(青郊沈菜法) 109
菁根沈菜 46
청어 186
청장 54, 67, 84, 117, 126, 130, 138, 140
청장고기절임 65, 70
菁菹 45, 46
青菹 46
청주(淸州) 갈비찜 283
菁沈菜 393
청태콩 담기(沈青太) 160
청파극담(青坡劇談) 34
초 68, 71, 157

초(醋) 5, 6, 9, 73
초(酢) 8, 9, 58
초(醯) 5
초간장 72
醋薑 408
醋瓜方 398
초김치 73, 75, 76
초김치(作酢葅法) 76
초물(醋水) 6
醋蒜(中國人所傳) 405
초산발효 6
醋蒜方 405
醋蒜法 405
초염김치 186
초장 60, 63, 67, 75, 93, 119, 131, 138
초장수(酢漿水) 84
草菹 13
초절임 33, 76
초절임 김치무리(醋菹, 엄초저) 72
초절임(醋釀) 129
초절임(醋漬) 25
초절임김치 33
초절임김치무리(醃醋菹) 73
초제채(醋虀菜) 58
초채(酢菜) 6
歠菹 47
蔥菹 44
蔥沈葉 412
蔥沈菹 44
蔥沈菜 44
최표(崔豹)의 고금주(古今注) 157
秋沈法 388
축사 143
축채(蓄菜) 17, 18
雉瓜菹 47
치생요람(治生要覽) 39, 42, 66, 130
치자꽃김치 簷葍鮓(梔子花) 70, 149, 154, 410
雉葅 409
칠저(七菹) 4, 22
칠해(七醢) 4, 22
沈薑法 407
沈瓜菹 45
沈蕨 412
沈蘿葡 392
沈蘿葍醎葅法 390
沈桃 412
沈冬果 403
沈冬瓜 403
沈東瓜久藏法 403
沉冬月茄葅法 399
沉冬月茄葅法 又法 399
沈白菜 388
沈蒜 405
沈西果 412
침장(沈藏) 17,18
침장고(沈藏庫) 18, 31, 32
침저(沈菹) 12, 15, 16, 29
沈竹筍 46
沈汁菹 44, 401
沈汁菹茄 399
沈汁葅 396
沈漬 12, 15, 16
침채 10, 109
沈菜 14, 16
침채(菹菜) 59
침채(沈菜) 10~12, 31, 33, 57, 87, 185
침채정승(沈菜政丞, 김치정승) 34
沈靑太 412
沈杏 412
沈葅 386
沈葅方 386
秤一兩法 387

ㅋ

칼슘 51, 188
칼집 352

캅사이신 49
콩 64, 116, 135
콩가루 143
콩메주가루 125
키 101

ㅌ

탁주 술지게미 79
탁주 주박 79
탄산가스 50, 53
탈아미노화 49
탈아미노화효소(deaminase) 49
湯菹法 364
태상지(太常志) 39, 42, 87
토굴(움) 156
토끼고기 5
토끼젓(兎醢) 4
토란 35
土卵莖沈造 411
토란줄기 김치 71, 157, 171
토란줄기(고은대) 김치(土卵莖沈造) 157
토란줄기(속칭 고은대) 53, 123, 157
토란줄기김치(芋沈菜) 157
土邑沈菜 392
토하(土蝦) 290
통김치(釀菹法) 75
통김치 73, 75, 171, 172, 186, 189, 190, 198, 216, 217, 220~223, 228, 256, 348
통김치 고명 199
통김치(冬漬) 225
통김치 배추 소 버무리는 법 224
통김치(筒沈菜) 226
통김치(簡菹) 217
통김치(筒沈菜) 226
통김치속 225
통리(通利) 156
통무 302
통배추 93
통배추김치 28, 59
통잣 114
통천초 114, 151
특별한 동치미법 276

ㅍ

파 줄기 101
파 17, 35, 80~82, 84, 86, 90, 92, 93, 95, 97, 100, 102, 103, 105~107, 113, 114~118, 123, 124, 128, 129, 135, 137, 139, 140, 142, 146, 148~150, 153, 154, 158, 159, 176, 179, 181, 186, 193, 354
파김치 71, 82, 128, 158
파김치(生蔥沈菜) 158
파김치(蔥沈葉) 158
파김치(蔥菹) 354
파김치(沈蔥) 19
파꽃 102, 108
파란오이 114, 115
파뿌리 106, 132
파싹 132
파잎 114
芭蕉莖心沈菹 44
팥 78
팽월(彭越) 7
pH 73
펙틴 51
pectinase 51
펩티드 49
편육(제육) 246
평안도 193
평안도 김장 192
평안도김치 164, 192, 193
평안도에서는 210
평안동침이 274
평양냉면 274
평지(油菜) 55, 57
폐백(幣帛) 25
포기형 배추 56
포도당 52, 53

蒲菹 47, 363
포혜(脯醯) 4
포황묘(蒲黃苗) 143
蒲笋鮓 406
표고버섯 95, 97
푸른오이 110, 111, 120
품앗이 20
풋고추 169
풋김치(當座漬) 313
풋김치 및 열무김치 311
풋김치(青根沈菜) 312
풋김치(青葅) 311
풋마늘 140
풋배추 김치 315
풋오이 347

ㅎ

夏月沉茄葅法 399
하증(何曾) 36
하쿠사이쓰케(배추절임) 195
한 두가지 저울질 하는 법(秤一兩法) 90
한련(旱蓮)김치 358
한신(韓信) 7
한저(寒菹) 12, 16
한창 김장할 때 주부의 명심할 일 167, 169
한채 133
할미꽃줄기 53, 110, 111
할미꽃풀 112
할팽연구(割烹研究)(일본어) 39, 225, 313
鹹菹 16
醎葅 390
함제(鹹齏) 10
함채(醎菜) 10, 15
항아리 190
항피(杭皮) 78
해(醢) 3, 4, 8, 10
해동농서(海東農書) 42, 118, 120, 126, 127, 131, 138, 142, 144, 146, 148, 154, 156
해동역사(海東繹史) 24, 26
해삼 95
해유록(海游錄) 7
해인(醢人) 3, 9, 22
해즙제(醢汁齏) 10
햇고추 168
햇김치 194, 315
햇김치(菁根沈菜) 312
햇깍뚝이 297
햇무우 동치미(가을철) 282
햇배추 215, 314
햇오이 116
햇천초 141
荇(莕이라고도 쓴다)(菹) 366
행인 143
향갓 153
香苽菹 397
향료 88
향신료 58, 73
향신제체(香辛齏菜)
향신채 73
향약구급방(鄉藥救急方) 55
향유유(고수유) 119
향초(香草) 109
향포 142
香蒲沈菜 406
香蒲葅法 406
허드레김치 357
허드레배추 307
헌(軒) 5
현구자 83
현대 33
현빈궁상등록(賢嬪宮喪謄錄) 31
혜(醯) 3, 4, 5, 6, 9, 22, 23, 25, 26, 27
혜강(嵇康) 157
혜인(醯人) 4,22
혜장(醯醬) 4, 5
醯菹法 391

醯汁冬瓜方 404
혜해(醯醢) 4, 23
호근(회향) 80
胡芹小蒜菹法 365
호나복(당근)김치(胡蘿蔔菜) 107, 393
胡蘿葍虀方 393
湖蘿蔔鮓 393
胡蘿蔔鮓方 392
호박 129, 152, 350
호박(琥珀) 113
호박김치 166
호배추 257
호염(胡鹽) 169, 179, 189, 204, 207, 228, 263, 323
호염성 효모53
호조 30
호초(후추) 128
胡荽虀方 410
홍국(紅麯, 紅麴) 53, 58, 68, 69, 70, 86, 102, 107, 108, 142, 148, 150, 154, 159
홍국가루 149
홍덕이밭(弘德田) 34, 35
홍두 143
화염 130
화인(火印) 221
화전(花煎)놀이 195
화초 107, 134, 142, 143, 149, 154, 159
화초(川椒) 86
화초(花椒) 112, 150
화초가루 102, 155
黃苽芥菜法 397
黃苽淡菹法 396
黃苽熟菹法 397
黃苽醎菹法 395
黃苽醎菹 395
황과(오이) 333
黃瓜蒜 397
황미밥 154
황비호(黃飛虎) 7
황석어(조기) 젓갈 97
황해도김치 164
황해도무 178
黃花菜 411
黃花菜法 411
회(膾) 5, 8, 23
회향(茴香) 49, 62, 68, 79, 81, 86, 91, 92, 99, 107, 108, 110, 112, 113, 134, 142, 143, 148, 149, 150, 155, 159
회향달래김치 73, 81
회향달래김치(胡芹小蒜菹法) 81
회향씨 81
효모 53
효소 66
효종(孝宗) 34
후예(後羿) 7
후추(胡椒) 19, 49, 114, 117, 118, 119, 151
후추가루 108, 114, 150
훈련원배추 176, 177, 222
훈몽자회(訓蒙字會) 6
萱草 411
흉격(胸膈, 횡격막) 156
黑醃虀 389
흙집 32

안용근(安龍根)

충남대학교 식품공학과 졸업
중앙대학교 대학원 식품가공학과 석사
일본 오사카시립대학 대학원 생물학과 이학박사
일본오사카시립대학 이학부 객원연구원 2년 역임, 객원교수 1년 역임
현재 한국식품영양학회 회장
충청대학 식품영양학부 교수

이규춘(李圭椿)

충남대학교 국문학과 졸업
충남대학교 대학원 국문학과 문학박사
현재 충남대학교 · 목원대학교 · 대전대학교 · 건양대학교 강사
한문학자

전통김치

2008년 3월 15일 초판 발행
2011년 8월 17일 2쇄 발행

지은이 안용근 · 이규춘
펴낸이 류제동
펴낸곳 (株) 教文社

출력 교보피앤비
인쇄 동화인쇄
제본 과성제책사

우편번호 413-756
주소 경기도 파주시 교하읍 문발리 출판문화정보산업단지 536-2
전화 031-955-6111(代)
팩스 031-955-0955
등록번호 1960. 10. 28. 제406-2006-000035호
홈페이지 www.kyomunsa.co.kr
E-mail webmaster@kyomunsa.co.kr
ISBN 978-89-363-0893-3 (93590)

값 20,000원
*잘못된 책은 바꿔 드립니다.